住房城乡建设部土建类学科专业"十三五"规划教材

高等学校土木工程专业创新型人才培养规划教材

装配式建筑

吴　刚　潘金龙　主　编

聂建国　主　审

中国建筑工业出版社

图书在版编目（CIP）数据

装配式建筑/吴刚，潘金龙主编. —北京：中国建筑
工业出版社，2018.11 （2023.6 重印）
高等学校土木工程专业创新型人才培养规划教材
ISBN 978-7-112-22922-2

Ⅰ.①装… Ⅱ.①吴… ②潘… Ⅲ.①装配式构件-
高等学校-教材 Ⅳ.①TU3

中国版本图书馆 CIP 数据核字（2018）第 257407 号

本书结合当前我国建筑工业化发展现状，参照了最新的规范、标准和国内学者最新的研究成果，系统地介绍了不同结构体系的装配式建筑的设计、构件制作、施工等，进而对装配式建筑的减隔震技术、BIM 技术的应用以及经济性分析等进行了全面地介绍，层次清晰、结构合理、内容全面。本书主要内容包括：绪论、装配式建筑标准化设计、装配式建筑结构体系、装配整体式混凝土结构设计、预制混凝土构件制作与安装、装配式钢结构设计与施工、装配式竹木结构设计与施工、装配式建筑减隔震、装配式建筑中的 BIM 技术应用、装配式建筑的成本效益分析、工程案例等。

本书既可用作土木工程专业本科生教材或教学参考书，也可供研究生和有关技术人员参考使用。

为更好地支持本课程的教学，本书作者制作了配套的多媒体课件，有需要的读者可以发送邮件至 jiangongkejian@163.com 索取。

* * *

责任编辑：仕　帅　吉万旺　王　跃
责任校对：姜小莲

住房城乡建设部土建类学科专业"十三五"规划教材
高等学校土木工程专业创新型人才培养规划教材
装配式建筑
吴　刚　潘金龙　主　编
聂建国　主　审

*

中国建筑工业出版社出版、发行（北京海淀三里河路 9 号）
各地新华书店、建筑书店经销
霸州市顺浩图文科技发展有限公司制版
天津翔远印刷有限公司印刷

*

开本：787×1092 毫米　1/16　印张：25¼　字数：629 千字
2018 年 12 月第一版　2023 年 6 月第四次印刷
定价：**58.00 元**（赠课件）
ISBN 978-7-112-22922-2
（34424）

高等学校土木工程专业创新型人才培养规划教材 编委会成员名单

（按姓氏笔画排序）

顾　　　问：王　超　　王景全　　吕志涛　　刘德源　　孙　伟
　　　　　　吴中如　　顾金才　　钱七虎　　唐明述　　缪昌文

主 任 委 员：刘伟庆　　沈元勤

副主任委员：吕恒林　　吴　刚　　金丰年　　高玉峰　　高延伟

委　　　员：王　跃　　王文顺　　王德荣　　毛小勇　　叶继红
　　　　　　吉万旺　　刘　雁　　杨　平　　肖　岩　　吴　瑾
　　　　　　沈　扬　　张　华　　陆春华　　陈志龙　　周继凯
　　　　　　胡夏闽　　夏军武　　童小东

出 版 说 明

近年来，我国高等教育教学改革不断深入，高校招生人数逐年增加，相应对教材质量和数量的需求也在不断提高和扩大。随着我国建设行业的大发展、大繁荣，高等学校土木工程专业教育也得到迅猛发展。江苏省作为我国土木建筑大省、教育大省，无论是开设土木工程专业的高校数量还是人才培养质量，均走在了全国前列。江苏省各高校土木工程专业教育蓬勃发展，涌现出了许多具有鲜明特色的创新型人才培养模式，为培养适应社会需求的合格土木工程专业人才发挥了引领作用。

中国土木工程学会教育工作委员会江苏分会（以下简称江苏分会）是经中国土木工程学会教育工作委员会批准成立的，其宗旨是为了加强江苏省具有土木工程专业的高等院校之间的交流与合作，提高土木工程专业人才培养质量，促进江苏省建设事业的发展。中国建筑工业出版社是住房城乡建设部直属出版单位，是专门从事住房城乡建设领域的科技专著、教材、技术规范、职业资格考试用书等的专业科技出版社。作为本套教材出版的组织单位，在教材编审委员会人员组成、教材主参编确定、编写大纲审定、编写要求拟定、计划交稿时间以及教材编写的特色和出版后的营销宣传等方面都做了精心组织和专门协调，目的是出精品，体现特色，为全国土木工程专业师生提供一个全新的选择。

经过反复研讨，《高等学校土木工程专业创新型人才培养规划教材》定位为高年级本科生选修课程或研究生通用课程教材。本套教材主要体现创新，充分考虑诸如装配式建筑、新型建筑材料、绿色节能建筑、新型施工工艺、新施工方法、安全管理、BIM技术等，选择18种专业课组织编写相应教材。本套教材主要特点为：在考虑学生前面已学知识的基础上，不对必修课要求掌握的内容过多重复；介绍创新知识时不要求过多、过深、过全；结合案例介绍现代技术；体现建筑行业发展的新要求、新方向和新趋势。为满足多媒体教学需要，我们要求所有教材在出版时均配有多媒体教学课件。

本套《高等学校土木工程专业创新型人才培养规划教材》是中国建筑工业出版社成套出版体现区域特色教材的首次尝试，对行业人才培养具有非常重要的意义。今年正值我国"十三五"规划的开局之年，本套教材有幸入选《住房城乡建设部土建类学科专业"十三五"规划教材》。我们也期待能够利用本套教材策划出版的成功经验，在其他专业、在其他地区组织出版体现区域特色的土建类教材。

希望各学校积极选用本套教材，也欢迎广大读者在使用本套教材过程中提出宝贵意见和建议，以便我们在重印再版时得以改进和完善。

中国土木工程学会教育工作委员会江苏分会

中国建筑工业出版社

2016 年 12 月

前　言

建筑业是我国的支柱型产业，新型建筑工业化是我国未来建筑业发展的重中之重。发展新型建筑工业化可促进建筑业的节能减排，提高资源利用效率，实现社会的可持续发展，是我国建筑业发展的必然趋势。与传统的建筑业相比，新型建筑工业化，是"以构件预制化生产、装配式施工为生产方式，以设计标准化、构件部品化、施工机械化、管理信息化、运行智能化"为特征，整合了设计、生产、施工等整个产业链，使得建筑业从分散、落后的手工业生产方式逐步过渡到以现代技术为基础的大工业生产方式，实现了建筑业生产方式的根本转变。近年来，我国大力推进绿色建筑和以装配式建筑为重点的建筑工业化，本书正是为了适应新形势下土木工程专业教学和人才培养的要求而组织编写的。

本书围绕装配式建筑，从装配式建筑标准化、不同结构体系和节点形式，到装配式结构的设计、构件制作、施工等，进而对装配式结构的减隔震技术、BIM技术的应用以及经济性分析进行全面地介绍，层次清晰、结构合理、内容全面。本书编写也参照了相关最新规范和标准，同时，提供了典型的工程案例，便于读者在掌握理论知识的同时，对不同装配式结构具有感性的认识。

本书由吴刚和潘金龙主编，郭正兴、冯健、陈忠范、张宏、吴京、范圣刚、黄镇、王春林、徐照、陆莹、陆飞、周健等共同编写，编写人员均为在一线从事装配式建筑科研和实践的教师，专业背景包括建筑学、结构工程、防灾减灾、建筑施工及工程管理等。具体分工为：第1章由吴刚、潘金龙编写，第2章由张宏编写，第3章由吴刚、潘金龙编写，第4章由冯建、吴京编写，第5章由郭正兴编写，第6章由范圣刚编写，第7章由陈忠范编写，第8章由黄镇、王春林和吴京编写，第9章由徐照编写，第10章由陆莹编写，第11章由潘金龙和周健编写。全书由吴刚和潘金龙统稿。

在编写过程中，冯德成博士以及许荔、马军卫、范家俊、陈志鹏、叶志航、张军军、黄子睿等博士生做了大量的工作，本书编写也得到了南京长江都市建筑设计股份有限公司的大力支持，在此深表谢意。

清华大学教授、中国工程院院士聂建国担任了全书的审稿工作，提出了许多宝贵意见，在此表示衷心感谢！

本书在中国土木工程学会教育工作委员会江苏分会和中国建筑工业出版社的组织下，2016年初成立了编写组，多次开会讨论，不断完善，时长达两年多，不过，也得以能够把最新的一些研究成果补充进去。同时，本书入选《住房城乡建设部土建类学科专业"十三五"规划教材》，对本书编写质量的提升起到了积极的推动作用，但由于时间和水平原因，书中难免有疏漏和不妥之处，敬请读者批评指正。本书的出版，再辅以东南大学自2017年5月开始组织出版的国内第一套新型建筑工业化丛书作为参考，相信能为新形势下以装配式建筑为重点的建筑工业化相关课程的开设和人才培养提供有力支撑。同时，也希望读者能将使用过程中发现的问题和建议及时反馈给我们，以便日臻完善。

编　者

2018年10月

目 录

第1章 绪 论

本章要点及学习目标

本章要点：

(1) 介绍了装配式建筑的概念及其国内外发展历程；(2) 介绍了我国装配式建筑的发展现状及其必然性；(3) 介绍了我国推进装配式建筑所面临的困难和挑战；(4) 介绍了我国装配式建筑的发展战略。

学习目标：

(1) 了解装配式建筑在国内外的发展现状；(2) 了解装配式建筑的基本概念和不同的结构类型；(3) 了解我国建筑工业化的发展战略。

1.1 装配式建筑的发展与应用

1.1.1 国外装配式建筑的发展过程

1. 装配式建筑的起源

装配式建筑起源于欧洲，在 17 世纪初，英德等发达国家就开始了建筑工业化道路的探索，在长期的工程建设中，积累了大量预制建筑的设计施工经验。1875 年 6 月 11 日，英国人 William Henry Lascell 获得英国 2151 号发明专利 "Improvement in the Construction of Buildings"（LettersPaten，1575），标志着预制混凝土的起源。在 2151 号发明专利中，Lascell 提出了在结构承重骨架上安装预制混凝土墙板的新型建筑方案，该建筑方案可用于别墅和乡村住宅的建设。采用这种干挂预制混凝土墙板的方法可以降低住宅和别墅的造价并减少施工现场对熟练建筑工人的需求。后来 Lascell 还提出了采用预制混凝土制造的窗框来代替传统的木窗框的想法并进行了造价比较，结果发现采用这种预制混凝土窗框将比传统木制窗框更经济（Morris，1978）。

1878 年，巴黎博览会英国展区展示了一个采用预制混凝土墙板作为墙体的临时别墅，这也被认为是世界上第一个采用预制混凝土技术的建筑。这栋别墅采用木结构作为承重骨架，墙体为预制混凝土墙板，用螺栓固定在木结构承重骨架上，外墙表面模仿了红砖材质，不过这个建筑在博览会结束后就被拆除了。

目前已知的现存最早的预制混凝土建筑是建于 1882 年位于英国克罗伊登市 Sydenham 大街 226 号和 228 号的一对别墅（图 1-1）。这两栋建筑采用了木结构骨架和预制混凝土墙板、楼板，预制混凝土墙板通过螺栓固定在木结构骨架上。1890 年在英国萨里建成的 Weather Hill Cottage 也采用了 Lascell 提出的预制混凝土建筑体系（图 1-2）。

图 1-1　英国 Croydon 市 Sydenham 大街 226 号和 228 号别墅外观和内部天花板

图 1-2　英国 Surry 市 Weather Hill Cottage

Lascell 不仅率先提出了预制混凝土的建筑方案，而且致力于预制混凝土的推广，他还进行了预制混凝土的试验研究工作。Lascell 在 1881 年进行了预制混凝土抗压强度的试验研究（Lascell，1881），这是有关预制混凝土最早的研究工作。因此，一般认为 1875 年是预制装配混凝土技术的起源时间，英国人 Lascell 是预制混凝土技术的发明人，世界上第一个采用预制混凝土技术的建筑是 1878 年巴黎博览会英国展区的临时别墅。

早期预制混凝土主要用于建筑中的非结构构件。利用预制混凝土易于成型、表面材质和颜色多样性、质量好、施工快、拥有良好的力学和防火性能等特点制成装饰构件、非承重墙板、小跨度配筋预制混凝土楼板。早期预制混凝土建筑的典型代表是 Lascell 建筑体系，即采用预制混凝土墙板和预制混凝土楼板固定在木结构、现浇混凝土结构或钢结构等主体结构上的建筑方案。预制混凝土墙板只起到围护、分隔作用，只承受自重和水平风荷载。19 世纪末，预制混凝土技术传播到法国、德国等欧洲国家，20 世纪初，预制混凝土技术又传播到美国。因为预制混凝土采用工业化的生产方式，符合资本主义工业化大生产的要求，再加上这些国家处在大发展时期，所以预制混凝土在上述国家得到了迅速发展。其中，法国对配筋预制混凝土的发展做出了较大的贡献，而美国则对预应力与预制混凝土技术的结合起到了积极的推动作用。

第二次世界大战后，由于战后大规模重建的需求和劳动力匮乏的原因，预制混凝土特有的工业化生产方式符合了当时的需求，预制混凝土在欧美各国得到了广泛应用，欧洲一些国家采用了工业化方式建造了大量住宅，工业化住宅逐渐发展成熟，并延续至今。与此同时，战后的日本为了医治战争创伤，为流离失所的人们提供保障性住房，也开始探索以工业化生产方式、低成本、高效率地制造房屋，工业化住宅开始起步。1955 年设立了"日本住宅公团"，以此为主导，开始向社会大规模提供住宅。住宅公团从一开始就提出工业化方针，组织学者、民间技术人员共同进行了建材生产和应用技术、部品的分解与组装技术、商品流通、质量管理等产业化基础技术的开发，逐步向全社会普及建筑工业化技术，向住宅产业化方向迈出了第一步。

与此同时，东欧社会主义国家的预制混凝土技术也得到了迅速发展，预制混凝土的应用涵盖了大多数建筑领域，包括住宅、办公楼、工业厂房、仓库、公共建筑、体育建筑等。东欧国家发展了很多新型预制混凝土技术，如盒子建筑、预制折板、预制壳等（Mokk，1985）。我国预制混凝土技术也是在这个时期从效仿苏联开始起步。

2. 国外装配式建筑发展

1）美国装配式建筑发展

美国的建筑业相当发达，在 20 世纪 70 年代能源危机期间美国开始实施机械化生产和装配化施工。美国城市发展部出台了一系列行业标准和规范，一直沿用至今，并与后来的美国建筑体系逐步融合。美国城市住宅结构基本上以混凝土装配式和钢结构装配式为主，降低了建设成本，提高了通用性，增加了施工的可操作性。

美国的装配式钢结构建筑体系经过漫长发展已经逐渐成熟，其钢结构住宅的建造技术由传统的木结构住宅衍变而来。1965 年轻钢结构在美国仅占建筑市场的 15%，1990 年上升到 53%，2000 年达到 75%。目前美国的钢框架小型住宅已经达 20 万幢，别墅和多层住宅都采用轻钢结构。20 世纪 60 年代，美国开始发展轻钢龙骨结构建筑，该体系以 2 英寸乘以 4 英寸为基本模数，适用于低层集合住宅和联排住宅的建造。20 世纪 80 年代至今，美国逐渐实现了主体构件通用化和住宅部品化，构配件达到模数化、标准化和系列化，生产效率显著提高，住宅达到节能环保要求。1997 年美国发布《住宅冷成型钢骨架设计指导性方法》，全面指导轻钢龙骨体系住宅的设计和施工。目前美国的钢结构住宅建筑体系主要由四部分构成：

（1）钢结构系统：用低合金型钢在工厂预制，运到建筑施工现场组装。

（2）墙体系统：在两块薄钢板中夹玻璃纤维棉保温隔热层的复合大型材。钢板表面镀锌或锌铝合金，再涂以多种颜色的丙烯酸涂料，既延长使用寿命，又可满足建筑表面色彩的要求。有平板和瓦楞板两种形式。

（3）屋面系统：构造和墙面系统相同。

（4）门窗及附属配件：包括橱窗、保温窗、街门、内门及雨水槽等标准件，可供用户选择。

这种建筑体系主要适用于低层非居住建筑，包括工业厂房、仓库、商品展销厅、农用房屋、室内运动场、飞机库以及零售商亭和建筑工地临时设施等。由于这种建筑体系具有适应性强、建造周期短和造价低且节省维修费等优点，在北美及世界各地得到比较广泛的应用，并已经开始进入中国建筑市场。

同时美国的预制装配式混凝土标准规范也获得了很大的发展。总部位于美国的预制与预应力混凝土协会 PCI 编制的《PCI 设计手册》，其中就包括了装配式结构相关的部分。该手册不仅在美国，而且在国际上也具有非常广泛的影响力。从 1971 年的第一版开始，PCI 手册已经修改到了第七版，该手册与 IBC 2006、ACI 318-05、ASCE 7-05 等标准协调。除了 PCI 手册外，PCI 还编制了一系列的技术文件，包括设计方法、施工技术和施工质量控制等方面。

在美国，预制混凝土结构发挥着其他结构体系无法替代的作用，在 1991 年 PCI 年会上，预制混凝土结构的发展被视为美国乃至全球建筑业发展的新契机。1997 年美国统一建筑规范允许在高烈度地震区使用预制混凝土结构，其前提是通过试验和分析证明该结构在强度、刚度方面具有甚至超过相应的现浇混凝土结构。美国已将装配式建筑成功应用于住宅、工业、文化及体育建筑等领域，如亚利桑那州的菲尼克斯会议中心、费城的警察大楼（图1-3）、北卡罗林娜州JL金融中心等。

图1-3　美国费城警察大楼

　　总的来说，美国的住宅建设的工业化水平极为发达，美国制造业长期位居世界第一，具有各产业协调发展、劳动生产率高、产业聚集、要素市场发达、国内市场大等特点，这直接影响了住宅建设的方式和水平。美国的住宅用构件和部品的标准化、系列化、专业化、商品化、社会化程度很高，几乎达到100%。这不仅反映在主体结构构件的通用化上，而且反映在各类制品和设备的社会化生产和商品化供应上。除工厂生产的活动房屋和成套供应的木框架结构的预制构配件外，其他混凝土构件和制品、轻质板材、室内外装修以及设备等产品十分丰富，品种达几万种，用户可以通过产品目录，从市场上自由买到所需的产品。这些构件的特点是结构性能好、用途多、有很大通用性，也易于机械化生产。

　　现在美国，每16个人中就有1个人居住的是工业化住宅。在美国工业化住宅已成为非政府补贴的经济适用房的主要形式，因为其成本还不到非工业化住宅的一半。在低收入人群、无福利的购房者中，工业化住宅是住房的主要来源之一。

　　2）欧洲装配式建筑发展

　　法国1891年就开始实施了装配式混凝土的构建，迄今已有近130年的历史。法国建筑工业化以混凝土结构体系为主，钢、木结构体系为辅，多采用框架或板柱体系，并逐步向大跨度方向发展。早在20世纪50年代到70年代，法国就已经使用以全装配式大板和工具式模板为主的建筑施工技术，到了20世纪70年代又开始向"第二代建筑工业化"过渡，主要生产和使用通用构配件和设备等。1978年住房部提出推广"构造体系"。进入20世纪90年代，法国建筑的工业化已朝着住宅产业现代化的方向发展，如法国南泰尔公寓楼（图1-4）。法国PPB预制预应力房屋构件国际公司创建了一种装配整体式混凝土结构体系，称为世构体系（SCOPE），采用建筑部件建造了多栋房屋组成的住宅群。世构体系全称为键槽式预制预应力混凝土装配整体式框架结构体系，其原理是采用预制或现浇钢筋混凝土柱，预制预应力混凝土叠合梁、板，通过钢筋混凝土后浇部分将梁、板、柱及键槽式梁柱节点连成整体，形成框架结构体系。目前这套体系通过南京大地建设集团有限公司与东南大学、江苏省建筑设计研究院等联合课题组引入国内，并编制相应的技术规程

（《世构体系技术规程》苏 JG/T 006—2002）。

图 1-4　法国南泰尔公寓楼

近年来，法国建筑工业化呈现的特点是：

（1）焊接连接等干法作业流行；

（2）结构构件与设备、装修工程分开，减少预埋，提高生产和施工质量；

（3）主要采用预应力混凝土装配式框架结构体系，装配率达到 80%，脚手架用量减少 50%，节能可达到 70%。

德国的装配式住宅主要采取叠合板、混凝土剪力墙结构体系，剪力墙板、楼板、内隔墙板、外挂板、阳台板等构件采用混凝土预制构件，具有较好的耐久性。经过发展改进，德国将装配式住宅与节能技术充分融合，提出零能耗的被动式建筑，仅靠住宅本身的构造设计，就能达到舒适的室内温度，满足"冬暖夏凉"的要求，不需要另外安装空气调节设施，如被动式住宅和开姆尼斯城市剧院（图 1-5、图 1-6）。

图 1-5　德国达姆施塔特市的被动式住宅

图 1-6　德国开姆尼斯城市剧院

丹麦早在 20 世纪 50 年代就已有企业开发了混凝土板墙装配的部件。目前，新建住宅之中通用部件占到了 80%，既满足多样性的需求，又达到了 50% 以上的节能率，这种新建建筑比传统建筑的能耗大幅下降。丹麦是一个将模数法制化应用在装配式住宅（图 1-7）的国家，国际标准化组织 ISO 模数协调标准即以丹麦的标准为蓝本编制。故丹麦推行建筑工业化的途径实际上是以产品目录设计为标准的体系，使部件达到标准化，然后在此基础上，满足多元化的需求，因此丹麦建筑实现了多元化与标准化的和谐统一。

图 1-7　丹麦某装配式项目

意大利在装配式钢结构住宅领域有很大的发展。其中 BASIS 工业化建筑体系是意大利在钢结构应用领域的典范，该建筑体系具有结构受力合理、抗震性能好、造型新颖、居住办公舒适方便、施工速度快等优点。该体系适用于建造 1～8 层楼高的钢结构住宅。该建筑结构为框架支撑结构体系，梁柱通过连接板采用高强度螺栓连接，楼板采用压型钢板上浇筑混凝土的组合楼板。屋顶为组合楼板，上面作保温、防水层，平屋顶作为屋顶花园。外墙结构的外侧采用轻质混凝土条形板，板面可预制成各种图案，外墙内侧为 100mm 厚玻璃棉铝箔隔气层，结构柱布置在内外侧墙板的空气层中，内隔墙采用轻钢龙骨石膏板内填玻璃棉等。

英国作为最早开始建筑工业化道路的探索的国家之一，工厂化建筑可以追溯到 20 世纪初，原动力为两次世界大战带来的巨大的住宅需求以及随之而来的建筑工人的短缺。因此，英国政府于 1945 年发布白皮书，指出应重点发展工业化制造技术，以弥补传统建造方式的不足，推进自 20 世纪 30 年代开始的清除贫民窟计划。

此外，战争结束后钢铁和铝生产过剩，同时，不同的应用功能迫切地需要寻求多样化的应用空间。多种因素共同促进了英国建筑工业化的发展，建造了大量装配式混凝土、木结构、钢结构和混合结构建筑。20 世纪 50 年代至 80 年代，英国建筑行业在装配式建筑方向得到了蓬勃发展。这其中，既有预制混凝土大板结构，如 20 世纪 60 年代建设的英国伦敦科尔曼大街 1 号（图 1-8），又有通常采用轻钢结构或木结构的盒子模块结构，甚至出现了铝框架结构。但主要以预制装配式木结构为主，采用木结构墙体和楼板作为承重体系，内部围护采用木板，外侧围护采用砖或石头的建造方式得到广泛的应用。木结构住宅在新建建筑市场中的占比达到 30%。但后期因人们质疑木结构建筑的水密性能，木结构住宅占比急剧下滑。

图 1-8　英国伦敦科尔曼大街 1 号

图 1-9　英国伦敦切尔西楼盘

20 世纪 90 年代，英国住宅的数量问题已基本解决，建筑行业发展陷入困境，住宅建造迈入品质提升阶段。这一阶段非现场建造建筑的发展，主要受制于市场需求和政治导向。政治导向方面主要有倡议"建筑反思（伊根报告 the Egan Report）"的发表以及随后的创新运动（Movement for Innovation（M4I））和住宅论坛，引起了社会对于住宅领域的广泛思考，尤其是保障性住房领域。公有开发公司极力支持以上倡议，着手发展装配式建筑，如位于伦敦哈默史密斯市的切尔西楼盘（图 1-9）。与此同时，传统建造方式由于现场脏乱差及工作环境艰苦的原因，导致施工行业年轻从业人员锐减，现场施工人员短缺，人工成本上升，私人住宅建筑商亦寻求发展装配式建筑。经过多年的发展，到 21 世纪初期，英国非现场建造方式的建筑、部件和结构每年的产值为 20 亿~30 亿英镑（2009 年），约占整个建筑行业市场份额的 2%，占新建建筑市场的 3.6%，并以每年 25% 的比例持续增长，预制建筑行业发展前景良好。

总体而言，欧洲装配式建筑的发展十分迅速，并且不断追求更好的品质。1975 年，欧洲共同体委员会实施一个联合行动项目，目的是消除对贸易的技术障碍，协调各国的技术规范。在该联合行动项目中，委员会采取一系列措施来建立一套协调的用于土建工程设计的技术规范，最终将取代国家规范。在此背景下，1980 年产生了第一代欧洲规范，包括 EN 1990~EN 1999（欧洲规范 1990~欧洲规范 1999）等。1989 年，委员会将欧洲规范的出版交予欧洲标准化委员会，使之与欧洲标准具有同等地位。其中 EN 1992-1-1（欧洲规范 2）的第一部分为混凝土结构设计的一般规则，是由代表处设在英国标准化协会的《欧洲规范》技术委员会编制的，另外还有预制构件质量控制相关的标准，如《预制混凝土构件质量统一标准》EN 13369 等。

总部位于瑞士的国际结构混凝土协会 FIB 于 2012 年发布了新版的《模式规范》MC 2010。该《模式规范》在国际上有非常大的影响，该规范的推出经历了 20 年，汇集了 5 大洲 44 个国家和地区专家的成果，修订成 MC 2010。MC 2010 建立了完整的混凝土结构全寿命设计方法，包括结构设计、施工、运行及拆除等阶段。此外，FIB 还出版了大量的技术报告，为理解《模式规范》MC 2010 提供了参考，其中与装配式混凝土结构相关的技术报告，涉及结构、构件、连接节点等设计的内容，进一步促进了欧洲装配式建筑的发展。

3）日本装配式建筑发展

日本的装配式混凝土建筑从第二次世界大战以后得到了持续发展，并在地震区的高层和超高层建筑中得到广泛的应用。目前，日本的预制建筑技术达到世界领先水平，质量标准很高，并经历了多次地震的考验。

日本的住宅产业化始于 20 世纪 60 年代初期。当时住宅需求急剧增加，而建筑技术人员和熟练工人明显不足。为了使现场施工简化，提高产品质量和效率，日本对住宅实行部品化、批量化生产。20 世纪 70 年代是日本住宅产业的成熟期，大企业联合组建集团进入住宅产业，通过研发形成了盒子住宅、单元住宅等多种形式。同时设立了产业化住宅性能认证制度，以保证产业化住宅的质量和品质。这一时期，产业化方式生产的住宅占竣工住宅总数的 10%。20 世纪 80 年代中期，为了提高工业化住宅体系的质量，设立了优良住宅部品认证制度，产业化方式生产的住宅占竣工住宅总数的 15%~20%，住宅的质量得到大幅提高。到 20 世纪 90 年代，采用产业化方式生产的住宅占竣工住宅总数的 25%~28%。日本是世界上率先在工厂里生产住宅的国家。

在 1990 年之后，日本采用部件化、工厂化生产方式，来提高生产效率，满足住宅内部结构可变、适应多样化的需求。日本从一开始就追求中高层住宅的配件化生产体系。该体系能满足日本人口比较密集的住宅市场的需求，更重要的是，日本通过立法来保证混凝土构件的质量，在装配式住宅方面制定了一系列的政策和标准，同时也形成了统一的模数标准，解决了标准化、大批量生产和多样化需求这三者之间的矛盾。

日本的标准包括建筑标准法、建筑标准法实施令、国土交通省告示及通令、协会（学会）标准、企业标准等，涵盖了设计、施工各方面，日本建筑学会 AIJ 制定了装配式结构相关技术标准和指南。1963 年成立的日本预制建筑协会在推进日本预制技术的发展方面做出了巨大贡献，该协会先后建立 PC 工法焊接技术资格认证制度、预制装配住宅装潢设计师资格认证制度、PC 构件质量认证制度、PC 结构审查制度等，编写了《预制建筑技术集成》丛书，包括剪力墙预制混凝土（W-PC）、剪力墙式框架预制钢筋混凝土（WR-PC）及现浇同等型框架预制钢筋混凝土（R-PC）等。

目前，日本在探索预制建筑的标准化设计施工的基础上，结合自身要求，在预制结构体系整体性抗震和隔震设计方面取得了突破性进展，具有代表性成就的是日本 2008 年采用预制装配框架结构建成的两栋 58 层的东京塔楼。

同时，日本的预制混凝土建筑体系设计、制作和施工的标准规范也很完善，目前使用的预制规范有《预制混凝土工程》JASS 10 和《混凝土幕墙》JASS 14 以及在日本得到广泛应用的蒸压加气混凝土板材（ALC）方面的技术规程（JASS 21）。各本规范的主要技术内容包括：总则、性能要求、部品材料、加工制造、脱模、储运、堆放、连接节点、现场施工、防水构造、施工验收和质量控制等。

日本的工业化住宅除了上述的混凝土建筑外，还有木结构、钢结构形式，日本的钢结构和木结构住宅在主体结构设计中采用与普通钢结构、木结构相同的设计规范。日本每年新建 20 万栋左右的低层住宅中，钢结构住宅占七成以上的市场份额。现在日本正在推广的钢结构住宅体系主要有以下几个特点：柱间距大，可实现 $200m^2$ 的大空间内无柱，且可自由分割成 1~3 户；框架采用钢管混凝土柱和 FR 耐火钢梁；楼面为 PC 板叠合现浇钢筋混凝土结构，管道置于楼板的中空部位；外墙板采用 ALC 板或 PC 板，内隔墙采用隔声性能好的强化石膏板；设备与结构构架相互独立，便于管道维修。

1.1.2　国内装配式建筑发展过程

我国的建筑工业化是与新中国的工业化建设同时起步的，受经济、技术水平、政策等方面的影响，其发展既经历过高潮期，也遇到过低谷期。从总体上来说，当前我国建筑工业化仍处于生产方式转型和推广应用的关键阶段。

1956 年 5 月 8 日，国务院出台《关于加强和发展建筑工业的决定》，这是我国最早提出建筑工业化的文件，文件指出：为了从根本上改善我国的建筑工业，必须积极地、有步骤地实现机械化、工业化施工，必须完成对建筑工业的技术改造，逐步地完成向建筑工业化的过渡。在此后的几十年中，我国的建筑工业化道路经历了漫长的探索和发展历程。自20 世纪末至今，十多年间，由于我国住宅产业化方针政策的推动和住宅技术发展的需求，我国建筑工业化又进入了一个新的发展时期。政府对建筑工业化的新技术、新产品、新材料的推广应用取得了明显成效，一些企业也在建筑工业化的道路上积极探索，克服了发展过程中遇到的瓶颈问题，促进了新时期建筑工业化的科技进步与发展。但是，由于认知水平、社会经济、产业政策、技术水平等诸多因素的制约，使得我国建筑工业化历经数十年却并未取得显著的发展，我国建筑工业化仍处于生产方式的转型阶段。

目前我国建筑工业化技术处于研发试验阶段，在装配式建筑结构体系、预制构件性能、装配式建筑设计标准及建筑工业化评价体系等方面尚没有形成成套的技术体系，许多建筑研究和设计单位进行了积极的尝试和创新。企业大规模建筑工业化生产仅仅停留在以万科为代表的房地产开发企业的"产业整合型模式"和以远大为代表的建材生产企业的"技术集成型模式"的探索时期。因此，针对现阶段我国建筑工业化遇到的技术和应用瓶颈问题，反思我国在建筑工业化推进过程中的经验和教训，有助于我国建筑工业化发展。我国的建筑工业化从新中国成立初期开始，经历了一条清晰的发展路径，取得了一系列成果。从技术发展的角度，我国的建筑工业化及技术发展过程可分为三个阶段：

1. 第一阶段：新中国成立初期到 20 世纪 70 年代末，创建和起步期

在新中国成立的发展建设初期，住宅短缺是新中国成立后亟待解决的重大问题，急需找到加快解决住房短缺的建设方法。在此情况下，我国提出向苏联学习工业化建设经验，学习设计标准化、工业化、模数化的方针，在建筑业发展预制构件和预制装配件方面进行了许多关于工业化和标准化的讨论与实践。建筑工业化内容主要包括设计标准化、构件工厂化和施工装配化三个方面，核心是主体结构的装配化。在加快建设速度、降低工程造价和节约人员数量的前提下，大量、快速和廉价地提供城市住宅。本阶段建筑工业化以解决居住问题为发展目标，重点创立了建筑工业化的住宅结构体系和标准设计方法，也推动了早期建筑工业化项目建设及技术研发工作的开展。

随着新中国经济的复苏和发展，城市建设被提上日程，砖混结构成为最为广泛采用的结构体系，住宅工业化基本思路在砖混住宅体系的发展中得到了较好的体现。1960 年以后，楼板、楼梯、过梁、阳台、风道等大量构件均已预制化，形成了砖混结构的建筑工业化体系。到"一五"结束时，建工系统在各地建立了 70 多家混凝土预制构件加工厂，除了基础和砌墙外，柱、梁、屋架、屋面板、檩条、楼板、楼梯、门窗等基本上采用预制件进行装配。至 1978 年，砖混住宅一直是作为全国最为广泛采用的结构体系，建筑工业化基本思路在砖混住宅体系的发展中得到了较好的体现。"一五"期间，通过砖混住宅通用图，提高了砖混住宅的标准化水平。同时，在借鉴国外经验的基础上，我国建筑工业化重点发展标准设计，国务院指定国家建委组织各部一两年内编出工业和民用建筑的主要结构和配件的标准设计；城市建设部在 1956 年编出民用建筑的主要结构、配件的标准设计。

20 世纪 70 年代，在全国建筑工业化运动的"三化一改（设计标准化、构配件生产工厂化、施工机械化和墙体改革）"方针指导下，发展了大型砌块、楼板、墙板结构构件的施工技术，出现了系列化工业化住宅体系。这一时期，形成了一系列装配式混凝土结构体系，较为典型的结构体系有装配式单层工业厂房结构体系、装配式多层框架结构体系、装配式大板结构体系等（图 1-10）。上述住宅体系均得到比较广泛的应用。1973 年，作为最早装配式混凝土高层住宅的前三门大街高层住宅在北京建成（图 1-11），共计 26 栋高层住宅都采用了大模板现浇、内浇外挂板结构等工业化的施工方法，首次尝试了高层混凝土结构装配式建造方式，推动了我国建筑工业化的发展。

在这个时期，我国出现了建筑工业化的结构体系设计标准和相关设计图集：

1）住宅标准设计的出现

图 1-10　早期的各类型建筑工业化体系　　　图 1-11　北京前三门大街高层住宅（大模板内浇外挂）

(*a*) 预制模板；(*b*) 大板；

(*c*) 砌块；(*d*) 框架轻板

20 世纪 50 年代中期，由国家建设部门负责，按照标准化、工厂化构件和模数设计标准单元，编制了全国 6 个分区全套各专业的标准设计图。在苏联专家的指导下，北京市建筑设计院设计了第一套住宅通用图。20 世纪五六十年代开始研究装配式混凝土建筑的设计施工技术，形成了一系列装配式混凝土建筑体系，较为典型的建筑体系有装配式单层工业厂房建筑体系、装配式多层框架建筑体系、装配式大板建筑体系等。

2）标准通用图的普及

国家组建了从事建筑标准设计的专门机构，开展了设计标准化的普及工作，进行了砌块结构、钢筋混凝土大板结构等多类型住宅结构的工业化体系与技术的研发与实践。

20 世纪 70 年代，标准化设计方法和标准图集的制定工作由各地方负责实施，各地成立了专业部门来推进住宅标准设计的工作。这种标准图集成为所有城市建筑行业和构件生产的依据。1978 年，为满足工业化和多样化设计要求，国家建委下达《大模板建造住宅建筑的成套技术》科研课题，北京市建筑设计研究院承担了大模板体系的标准化研究，制定了一整套建筑体系参数，既包括开间、进深和层高的参数，也包含楼板、外墙板、楼梯、阳台、定型卫生间和通道板等定型构配件参数，并制定了整套的构造做法。大模板住宅建筑体系具有建筑参数可控、构件配件定型和住宅设计可变的三大特色。大模板住宅建筑体系的住宅类型包括多层板式塔式、高层板式塔式等九种形式，20 套组合体。1980 年，《北京市大模板建筑成套技术》科研项目通过鉴定，北京市颁布了《大模板住宅体系标准化图集》。大模板住宅体系住宅设计作为北京 80·81 系列住宅的组成部分被大量采用，成果在北京五路居居住区、西坝河东里小区、富强西里小区等住宅区建设中得到推广应用。1985 年，北京 80·81 系列住宅研究成果获得国家科技进步二等奖。

3）建筑工业化结构体系概念与国外建筑工业化的研究

20 世纪 70 年代末，城市建设被提上日程，建筑行业生产总量不断加大，以何种方式来解决大量的建设任务，成为建筑行业急需解决的课题。在此背景下，我国开始借鉴"二战"后西方国家的住宅建筑工业化的经验，将国外建筑工业化引进国内。我国技术人员系统研究了法国、苏联、日本、西德和美国等国家的建筑工业化发展及特点，代表性成果有：1974 年的《关于逐步实现建筑工业化的政府政策和措施指南》，1979 年的《国外建筑工业化的历史经验综合研究报告》，日本、法国、苏联等国家建筑工业研究报告以及《大模板施工技术译文集》等。期间，引进了南斯拉夫的预应力板柱体系，即后张预应力装配式结构体系，进一步改进了标准化设计方法，在施工工艺、施工速度等方面都有一定的提高。

本阶段建筑工业化及技术以大量建设且快速解决居住问题为发展目标，重点建立了建筑工业化的住宅，完成了大量采用预制构件的砖混结构体系住宅的建设。这一时期是在计划经济形式下政府所推动，以住宅结构建造为中心的时期。但由于当时产品单调、造价偏高和一些关键技术问题尚未解决，建筑工业化综合效益不高。

2. 第二阶段：20 世纪 80 年代至 20 世纪末的建筑工业化及技术的探索期

20 世纪 80 年代开始，我国的住房制度发生了重大的变化，住房开始实行市场化的供给形式，房地产市场和建筑施工规模空前迅猛，这个阶段我国在建筑工业化方向做了许多积极的探索。20 世纪 90 年代部品与集成化也开始在住宅领域中出现，这个时期主体结构外的局部工业化较突出，同时伴随住房体制的改革，住宅产业理论也得到了相关研究，主要以小康住宅体系研究为代表。但是在该阶段，我国的建筑工业化及技术并没有取得重大的发展。

在该阶段内，我国建筑工业化方向做了许多具有积极意义的探索，模数标准与住宅标准设计得到了发展。我国先后在 1984 年、1997 年编制及修编了《住宅模数协调标准》，提出了模数网络和定位线等概念，对我国住宅设计、产品生产、施工安装等的标准化具有重要的影响。1988 年编制的《住宅厨房和相关设备基本参数》和 1991 年发布的《住宅卫生间相关设备基本参数》，为推动住宅设备设施工业化的进步做出了贡献。20 世纪 80 年代中期编制的《全国通用城市砖混住宅体系图集》和《北方通用大板住宅建筑体系图集》等，既扩大了住宅标准设计的通用程度，也发展了系列化建筑构配件。标准设计作为国家、地方或行业的通用设计文件，成为促进科技成果转化的重要手段。

在考虑结构构配件工业化生产的同时，我国还研究住宅设计的标准化和多样化，以"基本间"相互组合的方法形成了系列化的设计。1983 年，在研究法国、日本、苏联等国家住宅发展的基础上，开展了《国外工业化住宅建筑标准化与多样化探讨》的课题研究并通过了鉴定，该成果研究了在标准化的前提下实现工业化住宅多样化的必要性和可能性，并总结归纳了几种实现途径，即改进标准设计方法，实现住宅内部空间的可变性和灵活性，实现平面类型的多样化，增加住宅建筑的类型，住宅体型和立面的多样化，采用多种结构体系和施工工艺，构配件，设备与制品的系列化和多样化，住宅群体建筑的不同处理方法与环境设计等。

1985～2000 年，建设部开展了城市住宅小区建设试点（1985～2000 年）和小康示范工程（1995～2000 年）大系列住宅小区建设样板工程。两大样板工程及技术体系的推广工作把全国建筑行业的总体质量推进到一个新的水准，极大地提升了建筑行业技术理念与方法，有效地推动了新技术成果的转化，并通过这一系列的样板工程将体系化建设科技成果推向全国。1985 年，国家开展了城市住宅小区建设试点工作，国家经委将城市住宅小区建设列为"七五"期间 50 项重点技术开发项目之一。小康型城乡住宅科技产业工程技术体系的推动，始于 1995 年国家科委批准实施的国家重大科技产业工程项目《2000 年小康型城乡住宅科技产业工程》，该工程项目以实施和推进住宅科技产业为目标。建设部在

1996 年颁布了《住宅产业现代化试点工作大纲》和《住宅产业现代化试点技术发展要点》，并且于 1999 年成立了建设部住宅产业化办公室。

我国的建筑工业化在汲取了国外的先进经验，通过交流学习合作取得了一些成果，具体表现在：1980 年，N. J. 哈布林肯的 SAR 理论（支撑体理论）、SAR 住宅及设计方法被介绍到国内。在学习国外 SAR 理论的基础上，围绕住宅设计中的标准化、多样化开展了许多有益的研究。自 1988 年，中国政府和日本政府合作的第一个建筑行业领域项目——"中日 JICA 住宅项目"在北京正式启动，共有四期工程，历时 20 年。该项目受到中日两国政府的高度重视，一系列创新开拓性研究得以全面展开，这些成果为我国的建筑行业发展提供了强有力的支持。

本阶段建筑工业化及技术以改善居民居住生活的内部功能和外部环境的质量为发展目标，以提高住宅工程质量为中心，力求全面解决建筑行业的根本性问题并提高其综合质量，多方面、系列化地进行了工业化生产的住宅技术政策和技术理论体系的综合研究、部品技术的系统应用和整体性实践尝试。这时期，我国的建筑行业取得了突飞猛进的发展，由于当时改革开放释放了大量的廉价劳动力，建筑行业吸收了大量的进城务工人员，受技术手段、经济性及社会认知等方面的限制，大多采取现场粗犷的施工方式，建筑工业化没有在工程中得到推广应用，建筑工业化的发展与实际工程的建设存在一定的脱节。

3. 第三阶段：20 世纪末至今的快速发展期

20 世纪末，随着经济的发展和人民群众对住房需求的提升，我国的建筑市场更加繁荣，住宅商品化对建筑工业化产生了巨大影响，全社会资源环境意识的加强促进了建筑行业从观念到技术的转变。本阶段建筑工业化及技术以住宅产业化为发展目标，由传统建造方式向工业化生产方式转变，对保障居住性能的工业化住宅体系和集成技术进行了综合性研发，推动了建筑工业化发展。建筑工业化注重节能环保的集成技术应用以及资源综合利用效益，可持续发展成为建筑工业化及技术的发展方向。

这个时期关于住宅产业化和工业化的政策和措施相继出台。在政策方面，为了加快建筑行业从粗放型向集约型转变，推进住宅产业化，1999 年国务院颁发了《关于推进住宅产业现代化提高住宅质量的若干意见》的通知，明确了推进住宅产业现代化的指导思想、主要目标、工作重点和实施要求。2006 年建设部颁布了《国家住宅产业化基地实施大纲》，2008 年开始探索 SI 住宅技术研发和"中日技术集成示范工程"并取得了一定的成果。

1.1.3　我国装配式建筑的发展现状

在国家政策的引导、劳动力价格不断提高、技术水平提升及对绿色施工的要求等因素的影响下，国内的大型房地产开发企业、总承包企业和预制构件生产企业也纷纷行动起来，加大建筑工业化投入，进行了大胆的尝试和突破，为我国建筑工业化的发展做出了一定的贡献。2007 年，长沙美居荷园小区为远大兴建的首个国家住宅产业化示范项目，此项目运用建筑工业化技术体系建造的全装修成品住宅，体现了以大批量、高速度建造低价、高质、普适性的住房理念。2008～2010 年远大研发了第 5 代集成住宅，在结构体系上采用的是叠合楼盖现浇剪力墙结构体系。2008 年，深圳万科"第五寓"（图 1-12）成为深圳首个全部采用工业化生产的商品房项目，采用工业化 PC 工法，建设周期 5 个多月，统一精装修，首次实现了建筑设计、内装设计、部品设计流程控制一体化。万科结合建筑工业化生产的发展方向，重点进行了中高层集合住宅建筑主体的工业化技术研发，开发了PC大板工业化施工技术。2007年，住宅项目"上海新里程"推出以PC技术建造的新里程21号、22号两栋商品住宅楼，采用万科VSI体系，建筑主体的外墙板、楼板、阳台、楼梯采用PC构件，统一进行内部装修，该项目成为我国建筑工业化发展史上的杰出范例。

图1-12 深圳万科"第五寓"全预制装配住宅

在此阶段，住宅部品和住宅部品技术体系得到推行与发展，建设部从1999年开始实施国家康居住宅示范工程，旨在鼓励示范工程中采用先进适用的成套技术和新产品、新材料，以此引导住宅建筑技术的发展，促进我国住宅的全面更新换代。2002年，建设部发布《国家康居住宅示范工程选用部品与产品暂行认定办法》，将建筑部品按照支撑与围护部品（件）、内装部品（件）、设备部品（件）、小区配套部品（件）4个体系进行分类。推行住宅装修工业化就是要建立和健全住宅装修材料和部品的标准化体系，实现住宅装修材料和部品生产的现代化，积极推行工业化施工方法，鼓励使用装修部品，减少现场作业量。同时建设部在全国范围内开展了厨卫标准化工作，以提高厨卫产业工业化水平，促进粗放式生产方式的转变。2001年出版了《住宅厨房标准设计图集》和《住宅卫生间标准设计图集》。2006年，建设部发布《关于推动住宅部品认证工作的通知》，颁布了《住宅整体厨房》和《住宅整体卫浴间》行业标准。2008年，颁布《住宅厨房家具及厨房设备模数系列》。厨房与卫生间是全装修成品住宅技术要求最高的、管线设备最多的家庭用水空间，作为工业化部品生产的"厨卫单元一体化"的整体浴室和整体厨房从工厂生产到现场组合装配，完全体现了生产现代化、装修工业化的全部特征，是建筑工业化的典型代表产品。

除了建筑主体结构逐步采用装配式施工外，在装修方面，进一步倡导了全装修的理念。2013年1月国家发改委和住房城乡建设部联合发布了《绿色建筑行动方案》（国办发〔2013〕1号），明确将推动建筑工业化作为十大重点任务之一，提倡全装修成品住宅，实现施工精装修一体化，符合国家政策和社会对全装修成品住宅的要求。1999年，《关于推进住宅产业现代化提高住宅质量的若干意见》指出"加强对住宅装修的管理，积极推广装修一次到位或菜单式装修模式，避免二次装修造成的结构破坏、浪费和扰民等现象"。2008年，由住房城乡建设部组织编写的《全装修住宅逐套验收导则》正式出版。由于全国占主导地位的"毛坯房"建设带来的资源浪费和环境污染严重，全装修成品住宅正在成为市场的主要供应方式之一。建筑工业化着力以"装修与建筑和部品、设计和施工相结合的一体化"的方法、研发整体性的家居解决方案。在减少手工作业的同时，提高工业化生产程度，从本质上提升住宅性能和品质。全装修成品住宅是走向住宅产业化的必经之路，将成为衡量我国建筑工业化技术发展水平的标志。

从全国来看，以新型预制混凝土装配式结构快速发展为代表的建筑工业化进入了新一轮的高速发展期。这个时期是我国住宅产业进入全面发展的时期，建筑工业化进程也在逐渐加快推进，但与发达国家相比差距还很大，同时我国在建筑工业化的发展过程中也存在着对装配式结构体系认识不到位、缺乏统一的设计和施工标准、构件生产没达到批量化等不足，同时，建筑工业化技术也遇到一些瓶颈问题，这需要我国的建筑行业相关人员同心协力来推动我国建筑工业化健康发展，满足社会经济发展的需求。

1.2　装配式建筑的一般概念

1.2.1　装配式建筑的定义

装配式建筑是指在工厂或现场生产预制建筑部品和构配件，在现场采用机械化施工技术装配而成的建筑物。这种建筑的施工方法与传统的现浇结构不同，先生产或加工建筑的主要部品或构配件，如梁、板、墙、柱、阳台、楼梯、雨篷等，再通过运输工具将预制构件运送到建设现场，最后采用不同的连接方式将其拼装成不同结构形式。其中"预制"和"装配"的概念早已有之，例如在古希腊时代就曾有大量预制大理石柱部件（图1-13），我国古代模数化、标准化、定型化的预制木结构体系也已经达到很高的水平（图1-14）。

图 1-13　古希腊预制大理石柱   图 1-14　预制木结构体系

装配式建筑的组织过程可分为三个阶段：（1）设计阶段，将建筑的各种构件拆分为标准部件和非标准部件，做到模具定型化；（2）预制阶段，在工厂里采用专用模具预制加工和生产各种构件并运至施工现场；（3）采用大型吊装机械对各种构配件进行现场装配，待构配件就位后将构配件通过节点连接成整体，形成完整的建筑结构。装配式建筑是一种工业化的生产方式，它充分发挥了工厂生产的优势，用现代化的制作、运输、安装和科学管理的大工业生产方式代替传统的、分散的手工业生产方式来建造房屋。

1.2.2　装配式建筑的分类

装配式建筑按结构材料不同一般可分为装配式混凝土结构、装配式钢结构、装配式竹木结构和装配式砌块结构，其中装配式混凝土结构是应用最为广泛的结构体系。因为钢材具有轻质高强、易加工、易运输、易装配与拆卸的特点，所以钢结构是最适合装配式的建筑体系。装配式竹木结构因受材料产地制约，一般用于村镇式建筑。装配式砌块结构是用预制的块状材料砌成墙体的装配式建筑，一般用于建造 3～5 层建筑。

装配式建筑按结构体系不同一般可分为四种类型。

1. 装配式框架结构

框架结构指梁、柱连接而成的结构体系形式。它具有空间分割灵活、自重轻以及可以较为灵活地配合建筑平面布置的优点，有利于需要较大空间的建筑结构的设计。同时框架结构的梁、柱可以共同抵御使用过程中的竖向荷载以及地震来临时的水平荷载，具有良好的抗震性能，在我国以及世界各地得到广泛的应用。框架结构的梁、柱构件易于标准化以及定型化，因而非常适合进行装配式施工作业。装配式框架结构体系包括装配式混凝土框架结构体系、装配式钢框架结构体系以及装配式竹木框架结构体系等，采用装配式建造框架结构不仅可以提高施工效率，降低环境污染，亦可以保证建筑结构质量，因而在国内外，装配式框架结构都是应用最为广泛的结构体系形式之一。一般的预制构件有柱、叠合梁、叠合楼板、阳台、楼梯等。

装配式框架结构工业化程度高，内部空间自由度好，但室内梁柱外露，施工难度较高，因此成本也较高，适用于高度在 60m 以下的厂房、公寓、办公楼、酒店、学校等建筑。

2. 装配式剪力墙结构

剪力墙结构广泛应用于我国多、高层住宅建筑，装配式剪力墙结构是适合我国国情的工业化建筑结构体系。其主要受力构件由剪力墙、梁、板部分或全部由混凝土预制构件组成。预制构件在施工现场进行拼装，各墙板间在竖向采用连接缝现浇，上下墙板间采用竖向受力钢筋浆锚连接或灌浆套筒连接，楼面梁板采用叠合现浇，从而形成整体。一般的预制构件有剪力墙、叠合楼板、叠合梁、楼梯、阳台等。预制装配式剪力墙结构在发展历史上最早出现的是装配式大板结构，日本在其基础上发展了剪力墙式框架预制钢筋混凝土结构（WR-RC），20 世纪 90 年代美日联合开展的 PRESSS（Precast Seismic Structure Systems）项目提出了一种后张无粘结预应力装配式剪力墙结构，国内目前已建有装配式叠合剪力墙结构、装配整体式剪力墙结构等体系。

装配式剪力墙结构工业化程度高，预制比例可达 70%，房间空间完整，几乎无梁柱外露，施工简易，成本最低可与现浇持平，并且可选择局部或全部预制，但空间灵活度一般。适用于多、高层或超高层的保障房、商品房等。

3. 装配式框架-剪力墙结构

装配式框架-剪力墙体系根据预制构件部位的不同，可以分为预制框架-现浇剪力墙结构、预制框架-现浇核心筒结构、预制框架-预制剪力墙结构三种形式。装配式框架-剪力墙结构，框架部分与装配式框架类似，剪力墙部分可采用现浇或者预制。若剪力墙布置为核心筒的形式，即形成装配式框架-核心筒结构。此种结构兼有框架结构和剪力墙结构的特点，体系中剪力墙和框架布置灵活，易实现大空间，适用高度较高的建筑。目前，装配式框架-现浇剪力墙成果在国内已有应用，日本对装配式框架-装配剪力墙结构进行过类似研究并有大量工程实践，但体系稍有不同，国内的应用基本处于空白状态，正在开展研究工作。

4. 特殊装配式结构

现有的装配式结构大多以框架结构为主，虽然有着结构适用性广、技术成熟的优势，但也存在着结构体系单一、构件尺寸较大、运输安装困难、建筑成本较高等问题。因此为增加建筑的高度与跨度并同时降低造价，出现了一些新型的装配式结构体系，如装配式空间网格结构体系等。装配式空间网格结构体系是一种我国完全拥有自主知识产权的新型结构体系，它拥有跨越能力强、构件尺寸小、节约材料、节省层高等优点，相较于传统结构体系而言有着非常明显的优势，非常切合我国节约土地、促进环境友好建设的发展方针，是一种极有发展前景的新型结构体系。装配式空间网格结构体系主要包含装配式空腹网架结构、装配式空腹夹层板结构、装配式盒式结构。

装配式空腹网架结构同传统的组合网架、平板网架相比具有比较明显的性能和经济性优势，通过合理的网格拆分，可以很好地实现预制装配。同时试验结果显示，空腹网架结构可靠性高、空间刚度大、内力重分布性能好，同时采用简化计算方法可以很好地平衡精度要求及简化计算的要求，是一种很好的装配式空间结构体系。但其构件较多，需要进一步研究适合的预制拼装方法，进一步增强其实用性及便捷性。

装配式空腹夹层板结构除了继承了空间网架结构的优点外，有效地节省了建筑材料，降低了结构的层高，使得其可以广泛用于现有的各种梁柱结构体系中。根据试验研究及数值模拟发现，空腹夹层板空间刚度大、跨越能力强、结构高度小、受力均匀合理，可以很有效地替代现有的梁板结构体系，改变现有梁板结构体系结构布置、使用功能上的缺陷。同时通过采用简化设计方法，可使得空腹夹层板结构可以很好地切合现有的设计规范及软件，大大增强其实用性。但由于空腹夹层板结构构件尺寸小、构件数量多、节点数量多、施工较为复杂，后续研究可通过改进其构件单元划分及预制工法，进一步提升其经济性。

装配式盒式结构通过改进结构构造及受力模式，极大地增加了结构的刚度、减小了构件尺寸，很好地改善了现有结构中"肥梁胖柱"的情况，构件尺寸的缩减还为结构的预制装配提供了进一步的便利。根据数值模拟，新结构在抗震性能、经济性能上均较传统结构有较大优势，且可改善结构的剪力滞后性能，是一种很好的新型预制装配结构体系。今后的研究可进一步加深对结构弹塑性响应的了解，更加充分地研究结构的整体性能，使得其在高层及超高层结构中有更加广泛的运用。

1.2.3　装配式建筑的特点

1. 装配式建筑的优势

与传统建筑相比，装配式建筑具有以下优越性：

（1）生产效率高。装配式建筑通常采用定型化和标准化的预制构件，这些预制构件可以通过高度机械化和半自动化的预制生产线进行工业化生产；预制构件的现场安装也可充分利用现代化的机械系统和先进的生产技术。这些都有效降低了工时消耗，加快了施工进度，从而提高了生产效率。例如，法国传统建筑每平方米用工为 20 工时，在采用了装配式建筑，推广了工业化施工方法后，每平方米用工下降到 11.5 工时。

（2）建设周期短。传统建筑的各建造工序在时间上是依次进行的，一道工序完成再转入下一道工序，建设周期长；各工序的衔接不善或其中某道工序的拖延都可造成建设周期的增加。而装配式建筑由于构件预制，除安装之外的工序可同时进行；施工现场工作的减少也降低了管理、环境、设施等对施工周期的影响。例如，日本的某一五层住宅，若采用传统建筑结构，其建设工期为240天，而采用装配式建筑，构件采用工厂预制、现场机械吊装的施工方法后，只用了180天，建设工期缩短了25%。

（3）产品质量好。预制构件工厂化、标准化生产，可以避免人为因素，避免施工上的转包行为，质量易于控制。例如，经调查统计，预制混凝土工厂生产的混凝土强度变异系数为7%，而施工现场现浇的混凝土强度变异系数为17%。预制工厂生产的混凝土在强度、密实性、耐久性、防水性等方面都比现场浇筑的混凝土更有保证。

（4）环境影响小。工厂制作预制构件可以严格控制废水、废料和噪声污染。现场安装时湿作业少，施工工期短，现场材料堆放少，这些都减少了对施工现场及周围环境的污染，在一些跨越交通线的工程中，采用预制构件几乎不对既有交通造成影响。

（5）可持续发展。预制构件通过严格的设计和施工，可大大减少材料用量。例如，预制混凝土结构与现浇混凝土结构相比，可节省55%的混凝土和40%的钢筋用量。工厂可以大量利用废旧混凝土、矿渣、粉煤灰、工业废料等原料来生产预制产品。同时装配式结构的拆除也相对容易，一些预制构件可以修复后重复利用，促进了社会的可持续发展。

（6）工人劳动条件好。在工厂中生产预制构件多采用机械化和自动化的生产设备，工人劳动条件好于现场施工方式。现场安装阶段多采用机械化的施工方式，极大地降低了工人的劳动强度。

（7）建筑产业转型。建筑行业的发展从手工业到工业化进行产业转型，将提高行业的生产效率，减少对人力资源和自然资源的消耗，有利于建筑产业发展升级。

2. 装配式建筑的不足之处

装配式建筑与传统建筑相比，主要具有以下不足之处：

（1）整体性较差。装配式建筑由预制构件在现场拼装而成，如果未能精心设计连接节点并保证施工质量，就很容易出现结构整体性和冗余度差的问题。在过去发生的几次地震中发现部分装配式建筑的破坏严重。装配式建筑的抗震问题在一定程度上限制了其在地震区的推广应用。例如，在1976年的唐山大地震中，装配式结构几乎全部倒塌，1988年苏联阿美尼亚地震中装配式混凝土结构也遭受了极为严重的破坏。

（2）技术基础差。装配式建筑的设计与施工还缺乏完善的规范和质量管理标准，缺乏足够的设计与施工经验。一般结构工程师比较熟悉传统建筑结构的设计方法，对装配式建筑结构的设计方法、特点和构造尚不熟悉，从业人员在设计、制造、施工和运输方面均缺乏相关的理论知识和设计施工经验。对美国预制混凝土行业的调查表明：缺乏熟练的装配式结构设计人员和施工技术人员是限制装配式建筑推广应用的一个重要原因。

（3）安装精度高。由于工厂化的生产，预制构件的尺寸已经固定，如果施工放线尺寸偏小，将使预制构件无法安装；如果放线尺寸偏大，则构件又会造成拼缝偏大的现象。同时，在现场施工时，楼层标高也要控制好，不然极易造成楼板安装的不平整或是楼板与墙体之间出现拼缝，给现场拼装施工带来困难，甚至影响结构安全。

（4）运输成本高。预制构件在预制工厂制作后需运输到现场安装，需要大型运输设备，增加了运输成本，因此预制构件一般在施工现场附近的预制工厂制作，避免长途运输。对运输成本高的大尺寸构件也可以在施工现场预制，但这种情况下预制构件的质量和生产效率无法得到保证。

（5）初期工程造价高。装配式建筑的推广首先必须建设预制构件厂，初期投资大，在运输和安装过程中需要大型的运输和安装设备，并且装配式建筑的设计、生产和安装都要求有较高的技术，提高了装配式建筑应用的门槛和工程造价。对美国预制混凝土行业的调查表明：大约一半的承包商认为采用预制混凝土不能降低工程造价，这也是限制预制混凝土推广的一个原因。

装配式建筑作为一种相对新颖的建筑形式，与传统建筑相比，这些缺点在发展初期必然存在。但随着装配式建筑不断发展，装配式建筑的规范与标准逐渐完善，安装、运输机械化水平提高，越来越多的预制构件厂出现等，装配式建筑的设计、施工、运输的难度与工程造价逐步降低，从而成为一种安全可靠、经济合理、绿色环保的建筑形式，具有长久的生命力与竞争优势。

1.3　我国建筑工业化发展战略

1.3.1　建筑工业化的必然性和重要意义

我国建筑业在近 20 年取得了蓬勃发展，但目前粗放型的发展模式已不适应整个建筑行业和社会进步的要求。目前，建筑业已成为我国最大的单项能耗行业，而建筑施工扬尘、噪声和建筑垃圾也已成为城市环境治理的重要方面。在建设"美丽中国"的目标下，建筑工业化必将成为建筑行业寻求转型突破的重要选择之一。据统计，1993 年我国建筑耗能仅占全社会能耗总量的 16%，2012 年这一数据已经上升至 28%，单位建筑面积的能耗为发达国家的 2~3 倍，如果不采取有力措施，到 2020 年中国建筑能耗将是现在 3 倍以上。建筑业的环保、节能、低碳、减排问题已成为影响我国国民经济增长方式转变和国民经济可持续发展的主要矛盾。另一方面，我国建筑施工主要采用现场施工为主的传统生产方式，工业化程度低、工作环境差、劳动强度大、环境污染严重、建造方式落后，水泥、钢材、木材等建筑材料损耗及建筑垃圾量大，这些既是 PM2.5 及城市噪声的主要来源之一，又是节能减排的最大障碍之一。因此，建筑业转型升级，由粗放型向集约、高效型转变，走建筑工业化道路，是社会和建筑行业的双重要求。

1.3.2　国家建筑工业化发展战略及政策

公认的"建筑工业化"的全面定义是联合国发布的《政府逐步实现建筑工业化的政策和措施指引》（1974 年出版）提出的，即按照大工业生产方式来建设建筑业，其核心是设计标准化，加工生产工厂化，现场安装装配化和组织管理科学化。主要目的是采用新的技术成果来变革传统建筑业生产方式，提高建造生产效率，加快建设速度，同时达到提高工程质量、降低建设成本、优化生产安全环境的效果。近 10 年来我国从中央政府层面先后发布了多项建筑工业化的政策。

2006 年 6 月，《国家住宅产业化基地试行办法》（建住房［2006］150 号）发布，确定了依靠技术创新促进粗放式的住宅建造方式的转变，提高住宅产业标准化、工业化水平的产业发展目标；强调要大力发展省地节能型的新型住宅体系，增强住宅产业的可持续发展能力；指明了住宅产业化的发展方向，提出住宅产业化成套技术与建筑体系的发展要符合环保和节能、节地、节水、节材等的要求，以满足广大城乡居民对提高住宅的质量、性能和品质的需求。

近几年，我国住房城乡建设部还先后发布了《绿色建筑行动方案的通知》《住房城乡建设部关于开展建筑业改革发展试点工作的通知》《住房城乡建设部关于推进建筑业发展和改革的若干意见》，确定了推动建筑产业现代化的发展方向，提出加快发展预制和装配技术、提高建筑工业化技术集成水平的具体要求。建议加快推广符合工业化生产要求的钢结构、预制装配式混凝土等新型建筑结构体系。同时，提出要丰富部品、部件、构件等标准件的种类并注重其通用性和可置换性，实现其标准化；加快制定、完善建筑工业化标准体系，以促进工业化建筑的设计、施工、部品、构配件生产等各环节的规范化；并在2014年9月发布了《住房城乡建设部关于建筑产业现代化国家建筑标准设计专项编制工作计划（第一批）的通知》。

2016年2月，《中共中央国务院关于进一步加强城市规划建设管理工作的若干意见》把发展新型建造方式作为今后城市规划建设管理工作的一个重要方向，提出要通过大力推广装配式建筑，尽快制定、完善装配式建筑的设计、施工和验收标准、规范；完善部品、构件标准，推动建筑部品、构件的工厂化生产，达到减少建筑垃圾排放、控制扬尘污染、同时缩短建造工期、提升工程质量的效果；并再次提出了要建设国家级装配式建筑生产基地，鼓励建筑企业实施工厂化生产、现场装配施工的措施；此外，还绘制了发展新型建造方式的蓝图，即加大政策支持力度，争取10年后我国装配式建筑占新建建筑面积的比例大于30%；针对我国钢铁产能过剩和装配式钢结构建筑技术体系较为成熟的情况，倡议推广钢结构装配式建筑，并进一步指出在资源便利、环境适宜、具备条件的地区也要因地制宜、发展现代木结构建筑。

2018年2月起，中华人民共和国住房和城乡建设部颁布实施了《装配式建筑评价标准》GB/T 51129—2017，明确定义了"预制率""装配率"及"预制构件"等专业术语。"预制率"是指工业化建筑室外地坪以上的主体结构和围护结构中，预制构件部分的混凝土用量占对应构件混凝土总用量的体积比；"装配率"即工业化建筑中预制构件、建筑部品的数量（或面积）占同类构件或部品总数量（或面积）的比率。

另外，该标准还明确了工业化建筑应符合设计标准化、制作工厂化、施工装配化、装修一体化、管理信息化的基本特征，预制率不应低于20%，装配率不应低于50%。该标准的实施对加强工业化建筑项目的建造计划、建造技术、质量控制、材料供应、责任划分等具有重要的指导意义。

1.3.3　我国建筑工业化当前面临的挑战

目前，我国的建筑设计与建筑施工技术水平已接近或达到发达国家技术水平，根据建筑技术可持续发展的需要，正在积极探索建筑产业现代化发展，其中建筑工业化就是建筑产业现代化发展的一个重要方面。我国在建筑工业化发展的道路上，已经迈出了一大步，建筑体系成套技术日益成熟和完善，预制构配件生产能力、建筑机械化水平不断提高，商品混凝土生产逐渐形成独立的行业。但是，在朝着工业化方向发展的同时，仍然存在着很多问题，面临很多挑战，需要引起我们重视。具体如下：

1. 建造成本

对于装配式混凝土结构，由于目前市场对于预制混凝土构件的需求较小，预制构件并没有像制造业产品一样大批量地加工生产，因此预制构件的生产费用没有体现出应有的"工厂化"优势；并且预制构件生产企业需按照制造行业缴纳 16％ 的增值税，明显高于土建施工领域的税率。这些因素导致了预制构件的生产成本还无法与传统现浇施工成本相竞争。此外，装配式结构还会产生额外的构件节点连接成本、新增运输费用等，对现场施工设备和人员的要求也更高。因此，目前我国装配式混凝土结构的建造成本相对现浇结构偏高。

此外，国内推广装配式混凝土结构的企业均建有各自的预制构件生产基地，但该类生产基地仅服务于所属企业，其产能无法充分利用，且预制构件偏高的生产成本使这种生产模式很难盈利，只能通过政府的补贴政策及企业内的研发补助资金来维持运营。尽管某些同时具备开发、设计、生产、施工能力的企业在进行装配式住宅建筑的研发生产时，能串联起上下游业务板块，尽可能提高效率降低成本，但采用装配式混凝土结构的土建工程造价仍旧相比现浇结构高 20％～25％，过高的建造成本阻碍了装配式建筑的应用和推广。

由于建造成本偏高，目前装配式混凝土结构多集中应用于政府保障性住房的建造中，在政府的鼓励支持和补贴政策下才得以通过试点的形式应用。然而，对于成本问题我们也应有一个科学的认识，随着人工成本的上升、预制构件产品形成标准化的生产与商业化的供货模式以及装配式混凝土结构的逐步推广，装配式混凝土结构相比现浇混凝土结构的成本差将逐步降低，装配式混凝土结构的市场空间将得到进一步的拓展。

2. 模数化、标准化与多样性

对于装配式建筑，首先应实现模数化、标准化，以方便预制构件加工厂生产并尽可能降低成本，也方便工程项目设计与施工企业的施工安装工作。模数化、标准化在工业建筑中能较好地实现，但在民用建筑中如何做好模数化、标准化将是我们重点研发的方向。在推广装配式建筑的过程中，我们要做好模数化、标准化工作，但更要兼顾标准化与建筑多样性的关系，不能为简单满足标准化而造成建筑的千篇一律，不能因为发展建筑工业化而限制了建筑的多样性；同样，也不能因强调多样性而不发展标准化。

对装配式建筑构件的生产应考虑标准化与个性化相结合，绝大部分的构件生产加工应实施标准化的方式，少部分构件可以按个性化方式加工。构件的标准化生产可以大幅度提高效率、降低成本，符合建筑工业化的发展方向；构件的个性化生产可以满足建筑的多样性，构件的个性化加工应当如同钢结构构件工厂加工生产一样，预制构件生产企业根据设计图纸的需要，加工生产出不同尺寸类型的预制构件。

3. 设计软件与设计效率

目前装配式混凝土结构设计中还没有成熟的商业化软件可以采用，设计人员仍先按照现浇结构的设计方法用传统软件进行设计，再按预制构件要求进行拆分出图（或由专业公司进行二次深化设计），这种设计方法未能按标准化的要求充分考虑装配式结构的特点，导致后期构件非标种类多、节点复杂，增加了构件生产和施工安装的难度，同时设计效率低，设计工作量大。

4. 现场施工安装

由于装配式混凝土结构与传统的现浇结构在施工安装技术、施工项目管理差别较大，装配式混凝土结构施工安装过程相对复杂，有时施工流水作业周期甚至慢于现浇结构。特别对构件运输、进场堆放、吊车垂直运输、安装作业面、构件临时固定、节点连接等一系列过程均需要科学管理，方能减少人工作业量，否则会导致安装过程耗时长，无法体现装配式混凝土结构应有施工周期短的特点。

本章小结

本章内容系统地介绍了建筑工业化的概念和国内外的发展历程，介绍了我国建筑工业化的发展现状，从现行的国家政策阐述了我国建筑工业化发展的必然性，同时也针对我国推进建筑工业化遇到的困难和瓶颈进行了阐述分析。通过本章内容的学习，可以对建筑工业化的基本内容进行了解，对学习以后的章节大有帮助。

思考与练习题

1-1　我国建筑工业化发展过程中在不同的时期和阶段遇到过什么问题？对现阶段推进我国建筑工业化发展有何参考和借鉴？

1-2　参考新版《中国地震动参数区划图》GB 18306—2015，在中高烈度地震区域推广建筑工业化时，应该进行哪些方面的考量？在结构体系的选择、设计和施工时需要注意哪些方面内容？

1-3　欧美及日本具有完善的建筑工业化结构体系，如在国内引进和应用会出现什么问题？国外的建筑工业化发展历程对我国有何借鉴和教训？

第 2 章　装配式建筑标准化设计

本章要点及学习目标

本章要点：
(1) 装配式建筑设计与传统建筑设计的区别；(2) 建筑构件分类；(3) 构件法建筑设计；(4) 装配式建筑结构设计；(5) 装配式建筑外围护设计；(6) 设备的装配。
学习目标：
本章主要从建筑设计的角度去理解装配式建筑的标准化设计原则和基本方法。

装配式建筑主要通过标准化设计、工厂化制造、装备化转运、装配化施工、一体化装修和信息化管理等全过程，从而实现建筑工程质量的提高，同时节约资源与保护环境。标准化建筑设计在装配式建筑建设全流程中起到引领作用，对后续的工作具有决定性的影响。

建筑标准化设计按照现在的管理流程，主要包括前期技术策划、建筑方案设计、扩大初步设计、施工图设计、构件深化设计、一体化装修设计等协同设计内容，在这一系列过程中，建筑方案设计对技术策划起到落实作用，对后期工作起到总领作用，是标准化设计的关键。

传统的建筑设计是一个相对独立的过程，在后续设计工作中可以进行一定的优化和调整。与此不同，装配式建筑标准化设计一旦确定后则难以更改，牵一发而动全身，故而在标准化设计阶段一定要综合考虑建筑设计、生产、制造、转运、装配、维护等各个过程中的重要因素，为建筑全生命周期建筑质量控制打下良好的基础。

装配式建筑设计最重要的特点是协同设计，其主要体现在以下三个方面：(1) 从策划设计开始就全盘考虑建筑全生命周期的运营管理，将传统设计中后期内容前置，调动产业链协同研发产品；(2) 优化现行标准管理流程，建造与设计一体化，施工图与建造图共同进行，互相协调；(3) 基于构件的协同设计，所有工业化技术实施单位参与研发和建造分工。

2.1　装配式建筑的物质构成与结构构件系统标准化设计

2.1.1　装配式建筑的构件分类概述

装配式建筑中预制构件的分类是装配式建筑设计的基础。合理的构件分类方式可以高效地组织设计、生产、运输、装配与维护等过程，是装配式建筑全生命周期的重要保障。构件分类方法应当适应工业化生产和装配式施工，应当符合设计标准化、构件部品化、施工机械化等发展趋势，从而实现装配式建筑产业的可持续发展。

构件的分类方法可以根据构件在建筑中的结构作用来进行划分，主要包括起承重作用的结构构件与非承重结构构件。承重结构构件主要包括墙、柱、梁和板等。非承重结构构件可以进一步划分为自重较大的构件和自重较轻的构件，前者譬如外挂混凝土墙板，虽然不起结构作用，但是因自重大对结构影响较大；后者譬如轻钢龙骨玻璃幕墙，对于结构的影响主要在于构造连接，并不十分影响结构的强度计算。

构件的分类方法还可以根据构件在建筑中的使用寿命来进行划分。有些构件与建筑是同生命周期的，譬如主要的承重结构构件，应考虑50年以上使用寿命。有些构件的使用寿命应考虑为建筑的半生命周期，可以在中途进行修缮或更换，譬如建筑外围护结构。有些构件的使用寿命可以考虑为一代人的使用时间，譬如住宅中的内隔墙等，应考虑到随着时代的发展必然会被更替，在设计时就应考虑到如何拆除。还有一些构件限于材料等因素，其使用时间本身就不长，譬如露明的管线、墙体填缝剂等，在设计时应充分考虑到使用时间的因素。

构件的分类原则是应当既能区分开不同性质的构件，同时又有利于构件之间的连接。通常，我们同时考虑到构件的承重性质与寿命周期，并结合其在建筑中的不同作用与生产条件，将建筑构件主要划分为结构体、围护体、分隔体、设备体和装修体五个部分。这五个部分在承重性质与使用寿命上皆无必然联系，因此在设计、生产与装配中应尽量考虑其独立性，但是应该充分考虑各部分之间的连接关系。

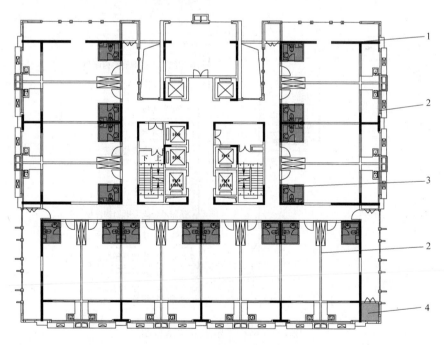

图 2-1　构件分类图

1—结构体；2—围护（外围护体、内分隔体）；3—装修体；4—设备体

结构体指的是建筑的承重构件。装配式建筑中主要使用的结构材料为混凝土、钢、木和竹材等。砖砌体等材料由于构件太小不利于装配，往往不作考虑。限于经济发展水平与

工程需求，目前我国装配式建筑以钢筋混凝土结构为主，钢结构次之，木结构与竹结构较少。但从绿色建筑、低碳建筑等可持续发展的理念来看，钢结构、钢-混凝土组合结构、木结构与竹结构是未来装配式建筑的重要发展方向。但是从绿色建筑、低碳建筑等可持续发展的理念来看，木结构与竹结构是未来装配式建筑的重要发展方向。钢筋混凝土结构主要包括框架结构、剪力墙结构、框架-剪力墙结构、框架-筒体结构等，其结构体竖向主要是柱与剪力墙，横向主要是梁和楼板，见图 2-2。在装配式建筑的建造过程中，结构体的设计、生产与装配往往是最重要的，是衡量建筑工业化发展程度的重要指标。

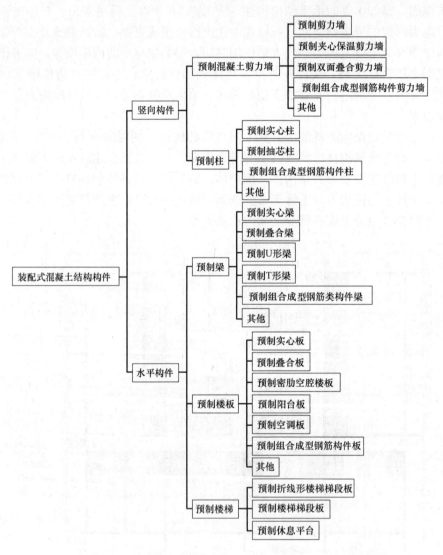

图 2-2　结构体常见分类示意图

　　围护体主要指的是建筑立面的围护构件，对被其包裹在内的结构体、分隔体、设备体和装修体等起到保护作用。围护体根据重量可以大体区分为重型和轻型两类（图 2-3），重型围护体重量较大，所以对结构计算以及抗震计算有较大影响，轻型围护体对结构计算影响不大，主要考虑构造上的设计。重型围护体以混凝土外挂墙板为代表，衍生出一系列的围护体，如 GRC 外墙板等，该类围护体虽然重量较大，但造价和性能上皆具有较大的优势；轻型围护体以金属幕墙为代表，常见的如铝板、玻璃幕墙、外挂石材等，在建筑造型上具有较大优势，但价格一般较高，建筑性能上也不及混凝土等重型材料，预制率一般也不高，装配效率相比稍低。在建筑设计中，应当考虑重型围护体和轻型围护体相结合的方式，以重型围护体解决主要的功能性立面，以轻型围护体解决特殊部分立面。此外，围护体不应单纯考虑二维平面维护，可以将空调板、阳台板等综合设计在一起形成立体的围护体，该种方式可以大大提高预制率并减少构件之间的连接问题，但是往往由于制作模具、养护、脱模、运输、吊装等环节较为困难，目前尚未能大规模推广。在设计中应合理权衡围护体的轻重与大小等因素，使得造价与施工难度等都较为合理。

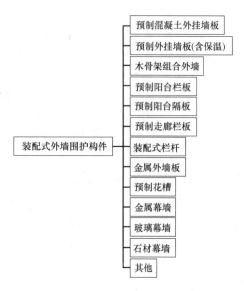

图 2-3 围护体常见分类示意图

分隔体指的是建筑内部用以划分具体使用空间的竖向分隔构件，区别于围护体有一半表面暴露于室外，分隔体全部位于建筑室内，故而性能要求相对降低，常见的材料与构造做法也更为多样。从使用年限上来划分，可以包括与建筑基本同寿命的公共维护界面，如楼梯间、公共厕所的分隔墙体；以一代人时间计算的用以分隔使用权限的分户墙，其对隔声、防火等要求较高；可以经常替换的用以分隔内部具体使用空间的户内分隔墙，可以根据具体的性能要求设置不同等级的墙体。从分隔体的构成部品大小来划分，由小及大常见的内分隔体形式有砌块、板材、轻钢网模内分隔和预制混凝土大板等（图 2-4）。从连接构造上看，分隔体在竖直方向需要考虑与梁和楼板的连接构造，在水平方向上需要考虑与结构体、围护体或是另一分隔体连接，不同的组合方式使其构造方式也不相同。

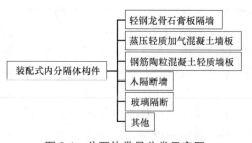

图 2-4 分隔体常见分类示意图

装修体指的是结构体、围护体、分隔体组成的建筑空间雏形初现后使得建筑内部空间能够被正式使用的各种装修构件，主要包括建筑必不可少的水、暖、电设施以及地面、吊顶和各个内立面的装饰（图 2-5）。虽然装修体在结构体、维护体和分隔体之后才进行施工，但是装修体的部分预留工作需要在设计之初就考虑好，在结构体、围护体和内分隔体生产、预制、装配的过程中就充分考虑到装修体的构造需要，这是出于集约的考虑，可以适当地进行管线等的预埋，但是严禁在预制构件完成后再次进行剔凿等破坏性工作。在空间不是很紧张的情况下，可以考虑装修体与结构体、围护体和分隔体不产生交错，而是将装修体仅仅通过构造连接的方式置于其内表面，以此实现装修体的完全独立，既不影响结构体等的设计与生产，同时为装修体的可改造性带来极大的便利，是未来的发

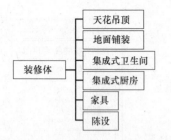

图2-5　装修体常见分类示意图

展趋势。一般来讲，装修体依附于内分隔体与外围护体。集成化家具，如整体卫浴、整体厨房等，是装修体实现工业化的重要组成部分。

设备体指的是建筑中常见的功能性和性能型设备，一般含有较大的机械设备，常见的如空调、整体卫生间、整体厨房等（图2-6）。设备体通常专业化、集成化程度较高，是提升装配率的重要指标之一，虽然较小，但在设计时需要提前考虑，需要充分考虑到设备体的安装、使用、维修、更换和拆除等流程。

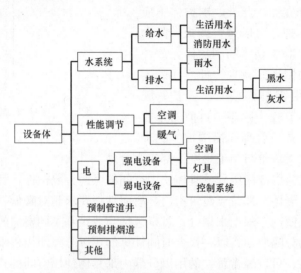

图2-6　设备体常见分类示意图

在装配式建筑中，构件的预制化程度是衡量建筑工业化发展水平的最重要的指标之一。在钢筋混凝土结构的建筑中，预制混凝土构件占全部混凝土用量的比例是常用的参考指标。但是考虑到各种构件的制作和装配方式不尽相同，预制率的计算也有不同的计算方法。通常我们以预制构件的体积比来计算，即用预制构件混凝土体积除以预制构件混凝土体积与非预制构件混凝土体积之和，这种计算方式一般适用于单位体积造价相近的构件，如结构体的预制率计算。有时我们以预制构件的立面投影面积之比来计算预制率，这种方式一般适用于线性构件，如分隔体预制率计算。有时我们以预制构件价值比来计算预制率，即预制构件的价值占到总成本的比例，这种方式一般适用于整体的经济性计算。需要说明的是，建筑作为一个复杂的体系，其最终的预制率计算往往是各个不同的部分分开单独计算预制率，然后将各个部分的预制率按照不同的权重进行加权，最终得出一个相对合理的整体预制率。一般而言，结构体与围护体的预制率权重稍高。我国《工业化建筑评价标准》GB/T 51129—2015中规定，预制率是指工业化建筑室外地坪以上主体结构和围护结构中预制部分的混凝土用量占对应构件混凝土总用量的体积比。装配率是指工业化建筑中预制构件、建筑部品的数量（或面积）占同类构件或部品总数量（或面积）的比率。对于工业化建筑，要求其预制率不低于20％或装配率不低于50％。装配率的计算只是针对单独构件或部品，没有提出单体建筑的装配率的计算方法，一般将单体建筑分为6类构件，每一类的装配率均大于 50%，视为建筑整体装配率大于 50%。除了以上标准给出的预制率和装配率的计算方法，我国不同地区和省份根据当地建筑工业化发展的水平也分别出台相应的预制率和装配率的计算方法。

在装配式建筑中，部品化程度是衡量一个国家或地区建筑工业化发展水平的重要指标之一。部品，即直接构成成品的最基本组成部分。可以认为，部品可以独立或通过组合构成建筑构件，是结构体、围护体、分隔体、装修体和设备体的基本组成部分。建筑通用部件的种类、数量以及建筑产品生产商的数量和质量体现出一个国家或地区的部品化程度。

2.1.2　装配式建筑标准构件和非标准构件

建筑是一个复杂的系统，其结构体、围护体、分隔体、装修体和设备体本身就由各种不同的部品所构成，再加上这五体相互之间还要进行连接，使得建筑策划、设计、生产、装配、使用、维修和拆除都越来越复杂。在这种情况下，应当将建筑中的构件进行归并，使得尽量多的构件相同或相近，并使得连接方式尽量归并，可以大大地减少不同的构件数，方便设计、生产、装配等各个环节。

在装配式建筑发展之初，如 20 世纪 20 年代美国的装配式建筑，20 世纪 50~70 年代瑞典的装配式建筑，20 世纪 60 年代日本的装配式建筑等，都一味地追求高预制率，追求构件数最少，造成了早期的装配式建筑外形比较呆板，千篇一律，反而使得人们对于装配式建筑感到廉价和不美观，阻碍了装配式建筑的发展。所以，在装配式建筑的设计中，应适当增加构件的灵活性和多样性，使装配式建筑不仅能够成批建造，而且样式丰富。

为了平衡建筑工业化大生产所要求的构件少和建筑多样性之间的矛盾，在建筑设计中可以考虑将构件区分为标准构件与非标准构件。建筑标准构件不单单应用于某一个或某一组建筑，而是整个国家或者区域内的建筑都可以套用的标准构件。建筑非标准构件则可以独立应用于某一个或某一组建筑，可以使得每个建筑有其独特性，建筑非标准构件带来的材料成本、施工成本、维护成本等的增加，可在采用非标准构件带来的增值中被抵消，从而达到双赢的效果。

需要说明的是，建筑标准构件与非标准构件并不存在不可逾越的鸿沟。譬如，当标准构件生产到最后几步时，如果将每个构件单独加工处理，即可在同一基础之上获得各不相同的非标准构件，即可以保障大的尺度上的一致，又能得到各不相同的非标准构件，这样可以大幅降低非标准构件的成本，同时可以保证构造连接的一致性，是一种较为可行的非标准构件设计生产方法。标准构件生产完成之后，同样可以在其上通过附加不同的轻质构件或喷涂等二次加工来获得非标准构件。另外，建筑标准构件并不是指单纯的尺寸上的一致。譬如，某两根梁其截面尺寸和长度完全一致，但是其配筋不同，也不能认为是同一种标准构件。所以，建筑标准构件除了尺寸上的一致外，其内部构造和与其他构件的连接方式也是重要的考虑因素。

对于量大面广的民用建筑应当以标准构件为主，实现设计标准化，便于构件生产、加工、运输、装配、维修等。

结构体的构件设计应尽量是标准构件，宜减少非标准结构体构件数量。在生产、运输和装配允许条件下，结构体标准构件应尽量大，以此减少构件数量和减少构件之间的连接节点数量。钢结构、木结构和竹结构因构件本身较轻，在装配中难度相对较小，非标准构件可以适当多一些。钢筋混凝土结构中结构体构件往往都较大较重，即使是尺寸相同的构件仍然可能配筋或者是开槽等有差异，所以在钢筋混凝土结构中结构体的设计更应进行适当的归并，在建筑策划和建筑设计阶段充分考虑到结构体构件的生产、运输和装配等环节。对于柱构件，考虑到与梁、板的交接，一般至少需要角柱、边柱和内部柱三种，应尽量在此基础上进行复制，而不是根据传统的配筋方式使得柱构件种类太多。对于剪力墙构件，应尽量在平面上归并其几何形状，宜采用 L 形、T 形、Z 形、H 形等可以独自站立的构件，采用一字形的剪力墙虽然有利于提高生产和运输效率，但是在装配时需要额外支撑会对建筑施工产生不利影响。对于梁构件，应尽量根据跨度归并梁的截面尺寸，并应尽量避免梁搭梁的形式，这会严重影响主梁的预制效率，并对施工产生较多的额外工序。对于板构件，应找到合理的模数来控制板构件的划分，同时应注意到板和柱交接时应预留空间。总体上，结构体构件应设计尽量多的标准构件，某些非标准构件无法避免时应通过设计的归并使其种类和数量尽量减小。

围护体的构件设计应在标准构件与非标准构件之间取得均衡。对于住宅建筑、工业建筑、办公建筑等，应尽量通过围护体标准构件的不同排列组合取得丰富的立面效果。对于商业建筑、文化建筑等一些对造型要求较高的建筑，如果预算及建造工艺许可，则不应局限于标准构件，可以通过非标准围护构件直接建造。

分隔体的构件设计应尽量符合标准构件的设计标准。对于主要使用空间而言，应使分隔体的类型尽量少，在具体的设计中，还和具体的内分隔建造方式有关：如果采用预制混凝土板直接吊装而成，应尽量减少标准构件类型和非标准构件数量；如果采用可复制拼装的板材拼接而成，则应使内分隔体皆符合构件的模数，常见的模数如 300mm、600mm、900mm 和 1200mm 等，应尽量避免非标准构件而导致板材的切割；如果采用石膏砌块、发泡混凝土砌块、空心砖等砌块建造，则应根据具体材料的构造特性来设计相关模数，同样需要避免砌块的切割。对于楼梯间、厕所或设备间等辅助空间的分隔，由于空间狭小或曲折，其内分隔体往往不得不采用非标准构件，这种情况下应充分考虑到施工的难易，从而选择合适的材料，避免产生太多的非标构件。

在标准层的设计中，宜多使用标准构件进行设计和建造，以此控制建筑质量并产生较大的经济效益。可以考虑在建筑顶部和低层裙房部分，在标准构件的基础上适当添加非标准构件，是使得建筑更为丰富的有效途径。

随着建造体系的发展和成熟，装配式建筑标准构件应当形成构件库，在建筑标准的引导下，完善设计、生产、运输、装配和维护产业链，形成一套完整的系统。在今后的设计中，标准构件库应当可以直接套用，避免重复研发产生浪费，同时可以越发完善建造全流程。设计师应当在充分了解标准构件库的基础之上，利用构件库结合非标准构件进行设计，可以有效提高建筑质量，缩短建筑工期，降低建筑成本等。

标准构件所占比例是衡量装配式建筑设计水平的重要评定指标。基于标准构件的建筑设计，有利于实现较高的预制装配率，有利于部品构件的通用化使用，有利于装配式建筑的可持续发展。

2.1.3　基于标准构件的建筑设计

建筑的建造方法，是指导建筑施工并保证建筑设计按照相关要求顺利实现的关键性技术手段和方法，在建筑设计、建造、施工、管理、维护、拆除的建筑全寿命周期中是至关重要的环节，承载着工程质量和进度，承载着生命、财产安全，在很大程度上标志着工程建设和技术装备的先进程度。建筑的设计方法，是指建筑师在拿到项目任务书后，根据要求，将其转变为建筑方案图纸的技术手段和方法。建筑设计是建筑建造、施工、管理、维护、拆除的建筑全寿命周期中是第一步，设计的合理与否直接决定着后续的建造、施工、管理等各个环节能否顺利开展。

传统的建筑设计流程可以总结为：建筑师拿到项目任务书，在与甲方的沟通中，根据要求，结合个人的专业技能，最终形成建筑方案。设计是人们有意识、有目的地寻求尚不存在的事物进行发明和创造的过程。由此可见意识是很难捕捉和参照的，而不同建筑师面对不同的设计要求，意识活动也是千差万别，通常依靠积累项目经验，提高审美素养，完善和扩充设计手段和技能来保证建筑方案的合理。通常情况下，传统的建造方法没有实现房屋的全寿命周期质量保障，建筑设计建造流程管理混乱，建筑质量难以保证，造价难以控制，依据图纸的项目预算与实际花费出入较大。

装配式建筑的设计方法，应当是基于构件分类和组合的建筑协同构建系统和方法，能够优化房屋的设计、生产、装配、建造、维修、拆除等流程，并使得整个工程项目管理更加高效。基于构件分类系统库的建筑设计和建造流程变得更加标准化、理性化、科学化，减少现行各专业之间（以及专业内部）由于沟通不畅或沟通不及时导致的错、漏、碰、缺，提升工作效率和质量，从而实现房屋工程项目的协同设计、协同建造。

基于标准构件分类和组合的建筑设计方法，包括以下步骤：

1. 步骤 1

构建房屋构件分类系统库：查找并搜集所有符合相应规范和技术规程的房屋构件的技术资料，包括房屋构件的类型图纸、技术图纸、产品说明书、制备工艺及施工工艺，将每个房屋构件的技术资料组成一个构件信息，并对所有构件信息逐个进行特异性编码，然后用所有构件信息及其特异性编码组成房屋构件分类系统库。

2. 步骤 2

根据拟建房屋的建造和设计要求，按照以下流程进行构件选择和方案设计：

1）根据结构设计要求，从房屋构件分类系统库中选择结构构件，进行结构体设计；其中的结构构件既包括标准的构件，也可以包括由非标构件组成的扩展构件；

2）从房屋构件分类系统库中选择围护结构，进行空间单元的限定和设计；其中的围护结构既包括标准的围护结构，也可以包括由非标围护结构组成的扩展围护结构；

3）从房屋构件分类系统库中选择性能构件，将其与空间单元结合，得到具有性能的空间单元；

4）根据各类建筑的设计原则和功能要求，对所述空间单元进行组合与布局，从而得到建筑整体构建方案模型。

3. 步骤 3

如果步骤 2 得到的建筑整体构建方案模型满足建造、性能、功能、审美以及相关规范的要求，则记录所选构件的特异性编码，并按照所选构件的组装过程对所选构件的特异性编码进行排序，形成与房屋构建相匹配的特异性编码序列，完成建筑整体构建方案模型；否则，进入步骤 4。

4. 步骤4

查找出导致建筑设计方案模型不满足要求的房屋构件，研发并设计新房屋构件，得到新房屋构件的类型图纸、技术图纸、产品说明书、制备工艺及施工工艺，用所述新房屋构件替代不满足要求的房屋构件，再重新进行构件选择和构建方案模型设计，如果新的建筑整体构建方案模型仍不满足建造、功能、性能、审美以及相关规范的要求，则调整新的建筑整体构建方案模型，直至满足建造、功能、性能、审美以及相关规范的要求。

5. 步骤5

对新构件信息逐个进行特异性编码，并用新房屋构件及其特异性编码更新房屋构件分类系统库，最后按照所选构件的装配和组装过程对所选构件的特异性编码进行排序，形成与房屋设计相匹配的特异性编码序列，即得到建筑整体构建方案模型。

基于标准构件的建筑设计可以优化房屋的设计、建造、装配、生产流程，并使得整个工程项目管理更加高效。方案在修改过程中只需要替换相应的构件，构件与构件之间的逻辑关系并不发生根本性的改变，另外，在设计环节中，在构件分类系统库里选取真实的构件产品进行设计，取代利用专业行为意识来进行设计，团队在挑选和重组建筑构件的过程中，当构件分类系统库中的构件不能满足相应的建筑要求时，可以通过市场调研，和相关企业合作等手段研发新的构件，通过相关专业规范验证和产品技术论证，然后存入构件分类系统库中，以备下次使用。在新构件研发之初，也会通过实际工程项目来验证其合理性。在建造与装配环节中，由于构件分类系统库中的构件都是成熟的建筑产品，施工人员提取相应的技术图纸进行标准化的建造与装配。在生产环节中，生产人员按照相配套的技术图纸和产品说明书进行标准化的生产。在管理过程中，管理人员参照构件分类系统库里每个构件相匹配的技术图纸和产品说明书来管理工程项目中的设计、建造、装配、生产环节。根据构件相匹配的标准化的技术图纸和产品说明，在设计环节中检查构件是否符合满足建筑的相关要求，在建造和装配环节中组织合理化的施工方案，督促施工人员进行标准化、程式化的施工，编排切实可行工程计划进度表等。在生产环节中，方便生产人员进行标准化、程式化的生产。基于标准构件的建筑设计和建造方法与普通建筑设计的建造方法的最大不同在于，在设计活动开始的时候就挑选构件分类系统库里的构件进行设计，所运用的构件是真实的，是有标准的装配方法和施工工艺的，而不是建造团队根据建筑施工图纸去匹配相应的建筑构件产品。其优点还在于可以实现设计与建造流程的标准化、信息化和协同化，构件生产的工厂化，施工和装配过程的程式化，造价估算的精确化和工程管理的动态化。

基于标准构件是装配式建筑设计的最重要的基本原则之一。在具体的装配式建筑设计中，还应注意标准化平面设计、标准化套型设计、模数协调等。

2.1.4　装配式建筑标准化设计

我国老一辈建筑学家曾说："要大量、高速地建造就必须利用机械施工；要机械施工就必须使建造装配化；要建造装配化就必须将构件在工厂预制；要预制就必须使构件的类型、规格尽可能少，并且要规格统一，趋向标准化。因此标准化就成了大规模、高速度建造的前提。"

装配式建筑标准化设计的基本原则就是要坚持"建筑、结构、机电、内装"一体化和

"设计、加工、装配"一体化,就是从模数统一、模块协同,少规格、多组合,各专业一体化考虑。要实现平面标准化、立面标准化、构件标准化和部品标准化。平面标准化的组合实现各种功能的户型,立面标准化通过组合来实现多样化,构件标准化、部品部件的标准化需要满足平面立面多样化的尺寸要求。

装配式建筑的标准化平面设计,为符合未来的发展趋势和使用需求,应力求做到以不变应万变,不变的是建筑的耐久性和体系的开放性,变化的是空间和功能,并可以实现更新、升级和迭代。如图 2-1 所示的建筑平面中,通过标准化的建筑设计实现了标准化结构系统、通用化大空间、标准化构件和模块化户型。标准化结构系统中的竖向构件和横向构件布置均匀,既符合结构计算受力原理,又符合建筑设计通用标准,并且结构系统具有可生长性。如图 2-7 所示,是根据图 2-1 所示的结构系统进行重新组合得到的新的具有同样特性的结构布置平面图,在此基础上进行平面结构的拓扑与生长,同样可以得到如图 2-8 所示的结构平面布置图,这三个平面图具有类似性和结构构件的通用性,得益于其源于同一套标准化结构系统。通用化大空间是实现空间可变的重要前提,如图 2-9 所示,通过预设大空间的理念,可以确保在建筑功能更新迭代时依然符合使用需求,并在通用化大空间的基础上利用标准化结构系统布置标准化平面(图 2-10)。标准化结构系统有赖于标准化构件,尤其是结构构件的标准化设计,如图 2-11 所示,整个标准层平面中的竖向剪力墙构件只有 6 种,梁和板等横向构件的数量也较少,有利于工业化建造、施工和装配。模块化户型,是工业化住宅设计的有效方法,如图 2-12 所示,通过两种的通用化大空间的内部空间设计,可以得到 5 种不同的户型,将这 5 种户型进行模块化组合,可以得到 20 种以上的建筑平面图。如图 2-13 所示,是 4 种典型的少规格、多组合的建筑平面布置图。

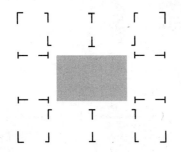

图 2-7 标准化结构系统平面布置

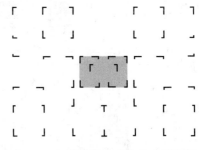

图 2-8 标准化结构系统可生长平面

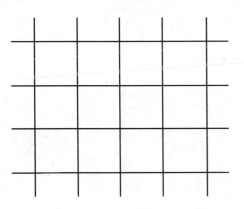

图 2-9 通用化大空间轴网

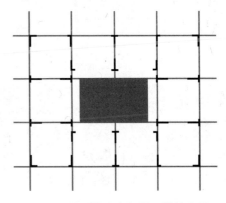

图 2-10 通用化大空间平面结构布置

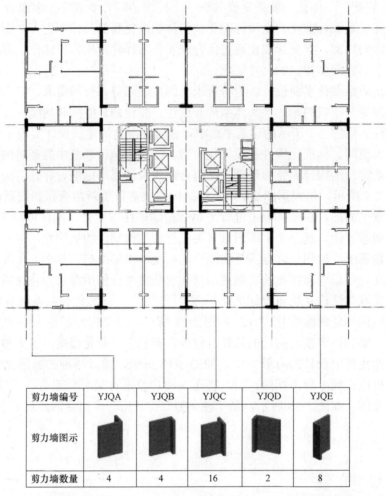

剪力墙编号	YJQA	YJQB	YJQC	YJQD	YJQE
剪力墙图示					
剪力墙数量	4	4	16	2	8

图 2-11 构件标准化

 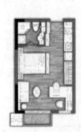   

图 2-12 5 种模块化户型

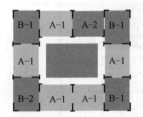 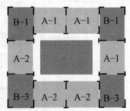 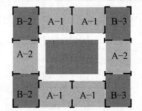 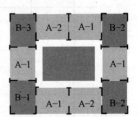

图 2-13 4 种典型模块化户型组合平面布置图

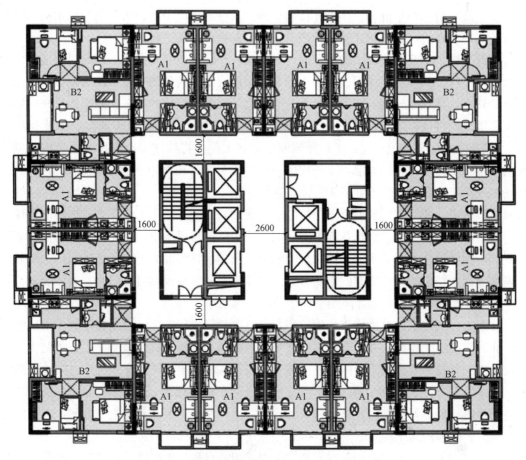

图 2-14　装配式建筑标准化设计平面

装配式建筑在具体设计中，有以下一些简要注意事宜：

装配式建筑的平面宜简单、规则，突出与挑出部分不宜过大，平面凹凸变化不宜过多过深，并在充分考虑不同使用功能的前提下选用大空间的平面布局方式。装配式建筑应采用基本模数或扩大模数的方法实现建筑模数协调。

装配式建筑的立面围护结构宜采用工厂预制、工位吊装的方式。

装配式混凝土结构宜采用规则的结构体系，可采用框架结构、剪力墙结构、框架-剪力墙结构。高层装配式混凝土剪力墙结构、框架-剪力墙结构的竖向受力构件宜采用全部现浇或部分现浇。高层装配式混凝土结构应采用预制叠合楼板或者现浇楼板；装配式结构中，平面复杂或开洞过大的楼层、作为上部结构嵌固部位的地下室顶板应采用现浇楼盖结构，高层装配式结构的地下室宜采用现浇结构。

装配式建筑宜采用土建和装修一体化设计。装配式建筑的设备管线应进行综合设计，减少平面交叉；竖向管线应相对集中布置。装配式住宅建筑中，厨房、卫生间的设备管线宜采用结构层与设备层分离的方式。

2.1.5　装配式钢筋混凝土结构构件设计

木结构与钢结构，大多数时候为单一材质构件，即材料可能不一样，但是组成建筑时各材料之间一般不产生混合，各自保持独立性。从这个角度上讲，木结构与钢结构本身就是装配式的，在进行标准化建筑设计的时候主要对构件直接进行设计。

与此不同，钢筋混凝土结构属于混合材质构件，混凝土和钢两种不同的材料通过浇筑融合为一个构件共同产生作用。更重要的是，钢筋混凝土构件的成型涉及混凝土由流态到固态的转变，状态的转化，离不开模具，这给钢筋混凝土结构的施工和装配都带来一定的难度。传统的现浇施工工艺比较适合整体连接，但是施工复杂，湿作业多，工业化程度低。PC工法将大多数湿作业在工厂预制完成，在工位上将构件再次连接。这是模仿钢结构的单一材质做法，将钢筋混凝土当成单一构件来处理。不过对于钢筋混凝土结构而言，现场的现浇工作量可以降低，但无法完全避免。

一般来讲，装配式钢筋混凝土结构的构件成型，指的是采用工业化方式在预制构件厂制作的混凝土预制件，不包括在施工现场制作的构件。需要指出，如免拆钢筋网模或者可重复利用铝模等技术，其将钢筋构件预制装配后通过模具将混凝土在现场成型，也是装配式钢筋混凝土结构的构件成型的重要方式。构件成型包括在预制时将门窗、表面装饰、管线、构配件与预制件同时制作成型。

装配整体式建筑的设计应该从建筑规划与方案阶段进行考虑。预制构件制作单位应具备相应的生产工艺设施，并应有完善的质量管理体系和必要的试验检测手段。预制构件制作前，应对其技术要求和质量标准进行技术交底，并应制定生产方案；生产方案应包括生产工艺、模具方案、生产计划、技术质量控制措施、成品保护、堆放及运输方案等内容。混凝土预制构件批量制作前宜进行预安装，并根据构件特点编制专项施工方案，方案中应包括施工各阶段的施工验算。

装配式钢筋混凝土结构构件制作及安装中使用的材料、构配件及产品等，应符合设计文件及现行标准，并综合考虑使用功能、耐久性和节能环保等设计要求。混凝土预制构件所采用的普通混凝土强度等级一般不应低于C30。混凝土预制构件中采用的内埋式吊具，其性能应满足吊装安全性的要求，并应按照不大于1000件为一批，随机抽取3件进行力学性能检验。保温材料预制在构件中时，应选择吸水率较低的材料。脱模剂的选用应满足有效脱模、不污染混凝土表面和不影响装修质量的原则。

装配式钢筋混凝土结构构件成型的模具，其刚度和稳定性应满足制作工艺的需要；模具组装应牢固、严密、不漏浆。模具堆放场地应平整、坚实，不得积水。模具每次使用后，应清理干净，不得留有水泥浆和混凝土残渣。模具在使用过程中应定期进行维护。

装配式钢筋混凝土结构构件所使用的钢筋应批量加工，并宜机械化加工，宜加工成钢筋骨架；钢筋骨架加工应制作试件，在通过检验后再批量加工。钢筋骨架入模前，应检验、校正钢筋骨架尺寸，钢筋骨架表面不应有颗粒状或片状锈蚀。钢筋骨架在入模过程中应校正入模位置，入模后不得移动。钢筋骨架应采用垫、吊等方式，满足钢筋各部位的保护层厚度。钢筋骨架的定位方式不应对混凝土预制构件表面质量产生影响。

装配式钢筋混凝土结构构件的连接技术主要包括结构体与结构体的连接、结构体与围护体的连接。

2.2　装配式建筑外围护构件标准化设计

2.2.1　装配式混凝土建筑外围护构件系统概述

建筑外围护体，指的是建筑与空气直接接触的围护界面，主要包括墙体、门、窗、屋顶等。合理的围护体设计，可以使得建筑室内舒适度大幅提高，使建筑耗能降低。在设计与施工时采用更高性能的围护结构，虽然一定程度上带来成本上的增加，但是随着时间的流逝，其节约的耗能费用完全可以将其补偿，与此同时给使用者带来使用的舒适性，并能保护建筑内部构件，使建筑获得更长久的寿命，是实现可持续发展的重要举措之一。

装配式建筑外围护体是自承重构件，其只承受作用于本身的荷载，包括自重、风荷载、地震荷载，以及施工阶段的荷载等，不考虑分担主体结构所承受的荷载和作用。不过由于外围护结构的主体材料往往是钢筋混凝土，外围护体自重一般较大，会对主体结构的计算产生影响。在不影响围护体性能的情况下，合理地减小外围护体的体积或者采用密度较小的建筑材料，可以减轻外围护体自重，对于结构计算和施工中的吊装、定位都会有益。

目前我国国内装配式钢筋混凝土建筑中，预制混凝土外墙板作为围护体，是运用最多的一种形式。预制混凝土外墙板表面平整度好，整体精度高，同时又可以将建筑物的外窗以及外立面的保温及装饰层直接在工厂预制完成，提升生产效率且质量可控，是装配式建筑的重要组成部分。

结构体与外围护体应尽量保证各自的独立性。外围护体应尽可能自身形成完整界面，而不被结构体等阻断。因此，在设计中，通常考虑采用悬挂的形式，而不是嵌入结构的方式。如图 2-15 所示，左图的围护体在平面和剖面都被结构体所阻断，未能形成完整围护界面，而右图中，围护体采用悬挂的形式，无论是平面还是剖面上，都形成了完整的围护界面。

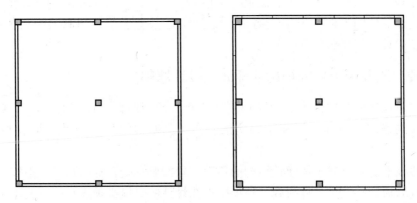

图 2-15　两种外围护体与结构体的关系

预制混凝土外墙挂板，按照其保温构造层次分类，主要有四类：单叶板（单层板）、单叶板＋保温板（二合一板）、夹芯保温板（三合一板）和混凝土保护层＋保温层＋内墙层（独立组合式预制钢筋混凝土复合外墙板）。单叶板的构造、加工、施工、定位等都较为简单，但是后期仍然需要人工手动添加保温材料等，工业化程度稍低，质量相比较不可控，但是符合目前工业化发展的初期社会条件。夹心保温板的构造层次复杂，给设计、施工等带来一定的难度，但是这种方式更符合装配式建筑的内涵，将更多的工作前置，放置在工厂内解决问题，有利于节省工期，节省人力，并且墙板质量可控，是一种较好的发展方向。独立组合式复合外墙板指的是将围护结构的外保护层和内饰面都作为独立的部分，在其中留下空气保温层或是搁置保温材料，这种方式的优点在于内外相互独立，可以保证在进行内装修时不会影响到最外层的保护墙体，同时在建筑维护时可以较为方便地进行外立面的维修与更换。独立组合式复合外墙板的外层混凝土保护层一般是通过预制的方式在现场像幕墙板一样吊装，效率较高，内层墙体与内隔墙类似，可以采取砌块砌筑或者轻钢龙骨内隔墙等形式。虽然多增加一道工序，但是使得建筑内部获得了更高的整体性，同时外围护墙板又具备了独立性，对建筑的内部使用和未来的维修更换都具有积极的意义。

预制混凝土外挂墙板保温构造层次分类表　　　　　表 2-1

预制混凝土外墙挂板			
单层板	二合一板	三合一板	独立组合式

预制混凝土外墙挂板，按照其主体材料和施工工艺来进行分类，目前市面上常见的有：承重混凝土岩棉复合外墙板、薄壁混凝土岩棉复合外墙板、混凝土聚苯乙烯复合外墙板、混凝土珍珠岩复合外墙板、钢丝网水泥保温材料夹芯板、SP 预应力空心板、加气混凝土外墙板与真空挤压成型纤维水泥板（简称 ECP）。

装配式建筑外围护体的发展趋势是：复合装配-独立维修；预制装配和装修一体化；预制构件表面具备装修构件可扩展性。

2.2.2 装配式混凝土外围护构件标准化设计原则

装配式建筑外围护构件主要包括预制外墙板、预制阳台、预制女儿墙和预制空调板等，设计应结合装配整体式混凝土结构的特点，其基本单元及外墙立面宜按一定规则变化。

外挂墙板不需要承载主体建筑结构的负荷，只需要承受自身的重量、地震等荷载，为了保证外挂墙板能够满足各种荷载，外挂墙板在设计的时候必须满足以下要求：第一，在承受最大限值范围内，外挂墙板的承载力必须满足装配式建筑的规范要求；第二，在正常使用的情况下，外挂墙板的平面挠度必须满足建筑施工要求，外挂墙板的裂缝必须符合施工裂缝的宽度要求；第三，必须要有足够的承载力和对变形问题进行协调，便于墙板的连接。

预制混凝土外挂墙板按照建筑外墙功能定位可分为围护板和装饰板，其中围护板系统可按照立面特征划分为横条板体系、整间板体系和竖条板体系。如表2-2所示，横条板常表现为连窗式，此种形式的墙板固定到结构梁上，每层的窗横向联通，因其不受层间位移的影响，外挂板的安装相对比较简单；整间板体系常表现为开窗式，这种预制混凝土墙板最为普遍，窗框直接预制在混凝土中，单元整齐划一。竖条板体系通常表现为连柱式，此种形式是外观柱子上下联通，给人以挺拔的感觉，但在设计时需要充分考虑层间位移。

装配式建筑立面围护板板型 表2-2

外墙立面划分		立面特征简图	挂板尺寸要求	适用范围
围护板系统	横条板体系		板宽 $B \leqslant 9.0$m 板高 $H \leqslant 2.5$m 板厚 $\delta = 140 \sim 300$mm	①混凝土框架结构 ②钢框架结构
	整间板体系		板宽 $B \leqslant 6.0$m 板高 $H \leqslant 5.4$m 板厚 $\delta = 140 \sim 240$mm	
	竖条板体系		板宽 $B \leqslant 2.5$m 板高 $H \leqslant 6.0$m 板厚 $\delta = 140 \sim 300$mm	

2.2.3　装配式混凝土外围护构件节点连接技术

装配式建筑外墙的设计关键在于连接节点的构造设计。对于承重预制外墙板、预制外挂墙板、预制夹心外墙板等不同外墙板连接节点的构造设计，悬挑结构、装饰构件连接节点的构造设计，以及门窗连接节点的构造设计，均应根据建筑功能的需要，满足结构、热工、防水、防火、保温、隔热、隔声及建筑造型设计等要求。预制外墙板的各类接缝设计应构造合理、施工方便、坚固耐久，并结合本地材料、制作及施工条件进行综合考虑。

外挂墙板应采用合理的连接节点并与主体结构可靠连接。有抗震设防要求时，外墙板及其与主体结构的连接节点，应进行抗震设计。支承外挂墙板的结构构件应具有足够的承载力和刚度。外挂墙板与主体结构宜采用柔性连接，连接节点应具有足够的承载力和适应主体结构变形的能力，并应采取可靠的防腐、防锈和防火措施。外挂墙板与主体结构采用点支承连接时，连接件的滑动孔尺寸，应根据穿孔螺栓的直径、层间位移值和施工误差等因素确定。如表 2-3 所示，是三种常见的预制混凝土外墙挂板连接构造节点类型，分别适用于不同类型的外围护体设计。

预制混凝土外墙挂板连接构造节点类型　　　　表 2-3

序号	变位方式	原 理 图	适 用 范 围
1	转动	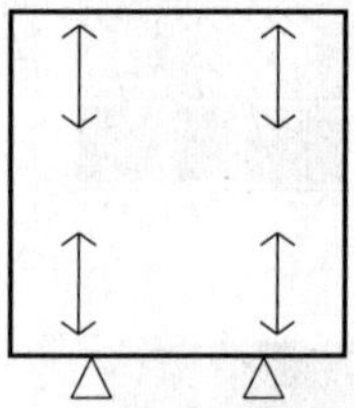	①整间板 ②竖条板
2	平移＋转动	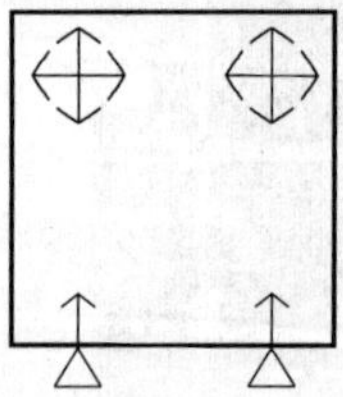	整间板
3	固定	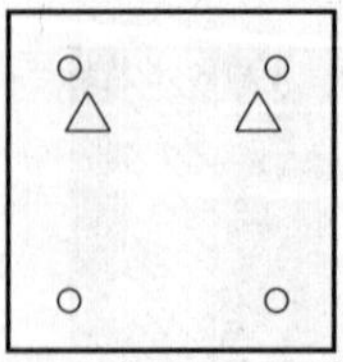	①与梁连接的横条板 ②混凝土饰板

说明：△—自重支点；↑ ↕ ⊕—滚轴；○—销轴

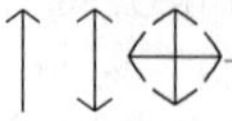

建筑物的防水工程一直是建筑施工中非常重要的一个环节，防水效果的好坏直接影响到建筑物今后的使用功能是否完善。预制装配式建筑的防水，导水优于堵水、排水优于防水，要在设计时就考虑可能有一定的水流会突破外侧防水层，通过设计合理的排水路径将这部分突破而入的水引导到排水构造中，将其排出室外，避免其进一步渗透到室内。此外应利用水流受重力作用自然垂流的原理，设计时将墙板接缝设计成内高外低的企口形状，

结合一定的减压空腔设计，防止水流通过毛细作用倒爬进入室内。

除了混凝土构造防水措施之外，使用橡胶止水带和多组分耐候防水胶完善整个预制墙板的防水体系，也是重要的措施。材料防水是靠防水材料阻断水的通路，以达到防水的目的或增强抗渗漏的能力。如预制外墙板的接缝采用耐候性密封胶等防水材料，用以阻断水的通路。用于防水的密封材料应选用耐候性密封胶；接缝处的背衬材料宜采用发泡氯丁橡胶或发泡聚乙烯塑料棒；外墙板接缝中用于第二道防水的密封胶条，宜采用三元乙丙橡胶、氯丁橡胶或硅橡胶。密封胶是可用于规则缝和无定型缝嵌填密封的均质膏状物，具有防泄漏、防水、防振动、黏结及隔声、隔热等作用。建筑密封胶的选材应根据密封胶性能特点和应用工程概况整体把握。主要参考指标有：黏接性、位移能力、拉伸模量、弹性恢复率、固化速度、耐候性及环保性等。

装配式建筑施工时，为了便于安装操作，预制外墙之间存在着人为设计的宏观缝隙，一般设计宽度为 20mm，必须使用弹性的密封防水胶，一般的密封胶长期暴露在大气中受到紫外线、雨水、温度应力的作用，再加上胶体的化学释放，往往容易发生老化、龟裂甚至开裂从而导致渗漏，因此在满足建筑弹性变形要求的前提下，黏接能力和耐候性是选择的关键。

构造防水是采取合适的构造形式，阻断水的通路，以达到防水的目的。如在外墙板接缝外口设置适当的线型构造（立缝的沟槽，平缝的挡水台、披水等），形成空腔，截断毛细管通路，利用排水沟将渗入接缝的雨水排除墙外，防止向室内渗透。如图 2-16 和图 2-17 所示，是常见的预制外墙板构造防水连接大样。

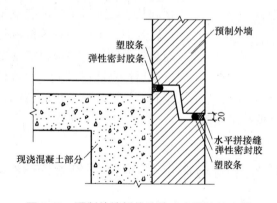

图 2-16　预制外墙板构造防水上下连接大样

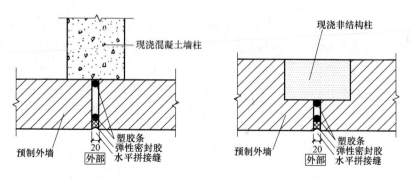

图 2-17　预制外墙板构造防水水平连接大样

　　预制外墙板的吊装，主要指的是将预制构件从堆场通过吊具精准定位到工位的过程，一般而言主要包括"水平运输——起吊——就位——粗定位——精定位"这五个步骤。

　　预制外墙板的堆场的设置，应尽量减少水平运输的距离，以此提高运输效率。对于单块吊装的预制外墙板，可以考虑堆放在建筑周边；对于需要现场拼装的大板，需要在工地近处设置专门的场地，可因地制宜采用集中或分散堆放的形式。

　　预制外墙板的吊装，与其他预制构件类似，都是通过构件中预埋的吊点来吊装。通常情况下，预制外墙板起吊时与起吊中的状态皆是竖直状态，为了较好地起吊一些较大的预制外墙板，需提前制作特殊的吊具，如图 2-18 所示，绳索与构件之间的夹角不宜过小。吊具的设计应由预制外墙板的制作方进行受力计算与施工，并在工厂内多次试验确保无误后方可在施工现场使用。

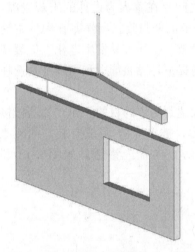

图 2-18　预制大板吊具起吊示意图

　　预制外墙板在吊装前，需要先在楼板等安装完成后，根据轴线在楼板或边梁等构件上弹线确定预制外墙板编号与位置。在正式开始吊装前，还需要在地面堆场上复核预制外墙板的外轮廓尺寸和对角线长度，以免墙板吊装就位后返工，影响后续吊装并拖长工期。经验证无误后的墙板，也需弹线控制安装定位。有时为了预制外墙板在运输过程中的安全，会在现场才安装预制外墙板与结构构件的连接件，虽然一定程度上降低了效率，但是避免了磕碰，保障了预制外墙板的质量。

　　预制外墙板通过吊车吊装就位后，一般为了提高塔吊的运转效率，不会一直等待该外墙板安装完毕后才撤离，而是先将预制外墙板粗略地定位在立面工位上，在确保安全后塔吊即进入下一块墙板的吊装，与此同时施工人员对墙板进行进一步的精细定位，两边工作同时进行，可以大大提高外墙板的吊装效率。

2.3　装配式建筑内分隔与内装修构件系统标准化设计

2.3.1　SI 系统研究进展

　　SI 住宅，其基本理念是"将住宅的承重结构（S）与填充部分（I）区分开来，通过加固 S 部分，尽可能地延长住宅的寿命，同时把 I 部分在允许的范围内自由的变化"。如图 2-19 所示，支撑体是住宅的主体结构，主要包括承重结构中的承重墙、柱、梁和楼板等，不可随意改变；而填充体则不属于结构部分，主要包括内隔墙、内装修、设备等随着时间的变化可能变动的部分。其原始理论来自于荷兰，作为一种住宅系统，虽然有较多年的研究历史，但是在世界各地都有着不同的见解。

　　20 世纪 60 年代中期，荷兰的约翰哈布瑞肯教授针对二战后大规模工业化住宅建设中存在的标准化与多样化等问题，结合并引进欧洲建筑领域的开放设计体系和用户参与设计等社会化成果，提出了全新的 SAR（StichtingArchitecten Research）支撑体住宅

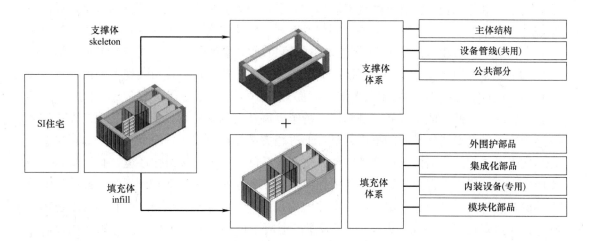

图 2-19 SI 住宅概念示意图

理论、方法和建造技术体系。SAR 支撑体住宅理论及体系首次提出将住宅的设计与建造系统分为支撑体（Support）和可分单元（Detachable Unit）两个部分。这两个部分的划分不仅仅是建筑结构方面的概念，还包含看公共与个人、固定与消费，以及设计范围大小、产权归属、建造分工等社会经济、城市发展和住宅建造方式等诸多方面的特定内涵。

OB（Open Building）体系与方法是在 SAR 支撑住宅的支撑体和可分单元等概念、理论和实践的基础上提出的。开放建筑理论体系发展的支撑体体系、填充体体系和外围护体系等几个集成附属体系，具有其集成附属体系作为其生产建造的特征。集成附属体系指的是将设计建造条件转化为规定性能的集合单位，且不同企业生产的集成附属体系具有互换性，从而构成开放建筑。开放建筑体系，通过填充体体系与方法在国际上得以瞩目并广泛应用，其工业化住宅研究对既有住宅改造具有重要意义。填充体体系与方法的应用，既保障了住宅的可变性和居住性能的提升，也使得住宅建设模式向长寿化和资源有效利用的可持续方向发展。

SI（Skeleton and Infill）住宅的基本概念是基于 20 世纪 60 年代的 SAR 支撑体住宅理论与体系，在日本不断发展而形成的新型住宅供给与建设模式、体系和方法。其核心是根据工业化生产的合理性，达到居住多样性和适应性的目的。SI 住宅的理论及分级，是居住空间构成的"城市街区层级"和"建筑层级"，甚至是"居住层级" 3 个等级划分。按照各自分级的设计建设特征，其 SI 住宅空间的构成要素根据"公共"的城市街区体系、"共同"的支撑体体系和"住户"的填充体体系（内装、设备管线）来划分；其基本概念广泛应用于城市住宅的设计、建设和管理运营等方面。区别于单纯的一种建筑技术、手段或方式，SI 住宅体系拥有独特、创新的实践基础，保证了 SI 住宅实现的可行性。

20 世纪 70 年代后，日本先后更新了 KEP 住宅体系、NPS 住宅体系与 CHS 住宅体系，并在 20 世纪末基于全球范围内的可持续发展理念和日本国内工业化水平的不断提高，结合"环境共生住宅"和"资源循环型住宅"的可持续绿色理念，提出了 KSI（Kikou Skeleton Infill）住宅体系。KSI 住宅的内装工业化体系可以满足居住者家庭结构、生活方式的变化，为成长中的家庭原地塑造可变居住空间。作为 KEP 和 CHS 的发展，KSI 住宅体系综合了绿色低碳、低能耗的技术应用，成了当今和未来发展的重要方向，是建设高品质住宅的有效途径。基于新世纪的可持续发展观，KSI 住宅采用了绿色营造、生产和再生方式，在公共住房领域实现了 SI 住宅体系的可持续发展建设，并以系统的方法统筹考虑了住宅全寿命周期"设计-建造-使用-改造"的全过程。KSI 住宅体系实现了真正的百年住宅建设，将日本之前 50 年的耐久年限全面提升到 100 年，因为建筑寿命长，相应的节约了建设成本、降低了能源消耗，其构建可持续发展社会的优势得以更好地展现。KSI 住宅体系延续了对可变居住空间的推广，通过促进相关部品产业发展，全面提高产业层次，更好的实现了空间的灵活性与适应性。KSI 住宅体系创造了可持续居住环境，有利于延续城市历史文化、构建街区独特风貌，使居住者在物质和精神两个方面得到保障。KSI 住宅的设计四要素包括：第一、高耐久性的主体结构，达到 100 年的使用寿命。具体要求包括混凝土设计强度在 $30N/mm^2$ 以上，柱子及梁的混凝土保护层厚度达到 5cm，水灰比控制在 0.55 以下等；并定期进行适度的主体结构维护保养。第二，无次梁的大型楼板，减少套型设计上的障碍，确保内装变更的自由度。第三，户外设施共用排水管，增加套内空间改造时的灵活性与适应性。第四，电气配线与主体结构相离，不埋于建筑主体结构之内，采用吊顶内配线或超薄型新型带状电线。带状电线厚度不到 1mm，可直接贴在吊顶上，用墙纸覆盖。

实际上，SI 是装配式建筑的具体实施方案之一，其核心思想是结构体与非结构体的分离，即建筑的支撑结构体系与其内部空间及其设备的分离。由于 S 和 I 的分离，其具有一些特殊的优势，除了承重结构的加固外，更体现在填充部分的可改造性和可更新性上，并且更利于部品的专业化生产。

SI 住宅具备较强的可改造性。SI 住宅的结构体（S）部分为填充体（I）部分提供了变更的保障，充分实现了室内空间的灵活性和住宅的适应性。在住宅设计、建造阶段，SI 住宅能够满足不同用户需要进行格局设计；在使用及改造阶段，居住者可以根据未来需要对户内进行装修，对设施管线、厨卫设备、户门、窗、非承重外墙和分户墙等进行灵活变动，而且操作简易可行，完全可以由居住者自己进行施工，既能让居住者感受到参与住宅设计的乐趣，也能节省施工费用。

SI 住宅具备较强的可更新性。将构成住宅的 I 部分部品系统化，可以制定其不同的使用年限标准定期进行适当的更新，从而实现住宅长期居住的需要，提高了住宅的使用年限，也令住宅户型的改变更加灵活与方便。在更新部品的同时，通过模数的协调，新的部品可以考虑不同部品彼此连接面的设计，结合当前的需要和风格，提供全新的功能和机能，而不仅仅是简单的以旧换新。可改造性和可更新性都依赖于部品系统的模数协调统一，因此在设计中必须强调模数协调的作用，以此实现工业化的优势。

SI 住宅更适合工业化大生产。SI 体系中 S 与 I 的分离为建筑部品行业提出了更明确合理的市场分工。支撑结构体由专门的团队进行设计与施工；填充体由专门的部品商负责内装、外装和设备等的专业生产。整个 SI 行业内各企业各司其职，有利于权责的明确，促使企业通过提高产品质量进行良性竞争。无论是 S 部分还是 I 部分，其现场施工主要通过预制构件的装配完成，简单可靠，有利于机械化施工操作，提高装配率。

2.3.2 装配式建筑内分隔构件系统设计

内分隔构件是 SI 系统中 I 的最重要的组成部分，主要是指建筑内部的竖向隔墙，其在建筑中只承受本身自重，仅用于室内平面空间分隔。一般来讲，内隔墙并不承重，因此在建造时使用的基本都是轻质墙体材料。目前我国常用的内隔墙体系主要有以下五种：砌块体系、条板体系、整体墙板式、框架蒙皮式和网模体系。

砌块体系主要是以小型的轻质的建筑材料堆砌形成一定高度的竖向分隔墙。砌块过小，会导致建造效率降低；砌块过大，则建造难度加大。通常情况下，应当以一名工人可以正常搬起为设计重量参考值。目前常见的切块种类有石膏空心砌块、小型混凝土空心砌块、粉煤灰空心砌块、加气混凝土砌块等等。石膏等材料，强度适中但是密度较小，保温隔热、防火隔声效果较好，并且材料可回收利用，绿色环保，是非常好的内分隔墙体材料。相比于其他几类内分隔系统，砌块体系的生产与施工工艺都较为简易，但由于人工操作较多，使得工期相对延长。如图 2-20 所示，是某高层建筑的某层剖面示意图，其中可以看到隔墙是由砌体砌筑而成，一般为了找平和防潮，会在底层垫两皮砖垫块再在其上砌筑，砌筑时应尽量保证砌块的完整性，砌块上下层一般错落排布，需要根据砌块的大小合理安排门洞和窗洞的位置，对于门洞和窗洞上方的砌块，需要设计过梁来保证结构的稳定性，所以一般在砌块隔墙中，窗洞一般会直接设计到梁底，尽量避免使用过梁。对于过长的墙面，还需要每隔一段距离设置构造柱来加强砌块墙体的整体性。总体而言，砌块体系较为绿色环保，且灵活方便，我国已形成完备的生产线与施工体系，市场的认同，国家政策的支持，都使得其成为重要的内分隔墙体材料。

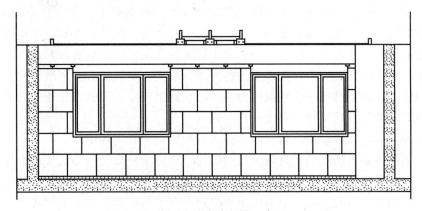

图 2-20 石膏内隔墙示意图

条板内隔墙体系，如图 2-21 所示，一般指的是从地面直顶梁底或板底的轻质条板排列形成的隔墙，其宽度通常在 400~1500mm 之间，常见的材料有轻质混凝土条板、水泥条板、石膏条板、粉煤灰水泥条板、植物纤维复合条板等。其构造逻辑与砌块体系类似，但是由于条板较砌块要大很多，可以大大提高建造效率。这种建造体系同样绿色环保，保温隔热、防火隔声效果良好。在我国条板内隔墙体系已部品化，工人操作娴熟，因此综合造价低，建造效果好。

整体墙板式的内隔墙是在工厂直接预置完整的单面内分隔墙体后，运输至现场直接通过吊车安装到具体位置。其材料一般为经过处理的轻质混凝土。在工厂预制的内隔墙大

图2-21　条板内隔墙示意图

板，应将管线设备等集成，尽量减少现场的工作量，因此需要提前设计好管线的位置，将可以提前安装的部分都预先做好。不宜在构件安装后，凿剔沟、槽、孔、洞。整体墙板式的大板，需要重点考虑其与柱、墙和梁、板的连接，一般是通过局部现浇的方式将出头的钢筋部分浇筑在一起获得整体性，此外大板的侧面往往开有凹槽，可以加强连接，这都要求整体式大板在设计阶段就充分地考虑与其他部位的衔接，这对大板的制作工艺提出了较高的要求。整体式大板其长度一般较长，从而也对运输提出了挑战，特殊的运输条件，提高了运输成本。不过整体式的大板一旦到了工地后，其优异性就体现出来，仅仅需要吊车吊装至预定的位置后，进行简易的处理，即可完成全部安装工作。工业化程度高，是其最大的优势，可以最大程度的节省工期，节约现场人力，并且质量可靠，绿色环保。不过由于其成本较高，目前未能大规模推广。如果在设计的时候，可以减少整体墙板的类型，使其可以量产后部品化，就可以减少研发和模具带来的巨大成本，提高其经济效益和应用范围。

框架蒙皮式的内隔墙系统，主体材料一般是以轻钢或是木材作为主要受力龙骨、以石膏板等面状材料包裹形成表皮的轻质内隔墙板。龙骨一般包括横龙骨、竖龙骨和卡件。横龙骨固定在地面和板底或梁底，中间用以固定竖龙骨。竖龙骨上设置卡条来固定面层板。与砌体隔墙类似，为避免隔墙根部易受潮、变形、霉变等，隔墙底部需制作地枕基。框架蒙皮式的内隔墙由于其内部中空，可以在其中设置管线等，技术较为成熟，大量地节省了空间。但是介于只有龙骨受力，面层受力性能差，故而会对装修和后期改造带来一定程度的干扰，当需要内隔墙具备一定承载能力时，必须通过节点与龙骨直接相连方可，否则面层易遭到破坏。该系统重量轻、强度较高、耐火性好、通用性强且安装简易，工法简便，工期短，建成效果好。最常用的材料为纸面石膏板轻钢龙骨内隔墙体系。

网模内隔墙体系，指的是在现场支设网模后通过浇筑混凝土的方式形成内隔墙。与框架蒙皮式内隔墙系统类似，金属网模需要支承在钢筋骨架或轻钢龙骨之上。混凝土的浇筑可以通过自下而上浇捣的形式，也可以采取喷射混凝土的形式。为了减轻自重，往往在内部填充保温材料，还可以加强内隔墙的保温、隔热、隔声等性能。如图2-22所示，该技术所形成的隔墙，混凝土在现场成型，整体性好，整体强度大，并且由于外表面有一层金属网保护，墙面不会开裂。由于网模具备一定的可塑性，可以做出各种样式，所以设计的灵活度比较大。不过该工法湿作业较多，用钢量大，工法相对繁杂，一般用于对内隔墙质量要求较高的工程中。

内隔墙系统与生活居住在其中的使用者息息相关，是建筑产业化的重要组成部分。由于其技术门槛相对较低，使用量较大，我国目前已初步形成相对稳定的生产体系，已经培养出一大批技术熟练的内隔墙操作工人。随着经济社会的进一步发展，节能、环保、绿色、舒适是内隔墙系统发展的主线。

图 2-22 轻钢网模浇筑前浇筑后实物图

2.3.3 装配式建筑内部装修标准化设计

装配式建筑的内部装修设计，最重要的原则是在建筑设计阶段统筹考虑，将内装修对各构件的要求提前反馈至构件研发、生产、装配阶段。例如，宜根据装修和设备要求预先在预制构件中预留孔洞、沟槽，预留埋设必要的电器接口及吊挂配件，不宜在构件安装后凿剔沟、槽、孔、洞。必须摒弃传统建筑建设模式中内部装修与建筑设计分离的模式，在这种模式下，预制构件容易被破坏，内部装修会受到预制构件的限制。因此，装配式建筑内部装修应采用标准化设计模式。

装配式建筑内部装修标准化设计的重要原则是独立。管线、设备、吊顶等装修部件，不应相互糅合，这不利于各构件的检修和更换。例如，在住宅建筑设备管线的综合设计中，应特别注意套内管线，每套管线应户界分明。

装配式建筑内部装修标准化设计还需要做到灵活可变。现代社会生活模式转变较快，内装修构件本身的寿命也有限，这就要求内部装修具备一定的可变性和可扩展性。在设计的时候应考虑到各种模式共存的可能性，为各种不同的模式提供标准的接口，以便在同一种户型中做出不同的内部装修，也利于一定时间后进行相应的内部装修维修和改造。例如，装配式建筑的部件与公共管网系统连接、部件与配管连接、配管与主管网连接、部件之间的连接的接口应标准化。

装配式建筑内部装修标准化设计，主要包括整体卫生间、整体厨房、天花吊顶、地板设施等。尤其在住宅建筑中，整体卫生间和整体厨房占内装修的大部分工作。卫生间和厨房做到集成一体化，可以节约空间，降低成本，提高建造效率，一举多得。整体卫生间和整体厨房都是独立的完整体系，独立于结构体和内分隔体之外，可以确保其维修或更换较为便利。他们对外的联系主要是处理与管线之间的关系，连接构造应设计为标准的统一接口，利于工业化生产。整体卫生间和整体厨房都涉及进水排水的问题。一般建筑中常采用的下层排水方式，布局受管道限制，一旦发生漏水易引发邻里纠纷。建议采取同层排水技术，让内部布局不再受下水口位置局限，实现管道独立。

整体卫生间，是以装配式建筑的理念进行整体设计，通过工厂进行整体式生产，由制造商整体提供，通过专业施工团队整体安装，并由制造商提供整体售后服务的高度集成化的产品，其具体构成一般是通过一体化的防水底盘将围护墙体和顶板等托起形成一个独立的整体，内置各种定制洁具。

整体卫生间的内部空间设计，如图 2-23 所示，主要部分可以拆分为六个模块：管道井、洗浴模块、如厕模块、盥洗模块、洗衣模块和出入模块，在建筑设计中，可以根据具体的户型平面通过不同的组合方式生成不同的平面布局方式，由于整体浴室采用同层排水，各模块的位置不会受到预留孔洞的限制，可以进行相对自由的布置。需要注意的是，随着人口老龄化的加剧，应当在每一个整体卫浴模块中考虑到适老化设计或是预留适老化改造空间。

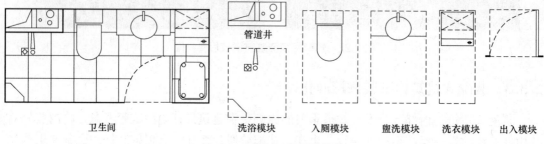

卫生间　　　　　　洗浴模块　　入厕模块　　盥洗模块　　洗衣模块　　出入模块

图 2-23　住宅卫生间模块化

整体卫生间是独立结构，不与结构体、分隔体等固定连接，但是需要在设计中预留安装尺寸。整体卫生间的设计，通常以 300mm 为模数，常见的整体卫生间多为长方形平面，底盘尺寸宽度一般为 1200mm 或 1500mm，长度一般为 1500mm、1800mm、2100mm、2400mm 或 2700mm。

厨房，是进行炊事活动的空间。厨房的设计好坏，对居住质量的影响很大。布置厨房，首先需要考虑人在厨房活动中的操作习惯流程，其次要结合厨房空间大小、形状进行具体功能分区。通常情况下，按照操作流程顺序，厨房主要包括储存区、洗涤区、调理区和烹饪区。储存区为厨房内的食品存储、各类日常用厨具的储存提供空间，冰箱是其中最主要的设备。洗涤区主要用于食材和餐具的洗涤，同时也兼具储藏的功能。调理区主要用于厨房的准备工作，是主要操作区。烹饪区是厨房的核心空间，其中内置各类烹饪的工具和烘烤的食材，比如深底锅、平底锅、烹饪辅助工具等。

整体厨房，是将建筑、环境、家具、电气、餐具、配件和照明等集成起来，共同构成烹调的环境空间。其具备厨房的基本功能需求，即洗涤、操作、烹饪和储存，根据基本的操作流程，将这四项功能相互配合，形成高效、合理的不拘形式。其中集成橱柜、燃气灶、吸油烟机、水槽、冰箱等，将这些产品根据性能、尺寸、使用年限相匹配的原则集成到整体厨房空间内，根据不同的住户需求，形成多样化的组合模式。

整体厨房的设计，应符合标准化和模块化的理念。标准化指的是"在一定范围内获得最佳秩序，对现实问题或者潜在问题制定共同使用和重复使用的条款的活动"。整体厨房的标准化设计，既包含内部集成部品的标准化设计，也包括整体厨房本身轮廓尺寸、接线接管方式的标准化设计。整体厨房的模块化设计，是将系统分解为相对独立的标准模块，通过统一的设计规则，规范各模块接口技术、几何形状、尺寸及位置等边界条件，使各模块在自身的技术演进的同时，能够通过统一的接口条件组成新的系统。整体厨房中的功能模块主要包括：储存、洗涤、操作和烹饪等基本功能模块，每个模块都由人的活动空间和与之对应的部品空间构成。整体厨房一般集成程度较高，占用面积较小，其内的空间组织模式一般可以归纳为如表 2-4 中的四种类型：一字形、L 形、H 形和 U 形。

保障性住房套内厨房功能模块的组合方式　　表 2-4

类型	说　明	模块组合	平面示意
一字形	主要模块成"一"字形排列布局。适用于开敞式厨房		
L 形	主要模块成"L"形排列布局。适用于进深较小的封闭式厨房		
H 形	主要模块成"H"形排列布局。适用于带阳台的通道式厨房。橱柜布置于相对的两面墙		
U 形	主要模块成"U"形排列布局。适用于进深较大的封闭式厨房		

本章小结

本章主要从结构体、外围护体、内分隔体和装修体等组成建筑的构件组入手，讨论如何通过建筑构件的标准化设计来引导装配式建筑全生命周期的发展。从构件分类到具体的细节设计，再到构件的组合和空间限定，可以看到装配式建筑标准化设计对于整个建造流程的引领作用。我们必须认识到装配式建筑的设计是一种协同设计，将策划、生产、转运、施工等过程前置到建筑方案设计和技术策划阶段，在建筑设计前端就统筹考虑基于构件系统的建筑全生命周期的质量控制、高效运营和信息化管理，只有这样，才能通过建筑标准化设计实现更好的装配式建筑。

思考与练习题

2-1　建筑产业化与建筑工业化有什么区别和联系?

2-2　工业化建筑与装配式建筑有什么区别和联系?

2-3　建筑设计在装配式建筑设计过程中处于怎样的位置?

2-4　装配式建筑设计中可以将建筑主要分为哪些构件进行进一步的细分与深化设计?

2-5　钢筋混凝土结构装配式建筑与木结构、钢结构有何异同?

2-6　装配式建筑设计过程中结构构件有哪些基本的设计原则?

2-7　装配式建筑外围护体主要有几类?

2-8　装配式建筑外围护体与结构体的连接方式有哪几类?分别有哪些特点?

2-9　装配式建筑内分隔体的常见做法有哪些?

2-10　装配式建筑内部装修标准化的内容与意义有哪些?

2-11　装配式建筑标准化设计有什么意义?

2-12　装配式建筑与造汽车更像还是与造船更类似?为什么?

2-13　在高层住宅建筑中,如果采用装配式建造技术,哪些类型的预制构件组合应用时可实现30%预制装配率?50%呢?70%呢?100%呢?请列表示意。

2-14　请用REVIT模拟建造一栋2层的小住宅,在模型中预设预制与非预制部分,通过软件直接生成构件表和预制装配率计算,并在经济合理的情况下保证预制装配率高于30%。请积极尝试建模。

第 3 章　装配式建筑结构体系

本章要点及学习目标

　　本章要点：
　　(1) 装配式混凝土框架结构的体系分类及主要的节点连接技术；(2) 装配式混凝土剪力墙结构的体系分类及主要的节点连接技术；(3) 模块化建筑结构的体系分类及主要的传力连接方式。

　　学习目标：
　　(1) 了解各种装配式结构的优缺点及适用范围；(2) 了解各种装配式结构的研究进展和应用现状；(3) 掌握各种装配式结构的体系分类及主要的节点连接技术。

　　装配式建筑结构体系种类较多，主要包括装配式混凝土框架结构、装配式混凝土框架剪力墙结构、装配式混凝土剪力墙结构、装配式钢结构、装配式模块结构及装配式竹木结构等。其中装配式混凝土结构与装配式钢结构的应用最为广泛，而装配式竹木结构通常应用于村镇装配式建筑中。本章重点介绍了装配式混凝土框架结构，装配式混凝土剪力墙结构及装配式模块结构的体系特点和节点连接技术。装配式混凝土框架剪力墙结构是由装配式框架结构和剪力墙结构组成，其体系特点和节点连接技术与前者相同，故在此不作赘述。同时考虑到不同体系的特点，装配式钢结构和装配式竹木结构两种结构体系分别在第6 章及第 7 章进行详细介绍。

3.1　装配式混凝土框架结构

3.1.1　装配式混凝土框架结构的概述

1. 基本定义

　　装配式混凝土框架结构通常是指梁、柱、楼板部分或全部采用预制构件，再进行连接形成整体的结构体系。其中，柱、梁、楼板的连接方式是装配式混凝土结构与现浇混凝土结构的根本区别，也是区分各类装配式混凝土框架结构的主要依据，它直接决定了装配式混凝土框架结构的整体力学性能。

　　装配式混凝土框架结构主要用于需要开敞大空间的厂房、仓库、商场、停车场等建筑。装配式结构的适用高度、抗震等级与设计方法与现浇结构基本相同。除承重构件外，装配式混凝土框架结构的围护构件可采用预制外挂墙板的方式，实现主要结构接近 100% 的预制率，尽量减少现场的湿作业。

2. 装配式混凝土框架结构的分类

1）按照框架结构的构件划分

（1）单梁单柱式

单梁单柱式是把框架结构中的梁、柱按每个开间、进深、层高划分成直线形的单个构件。这种划分使构件的外形简单，重量较小，便于生产，便于运输和安装，是应用较多的一种方式。如吊装设备允许，也可以用直通两层的长柱和挑出柱外的悬臂梁方案（图 3-1）。

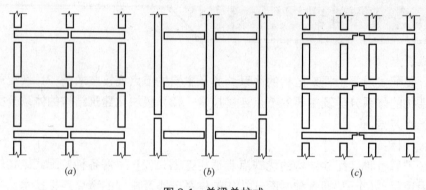

图 3-1　单梁单柱式

(*a*) 直线式；(*b*) 柱两层高；(*c*) 悬臂式

（2）框架式

框架式是将整个框架划分成若干个小的框架。这种小框架本身包括梁、柱，甚至楼板，可以做成很多种形状，如 H 形、十字形等。与单梁单柱方案比较，这种划分扩大了构件的预制范围，可以简化吊装工作，加快施工进度，接头数量少，有利于提高整个框架的刚度。但是它的构件形状复杂，不便生产、运输，安装时构件容易碰坏。同时，这种构件的重量较大，只能在运输、安装设备条件允许的情况下采用（图 3-2）。

（3）混合式

混合式是同时采用单梁单柱与框架两种形式，可以根据建筑结构布置的具体情况选用（图 3-3）。

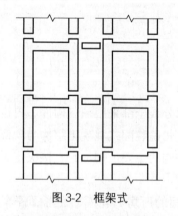

图 3-2　框架式

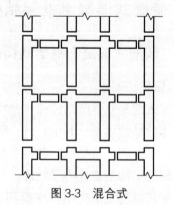

图 3-3　混合式

2）按照承重构件的连接方法划分

（1）湿连接框架

框架的预制构件之间采用湿连接，需要在连接的两构件之间浇筑混凝土或者灌注灌浆料。这种连接方式的概念是建立在与全现浇框架的强度和延性相当的基础之上，因此又被称为仿现浇连接。尽管采用这种连接方式的结构性能与全现浇结构相似，但由于这种连接仍需现浇混凝土，其模板支撑和混凝土养护大大降低了装配式混凝土框架结构的施工速度，成本比现浇结构较高。

（2）干连接框架

框架的预制构件之间采用干连接，通过在连接的构件内植入钢板或者其他钢部件，通过螺栓连接或者焊接，从而达到连接的目的。干连接与湿连接的另一个明显不同在于：在湿连接框架中，设计允许的塑性变形往往设置在连接区以外的区域，连接区保持弹性；而干连接的框架则是预制构件保持在弹性范围，设计要求的塑性变形往往仅限于连接区本身，在梁柱结合面处会出现一条集中裂缝。与类似的现浇结构相比，装配式混凝土框架结构的破坏程度要小得多，容易实现震后修复。

3. 结构布置

与现浇结构相比，装配式混凝土框架结构的平面布置更加规则、均匀，并应具有良好的整体性。平面长宽比不宜过大，局部突出或凹入部分的尺度也不宜过大。结构竖向布置宜规则、均匀，竖向抗侧力构件的截面尺寸和材料宜自下而上逐渐减小，避免抗侧力结构的侧向刚度和承载力竖向突变，承重构件宜上下对齐，结构侧向刚度宜下大上小。结构相关预制构件（柱、梁、墙、板）的划分，应遵循受力合理、连接简单、施工方便、少规格、多组合、能组装成形式多样的结构系列的原则。

4. 连接设计注意事项

由预制构件组成的装配式框架结构的安全，不仅取决于构件的质量，同时还取决于这些构件与周边构件的连接。如果接头连接质量存在缺陷，轻则引起裂缝、渗漏等使用上的问题，重则影响构件与构件、构件与支撑结构之间力的传递，造成承载力及安全方面的问题，甚至引起结构解体，发生坍塌等严重后果。因此，设计或选择连接形式时，应满足以下一些要求：

1）稳定及平衡性要求

设计时，在各种工况下都应考虑结构和构件的稳定和平衡，例如 L 形梁在承受荷载时会受到扭转，此时，梁端的连接就必须考虑扭转作用。在有些结构中，现浇混凝土可能是现浇面层，这样在预制部件定位后，而现浇层未浇时，必须用临时抗扭部件，但这样通常需要仔细计划且导致费用增加，更好的办法是设计连接时，既要考虑装配时的抗扭连接，也可作为装配后的抗扭连接。

2）荷载因素要求

承重构件的连接必须承担建筑使用寿命内的各种荷载作用。除设计中通常考虑的恒载、活载、风作用和水、土压力，由于受约束构件体积变化所产生的应力及由常规力作用使结构发生变形而引起的次应力也应考虑。

3）耐久性要求

连接属于主体结构的一部分，在所处环境中应具有耐久性。当暴露在大气中，或在腐蚀性的环境中使用时，连接中的钢部件应被混凝土充分包裹，可采用热电镀或使用不锈钢。配筋构件应有足够的混凝土保护层。在水下环境，对特殊的部件，可采用不锈钢。不同的金属材料不应该直接相连。

4）制作要求

当连接构造简单时，预制混凝土可获得良好的经济效益。复杂构造的连接，施工中难以控制并且操作繁琐，会降低预制结构的安装效率，因而结构中应少采用。连接内通常会有较多的钢筋、内植板、插筋、预留孔堵塞等，这会使该部位难以浇筑混凝土。在某些情况下，增加构件尺寸可避免此类问题的发生。

5）施工要求

为快速施工，合理节省费用，连接的安装应尽可能简单。预制构件的吊装通常是在安装过程中最耗时的。连接的设计应使构件的提升、定位和放置最省时；在吊车放钩之前，预制构件必须定位准确、稳定并确保安全；当吊车放钩后，有时需要采用临时固定件或平衡设备，这些临时部件必须小心使用，确保连接在最终安装之前，所有要安装的构件都能固定在正确的位置。

3.1.2　装配式混凝土框架结构的研究进展

国内外有关装配式混凝土框架结构的研究主要可以分为两大类：一是对构件和节点的研究；二是对整体结构的研究。

1. 连接节点的性能研究

各次大地震的震害调查发现：在整体倒塌的建筑物中，预制梁、柱构件破坏较轻，而主要的倒塌原因是框架结构内各个构件间的连接破坏。因此，装配式混凝土框架结构的抗震性能通常受连接节点控制，因此节点必须具有足够的强度以抵御地震时产生的最大内力并能经受伴随运动而产生的弹性或塑性变形。预制构件的连接节点的可靠性是装配式结构抗震的前提和基础。

常用的预制混凝土框架节点形式有：后浇整体式连接，预应力拼接，焊接连接，螺栓连接等。各种连接形式节点的力学性能差别很大，即使同一种连接形式由于具体构造不同，节点力学性能也不相同。

1）后浇整体式连接节点的研究

后浇整体式节点是指预制梁、柱或 T 形构件在接合部利用钢筋、型钢连接或锚固的同时，通过现浇混凝土连接成整体框架的连接方式。后浇整体式连接一般位于梁柱节点、梁端或梁跨中，具体有以下几种构造形式（图 3-4）：（1）现浇柱端节点，预制柱端预留钢筋在梁柱节点段采用套筒、型钢、焊接等方式进行连接，预制梁端预留钢筋插入柱端间隙内，现场配置箍筋，浇筑混凝土。（2）现浇梁端节点，在预制柱与梁相交的地方，预留钢筋，预制梁端也预留钢筋，预留钢筋采用套筒、型钢、焊接等方式进行连接，现场配置箍筋，再浇筑混凝土，预制柱的连接则在柱跨中进行，具体连接方法与（1）中相同。（3）叠合节点，叠合节点有两种做法，一是预制梁在梁端连接，将梁底部钢筋焊在柱牛腿的预埋（或内置）钢板上，保证了底部钢筋的连续性，同时，将梁上部钢筋穿过柱间隙，下柱的钢筋穿入上柱中的预埋钢套筒或波纹管并灌浆连接成整体，最后浇筑叠合层，保证节点的整体性；二是预制梁在梁跨中连接，预制柱连接与上一做法类似，即下柱的钢筋穿过梁预留孔道（灌浆），再穿入上柱中的预埋钢套筒或波纹管并灌浆连接成整体。梁跨中钢筋采用套筒、型钢、焊接等方式连接，并浇筑叠合层。（4）梁柱组合 T 形节点，梁柱组合体的 T 形构件，通过柱的纵筋穿入预埋在与之相连的另一柱中的钢套筒或波纹管并灌浆，将跨中梁钢筋连接后浇筑混凝土，形成整体。

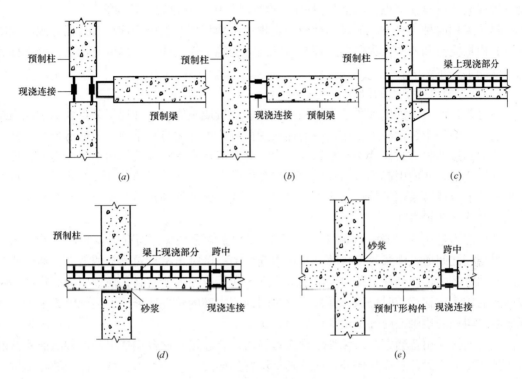

图 3-4　后浇整体式节点

（a）现浇柱端节点；（b）现浇梁端节点；（c）叠合节点（梁端连接）；
（d）叠合节点（跨中连接）；（e）梁柱组合 T 形节点

关于后浇整体式连接的抗震性能，Restrepo 和 Park 等人针对这种连接的上述后两种构造形式，进行了节点足尺试件的低周反复荷载试验。试验证明，这些连接性能可靠，虽然不同试件的具体构造有差别，但对试件整体反应影响不大，其抗震性能达到或超过相应的现浇节点。现阶段，我国及美国等大部分国家规范对预制结构体系连接方式的要求与此基本一致，这种连接方式在预制混凝土结构中仍占主导地位。

1995 年，Loo 采用反复加载试验对 18 个框架节点进行了试验研究。这些节点分为六组，每组均包括一个带牛腿的后浇整体节点、一个不带牛腿的后浇整体节点和一个现浇节点。所有试件尺寸相同，六组节点间的参数变化包括混凝土强度、钢筋强度和配筋率。试验结果表明：后浇整体节点的强度、延性和耗能均好于现浇节点，而无牛腿预制节点的延性和耗能又好于带牛腿的预制节点。

基于纤维增强混凝土优越的抗震性能，密歇根大学首次提出采用纤维增强混凝土作为后浇混凝土，以加大节点区的耗能能力。1998 年，Vasconez 和 Naaman 进行了后浇整体式预制混凝土节点的反复加载试验，这些预制节点包括钢纤维混凝土节点、聚乙烯醇纤维混凝土节点和普通混凝土节点。试验结果表明，钢纤维比聚乙烯醇纤维对改善节点的抗震性能更为有效；混凝土中加入钢纤维后可以提高钢筋与混凝土的粘结强度，有助于提高节点延性、推迟破坏的发生，同时也可以提高节点抗剪强度；与普通后浇节点相比，纤维增强节点的强度、耗能和变形能力分别增加了约 30％、350％、65％；使用 3％体积含量的钢纤维混凝土可以使节点区箍筋用量减少 50％，并获得更好的抗震性能。

尽管采用这种连接方式的结构性能与全现浇结构相似，但由于这种连接仍需现浇混凝土，其模板支撑和养护大大削弱了预制装配式结构施工速度快、成本低的优点，因而使其发展受到了一定影响。

2）预应力拼接节点的研究

通过张拉预应力筋施加预应力把预制梁和柱连接成整体，这种连接节点就是预应力拼接。装配式结构中按预应力在结构中的连接受荷方式可分为有粘结预应力筋连接和无粘结预应力筋连接两种方式。其中有粘结预应力混凝土节点在反复荷载作用下预应力筋有可能出现塑性变形，从而引起预应力损失，甚至损失殆尽。因此，目前预制装配式预应力混凝土框架的节点通常采用无粘结预应力筋连接的方式。无粘结预应力筋连接又有全预应力连接和混合连接两种方式。

全预应力连接的主要构造如图 3-5 所示。在预制梁和柱中预留孔道，预应力筋穿入孔道，梁与柱之间通过灌浆封实接缝。预应力连接的一个突出特点是梁上的剪力可通过梁与柱之间的摩擦力传递到柱。此时要求预应力筋的初始应力不能太高，使预应力筋在经历地震引起的较大位移反应时仍保持弹性，避免因预应力筋的塑性变形而引起预应力损失，从而影响梁与柱的接触面处的摩擦抗剪能力。

混合连接采用普通钢筋与无粘结预应力筋的混合连接。混合连接中，两种配筋除共同提供抗弯能力把梁柱连成整体外，还分别承担着其他功能，一是为了减小甚至消除结构的残余变形，无粘结预应力筋提供了挤压力，使得梁柱之间形成摩擦抗剪，在结构承受水平荷载变形后为其提供弹性恢复力；二是在水平反复荷载（强震）作用下，普通钢筋通过交替的拉压屈服变形，达到耗散能量的目的。

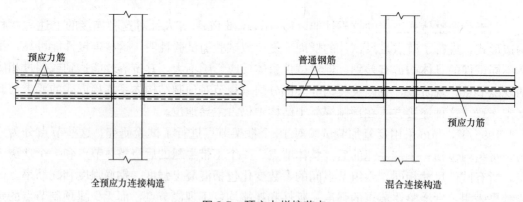

图 3-5　预应力拼接节点

1993 年，Cheok 对采用上述全预应力拼接节点和现浇节点进行对比试验研究。预应力拼接节点的参数变化包括预应力筋位置，预应力筋种类，粘结和非粘结等因素。试验结果表明：预应力节点破坏特征为预应力筋屈服，梁端混凝土压碎，梁柱拼接界面开裂，界面开裂宽度与预应力筋种类和粘结或非粘结关系不大，但预应力筋位置对裂缝宽度有较大影响。多数情况下，预应力节点的位移延性系数超过对应的现浇节点。在一次加载循环内，预应力节点的耗能大约相当于现浇节点的 30％～60％，由于预应力节点具有更高的延性，达到破坏时的累计耗能大约相当于现浇节点的 $80\%\sim100\%$，有粘结预应力节点耗能好于无粘结预应力节点。

近年来我国的董挺峰、李振宝等人对无粘结预应力装配式混凝土框架节点进行低周反复荷载下的加载试验。结果表明：无粘结预应力装配式混凝土框架节点具有良好的抗震性能，在延性和恢复能力上比现浇框架节点更优。其后，李振宝、董挺峰等人提出了在无粘结预应力装配式混凝土中加入非预应力筋从而形成新的连接方式，并对该混合连接装配式混凝土框架节点试件进行了低周反复荷载下的加载试验。结果表明：混合连接装配式混凝土框架节点的耗能能力与整体现浇混凝土节点相当，而其延性和变形恢复能力则优于整体现浇混凝土节点，其综合抗震性能优于整体现浇混凝土节点。

3）焊接连接节点的研究

图 3-6 是美国的干式连接方法之一，是一种常见的框架节点形式，主要用于厂房等工业建筑。预制柱带有牛腿以支撑竖向荷载及梁端剪力，牛腿上部预埋角钢，与预制梁下部的预埋角钢焊接连接。预制柱上部用栓钉固定钢板，与预制梁上部的预埋角钢焊接连接。梁、柱之间间隙再用细石混凝土或灌浆填实。该焊接连接的抗震性能较不理想，主要原因是该连接方法中无明显的塑性铰设置，在反复地震荷载作用下焊缝处容易发生脆性破坏，所以其能量耗散性能较差。但是

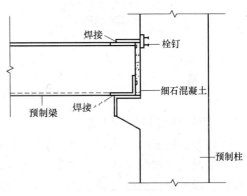

图 3-6 焊接连接节点（刚接）

焊接连接的施工方法避免了现场浇筑混凝土，也不必进行必要的养护，可以节省工期。但是在塑性铰区设置良好的焊接接头，其优越性还是相当明显的，开发变形性能较好的焊接连接构造也是当前干式连接构造的发展方向。在施工中为了保证焊接的有效性和减小焊接的残余应力，应该充分安排好相应构件的焊接工序。

1993 年，针对框架梁跨中的连接，Ersoy 提出在预制梁的顶部、底部和侧部预埋钢板，再通过焊接将预制梁进行连接，如图 3-7、图 3-8、图 3-9 所示。这种连接方式刚度大，施工快捷。为研究这种连接节点的抗震性能，Ersoy 进行了 5 个焊接节点和 2 个现浇节点的对比试验，主要的试验参数有连接侧板的设置及节点的宽度。结果表明：焊接节点的强度、刚度、耗能都与现浇节点相当；连接侧板及节点宽度对该焊接节点的抗震性能具有重要意义，没有侧板的节点承载能力将会大大下降，变形也会显著增加。

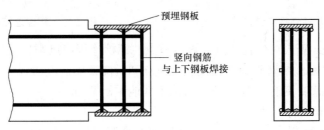

图 3-7 预制梁

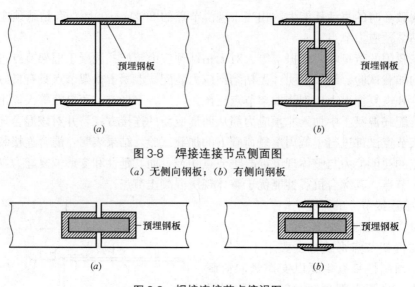

图 3-8　焊接连接节点侧面图

(a) 无侧向钢板；(b) 有侧向钢板

图 3-9　焊接连接节点俯视图

(a) 无侧向钢板；(b) 有侧向钢板

4）螺栓连接节点的研究

螺栓连接的接头，安装迅速利落，缺点是螺栓位置在预制时必须制作特别准确，运输以及安装时为了避免受弯、避免螺纹损伤及避免污染，必须极为当心地予以保护。万一某个螺栓孔或螺栓的螺纹受到了破坏，其维修或更换的施工操作是比较复杂的。在螺栓连接中连接构造普遍复杂、连接构件相对较多。

在门式刚架中，普遍应用的是在预制构件的企口接头，该接头多用螺栓连接（图3-10）。图 3-11 所示的螺栓连接可以传递弯矩和剪力，其承载能力多取决于钢板和螺栓的材性，主要靠钢板和混凝土表面的摩擦传力。在承受较大的荷载时，这种连接容易开裂，并且螺栓与预留螺栓孔之间的尺寸误差容易造成较大的整体挠度。这种连接多为临时性的或用于紧急的修补和加固。

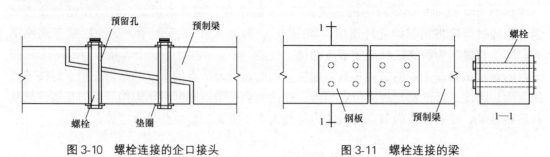

图 3-10　螺栓连接的企口接头　　　　　图 3-11　螺栓连接的梁

2006 年，Ertas 等人对现浇节点、焊接节点、螺栓连接节点和后浇整体节点进行了反复加载对比试验研究。结果表明：螺栓连接节点和后浇整体节点达到了现浇节点的抗震性能；螺栓节点在强度、延性、耗能等方面优于其他预制节点。

5）其他连接节点的研究

1994 年，Nakaki 提出了一种带延性连接器的预制混凝土梁柱节点。该节点的结构原理为：梁端部的上下表面均去除一部分混凝土，梁上下伸出的高强钢筋与端部的预埋连接块体连成整体。柱中预埋延性杆，延性杆的两端带有杯状端头，杯中设有丝扣以便通过高强螺栓和梁端的预埋连接块体连接。当结构受到地震作用时合金连杆产生塑性变形，从而耗散能量，避免其他结构损坏。同时利用合金连杆的低屈服、高延性和高耗能改善梁柱节点的抗震性能。Englekirk 进行了该延性连接节点的反复加载试验，验证了该节点良好的抗震性能。

2005 年，Morgen 针对无粘结预应力拼接框架节点耗能较差的特点，提出了在框架节点安装摩擦阻尼器的改进方案，如图 3-12 所示，并给出了阻尼器预应力筋以及安装该种阻尼器的框架结构的抗震设计方法。Morgen 对安装了该阻尼器的多层框架结构进行了低周往复荷载下的拟静力分析。结果表明：安装了摩擦阻尼器的框架结构由于附加了摩擦阻尼器具有很好的耗能能力，同时由于预应力作用又具有很好的复原能力，节点残余变形很小。

2. 整体结构的性能研究

1）理论研究

1996 年，Priestley 等人提出了一种基于位移的预制混凝土框架结构设计方法。该方法的原理是：确定结构屈服层间变形和延性系数；由延性系数得出阻尼比；根据弹性位移反应谱得到自振周期；再依次算出割线刚度和需求抗力；最后根据需求抗力进行界面设计。

1996 年，NIST 的 Cheok 等对采用混合型梁柱节点形式的预制框架在地震作用下的性能进行了研究，利用计算程序 IDARC 建立了一系列具有典型层高的二维框架模型，杆件采用端部含有塑性铰的梁单元建模，塑性铰恢复力特性采用包括粘结滑移在内的 7

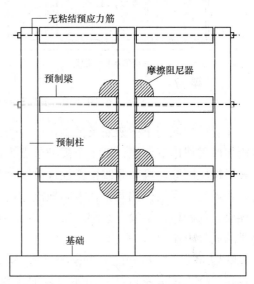

图 3-12 带摩擦阻尼器的预制混凝土节点

个参数滞回曲线，建立了包括含有混合型和现浇梁柱节点共 22 个框架模型，分析结果表明含有混合型梁柱节点的预制预应力混凝土框架具有与现浇预应力混凝土框架相同或更好的位移需求性能和破坏模式。

2）试验研究

加利福尼业大学 1999 年进行了五层预制混凝土结构拟动力试验研究。该结构采用 $\frac{3}{5}$ 缩尺模型，一个方向为预制框架体系，另一个方向为预制框架—抗震墙体系，见图 3-13。框架节点采用了预应力拼接节点和普通后浇节点。结构按照 UBC 规范 4 类地震区地震强度，用基于位移的方法进行设计。试验表明该结构具有良好的抗震性能；预应力对减小结构残余变形有很大帮助，试验结束后只有墙、柱底部和少量楼板出现轻微破坏；在框架方向，最大层间位移达到 4.5%，但结构没有明显的强度损失，尽管普通后浇节点耗能大于预应力节点，但强度损失、残余变形和损坏程度也大于预应力节点。试验同时验证了基于位移设计方法的可靠性。

伊利诺斯大学 1996 年进行了预制混凝土框架结构振动台试验研究。试验设计制作了

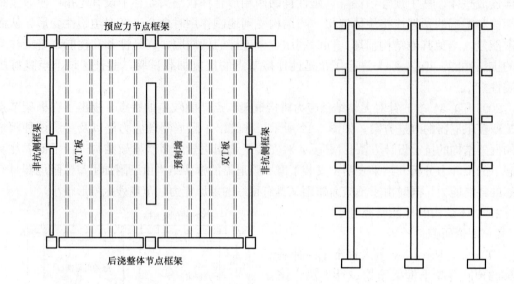

图 3-13　五层预制框架试验模型示意图

两个 6 层预制混凝土框架缩尺模型,第一个模型节点为柱连续,梁用螺栓在柱两侧拼接,螺栓在地震作用下屈服;第二个模型节点为柱连续,梁用预应力筋拼接。这两种节点分别代表了拉压屈服连接和非线性弹性连接。试验结果表明:小幅地震作用下,结构呈弹性状态,表现与现浇结构相同;在大幅地震作用下,第一个模型节点螺栓屈服,破坏集中在连接螺栓,预制柱、梁没有开裂,第二个结构直到预应力筋屈服前一直保持弹性,损坏主要是梁端混凝土压碎。

欧盟依托 "Seismic Behavior of precast Concrete Structures with Respect to Eurocodes" 项目在 ELSA 实验室进行了一系列装配式预制混凝土框架结构的抗震试验研究。预制混凝土框架结构梁柱节点采用欧洲单层厂房常用的螺栓连接节点:在柱顶预埋螺栓,梁端预留竖孔,预埋螺栓插入梁孔后用螺母紧固形成装配式梁柱节点。部分节点在梁柱间加入橡胶垫,加入橡胶垫后节点的转动刚度较小,但具有很大的弹性变形能力。ELSA 实验室的试验结果表明:这类装配式预制混凝土框架结构具有较好的抗震性能,最大层间位移可达到 8%;未加橡胶垫的节点由于混凝土梁柱端直接接触出现部分混凝土压碎,加入橡胶垫的节点由于橡胶垫变形能力较大,节点在试验后可以保持完好。对比试验表明:装配式预制框架与现浇框架相比具有大致相当的抗震能力,但变形较大,延性较小。

2005 年 Blandon 进行了 1/2 缩尺两层预制混凝土框架结构的反复加载试验研究。试件节点为后浇整体式,按照墨西哥的做法,梁下部带弯钩钢筋在节点内直段锚固长度只有 $8d$,通过节点内的水平箍筋保持连续,在试验过程中梁下部钢筋出现了滑移、拔出,直到试件接近破坏时才出现屈服。Blandon 采用压杆-索模型分析了梁柱节点区的受力性能,证明这种构造做法无法保证梁下部纵筋的连续性,在抗震框架中应予以避免。Blandon 还研究了预制柱插入预制杯口基础并灌浆的柱-基础节点的性能,试验结果表明这种节点工作性能良好,可以在地震区使用。在国内,薛伟辰等人进行了预制预应力混凝土空间结构的拟静力试验研究,研究对象为采用预应力拼接的体育馆看台空间框架结构,试验表明此类结构有较大的安全储备和变形能力，结构整体位移延性系数可达到 2.04。柳炳康等人对预压装配式预应力混凝土框架进行了低周反复荷载实验，研究了预压装配式预应力混凝土框架的裂缝分布、破坏形态、滞回位移及位移延性等性能，得到了节点核心区位移-剪切角滞回曲线，提出了节点剪力传递机理是通过梁中预应力筋与节点混凝土的黏结力和梁与节点之间的混凝土压应力传递，分析了节点核心区的抗裂性能，推导出预压装配式框架节点的抗裂验算公式。研究表明：预压装配式框架节点核心区处于双向受压状态，具有良好的抗裂性能和抗震能力。

3.1.3　装配式混凝土框架结构体系及其节点连接技术

装配式混凝土框架结构可以根据是否使用预应力分为两大类，一类是预应力装配式框架结构，主要包括装配式整体预应力板柱框架结构（IMS）体系、世构体系、预压装配式预应力框架结构等，其中世构体系在我国的应用最为广泛；另一类是非预应力装配式框架结构，在我国较为常用的是台湾润泰体系。

1. 装配式整体预应力板柱框架结构

1）结构体系简介

装配式整体预应力板柱框架结构（IMS 体系）是采用普通钢筋混凝土材料，由构件厂预制钢筋混凝土楼板、柱等构件，在施工现场就位后通过预应力钢筋拼装，整体张拉而形成整体预应力钢筋混凝土板柱结构。它是南斯拉夫最普遍采用的工业化建设体系之一。尤其是经历了南斯拉夫 1969 年和 1981 年两次大地震，装配式整体预应力板柱框架结构表现出了卓越的抗震性能，更是得到了人们的青睐。装配式整体预应力板柱框架结构传统上多用于多层厂房，作为住宅建筑一般也多为多层结构。

自唐山地震后，我国引进装配式整体预应力板柱结构，自此以来，国家建筑研究院结构所、抗震所、设计所等单位进行了大量的构件、节点、拼板、机具等试验研究，并先后在北京、成都、唐山、重庆、沈阳、广州、石家庄等地建成科研楼、办公楼、住宅楼、车间、仓库等 2～12 层房屋十多幢，共四万多平方米。

2）节点连接技术

装配式整体预应力板柱框架结构在创造初期，其预制楼板均为方形或长方形。该体系施工时，现场先树起预制的钢筋混凝土方柱（一般 2～3 层为一节），用临时支撑将其固定，再搭接支架搁置预制楼板（每跨为一整块楼板），待一层楼板全部就位后，铺设通长的预应力钢筋并通过张拉使楼板与柱之间相互挤紧，如图 3-14、图 3-15 所示。必要时沿纵横方向对预应力钢筋加竖向折力，使其产生弯曲折力，以补偿预应力损失，同时还可以提供上抬支托结构自重。楼板依靠预应力及其产生的静摩擦力支承固定在柱子上，板柱之间形成预应力摩擦节点。最后在边柱内灌筑细粒混凝土。预应力筋同时充当着结构受力钢筋以及拼装手段两种角色。

我国将这种结构中原柱间的一整块大板分为多块小板，拼板之间通过垫块传递挤压应力，形成了我国特有的垫块式拼板技术和方法，见图 3-16。这样既减小了板的尺寸，便于制作、运输和安装，又增大了结构跨度，使其更具灵活性。实际工程中根据纵横两个方向的柱距不同，板的划分形式也不同，柱间的一整板也可以为两板、三板、四板或六板等多块拼板（目前最多为九板，图中为四板）。

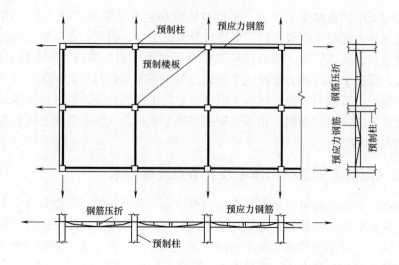

图 3-14　板柱框架体系平面布置及施加预应力示意图

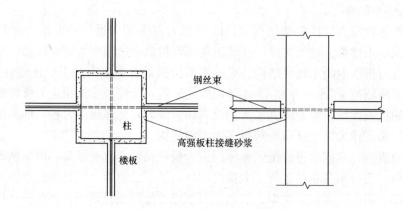

图 3-15　板柱节点平面示意图

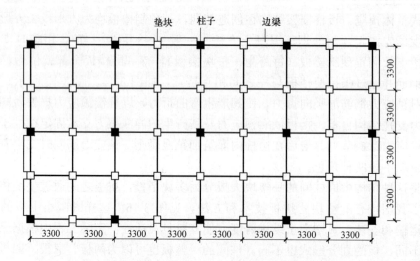

图 3-16　多拼板整体预应力板柱框架体系平面布置示意图

3）结构特征

板柱框架结构与一般常规框架结构相比，主要具有以下特征：

（1）该结构无梁，无柱帽，板底平整，结构跨度大，住户可以根据个人的喜好对室内隔墙进行调整，不受梁的约束，用途变更方便，空间布置灵活。

（2）该结构区别于其他结构体系的基本理论，是变节点端承为摩擦，依靠板柱之间建立的摩擦力来支撑楼面荷载，通过双向预应力的作用，构成全装配式的无梁无柱帽楼盖，双向预应力筋使每条轴线形成预应力"圈梁"，这些圈梁像箍一样使整个楼层作为一个水平刚度很高的整体，以保证地震荷载等水平力传给竖向构件。

（3）该结构的连接节点是具有自动调节和主动增长作用的柔性节点。在外力撤除后，立即回复到原位。在楼顶顶推时，各层变形基本呈线性曲线。而砖混结构发生位移后，就会发生裂缝，甚至破坏，其他结构也达不到这种体系的柔性程度。所以，这种结构的整体性十分好，也即具备较强的抗震能力。

2. 世构（Scope）体系

1）结构体系简介

世构体系是基于套筒预灌浆连接技术的预制预应力混凝土装配整体式框架结构体系与预应力混凝土叠合板体系的框架结构。它是法国预制预应力混凝土建筑（PPB）技术的主要制品，其原理是采用独特的键槽式梁柱节点，将现浇或预制钢筋混凝土柱，预制预应力混凝土梁、板，通过后浇混凝土使梁、板、柱及节点连成整体。

在工程实际应用中，世构体系主要有3种装配形式：一是采用预制柱，预制预应力混凝土叠合梁、板的全装配；二是采用现浇柱、预制预应力混凝土叠合梁、板，进行部分装配；三是仅采用预制预应力混凝土叠合板，适用于各种类型结构的装配。此三类装配方式以第一种最为省时。由于房屋构成的主体是部分或全部为工厂化生产，且桩、柱、梁、板均为专用机具制作，工装化水平高，标准化程度高，因此装配方便，只需将相关节点现场连接并用混凝土浇筑密实，房屋架构即可形成。

在2000年，南京大地集团公司引进世构体系，10多年来在南京建筑市场上完成了约100万 m² 的工程，并制订了江苏省工程建设推荐性技术规程《预制预应力混凝土装配整体式框架（世构体系）技术规程》JG/T 006—2005。其中代表性的建筑有南京审计学院国际学术交流中心、南京金盛国际家居广场江北店、南京红太阳家居广场迈皋桥店等。南京审计学院国际学术交流中心采用了预制柱、预制预应力混凝土叠合梁、叠合板的全装配框架结构形式，主体工程造价比现浇框架结构降低了10%左右。南京金盛国际家居广场江北店和南京红太阳家居广场迈皋桥店均采用了现浇柱、预制预应力混凝土叠合梁、叠合板的半装配框架结构形式，与现浇结构相比，建设工期大大降低。

2）节点连接技术

世构体系的预制构件包括预制钢筋混凝土柱、预制混凝土叠合梁、叠合板。其中叠合梁、叠合板预制部分受力筋采用高强预应力钢筋（钢绞线、消除应力钢丝），通过先张法工艺生产。

预制柱底与混凝土基础一般采用灌浆套筒连接，基础中的预埋套筒的位置见图3-17。其中，预留孔长度应大于柱主筋搭接长度，预留孔宜选用封底镀锌波纹管，封底应密实不漏浆，管的内径不应小于柱主筋外切圆直径。

　　预制梁与柱采用键槽式节点式连接（图 3-18），这也是世构体系最大的特色。通过在预制梁端预留凹槽，预制梁的纵筋与伸入节点的 U 形钢筋在其中搭接。U 形筋主要起到连接节点两端的作用，并将传统的梁纵向钢筋在节点区锚固的方式改变为预制梁端的预应力钢筋在键槽，即梁端塑性铰区搭接连接的方式，最后再浇筑高强微膨胀混凝土达到连接梁、柱节点的目的。

　　预制预应力叠合板和预制梁的连接节点见图 3-19。典型的预制柱做法如图 3-20 所示。其中预制柱层间连接节点处应增设交叉钢筋，并与纵筋焊接，在预制柱每侧应设置一道交叉钢筋，其直径应按运输施工阶段的承载力及变形要求计算确定，且不应小于 12mm。此外，柱就位后用可调斜撑校正并固定。因受到构件运输和吊装的限制，预制柱有时不能一次到顶，必须采用接柱形式。接柱可采用型钢支撑连接，也可采用密封钢管连接，具体的连接方法因具体工程而定。图 3-21 为预制柱、叠合板现场施工照片。

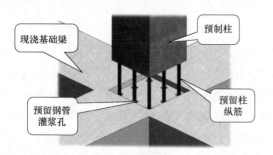

图 3-17　预制柱与现浇基础连接节点

图 3-18　预制梁（槽键）与预制柱连接节点

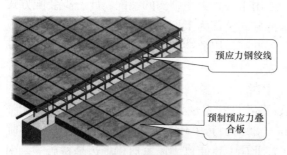

图 3-19　预应力叠合板与预制梁连接节点

图 3-20　预制柱层间节点

图 3-21　预制柱、叠合板现场施工照片

3）结构特征

世构体系与一般常规框架结构相比，主要具有以下特征：

（1）预制梁板采用预应力高强钢筋及高强混凝土，梁、板截面减小，钢筋和混凝土用量减少，且楼板的抗裂性能提高。

（2）预制柱采用节段柱（两三层柱预制），梁、板现场施工均不需模板，减少主体结构施工工期。

（3）楼板底部平整度好，不需粉刷，减少湿作业量，有利于环境保护，减轻噪声污染，现场施工更加文明。

（4）叠合板预制部分不受模数的限制，可按设计要求随意分割，灵活性大，适用性强。

（5）由于预应力叠合板起拱高度无法准确控制，完工后可能出现明显的拼装裂缝。

（6）一般采用预应力叠合楼盖板的结构体系适用抗震设防烈度小于等于8度的地区，虽然特殊的节点构造提高了世构体系的整体性能及抗震性能，但作为装配式框架结构，其适用范围限制在抗震设防烈度小于等于7度的地区。

3. 预压装配式预应力混凝土框架结构

1）结构体系简介

预压装配式预应力混凝土框架结构起源于日本在20世纪90年代初研发的一项名为"压着工法"的新技术，图3-22为压着工法示意图，它是在预制工厂中预制主梁和柱，并对梁进行一次张拉，并预留二次张拉的钢筋孔道。梁、柱就位后，将后张预应力筋穿过梁、柱预留孔道，对节点实施预应力张拉预压（二次张拉）。后张预应力筋既可作为施工阶段拼装手段，形成整体节点，又可在使用阶段作为受力钢筋承受梁端弯矩，构成整体受力节点和连续受力框架。在遭遇地震作用后，结构具有很强的弹性恢复能力，预应力的作用使得地震造成的裂缝闭合，节点恢复刚性，结构可以继续正常工作。这克服了装配式框架节点整体性差、抗震性能差和梁端抗弯能力弱的缺陷，又解决了预应力混凝土框架难以装配的问题，形成预制预应力混凝土装配整体式框架。图3-23为预压装配式预应力框架现场施工图。

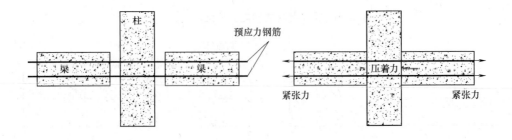

图 3-22 压着工法示意图

至今为止，日本采用"压着工法"施工已建造了包括学校、停车场、仓库、工厂等40余栋建筑。其中代表性建筑为横滨国际综合竞技场和品川住宅楼，横滨国际综合竞技场的建筑面积17.1万 m^2，周长达到850m。为了适应混凝土的干燥收缩和温度应力的发生，通常每隔60～90m应设置一道伸缩缝。后采用"压着工法"施工技术，将整个建筑划分为四个区域，穿连预应力筋，实施预应力张拉，有效地控制了混凝土收缩和温度变化应力产生的应力。图 3-24 为日本品川住宅楼，总层数为 23 层，建筑面积为 $18000m^2$。

图 3-23 现场施工图 　　　　　　　　　　图 3-24 日本品川住宅楼

2）节点连接技术

图 3-25 为预压装配式预应力框架示意图。在预压装配式预应力框架结构中，次梁也可采用预应力混凝土梁，其与框架主梁的连接也可采用"压着工法"。采用"压着工法"完成了预应力框架及次梁的拼装后，再在梁上铺设预制预应力混凝土薄板，然后再浇筑混凝土叠合层（图 3-26）。叠合层与预制板有效地连接成为整体，保证了楼板平面内的整体刚度，增强了结构的整体性。预制薄板既是叠合板的组成部分又可兼作模板，从而节省了大量的模板费用，也降低了工时消耗。

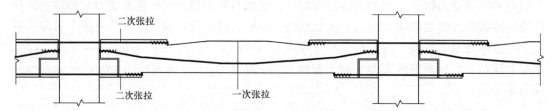

图 3-25 预压装配式预应力框架示意图

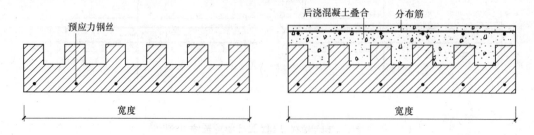

图 3-26 叠合板示意图

3）结构特征

预压装配式预应力混凝土框架结构有机地将预应力混凝土和装配式结构结合起来，使其不仅能发挥预应力混凝土的优越性，还能体现出装配式结构的各项优点。具体表现为：

（1）二次张拉使得节点由铰接变为刚性节点。由于节点核心区混凝土处于双向受压状态（梁水平预压、柱竖向轴压力），混凝土的横向变形受到侧向压应力的约束，在水平地震力作用下，预压装配式框架的节点有较强的抗裂能力和抗剪承载力，符合框架抗震设计的"强节点"要求，克服了传统装配式结构铰接节点受力可靠性差的缺陷，增强了结构的抗震性能。震后结构具有很强的弹性恢复能力，从而可以继续使用。

（2）"压着工法"解决了装配式混凝土框架难以装配的问题，形成了预制预应力混凝土装配整体式框架。

（3）二次张拉的预应力筋可承受负弯矩，节点两侧预制构件受力连续，从而构成了连续框架，增强了装配式结构的整体性。

（4）预应力筋能有效地控制装配式混凝土结构在预制梁、柱拼接处易产生的裂缝，提高了节点处的抗裂性能；同时，预应力也提高了构件的抗裂性能，从而增强了预压装配式结构的耐久性。

4. 润泰体系

1）结构体系简介

润泰预制框架结构体系是一种基于多螺旋箍筋配筋技术的预制装配整体式框架结构体系。该结构采用预制钢筋混凝土柱、叠合梁及叠合板，通过钢筋混凝土后浇部分将柱、梁、板及节点连成整体。润泰体系的核心技术在于预制多螺旋箍筋柱、套筒式钢筋连接器及超高早强无收缩水泥砂浆、预制隔震工法开发及预制外墙面饰效果技术开发。

1995 年开始，我国台湾润泰集团引进芬兰 Partex 全套预制生产技术及干混砂浆生产线，外加日本抗震设计技术及自创钢筋加工技术、先进信息科学技术的运用等，将台湾地区的预制混凝土装配式工艺充分发挥并不断地创新研发，已经成为台湾建筑产业复合化工法的先驱。应用润泰体系，在台湾地区已建成 500 万 m² 以上的商业大厦和厂房，在上海、江苏等地也完成多个工程项目的试点应用，近期技术转移并辅导上海城建集团在浦江实施第一个全预制装配整体式结构保障房项目。

2）节点连接技术

润泰体系的预制构件包括预制钢筋混凝土柱、预制混凝土叠合梁及叠合板。它采用了传统装配整体式混凝土框架的节点连接方法，即柱与柱、柱与基础梁之间采用灌浆套筒连接，通过现浇钢筋混凝土节点将预制柱与叠合梁连接成整体，如图 3-27 所示。该连接节点的主要特点预制梁端部伸出纵向钢筋并弯起，预制柱内纵向钢筋向柱 4 个角部靠拢，柱每边中间留出空隙，便于预制梁端部伸出的纵筋直接在柱节点区域内锚固，梁柱节点区域与叠合板一起现浇形成预制装配整体结构。润泰体系的施工过程为首先将预制柱吊装就位，利用无收缩灌浆料对预制柱进行灌浆以实现柱与基础或上层柱与下层柱的连接。随后依次进行大梁吊装，小梁吊装，梁柱接头封模及大小梁接头灌浆。最后进行叠合楼板的吊装、后浇，形成框架整体。图 3-28、图 3-29 为预制柱，预制大梁的施工图。

图 3-30 为其预制多螺旋箍筋柱示意图。该柱的配置方式是以一个中心大圆螺箍再搭配四个角落的小圆螺箍交织而成，这种配置突破了传统上螺箍箍筋仅适用于圆形断面柱的限制。圆螺箍在结构效能与生产上的效率与方形箍相比，都有大幅提升。

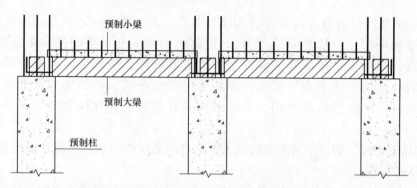

图 3-27   框架梁柱节点示意图

图 3-28   预制柱施工图

图 3-29   预制梁施工图

图 3-31 为润泰体系的半预制隔震工法示意图，该工法已实际运用在 2008 年台湾大学土木楼，采用预制观念改良了传统的隔震工法，将隔震与预制结合，完成了比日本更快的隔震层建设速度。

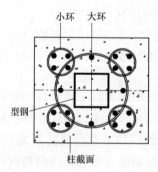

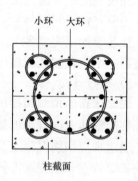

图 3-30   预制多螺旋箍筋柱示意图

3）结构特征

润泰体系与一般常规框架结构相比，主要具有以下特征：

（1）构件生产阶段采用螺旋箍筋，减少工厂箍筋绑扎量，相对提高了工厂构件生产周期。

（2）采用预制梁、板、柱减少现场模板用量及周转架料用量。

（3）该体系成本较现浇框架高，工程质量更易控制，构件外观、耐久性好。

（4）润泰体系装配框架结构最大适用抗震设防烈度小于等于 7 度的地区。

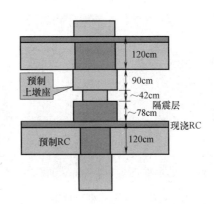

隔震层工期–
传统作法 45天
创新作法 8天

120cm

预制
上墩座

90cm
~42cm
~78cm

隔震层

现浇RC

预制RC

120cm

图 3-31　半预制隔震工法

3.1.4　装配式混凝土框架结构的应用现状

　　装配式混凝土框架结构建筑在欧美、日本的发展已经比较成熟，工程实例较多。西欧是预制混凝土结构的发源地，装配式混凝土框架结构的应用非常普遍。五六层以下的居住建筑中大量采用装配式混凝土框架结构，很好地满足了不同体型和立面形式的建筑要求。第一个装配式混凝土框架建筑位于英国的 Swanse。20 世纪 80 年代中期，位于地震带上的新西兰建造了大量的民用住宅，其中广泛应用了预制混凝土框架结构。现如今，新西兰绝大部分的框架结构都是预制预应力混凝土框架结构。进入 20 世纪 90 年代，法国建筑的工业化朝着住宅产业现代化的方向发展，法国 PPB 国际公司创建了一种预制预应力装配整体式混凝土框架结构体系，称为世构（SCOPE）体系，目前已在法国建有 19 家预制工厂，并在 30 余个国家和地区得到推广应用。美国的装配式混凝土框架应用也较为广泛，2001 年 7 月竣工的位于圣弗朗西斯科商业中心的 Paramount 公寓楼是美国地震设防区里最高的混合连接装配式混凝土框架结构，其高度达到 128m。而目前世界上使用装配式建筑最多的国家是芬兰，使用率高达 42%。日本装配式建筑使用率为 15%，远远超出了其他亚洲国家，具有代表性成就的是 2008 年采用预制装配框架结构建成的两栋 58 层的东京塔。图 3-32～图 3-35 为世界各国装配式框架结构建筑。

图 3-32　新西兰装配式住宅　　　　　　　图 3-33　澳大利亚装配式厂房

图 3-34　美国洛杉矶某装配式框架住宅　　　图 3-35　瑞典某装配式框架施工过程

　　我国装配式混凝土框架结构的发展起始于台湾、香港地区。台湾地区于 20 世纪 70 年代开始推动房屋建筑工业化，大量在集合住宅建设中使用预制工法。自 1985 年起，台湾润泰集团对预制生产技术进行引进和研发，台湾装配式混凝土框架结构得到迅速发展，实际工程日益增多。台湾装配式混凝土框架结构体系和日本、韩国接近，装配式框架的节点连接构造和抗震、隔震技术的研究和应用都很成熟，装配框架梁柱、预制外墙挂板等构件应用较广泛，预制建筑专业化施工管理水平较高、建筑质量好、工期短的优势得到了充分体现。具体的工程实例如台湾大学土木楼和台北市灾害应变中心。这两栋大楼均为装配式混凝土框架结构建筑，并且均采用了隔震技术。台湾大学土木楼（图 3-36）于 2008 年 1 月 12 日正式动工，地上结构则以 5 天组装一层楼（主结构）的进度，在不到 6 个月的时间内建造完成，隔震层工期也从原本的 23d 缩短到了 3d。而台北市灾害应变中心也因为采用了装配式施工工艺，平均 10d 内即完成一个楼层结构体，故短短一年多时间即竣工，且此工程代表台北市府参加 2007 年度第七届公共工程金质奖评选，荣获优等奖殊荣。

图 3-36　台湾大学土木楼及隔震支座

　　由于施工场地限制、环境保护要求严格，我国香港地区的装配式建筑应用非常广泛，并提出了"和谐式"公屋的多种系列的标准设计，这使得房间尺寸相互配合，建筑构件的尺寸得以固定，形成了公屋专用体系的预制生产，新开工的公屋全部采用预制、半预制构件和定型模版建设。香港厂房类建筑大多采用了装配式混凝土框架结构。

　　装配式混凝土框架结构建筑在我国大陆地区的应用也逐渐升温。20 世纪 70 年代，由上海工业建筑设计院主持开展了多层厂房工业化建筑体系的研究，提出了梁、板、柱全预制的装配式框架结构，以及现浇柱、预制梁板的半装配式框架结构。采用"通用建筑体系"，走构件定型化生产的途径，将定型构件进行不同组合，可以构成不同要求的厂房。20 世纪 70 年代后期，我国引进了南斯拉夫预制预应力混凝土板柱结构体系，即 IMS 体系。到目前为止，中建一局科研院等三十多个科研、设计、施工单位对 IMS 体系进行了系统的开发和研究，累计建成近 30 万 m² 整体板柱预应力建筑，为该体系在我国的广泛应用起到了推动作用。在 2000 年，南京大地集团公司从法国引进预制预应力钢筋混凝土装配整体式框架结构体，即世构体系。近 10 年来在南京建筑市场上完成了约 100 万 m²的工程。万科企业股份有限公司等多家单位也建造了一批试点工程，万科集团在深圳投资建设了"万科住宅产业化研究中心"，并积极推进房地产开发项目的预制装配和精装修集成，在我国南方地区偏重于引进日本常用的预制框架或框架结构外挂板技术。图 3-37 为万科上坊公寓保障房，该建筑是目前全预制装配结构高度最高、预制整体式技术集成度最高的工业化住宅。

图 3-37　万科上坊公寓保障房

3.2　装配式混凝土剪力墙结构

3.2.1　装配式混凝土剪力墙结构的概述

1. 基本定义

装配式混凝土剪力墙结构是装配式混凝土结构的一种类型，它是指剪力墙、梁、楼板部分或全部采用预制混凝土构件，再进行连接形成整体的结构体系。其预制部件主要包括：剪力墙、叠合楼板、叠合梁、楼梯、阳台、空调板、飘窗和户隔墙等部件。预制构件在施工现场拼装后，上下墙板间主要竖向受力钢筋采用灌浆套筒或浆锚连接，楼面梁板采用叠合现浇，墙板间竖向连接缝采用现浇。

装配式剪力墙结构主要用于高层、小高层民居住宅等建筑，由于其饱满的建设需求量，近几年来，成为当前高校和科研机构研究的热点，并在全国各地政府保障房或商品房开发中逐步得到了应用和推广。

2. 混凝土剪力墙结构的受力特点

1）刚度大，侧向变形小

剪力墙厚度小，墙面尺寸大，因此平面刚度很小，但在墙身平面内的侧移刚度却很大，能抵抗比较大的水平力。在风荷载或水平地震作用下侧向变形小，因此抗侧力性能很好。

2）抗震性能好

从国外的震害情况看，一般剪力墙结构的房屋震害比较轻微，倒塌的是极个别的。1971年2月美国加利福尼亚州图费南多地震中，由于侧向位移小，剪力墙结构的房屋没有什么破坏；而框架结构房屋的主体结构虽然没有大的破坏，但是由于框架结构的侧移刚度小，隔墙和建筑装修遭受到较大破坏。1972年12月，尼加拉瓜首都马拉瓜发生的6.2级地震中，经调查表明，不论主体结构还是非结构构件，剪力墙结构的房屋震害都比框架结构轻微。1977年，罗马尼亚地震时，首都布加勒斯特有几百幢高层剪力墙结构的房屋中，仅有一幢的一个单元倒塌，表明抗震性能较好，而高层框架结构房屋有32幢倒塌。

3）适用于中小开间的建筑

剪力墙结构房屋的墙体间距不能太大，建筑平面布置和使用空间受到一定的限制，不易满足需要大空间的公共建筑使用要求。因此，剪力墙结构比较适用于中小开间的住宅、公寓、旅馆建筑。为了满足地震区高层住宅底层开商店和高层旅馆建筑底部几层大空间作为公共用房的需要，可以把部分剪力墙落地，部分做成用框架托住上部剪力墙，形成底部大空间框支剪力墙结构。

4）建筑物自重大，地震反应大

由于剪力墙结构房屋墙体多、自重较大、又由于侧移刚度大、结构自振周期短，地震反应就强。

基于以上的原因，剪力墙结构是目前高层住宅的主要结构形式。

3. 装配式混凝土剪力墙结构的优缺点

装配式混凝土剪力墙结构的优点主要表现为：工业化程度高，预制比例可达70%；室内空间规整，几乎无梁柱外露；成本可控，成本最低可与现浇剪力墙结构持平；可选择局部或全部预制，可继承传统的户型平面，适合于有适当凹凸的平面户型。装配式混凝土剪力墙结构的缺点主要表现为：剪力墙单块自重较大，吊装、安装较为困难；连接比较复杂，节点处工程量较多；边缘构件难以预制。

4. 连接设计原则

连接设计是装配式剪力墙结构设计的重要环节，合理的连接形式是预制装配式剪力墙结构得以广泛应用的关键。预制剪力墙构件之间的连接必须有效地将单个结构构件互相连成统一的整体，使整个建筑结构协调一致。

装配式剪力墙的构件连接应采用标准化方法，以提高构件连接的可靠性、制作安装效率和连接质量。连接设计首先要保证在荷载作用下连接部位自身的强度不能成为结构的薄弱环节，保证连接部位能平顺地传递内力，发挥连接功能。其次还要求连接部位具有足够的刚度以及良好的恢复力特性。总体说来，装配式剪力墙结构的竖向连接应遵循以下设计原则：

（1）连接设计满足结构承载力和抗震性能要求；

（2）连接设计应能保证结构的整体性；

（3）连接破坏不应先于构件破坏；

（4）连接的破坏形式不能出现钢筋锚固破坏脆性形式；

（5）连接构造应符合整体结构的受力模式及传力途径。

3.2.2 装配式混凝土剪力墙结构的研究进展

1. 国外研究应用现状

在国外，装配式剪力墙结构多用于低层、多层和高层建筑，欧洲国家（如丹麦、德国、法国、英国等）的装配式剪力墙结构可达 16～26 层，而日本的装配式剪力墙结构一般在 10 层以内，并且该结构形式在地震中表现出良好的抗震性能，例如墨西哥智利大地震和日本阪神大地震中很多装配式混凝土剪力墙结构几乎没有破坏，或者修复设备连接后可以马上恢复使用。

装配式剪力墙结构是实现住宅产业化的有效途径之一，19 世纪末期，欧洲首先提出预制混凝土墙板结构，并在一些工程中得到应用，但早期预制墙板结构多用于非结构构件。"二战"结束以后，欧洲一些国家出现住房紧张、资源紧缺、劳动力不足等问题，逐步开始推行住宅产业化改革，使得预制装配式结构得到快速发展，到 20 世纪 60 年代，装配式结构成为某些国家的主要建筑形式。

对于装配式大板结构，Harry G Harris 等进行了足尺装配式大板结构墙板节点的轴心受压承载力试验研究。结果表明，接缝处后浇水泥砂浆的强度对节点强度有显著影响；墙体设置加强钢筋能够防止墙体端部发生劈裂破坏，提高节点的承载力。Milo Shemie 提出了将预制楼板之间、预制楼板与预制墙板之间预埋钢板采用螺栓机械连接。此种连接方法使墙板之间的连接更加灵活，同时在地震作用下结构的延性更好。Robert Park 提出了装配式大板结构的受力分析模型，并介绍了套筒连接和金属波纹管连接两种钢筋连接方法。Khaled A Soudki 等研究了低周反复荷载作用下水平接缝的连接性能，对比分析了不采用连接钢筋、采用普通低碳钢筋连接、采用后张拉预应力钢筋连接下水平接缝的性能，同时还研究了设置抗剪键在结构抗剪破坏时所起的作用。

美日联合 PRESSS 项目提出了一种后张无粘结预应力装配式剪力墙结构，该体系具有优越的抗震性能和良好的自恢复能力，在大震情况下结构能够产生较大的侧向位移，且残余变形较小；破坏集中在预制构件连接部位，易于震后修复。

Brian J Smith 等对预制混凝土剪力墙竖向通过无粘结预应力筋连接进行了研究，设计试件中部通过预应力筋连接，边缘处布置加强钢筋。通过分析此种连接方式的受力特点，提出其计算模型，并推出计算其受力和变形的计算公式，通过试验研究其水平极限位移、耗能能力、剪切变形等指标，结果表明，该连接方式具有良好的抗震性能。Brian J Smith 等还研究了开洞剪力墙通过此种连接方式连接的抗震性能，取得相似成果。

Yahya C Kurama 等研究了预制墙体通过预应力筋进行水平连接的连接性能，进行了 11 个 1/2 缩尺试件的反复周期荷载试验，试验试件由加载块、工字型钢连梁和反应块组成，通过预应力筋进行连接，钢连梁通过角钢与混凝土试块中预埋钢板进行螺栓连接。试验控制参数为连接角钢厚度、角钢长度、预埋钢板厚度、预应力筋直径、钢连梁高度等。试验结果表明，适当的设计能够保证试件在破坏时连接角钢断裂，墙体和连梁无重大破坏；卸载后结构的残余变形可忽略。Shen Qiang 等运用 DRAIN-2D 建立了分析模型，分析结果与试验结果符合良好。Yahya C Kurama 等还对竖向采用预应力筋、横向采用钢连梁同时用预应力筋进行连接的结构进行了非线性的静态和动态的时程分析,并与普通结构分析结果对比,采用无粘结预应力筋连接的钢连梁的水平侧移比普通嵌入式连梁增大30%~50%;残余变形则显著降低,可忽略不计。Brad D Weldon 等研究了采用预制混凝土连梁连接的情形,并运用 DRAIN-2DX 和 ABAQUS 进行了数值分析。

David C Salmon 等提出一种预制混凝土夹心板材,其两侧为预制钢筋混凝土板,通过剪式支架进行连接,两块板材之间夹有保温材料。David 等对其进行了大量的试验研究,同时探讨了剪式支架的合理形式,并研究在两块预制板之间加入型钢提高其承载力的可行性。

日本在装配式大板结构的基础上发展了一种壁式框架预制钢筋混凝土结构(WR-PC),这种结构纵向由扁平壁状的柱和梁形成刚架,横向则是由独立剪力墙构成。其中结构的主要承载构件(壁柱、梁、剪力墙、墙板及屋面板)的部分或全部由钢筋混凝土预制构件组成。

2. 国内研究应用现状

装配式大板结构因整体性较弱,在偶然荷载下易发生连续性倒塌,如英国伦敦 23 层的 Ronan point 公寓大楼,因 19 层东南角发生爆炸事故而导致整个公寓发生连续性倒塌。万墨林从国内外发生连续性倒塌的实例出发,结合我国大板结构的结构特点,对大板结构发生连续性倒塌的可能性进行了分析,分析其局部破坏后的受力机制,提出了从结构布置、计算方法、构造要求 3 方面来防止大板结构的连续性倒塌。朱幼麟根据北京地区常用的小开间大板住宅特点,分析某一墙板失效后结构的受力特点,提出了按悬墙机制、悬臂机制、悬挂机制 3 种方法计算墙板失效后结构受力的计算方法,并分析了在墙板纵向和周边设置拉结钢筋对结构整体性能的影响。

为研究装配式大板结构的整体性能,尹之潜等进行了 1 个 1/5 缩尺 10 层和 1 个 1/6 缩尺 14 层装配式大板结构模型的振动台试验,结果表明,按目前施工工艺建造的大板结构能够满足抗震设计的要求。朱幼麟等进行了 8 层大板房屋模型在水平荷载作用下的静力和动力试验,研究大板间的水平接缝和竖向接缝对结构内力的影响,结果表明,水平接缝和竖向接缝对结构的内力分布和刚度都有显著的影响。水平接缝对墙体的侧向刚度影响甚大,在计算中需要考虑;竖向接缝的剪切角对联肢墙内力的分布有较大影响。研究结果表明,只要水平接缝的剪切滑移得到有效控制,竖向接缝拥有足够的耗能能力,装配式大板结构还是具有很好的整体性和连续性,能够满足抗震方面的要求。

孟少平等进行了 1/7 缩尺 8 层后张无粘结预应力装配式短肢剪力墙的拟静力试验。结果表明,合理的设计可以使连梁的裂缝及损伤集中出现在连梁与墙肢的结合部,其他部分基本保持弹性,实现"强墙弱梁";在地震作用下连梁的塑性变形主要出现在连梁与墙肢的连接部分,有利于震后修复。孙巍巍等根据后张无粘结预应力装配式剪力墙连梁的受力特点,建立连梁组合体梁端弯矩同轴线转角的分析模型,并运用有限元分析软件进行验证,给出实现连梁组合体高延性低损伤的合理建议。

吕西林等对叠合板式剪力墙进行了低周反复试验,研究其破坏模式、变形性能和新老混凝土粘结界面破坏发展的规律,并在试验的基础上通过 ANSYS 建立有限元模型,进行非线性数值仿真分析,分析比较力-位移推覆曲线和试验骨架曲线等,分析结果与试验结果符合,表明叠合板式剪力墙具有良好的抗侧性能,新老混凝土协同工作性能良好。

　　叶献国等对采用不同边缘约束措施的叠合板式剪力墙进行了低周反复荷载下的试验研究,结果表明,叠合板与现浇部分粘结良好,能够有效共同工作,其破坏形态与现浇墙体类似,约束边缘构件采用暗柱形式更为合理。根据试验结果,建立了叠合剪力墙的力学计算模型,推导出弹性刚度的计算公式,并提出叠合板式剪力墙的正截面抗弯承载力计算公式、斜截面抗剪承载力计算公式、正截面开裂荷载计算公式和墙板水平接缝受剪承载力计算公式。王滋军等进行了开洞叠合剪力墙与普通开洞剪力墙抗震性能的对比试验研究。研究结果表明,钢筋混凝土开洞叠合剪力墙的受力性能基本和普通钢筋混凝土开洞剪力墙相同,具有较好的抗震性能,其延性和耗能能力等均与普通开洞剪力墙相当。叠合板的剪式支架的连接能使预制部分与现浇混凝土形成整体共同工作。同时还研究了水平拼接的叠合板式剪力墙的抗震性能,研究表明,带竖向接缝的叠合剪力墙的受力过程、破坏形态与现浇剪力墙基本相同,抗震指标接近,具有较好的抗震性能,水平拼接的叠合剪力墙承载能力不低于整体叠合剪力墙。张伟林等对叠合板式混凝土剪力墙 T 形、L 形拼接墙体的抗震性能进行了试验研究。叠合板式剪力墙的 T 形和 L 形墙体性能与现浇墙体接近,预制部分与后浇混凝土粘结良好,能有效协同工作。其抗剪承载力比现浇混凝土剪力墙略有降低,但能够满足规范要求。

　　全预制装配式剪力墙结构体系内外墙板均为预制,楼板为叠合楼板,墙板之间通过预留金属波纹管进行注浆连接。东南大学对该体系的相关性能进行了试验研究。郭正兴等对全预制装配式剪力墙结构中间层边节点的抗震性能进行了试验研究,并采用 ANSYS 进行数值分析,结果表明,装配式试件的承载力、延性、刚度和耗能能力与现浇试件基本接近,表现出与现浇试件相当的抗震性能。朱张峰等对此结构进行了 1/2 缩尺单跨三层平面模型的低周反复荷载试验。观察模型的裂缝开展、破坏过程及破坏形态,通过分析对比得出:与现浇模型相比,预制装配式模型具有相近的承载能力、位移延性及耗能能力,初始刚度较大,具有相当的抗震性能。陈锦石等对全预制装配式剪力墙结构 1/2 缩尺比例 4 层空间模型进行了低周反复荷载试验,试验结果表明,试件承载能力及刚度高于规范要求及设计结果,试件屈服荷载高于设计地震力,试件在中震下保持弹性,同时可满足大震不倒的设防目标。

　　黄炜等对密肋复合墙体进行拟动力试验研究,试验结果表明,墙体中的砌块、肋格、外框能够在试验的弹性阶段、弹塑性阶段、破坏阶段依次发挥作用,具有多道抗震防线,墙体在遭受到小震或中震后具有稳定的水平承载能力及良好的耗能性能,在遭受到大震后仍具有良好的抗倒塌能力。

　　钱稼茹等提出一种预制钢筋混凝土圆孔板剪力墙结构体系,并先后进行了两端设暗柱的单片、双片预制圆孔板剪力墙的拟静力试验。试验结果表明,暗柱几乎沿全高出现水平裂缝,预制墙体布满斜裂缝,试件破坏均为弯剪破坏,位移延性系数大于 5,极限位移角大于 1/100,均满足抗震要求。

3.2.3 装配式混凝土剪力墙结构体系及连接技术

1. 装配式大板结构

1) 结构体系

装配式大板结构,简称大板结构。一般来说,大板结构除基础外,整块的外墙板、内墙板、楼板、楼梯等构件，都是由构件加工厂预制，然后运送到施工现场，通过机械吊装进行组接。装配式大板结构主要是应用于民用建筑体系。

装配式大板结构的承重方式，是以大型的板状构件竖起来作为房屋的垂直承重构件，而以楼板作为水平承重构件的结构系统。图3-38为大板建筑的剖面详图，从中我们可以看到装配式大板建筑的构造组成。

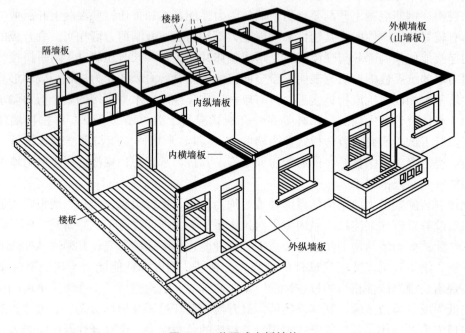

图3-38　装配式大板结构

装配式大板结构一般应用于民用住宅建筑，医院、旅馆、办公楼等也可以采用。但是装配式大板结构在民用及公用房屋的应用，远远不及装配式工业厂房那样广泛，主要是由于成本较高、多功能性较差等。民用的装配式大板结构主要有以下两种类型：

（1）装配式轻板框架结构，由预制混凝土柱、梁、楼板经过吊装、连接构成承重受力的框架体系，由不受力的轻质板材经过吊装、连接组成建筑物的外墙、内隔墙，板材的材料一般由加气混凝土、矿渣混凝土等轻质材料加配筋构成。

（2）全装配式大板结构，由承重的预制混凝土外墙板、内墙板和楼板经过吊装，连接构成。墙板之间由竖直接缝连接，而搁在墙板上的楼板与墙板之间由水平缝连接。

2）主要预制构件

（1）外墙板。横墙承重下的外墙板是自承重或非承重的。外墙板应该满足保温隔热、防止风雨渗透等围护要求，同时也应考虑立面的装饰作用。外墙板应有一定的强度，使它可以承担一部分地震作用和风荷载。山墙板是外墙板中的特殊类型，具有承重、保温、隔热和立面装饰作用。墙板可以是用同一种材料制作的单一板，也可以是由两种以上材料制作的复合墙板。复合墙板由承重层、保温层和装饰层组成。承重层是复合墙板的支承结构，在墙板的内侧，这样可以减少水蒸气对墙板的渗透，从而减少墙板内部的凝结水。承重层可以用普通钢筋混凝土、轻集料混凝土和振动砖板制作。保温层处在复合墙板中间的夹层部位，一般用高效能的无机或有机的隔热保温材料制作，如加气混凝土、泡沫混凝土、聚苯乙烯泡沫塑料、蜂窝纸以及静止的空气层等。装饰层是复合板的外层，主要起装饰、保护和防水作用。装饰层的做法很多，经常采用的有：水刷石、干粘石、陶瓷锦砖、面砖等饰面，也可以采用衬模反打，使混凝土墙板带有各种纹理、质感，还可以采用 V 形、山形、波纹形和曲形线的塑料板和金属板饰面。一般外墙板如图 3-39 所示。

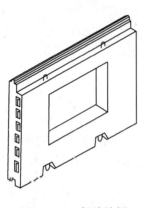

图 3-39 一般外墙板

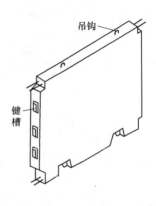

图 3-40 内墙板

（2）内墙板。横向内墙板是建筑物的主要承重构件，要求有足够的强度，以满足承重的要求。内墙板应具有足够的厚度，以保证楼板有足够的搭接长度和现浇的加筋板缝所需要的宽度。横向内墙板一般采用单一材料的实心板，如混凝土板、粉煤灰矿渣混凝土板、振动砖板等。

纵向内墙板是非承重构件，它不承担楼板荷载，但它需要与横向内墙相连接，保证结构的纵向刚度，因此也必须保证纵向内墙板具有一定的强度和刚度。实际上纵向内墙板与横向内墙板需要采用同一类型的板。图 3-40 为内墙板的外观。

（3）隔墙板。隔墙板主要用于建筑物内部房间的分隔板，没有承重要求。为了减轻自重，提高隔音效果和防火、防潮性能，有多种材料可供选择，如钢筋混凝土薄板、加气混凝土板、碳化石灰板、石膏板等。

（4）楼板。楼板可以采用钢筋混凝土空心板，也可以采用整块的钢筋混凝土实心板。目前以采用整间钢筋混凝土实心板为主。这种板四边预留有胡子筋，安装时与相邻构件焊接。

在地震区，楼板与楼板之间、楼板与墙板之间的接缝，应利用楼板四角的连接钢筋与吊环互相焊接，并与竖向插筋锚接。此外，楼板的四边应预留缺口及连接钢筋，并与墙板的预埋钢筋互相连接后，浇筑混凝土。连接钢筋的锚固长度应不小于 30d。坐浆强度等级应不低于 M10，灌注用的混凝土强度等级不应低于 C15，也不应低于墙板混凝土的强度等级。楼板在承重墙上的设计搁置长度不应小于 60mm；地震区楼板的非承重边应伸入墙内不小于 30mm。

（5）楼梯。楼梯分成楼梯段和休息板（平台）两大部分。休息板与墙板之间必须有可靠的连接，平台的横梁预留搁置长度不宜小于 10mm。常用的做法可以在墙上预留洞槽或挑出牛腿以支承楼梯平台（图 3-41）。

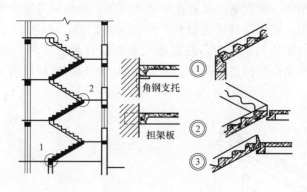

图 3-41　楼梯构造

3）节点连接技术

节点的设计和施工是大板结构的一个突出问题。大板结构的节点要满足强度、刚度、延性以及抗腐蚀、防水、保温等构造要求。节点的性能如何，直接影响整个建筑物的整体性、稳定性和使用年限。目前大板结构的节点连接方式主要有焊接、混凝土整体连接和螺栓连接三种方式。

焊接又称为"整体式连接"。它是靠构件上预留的铁件，通过连接钢板或钢筋焊接而成。这是一种干接头的做法。这种做法的优点是：施工简单，速度快，不需要养护时间。缺点是：局部应力集中，容易造成锈蚀，对预埋件要求精度高，位置准确，但耗钢量较大（图 3-42）。

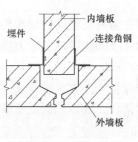

图 3-42　焊接节点

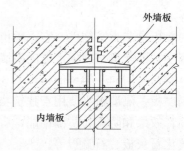

图 3-43　混凝土整体连接

混凝土整体连接又叫"装配整体式连接"。它是利用构件与附加钢筋互相连接在一起，然后浇筑高强度混凝土。它是一种湿接头。这种做法的优点是：刚度好，强度大，整体性强，耐腐蚀性能好。缺点是：施工时工序多，操作复杂，而且需要养护时间，浇筑后不能立即加荷载（图 3-43）。

螺栓连接是靠制作时预埋的铁件，用螺栓连接而成。这种接头无法适应于大变形，常用于围护结构的墙板与承重墙板的连接。这种接头要求预埋精度高，位置准确（图3-44）。

4）结构特征

装配式大板结构与一般建筑结构相比，主要具有以下特征：

（1）该结构主要采用的是平板型构件，构造简单，工艺单纯，生产效率很高。建筑物的外墙板和内墙板在工厂的生产过程中，材料的强度、耐火性、抗冻融性、隔声保温等性能指标，能够得到保证。

（2）装配式大板结构的自重要比传统结构自重减轻一半，地基也相应简化，造价降低。国外经验表明，大板结构在大批量生产和成片建设的条件下，一般可节约造价10%～15%。

（3）隔热、隔声效果差，若增设保温隔热和隔声材料，则造价会偏高。

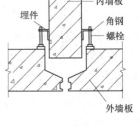

图3-44　螺栓连接

（4）大板结构对建筑物造型和布局有较大的制约性，缺少灵活性，造型千篇一律。

（5）构件连接部分的施工质量对结构整体性影响较大，整体抗震性能不好，结构体系缺少多道设防抗震机制。

2. 叠合板式剪力墙结构体系

1）结构体系

叠合板式结构体系是融合预制叠合构件（叠合墙板、叠合楼板）、全现浇构件（墙体约束边缘构件、暗杆、连梁、异形柱、楼梯、阳台、雨篷、挑檐等）于一体的结构体系。叠合楼板和叠合墙板在应用中使用标准化预制构件。现场安装预制楼板，以其为模板，辅以配套支撑，设置竖向构件的连接钢筋、必要的受力钢筋及构造钢筋，再浇筑混凝土叠合层，与预制板共同受力。预制墙板由两层预制板与格构梁钢筋制作而成，现场安装就位后，在两层板中间浇筑混凝土，共同承受竖向荷载和水平力作用。在受力比较复杂、施工工艺复杂的部位，可用现浇混凝土代替。

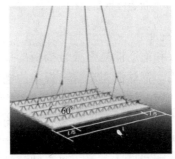

图3-45　预制墙板和楼板

在预制墙板的两层之间、预制楼板的上面，设置格构梁钢筋。格构梁钢筋由三根截面成等腰三角形的上下弦钢筋组成，弦杆之间有斜向腹筋相连。格构梁钢筋既可作为施工时起吊构件的吊点，同时又增加平面外刚度，防止起吊时开裂。在使用阶段，格构梁钢筋作为连接墙板的两层预制片与二次浇筑混凝土之间的拉接筋，对提高结构整体性和抗剪性能具有重要作用。

2）墙体构造

叠合墙板于墙面内可分为两部分，一部分在工厂预制，一部分在现场制作。为保证预制和现浇部分的可靠连接，预制墙板设置了穿越预制和现浇部分的横向和纵向钢筋桁架，桁架筋构造示意图如图3-46所示，上桁架筋和下桁架筋之间由腹筋连接。下桁架筋绑扎于预制部分钢筋笼上，在工厂浇筑在预制部分中，上桁架筋将在现场浇筑时被浇筑在现浇部分里。图 3-47 为预制部分桁架筋分布示意图。墙板根据建造要求制作成相应规格，墙体暗柱也可以根据需要设置，桁架筋贯穿预制和现浇部分，可有效加强预制和现浇部分的可靠连接。预制部分可通过螺栓固定在梁、地面上，之后绑扎现浇部分钢筋，并支模浇捣混凝土，待现浇部分达到一定强度后拆除螺栓，完成墙体现场制作，现浇部分按传统方式进行。其预制部分在工厂生产，可以通过严格的质量管理控制其质量，并可以根据不同的需求在表面预先进行墙面装饰和安装门窗，制作好后运到现场拼装。钢筋混凝土叠合墙体在安装时需由钢板、螺栓及支撑杆共同定位。墙与墙、墙与楼板、墙与梁以及墙与柱之间的连接可通过在现浇部分设置加强筋来保证其可靠性，另外还可通过在预制墙板部分预埋钢套筒或伸出筋，安装后进行灌浆的方式来保证墙板的节点可靠性。

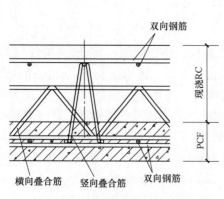

图 3-46   叠合墙体钢筋分布示意图

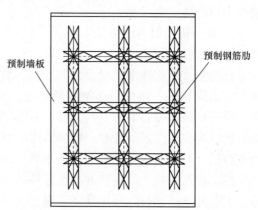

图 3-47   预制部分桁架筋分布示意图

3）结构特征

预制墙板和钢筋混凝土叠合楼板的技术在德国已相当成熟，在欧洲和其他工业发达国家中广泛使用，钢筋混凝土叠合板式住宅具有自身的特点及优势：

（1）叠合板式住宅从建筑图纸输入、结构设计到建筑预制件工厂化流水线生产全程由计算机自动控制。结构部件运至施工现场后，快速吊装、拼接，多层住宅的主体结构安装可仅在几周内完成，造价优势极为明显。

（2）建造高质量的住宅，要求精确度高，误差小，只有工厂化的生产方式可以满足这样高标准的要求。叠合板在钢筋保护层控制、钢筋定位控制、混凝土的配比控制、混凝土的密实度控制、混凝土的养护条件控制等方面较好，可以有效地避免现浇混凝土住宅建造中常见的质量问题，大大提高结构的耐久性。由于格构钢筋的存在，与普通混凝土叠合板相比，预制板件具有更好的整体工作性能。格构梁的使用也同时大幅减少现场钢筋绑扎工作量。

（3）叠合板可以自成体系，不仅可用于墙体，还可用于楼层屋面板。这样，可以实现在一个项目中只有一种施工工艺，便于施工的管理，提高建造效率，降低成本。

（4）主体结构预制件可根据各种建筑功能和结构要求，量身定做，具有品质高、生产周期短、外观尺寸和平整度好、施工不受气候影响。楼板下表面平整，便于作饰面处理，符合用户对室内顶板的感观要求。

3.2.4 装配式混凝土剪力墙结构的应用现状

在国内，多家房地产企业和高校引进国外装配式剪力墙结构体系和技术，并加以吸收和创新，形成了多种装配式剪力墙结构的建造技术和方法。

1. 万科集团 PCF 技术

万科集团较早即开始了工业化住宅建造技术的探索和试点，先后向香港及日本学习，形成了 PCF 技术，即预制混凝土模板技术。该技术主要用于预制混凝土剪力墙外墙以及叠合楼板的预制板等，结构其他部分，如内部剪力墙、部分内隔墙及电梯井等仍然需要支模现浇。万科集团的 PCF 技术解决了外墙模板问题，避免了外围脚手架及模板的支设，节约模板并提高施工安全性。但是，PCF 技术的主体结构的剪力墙几乎全现浇，楼板为叠合楼板，现浇工作量仍然很大（图 3-48）。

图 3-48 万科集团 PCF 技术

2. 中南集团 NPC 技术

中南集团引进澳大利亚技术，结合我国的实际，形成了具有自身特色的 NPC 技术体系。剪力墙、填充墙等构件采用全预制，梁、板采用叠合形式。构件竖向连接通过下部构件的预留钢筋插筋、上部构件预留金属波纹浆锚管以实现钢筋浆锚连接。水平向连接通过适当部位设置现浇混凝土连接节点。水平构件与竖向构件通过竖向构件预留插筋伸入梁、板叠合层及叠合层现浇混凝土实现连接（图 3-49）。

中南集团 NPC 技术体系较为系统和完善，结构竖向构件基本采用全预制、水平构件采用叠合形式，大大降低了现浇量，装配率达 90％以上。但是，剪力墙构件完全通过竖向浆锚钢筋连接，现场存在大量的灌浆孔，要保证各个孔的灌浆质量较困难。因此，需对 NPC 技术体系中的剪力墙竖向连接需做进一步改进，从而减少现场工作量，同时可靠地保证结构安全。

3. 宇辉集团装配整体式预制混凝土剪力墙技术

黑龙江宇辉集团基于剪力墙竖向连接专利技术"插入式预留孔灌浆钢筋搭接连接"，形成了装配整体式预制混凝土剪力墙结构技术。其预制构件主要包括竖向剪力墙板、水平叠合楼板、楼梯板及阳台等。装配整体式预制混凝土剪力墙结构构件形式简单、制作方便，但同时也存在构件较大且重，需配置较高要求的吊装设备及构件形式单一等问题（图 3-50）。

图 3-49　中南集团 NPC 技术

图 3-50　宇辉集团装配式剪力墙技术

4. 合肥西伟德叠合板式混凝土剪力墙技术

西伟德混凝土预制有限公司引进德国技术，形成了叠合板式混凝土剪力墙结构。结构构件分为叠合式楼板、叠合式墙板以及预制楼梯等。叠合式楼板由底层预制板和格构钢筋组成，可作为后浇混凝土的模板；叠合式墙板由 2 层预制板与格构钢筋制作而成，现场安装就位后可在 2 层预制板中间浇筑混凝土；格构钢筋可作为预制板的受力钢筋以及吊点，如图 3-51 所示。该结构构件预制设备先进、制作精良，但由于其引进时间较晚、预制构件形式简单，现浇的工作量仍然很大，墙板内混凝土浇筑质量也不便检查，有一定的施工难度，存在新旧混凝土叠合强度问题。

图 3-51　西伟德叠合板式剪力墙技术

3.3　模块建筑体系

模块建筑是一种高度集成的预制装配体系，其特点是在三维的预制模块（类似于集装箱的盒子单元）中，集成建筑外墙、装修、家具、设备等。在厂家生产完毕后，直接运往现场进行吊装拼接，不仅结构部分施工便捷，还免去了后期的装修等工作，如图 3-52 所示。

图 3-52　模块建筑体系

　　模块技术的不同层次的实现形式，早已经存在于建筑行业中。在世界范围内，移动式的建筑、临时集装箱建筑、个性化定制的预制别墅，甚至是功能性的预制单元，例如预制厨房单元、厕所单元和浴室单元等，都具备模块建筑技术的部分特点。本节重点介绍的是在一项永久的建筑工程中大规模应用，空间上占主体地位并提供其大多数的建筑功能，这样的一类模块建筑技术与体系。

　　此类模块建筑起源于英国、爱尔兰，在过去的 15～20 年间，逐步在欧美日韩澳等国家的预制装配式民用建筑中推广应用，取得一席之地。近年来，我国也在推广模块建筑，出现了一些优秀的应用实例。

3.3.1　结构体系简介

　　由上述定义可以体现模块建筑的预制装配不仅在于结构层面，还在于非结构层面、使用功能层面，其中使用功能层面将会影响现有的室内装修方式，这是模块建筑相对于其他预制装配技术的最大不同。因而模块建筑在行业中的定位主要是高速度、高品质与极低的现场工作量。具体而言，相对于其他预制装配结构，模块建筑的优点主要有以下方面：

　　（1）由于高度整合，免去了后续的装修、设备管线安装等工序，进一步缩短建造时间、节省现场人力，甚至能适应恶劣的现场环境。

　　（2）每个模块自成结构体系，无论是运输、吊装还是就位，都无须额外的支撑件，可以采用较为便捷的堆放式就位。

　　（3）工厂的流水线式装修、安装设备的方式，进一步提高室内品质，更符合商品住宅的市场要求。

　　（4）从结构到装修，所有环节的污染物和噪声得以集中处理，高度环保。

　　基于以上几方面的优点，模块建筑适用于但不限于以下场合：工期紧迫的工程，例如需要按期住进新生的学校宿舍、灾后重建工程等；人手奇缺的工程，例如边远地区的成规模建设；施工条件恶劣的工程，例如冬期施工、岛屿施工等；对装修品质有特殊要求的工程，例如星级酒店、高档商品房、用户定制的模块组合式别墅等。

图 3-53 是采用模块建筑技术与普通建造方式的施工进度横道图对比。可见其交付时间上确实有着明显的优势。

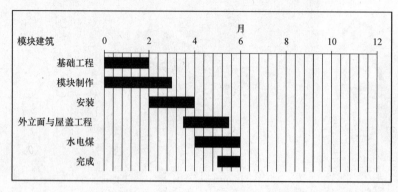

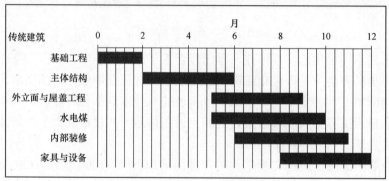

图 3-53　施工进度横道图

3.3.2　模块本身的结构与功能

1. 模块本身的结构分类

根据模块本身的结构，目前模块化建筑所用的模块可分为：墙体承重模块、角柱支撑模块、带中柱或支撑的模块和非承重模块等几种。

1）角柱承重模块

角柱支撑模块类似于传统的热轧钢结构框架，模块构造形式为在方钢管角柱间布置梁高较高的纵向边梁，建筑的竖向荷载全部用模块的 4 根角柱承担，这与带有轻钢承重墙的墙体承重模块形成明显对比，图 3-54 是一个典型的角柱支撑模块的主要钢框架。边梁一般高 200～500mm，跨度（即模块的长度）6～9m，模块一般宽 2.4～3.7m，以方便运输至现场。角部支撑模块的主要优势在于可以对模块单元一个或多个面进行完全开放，当模块并排安装在一起时可以创建更大的开放式空间，并且可以进行全玻璃幕墙设计。这种建筑形式是学校和医院的理想选择。

2）墙体承重模块

墙体承重模块包括四面墙体，由密布竖向立柱和水平横杆组成，多采用冷弯薄壁型钢。楼板和天花板托梁的跨度方向平行于模块单元的短边，如图 3-55 所示。这种模块类型适用于宾馆、学生宿舍、社会保障住房或工人宿舍，因为这些类型房屋通常是由大量的

图 3-54 角柱承重模块

（图片来源于英国 Kingspan Steel Building Solutions 公司）

小房间组成。不过，该模块类型不人适合需要更大空间的建筑类型，因为房间的大小受到模块最人宽度的限制。

图 3-55 墙体承重模块

（图片来源于英国 Terrapin 公司）

墙体承重模块的另一个限制是不能在纵向承重墙体上自由设置窗户、门或其他开孔。这对建筑的设计，尤其是对模块的布局有所影响，在需要设窗户的地方，要满足一系列的补强措施，例如需设置附加边梁。

3）带中柱或支撑的模块

在长边带有中柱的模块，其承重方式介于上述的角柱承重模块与墙体承重模块之间。这样的模块保留了一定的开孔灵活性，同时其竖向承重能力与侧向稳定性强于角柱承重模块，主梁与角柱的截面尺寸得以减小。图 3-56 和图 3-57 分别是带中柱的模块与带中柱和支撑的模块的示意图。

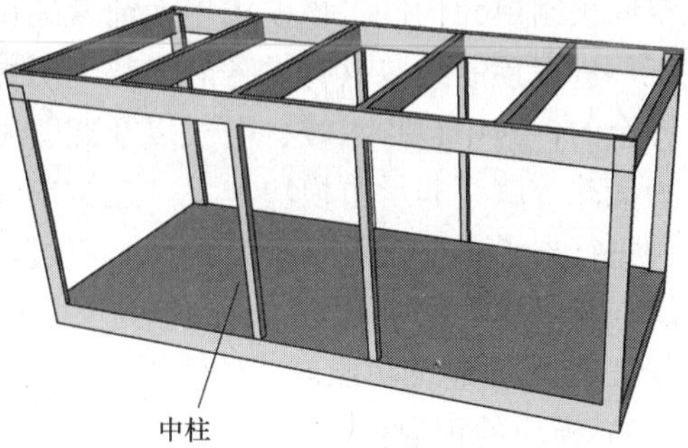

中柱

图 3-56 带中柱的模块

4）带腋撑的模块

如果对模块侧向空间有严格的要求，无法布设中柱与支撑，而且模块长边跨度过大，采用角柱承重方案将使主梁截面尺寸过大，那么可以考虑采用带腋撑的模块。如图 3-58 所示，带腋撑的模块在模块长边、角柱内侧的位置额外设置一根加强柱，并在加强柱上设置腋撑，缩短主梁跨度并为主梁提供额外的负弯矩，满足其强度与刚度需求。

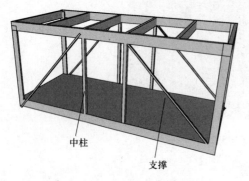

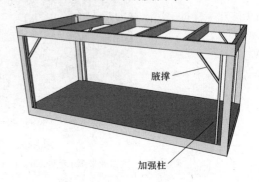

图 3-57　带中柱和支撑的模块　　　　　　图 3-58　带腋撑的模块

5）钢板剪力墙模块

假如模块本身不仅有竖向承载力的要求，还有水平方向承载力的要求，可以考虑采用钢板剪力墙模块（也可以采用带有中柱＋斜撑的模块）。钢板剪力墙模块的钢板布设在模块的长边，一般不需要满布，如图 3-59 所示。钢板剪力墙可以考虑采用夹心板的形式，内设波纹板。

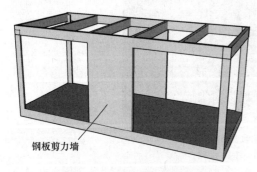

图 3-59　钢板剪力墙模块

6）楼梯模块

楼梯模块是在一个独立的模块单元中设置楼梯和平台，楼梯形式通常为双跑，中间设置为楼梯平台，经由楼梯模块可通往模块化建筑的更高楼层。楼梯模块通常结合常规房间模块共同构成模块化的住宅楼或公寓楼。楼梯平台或中间平台可通过较强纵向墙体对其支承。

7）非承重模块

非承重模块可用于在非模块化建筑中提供空间预制单元构件。该模块单元通常适用在浴室、厨房或设备室，主要是考虑这些设备在工厂进行预制组装具有显著的优势。厨房和浴室模块单元通常在交付至施工场地时是设备齐全的，其中包含水暖、电气以及配套家具和装饰。这样的模块不承受竖向累积的多层重力荷载，属于非承重模块单元，这类单元只拥有有限的结构强度，通常需要由其他结构构件进行支承，如钢梁或楼板构件。不过，在对非承重模块进行设计时，还需要考虑设备振动与起吊受力。

2. 模块的建筑功能

1）模块的模数

模块的模数协调，对于模块的使用空间以及组合的灵活性有重要影响。中国工程建设协会标准《集装箱模块化组合房屋技术规程》CECS 334：2013 规定，集装箱房屋中单个集装箱的尺寸应符合现行国家标准《系列 1 集装箱分类、尺寸和额定质量》GB/T 1413 的规定。尽管建筑模块并不一定采用成品集装箱，然而以上标准有一定参考价值。但与此同时，专业的模块生产厂家在设计模块尺寸时具有很大的灵活性，实际上根据各自的产品特点，不同厂家有着不同的产品尺寸列表。表 3-1 列出 GB/T 1413、ISO-668 中的相应的常用标准尺寸，以及若干模块生产厂家给出的常用产品尺寸。

常用的模块尺寸   表 3-1

	集装箱标准	专业模块生产厂家		
	GB/T 1413 ISO-668	Mod Space	Carolina Modular Buildings	Design Space
平面尺寸	8'×20'(2.4×6.1) 8'×30'(2.4×9.1) 8'×40'(2.4×12.2)	8'×20'(2.4×6.1) 8'×28'(2.4×8.5) 8'×40'(2.4×12.2) 12'×40'(3.7×12.2) 12'×56'(3.7×17.1)	12'×46'(3.7×14.0) 12'×56'(3.7×17.1) 24'×56'(7.3×17.1) 48'×60'(14.6×18.3)	8'×20'(2.4×6.1) 8'×28'(2.4×8.5) 10'×32'(3.0×9.8) 10'×44'(3.0×13.4) 12'×32'(3.7×9.8) 12'×44'(3.7×13.4) 14'×60'(4.3×18.3)

注：尺寸标示方法为：宽×高，括号外以英尺为单位，括号内以米为单位。

2）建筑保温防火隔声等功能

在建筑使用功能方面，需要考虑到保温、防火、隔声、排水等各个方面。部分方面可以直接按钢结构进行考虑，然而出于模块建筑本身的特点，最需要特别考虑的是隔声与管线布设这两方面。

常见的隔声构造如图 3-60 所示。楼面和隔墙的隔声构造可以分别阻断声音的竖向和横向传播。此类构造中通过隔声材料与预留空间的联合作用，起到隔绝大约 40~60dB 的效果。

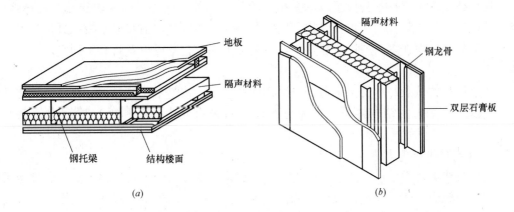

地板
隔声材料
钢托梁   结构楼面

隔声材料
钢龙骨
双层石膏板

(a)   (b)

图 3-60　隔声构造示意
(a) 楼面隔声构造；(b) 隔墙隔声构造

管线布设方面，一般分为模块内管线与模块串联管线。模块串联管线尽量避免连续穿越模块，减少开孔，因而难以利用到模块内部空间，需要在夹层等位置进行布设《集装箱模块化组合房屋技术规程》。CECS 334：2013 给出了如图 3-61 所示的建议布设方式。

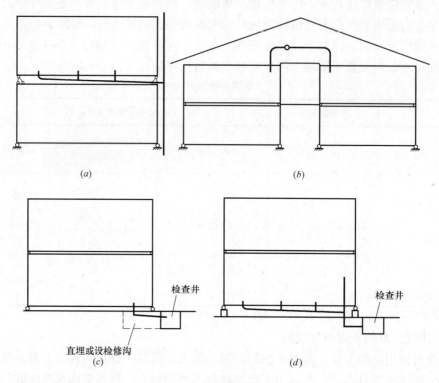

图 3-61　管线布设示意

（*a*）夹层管线布设；（*b*）屋顶空间管线布设；（*c*）落地排水管线布设；（*d*）地板架空排水管线布设

3.3.3　模块建筑结构体系

模块建筑中，模块本身应足以承受相应的竖向荷载，在常用的模块建筑结构体系中，竖向荷载通常是累积性的。也就是说，底层模块所承受的竖向荷载大于较高处模块所承受的竖向荷载，因而在多高层模块建筑中，沿高度方向，宜分段设置具有不同竖向承载力的模块。

此节讨论的重点是承受水平荷载的结构体系方案。按整个建筑是否需要在模块之外另设其他抵抗水平力的结构体系，主要分为模块自带抗侧力体系和外加抗侧力体系两大类别。

1. 模块自带抗侧力体系

利用模块本身承受水平荷载，不同类型的模块水平方向的承载能力不同：角柱承重模块承载能力较弱，密柱承重模块承载能力中等，钢板剪力墙模块和带支撑的模块承载能力较强。在欧美国家，非抗震区采用模块自带抗侧力体系，可建成 6～8 层纯模块建筑，如图 3-62 所示。模块自带抗侧力体系在理论上也可应用在抗震区，但目前应用案例较少。

采用自带抗侧力体系方案，关键是保证上下模块间连接可靠、传力明确，其优点在于无须引入非模块成分，保证模块建筑的优点得以发挥。

　　自带抗侧体系不一定需要每一个模块平均地参与水平方向受力。不同类别模块的搭配组合，可以合理分工，发挥各自的特点和优势。例如在钢模块与混凝土模块共同构成的建筑中，混凝土模块作为楼梯间，起到装配式建筑核心筒的作用；又例如仅在某几榀模块设有对角支撑，其余模块均为角柱承重模块，可达到空间通透的效果。

图 3-62　利用模块自带抗侧力体系的建筑结构

（图片来源于英国 Yorkon 公司和 Cartwright Pickard architects 公司）

　　模块自带抗侧力体系中的一种非典型情况是，在 1～3 层的低矮建筑中，采用模块＋预制板的混合体系，模块提供较密闭的使用空间和较密集的设备布置，例如厨房卫生间，而预制板提供较开阔的使用空间，例如客厅等。在该体系中，预制板把自身承受的水平力，在同一层内传递给模块。因而模块将承受较大的水平力，一般需要采用水平向承载能力较强的模块类型。

　　模块自带抗侧力体系中的另一种非典型情况是，在商住混合体中，上层住宅采用模块，下层商业体采用框架结构，保证较大的开间，以符合商业使用要求，如图 3-63 所示。可以把下层框架看作是上层模块组的基础，上层的模块承受累积性的竖向与水平荷载，而在转换处通过有效连接将荷载传递给下层的框架。

　　2. 外加抗侧力体系

　　对于装配式建筑，在非抗震区的高层建筑与抗震区的多高层建筑中，几乎完全采用外加抗侧力体系方案。这是因为如果继续仅利用模块本身，将导致模块内构件尺寸过大，使用、吊装、连接均不方便或较为复杂。

　　外加抗侧力体系可以是现浇或预制的混凝土结构或钢结构。常见的有现浇混凝土核心筒（单个或多个）、钢桁架体系（在建筑的两端布置）、钢框架体

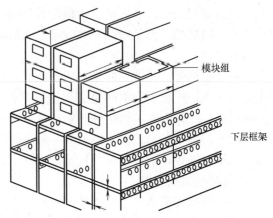

图 3-63　下层框架与模块组的组合

系（模块直接吊放于框架之中，或者钢框架与模块在相邻部位进行水平向传力连接）。模块自身则承受积累性的竖向荷载。

采用外加抗侧力体系方案，关键是保证层内整体性，确保每个模块能有效地将水平荷载传递给外加抗侧力体系。抗侧力体系和层内传力方案主要包括现浇混凝土核心筒、外加框架、外加桁架或支撑等。

1）现浇混凝土核心筒

现浇混凝土核心筒方案是目前采用最多的方案，一般是由滑模技术浇筑而成，高层处的筒体施工可以与低层处的模块现场施工同时进行。筒体预留连接的位置与构造（例如是预埋连接钢板），保证模块就位时能可靠地与之连接传力。混凝土核心筒可以是单个核心筒或多个核心筒协同工作，如图 3-64 所示。多核心筒体的结构性能与传统的多筒体结构存在一定差异，传统的多筒体结构能通过整体性较强的楼板在层内传递较大的水平力，有效协调筒体之间的变形，而模块建筑由于其楼板被模块所分割，连接后整体性较差，不能通过模块间的传力来有效协调筒体之间的变形。

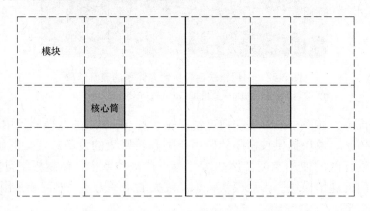

图 3-64　外加混凝土核心筒的模块建筑

2）外加框架

外加框架的模块建筑可以将模块吊放在框架之中，分为疏框架与密框架两种形式。疏框架可以是混凝土巨型框架，比如，一组模块的长宽高构成是 $5 \times 5 \times 4$（单位：个），堆放在一个转换层之上，模块承受累积性的竖向与水平荷载，在转换层处通过有效连接将荷载传递给巨型框架。为了形成一种减震耗能结构体系，还可以采用橡胶支座的方式连接模块与巨型框架。

相对于疏框架，更常见的是采用密框架方案，密框架是装配式钢框架，每个模块均与框架直接相连，模块须预留凹角实现框架梁柱的安装就位，如图 3-65 所示。模块无需承受竖向荷载，仅作为非结构构件和集成设备或装修的平台。

密框架的另一种形式是，钢框架与模块组相邻布置，各自具有建筑功能。模块组通过有效的水平向连接，把水平荷载传递给钢框架。

3）外加桁架或支撑

外加桁架或支撑通常布设于结构纵向的端部，对于纵向较长的结构，也可每隔若干榀模块布设一组支撑，其结构性能如同剪力墙结构，如图 3-66 所示。但有时出于通行需要，需要合理设置洞口。支撑与模块的连接要考虑两个方向的可靠性，沿横向可靠连接保证水

图 3-65 外加框架的模块建筑

(图片来源于英国 Open House AB 公司)

平力的有效传递，而沿着纵向的可靠连接保证模块作为桁架的面外支撑。施工时可以考虑先行吊放模块，进行楼板水平面的整体化，最后组装端部桁架并与模块相连，可以减少临时支撑。

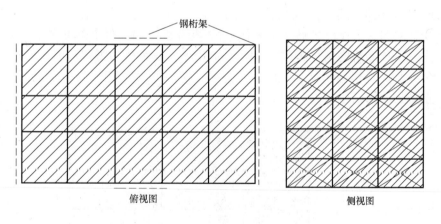

图 3-66 外加桁架或支撑的模块建筑

外加抗侧力体系的类别不限于此，以上仅列出三种最具可行性并被工程案例采用的方案，这三种方案都能较好地发挥模块建筑节省时间和劳动力的特点。然而理论上，所有的多高层建筑的抗侧力结构体系都能被模块建筑采用，尤其是工程中并不需要全建筑采用模块的形式，只是在局部采用、零星地采用，这样无论与何种结构体系相结合都将非常灵活。

3. 层内水平力传递路径

无论是采用由强弱模块搭配而成的模块自带抗水平力结构体系，还是外加抗水平力结构体系，均存在弱模块如何把所受到的水平向荷载传递给强模块或外加抗水平力体系的问题。在传统结构中，一般假设楼板在平面内刚度无限大，然而在模块建筑中，考虑层内水平力传递的方案，上述假设不一定成立。现有的层内水平力传递方案有以下几种：

1）通过整块楼板连接到抗侧力体系

这是一种跟传统结构相同的层内传力方式，但比较费工时。具体方案可以是通过叠合楼板的后浇，或通过焊接或螺栓连接，也可以是采用预制咬合键后的预应力拼接，如图 3-67 所示，更可以是上述方案的组合。楼板整体传力的优势在于平面内刚度大，符合传统的理论假设，可以直接采用已有的理论和方法进行设计，且传力鲁棒性高。

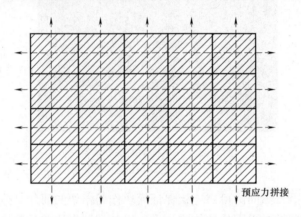

图 3-67　通过整块楼板的层内传力方案

2）通过外加底部桁架进行层内传力

在下层模块与上层模块之间设置一个水平的桁架，层内的每个模块均与桁架相连，桁架最终把水平力传递给抗侧力体系，如图 3-68 所示。这种传力方式与整块楼板传力的方式并无太大差异，鲁棒性稍低，然而施工方便。图 3-68 中，粗黑线表示混凝土核心筒，细黑线表示外加底部桁架。

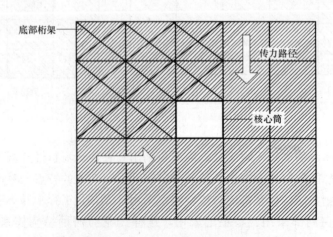

图 3-68　通过外加底部桁架的层内传力方案

3）人为设定路径

这是目前工程应用中一种相对主流的方式，常用于学校教室、宿舍等建筑中。在走廊模块或是模块的走廊部分预设底部水平桁架，现场把各个模块都与走廊进行可靠的连接，水平力通过走廊传递到端部钢桁架或者混凝土核心筒，如图 3-69 和图 3-70 所示。这种方式所需要的现场工序最为简单、快速，传力明确，方便平面布局往一个方向展开，适合一字形和 L 字形建筑平面，然而鲁棒性较低，楼板平面内刚性的假设也不成立。

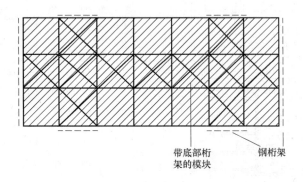

带底部桁架的模块   钢桁架

图 3-69　通过人为设定路径的层内传力方案

4）各模块均与抗侧力体系相连

如前述的高层建筑中，每个模块均与混凝土核心筒相连。又例如在密框架体系中，每个模块均与钢框架相连。这样方案传力明确，在国内的高层模块建筑工程中十分流行，然而建筑平面的开展程度受到明显的限制。

3.3.4　传力连接

模块建筑中的连接主要有三大类：一是层内传力连接，二是层间传力连接，三是模块与基础之间的连接。

1. 层内传力连接方式

图 3-70　带有水平面内支撑的走廊单元
（图片来源于 Mark Lawson, et al. *Design in Modular Construction*. 2014：CRC Press）

层内传力连接包括同层模块之间的、模块与模块底部水平传力桁架之间的，还有模块与抗水平力体系之间的连接。

一般包括混凝土后浇连接、焊接、螺栓连接，以及相互的组合、是否使用预应力等。混凝土后浇连接属于线式连接，螺栓连接属于点式连接，焊接一般也属于点式连接。

加拿大西安大略大学的 C. D. Annan 教授等提出一种模块间螺栓连接方式，相邻的模块在楼面工字梁上预焊接一个角钢，现场通过高强螺栓把相邻模块的角钢连接，达到水平方向传力的效果。最后在连接部位后浇混凝土，如图 3-71 所示。本方法本质上是通过梁的连接使相邻模块间可以传力。

英国萨里大学的 Robert Mark Lawson 教授描述了一种相邻模块之间通过螺栓连接板连接的方式。密布框架柱模块内部的相互垂直的两片墙之间，焊接一个等边角钢进行连

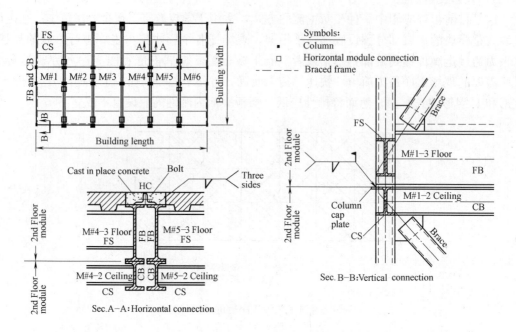

图 3-71　层内传力连接方式（一）

（图片来源于 C. D. Annan, M. A. Youssef and M. H. El Naggar, Experimental evaluation of the
seismic performance of modular steel-braced frames. Engineering Structures，2009. 31：p. 1435-1446.）

接，而角钢上预焊有螺帽，现场只需要把连接板通过螺栓分别固定在相邻模块的角钢上，便完成了水平方向的传力连接，如图 3-72 所示。此方式就位方便，可以通过连接板调整，且工序简单。缺点是在四个模块的角柱形成一个簇柱的情况下，此方法没有足够的操作空间将四个模块都连接起来。

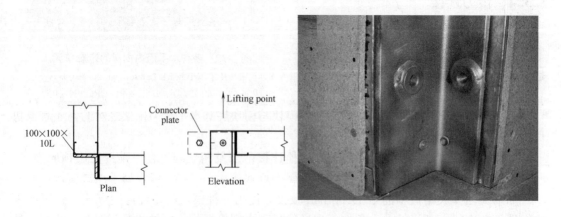

图 3-72　层内传力连接方式（二）

（图片来源于 Mark Lawson, et al. *Design in Modular Construction*. 2014：CRC Press）

Lawson 教授还在他的教材中介绍了一种模块与走廊单元连接的方法。这里的走廊单元属于人为设定的传递水平力的路径，是一个水平向的桁架，然而其本身把所承受的竖向荷载传递给模块，其连接到模块的方式分为竖向传力部分和水平传力部分，在此重点介绍水平传力部分。首先，水平相邻的两个模块采用前述连接板的方式进行连接，区别在于，此连接板预先焊上一小块长矩形的钢板，上面预留螺孔，进而通过螺栓与走廊的水平桁架进行连接，如图 3-73 所示。长矩形的钢板形状设计，使沿着钢板长向的传力刚度大，沿走廊方向的传力刚度小，其设计意图是模块把沿着钢板长向的水平荷载传递给混凝土核心筒，而认为模块自身结构足以承受另一方向的水平荷载。

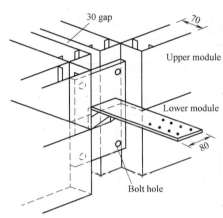

图 3-73　层内传力连接方式（三）

（图片来源于 Mark Lawson，et al. *Design in Modular Construction*. 2014；CRC Press）

镇江威信广厦模块建筑有限公司的一项实用新型专利：混凝土浇筑楼板拼接结构，体现了另一种相邻模块间水平连接的思路。

如图 3-74 所示，预制楼板本体（1）左右两侧的中下部设置有下浇铸槽，楼板本体左右两侧的中上部设置有上浇铸槽（4），并伸出预留钢筋，楼板本体的上部排布有多个浇筑口（5），浇筑口直接与上浇铸槽贯通。

其中，预制楼板可与整个模块框架一同整体预制，在现场，在上浇铸槽（4）中放置相应的搭接钢筋，并进行混凝土的浇筑。混凝土后浇完成后，相邻模块便通过楼板的连接得以传递水平荷载。此方法的优点是，属于线连接，传力路径是分布式的，鲁棒性较好。

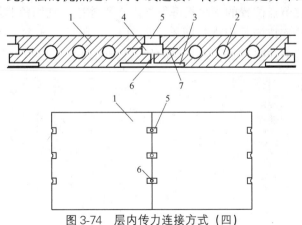

图 3-74　层内传力连接方式（四）

1—预制楼板；2—空腔；3—下浇铸槽；4—上浇铸槽；5—浇筑口；6—浇筑孔；7—钢筋插槽

《集装箱模块化组合房屋技术规程》CECS 334：2013 给出了模块集装箱与外加钢框架的连接方法。如图 3-75 所示，上下模块通过垫板进行焊接，而该垫板向外伸出一段距离，通过螺栓与连接板连接，连接板再通过螺栓与钢框架连接。钢框架与前述连接板进行连接的部位是在框架柱翼缘之外的与梁柱节点水平向加劲板同高的一块钢板，此钢板通过焊接支撑板与框架柱连接。此方法能有效传递水平荷载到外加的钢框架体系。

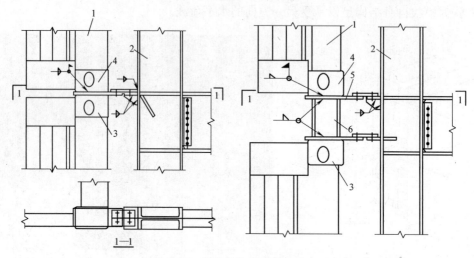

图 3-75　层内传力连接方式（五）

1—模块；2—框架柱；3—下模块顶角件；4—上模块底角件；5—垫件顶板；6—刚性短柱

2. 层间传力连接方式

其主要指竖向相邻模块间的连接，连接部位在模块的框架梁柱节点。如果模块组没有外加抗水平力体系，那么竖向连接需要传递竖向轴力、弯矩、剪力；如果模块组有设置外加抗侧力体系，那么竖向连接主要传递竖向轴力。

同济大学陆烨副教授、李国强教授的一项公开的国家发明专利申请中：箱式模块建筑角部拼接节点结构，提供了一种思路。

为避免多个模块间形成的簇柱连接复杂缺乏操作空间，此方法没有进行柱与柱之间的直接连接，而是模块预制时采用槽钢作为框架梁，模块内部的梁梁连接采用一系列角部加强件，利用靠近梁柱节点位置的梁腹板进行层内水平连接，利用角部加强件中的水平钢板进行竖向连接，全部连接均采用高强螺栓，如图 3-76 所示。此方法操作简便、操作空间充足。不仅是层间传力连接方式，也是层内传力连接方式。

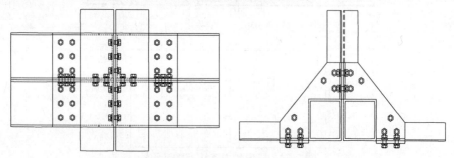

图 3-76　层间传力连接方式（一）

　　《集装箱模块化组合房屋技术规程》CECS 334：2013 给出了角件连接构造和垫件连接构造两种层间传力连接构造方式。前者兼有层间连接和层内连接的作用，后者一般仅用于层间连接。角件连接分为焊接式与螺栓式两种，其原理是将上下左右模块的梁柱节点都连接到一块钢垫板上。而垫件连接则是把上述垫板替换为有一定高度的钢垫件。具体构造分别见图 3-77 和图 3-78。

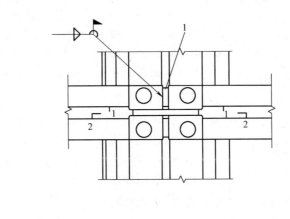

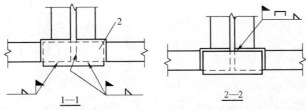

1—1　　　　　2—2

图 3-77　层间传力连接方式（二）

1—竖垫板；2—连接垫板

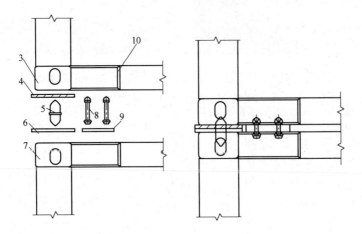

图 3-78　层间传力连接方式（三）

3—上模块底角件；4—隔声胶垫；5—双头锥；6—连接钢板；7—下模块顶角件；

8—高强度螺栓；9—现场调整垫板；10—连接盒

3. 模块与基础之间的连接

　　模块与基础连接根据不同的模块类型、基础类型而有各种形式，可采用钢筋灌浆套筒、螺栓、焊接等，此处举例介绍一种角柱承重的钢模块与基础连接的方式。Korea Institute of Construction Technology 的 Keum-Sung Park 等人提出，将相邻的四个模块的角柱，

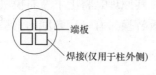

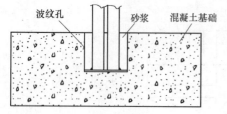

图 3-79　模块与基础之间的
连接方式 1——示意图

一同焊接到一个端板上，然后将此端板放置在基础上预留好的波纹孔中，进行灌浆填孔，达到连接的效果。荷载传递的机理如下，水平向剪力直接通过钢柱埋入段与砂浆的挤压来传递，弯矩的传递由拉压两部分作用构成，钢柱受拉翘起受到砂浆的约束，进而把荷载传递给预留孔的波纹壁，而钢柱受压使端板与预留孔的底部产生挤压，而端板、柱端的塑性开展，和砂浆的开裂，均起到了耗能的作用，如图 3-79、图 3-80 所示。通过对不同参数的 5 个试件进行低周往复试验，发现最关键的影响因素是构件埋深，而端板形状的影响不显著，当参数设置得当时，该连接方式有很好的延性与耗能能力。

图 3-80　模块与基础之间的连接方式 （一）——实物图

（图 3-79 和图 3-80 来源于 Keum-Sung Park, et al, Embedded steel column-to-foundation connection for a modular structural system. Engineering Structures, 2016. 110：p. 244-257.）

《集装箱模块化组合房屋技术规程》CECS 334：2013 建议采用在地基基墩设置钢预埋件，并与上部结构进行焊接连接的方式。规程给出的具体构造形式，如图 3-81、图 3-82 所示。

3.3.5　模块建筑的应用

在英国，最早被公众注意到的是建成于 1999 年的加迪夫大学 4 层学生宿舍，而较为成功的一个案例是建成于 2003 年的皇家北方音乐

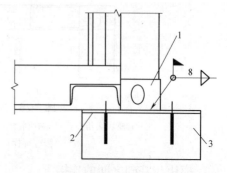

图 3-81　模块与基础之间的连接方式 （二）
1—底角件；2—预埋件；3—基墩

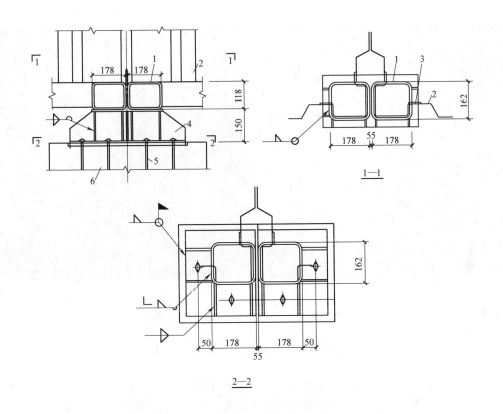

图 3-82 模块与基础之间的连接方式（三）
1—底角件；2—壁板；3—角柱；4—模块底基座；5—锚栓；6—基础

学院学生宿舍，这是坐落在曼彻斯特市的 6～9 层的中庭式建筑，由 900 个模块组成，巧妙的是，整个建筑可以方便地拆卸重组，随着校园变迁而反复利用。另一个世界瞩目的案例是 25 层的胡弗汉顿大学的维多利亚堂，由 820 个模块组成，暂时是世界上最高的模块建筑，如图 3-83 所示。整个工期约为 1 年，体现了其快速的优势，该工程的设计、生产、施工方是爱尔兰的 Fleming 集团。

在日本，模块建筑广泛应用于两三层的低矮住宅，常常在 6 天之内就能完成整个工程的安装交付，其快速、买家自定义户型、免装修和低污染的概念很受欢迎，高峰时期每年能卖出 17 万套。在韩国，模块建筑被应用在学校教室和军队营房中。

在美国，早年的模块建筑起源于活动房，到 2005 前后，大量的别墅采用钢模块或木模块的形式，峰值年产量达 4 万套房子。直到 2010 前后，大量采用模块建筑的场合包括医院、学校宿舍、教室和工业生产车间。纽约正在兴建 32 层的住宅，名为 B2，建成后将是新的世界最高模块建筑，这个建筑采用模块加钢框架的形式，提供 350 个住宅单元，如图 3-84 所示。但可惜的是，截至今天，由于两家参与公司之间的法律纠纷，已建成 10 层的本工程陷入停工状态。

在中国，已有相当数量的企业与科研机构密切推进模块建筑的工程应用，主要应用在

图 3-83   英国胡弗汉顿大学的维多利亚堂项目

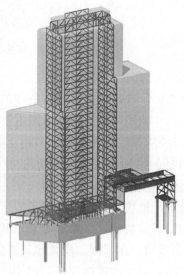

图 3-84   美国纽约的 B2 项目

多高层住宅。较为瞩目的工程有建成于 2015 年的镇江港南路公租房，本工程地上 18 层，地下 2 层，建筑高度 56.50m，抗震设防烈度为 7.5 度，采用混凝土核心筒＋模块的形式，每个住宅套型由 2～3 个模块构成，如图 3-85 所示。

图 3-85　中国镇江港南路公租房项目

本章小结

　　本章内容系统地介绍了装配式建筑的各种结构体系，其中包括装配式混凝土框架结构，装配式混凝土剪力墙结构及模块建筑体系。本章从各结构体系的概述出发，依次介绍该体系的研究进展、分类、节点连接技术和应用现状。通过本章内容的学习，可以对各种类型的装配式结构进行基本了解，为学习以后的章节打下基础。

思考与练习题

　　3-1　目前装配式混凝土框架结构主要包含了哪几种结构体系？它们分别采用了怎样的节点连接技术？

　　3-2　目前装配式混凝土剪力墙结构主要包含了哪几种结构体系？它们分别采用了怎样的节点连接技术？

　　3-3　预制构件的连接设计应该遵循哪些设计原则？

　　3-4　试比较装配式混凝土框架结构-装配式混凝土剪力墙结构及装配式混凝土框架剪力墙结构各自的优缺点及适用范围？

　　3-5　什么是模块建筑体系？目前模块化建筑可分为哪几种模块？

　　3-6　模块建筑体系是如何进行传力连接的？

第 4 章　装配整体式混凝土结构设计

本章要点及学习目标

　　本章要点：
　　(1) 装配式混凝土结构目前应用的主要结构形式；(2) 装配整体式混凝土结构设计的基本规定及主要设计内容；(3) 装配整体式混凝土结构的主要构造形式及要点。
　　学习目标：
　　(1) 了解常用的装配整体式混凝土结构的适用高度及抗震等级；(2) 掌握装配整体式混凝土结构的设计要点；(3) 掌握装配整体式混凝土结构的主要构造原则和措施。

4.1　概述

4.1.1　我国装配式混凝土结构的发展

　　装配式混凝土结构在我国 20 世纪 50 年代起即有工程应用，当时主要是参考国外经验，国内多个设计院、高校、科研院所等积极投入研究与应用。建筑工程部华东工业建筑设计院总结了上海市 1960 年一年开工建设的十一项采用装配式混凝土框架、无梁楼盖的工程，包括厂房、综合楼、教学楼、试验楼，发表论文于中国土木工程学会 1962 年年会论文选集（建筑结构部分）。

　　混凝土结构最初为现浇做法，随着施工技术的发展，逐渐出现装配式的做法。早期的装配式混凝土结构连接处理简单，导致整体性差、抗渗性能不佳，在有较高抗渗要求及抗震设防区的应用受到限制。

　　我国 20 世纪装配整体式混凝土结构的研究、应用成效显著，中国工程建设标准化协会标准《钢筋混凝土装配整体式框架节点与连接设计规程》CECS 43：92 汇集了多种节点与连接的形式。行业标准《装配式大板居住建筑设计和施工规程》JGJ 1—91 规定了装配式大板居住建筑的设计与施工要求。

　　2000 年以来，国内又兴起了新一轮的装配式混凝土结构的研究与工程应用，许多新型的、成熟的结构体系编制了国家、行业、省级地方标准，在工程中得到大量应用。

4.1.2　装配式混凝土结构的两种设计

　　装配式混凝土结构各个构件之间的连接十分重要，连接应具有足够强度，同时在地震作用下，还应当有一定的塑性变形能力。美国相关标准规定，按照抗震设计思路和策略的不同可以将装配式混凝土结构的设计分为两种类型：第一类是仿效设计，第二类是非仿效设计。

仿效设计是指仿效现浇混凝土结构的设计，其设计原则和抗震机理与现浇结构类似，采用"湿连接"居多。该类连接形式通过后浇混凝土将预制构件连接成整体，因而可以实现与现浇结构较为相近的抗震性能。需要指出的是，仿效设计要求性能不低于现浇混凝土结构，而不是要求构造方式完全模仿现浇混凝土。

非仿效设计主要依托具有特殊性能的预制构件连接方式，该类结构的相关设计、构造要求不能直接采用现浇混凝土结构的设计方法，需要经过试验验证。美国从 20 世纪 90 年代起开始该方面的研究，目前仅出现了有限的几种结构，完成了少量的工程实践。

目前国内外抗震区装配式混凝土结构的设计绝大部分采用仿效设计，非仿效设计是研究热点之一。针对保证结构性能、简化构件制作、提高安装效率、控制成本的高效连接方式的研究一直是仿效设计研究的重点及热点。

4.1.3　主要构件及连接方式

叠合梁、叠合板的预制构件一般采用钢筋混凝土和先张法预应力混凝土，采用长线法生产的预应力叠合梁板具有很好的经济性（用钢量低、工效高），施工阶段（脱模、起吊、运输、安装）、使用阶段不易开裂，在国外得到广泛应用。预制混凝土与（先张法）预应力混凝土关系密不可分，美国 PCI 协会即为预制及预应力混凝土协会，预应力双 T 板、预应力空心板等一直是美国主要的预制构件产品。发明预应力混凝土技术的法国一直大量采用先张法叠合梁板。澳大利亚、新加坡等国也是预应力预制构件大量使用的国家。

装配整体式混凝土框架结构是指全部或部分框架梁、柱采用预制构件构建而成的装配整体式混凝土结构，简称装配整体式框架结构。装配整体式框架结构由于主要受力预制构件之间的连接（柱与柱、梁与柱、梁与梁之间），通过后浇混凝土、钢筋套筒灌浆连接等技术进行连接时，足以保证装配式框架结构的整体性能，其结构性能与现浇混凝土基本相同。装配整体式框架结构的楼板普遍采用叠合楼板。叠合梁板的叠合层厚度等满足一定要求，其性能与现浇梁板基本相同。目前我国装配整体式框架结构中的主要构件形式是叠合梁、叠合板，预制或现浇柱。

装配整体式混凝土剪力墙结构是指全部或部分剪力墙采用预制墙板构建成的装配整体式混凝土结构，简称装配整体式剪力墙结构。剪力墙纵向钢筋的连接目前主要采用套筒灌浆连接、浆锚搭接连接。

4.1.4　设计要求

装配式混凝土建筑在方案设计阶段应协调建设、设计、制作、施工各方之间的关系，加强建筑、结构、设备、装修等专业之间的配合，综合考虑各专业，以及构件制作、运输、安装等各环节的要求。

为提高工效，装配式建筑的设计应遵循少规格、多组合的原则，满足使用功能、模数、标准化要求，并进行优化。

装配式结构的设计应符合现行国家标准《混凝土结构设计规范》GB 50010、《建筑抗震设计规范》GB 50011 的基本要求。应采取有效措施加强结构的整体性。宜采用高强混凝土、高强钢筋。装配式结构的节点和接缝应受力明确、构造可靠，并应满足承载力、延性和耐久性等要求。应根据连接节点和接缝的构造方式和性能，确定结构的整体计算模型。

预制构件的连接部位宜设置在结构受力较小的部位，根据预制构件的功能和安装部位、加工制作及施工精度等要求，确定合理的公差。

4.2　结构设计基本规定

4.2.1　一般规定

装配整体式混凝土结构的适用高度应符合表4-1的规定。装配整体式结构的最大适用高度是参照现行行业标准《高层建筑混凝土结构技术规程》JGJ 3 的规定并适当调整。国内外研究表明，在地震区的装配整体式框架结构，当采取了可靠的节点连接方式和合理的构造措施后，其结构性能与现浇混凝土框架结构基本一致，其最大适用高度与现浇结构相同。如果装配式框架结构中节点及接缝的构造措施的性能达不到现浇结构的要求，其最大适用高度应适当降低。

装配整体式剪力墙结构由于墙体之间的接缝构造复杂，其构造措施及施工质量对结构整体的抗震性能影响较大，抗震性能不容易达到现浇结构的要求，且国内外相关研究的规模相对偏小，因此最大适用高度适当降低。

由于研究较少，目前框架-剪力墙结构仅限于装配整体式框架-现浇剪力墙结构，其适用高度与现浇的框架-剪力墙结构相同。

装配整体式混凝土结构房屋的最大适用高度（m）　　　　表 4-1

结构类型	抗震设防烈度			
	6 度	7 度	8 度 (0.2g)	8 度 (0.3g)
装配整体式框架结构	60	50	40	30
装配整体式框架-现浇剪力墙结构	130	120	100	80
装配整体式框架-现浇核心筒结构	150	130	100	90
装配整体式剪力墙结构	130(120)	110(100)	90(80)	70(60)
装配整体式部分框支剪力墙结构	110(100)	90(80)	70(60)	40(30)

注：1. 房屋高度指室外地面到主要屋面的高度，不包括局部突出屋顶的部分；
　　2. 部分框支剪力墙结构指地面以上有部分框支剪力墙的剪力墙结构，不包括仅个别框支墙的情况。

装配整体式混凝土框架结构、装配整体式混凝土框架-现浇剪力墙结构应根据设防类别、烈度、结构类型和房屋高度采用不同的抗震等级，并应符合相应的计算和构造措施要求。丙类建筑的抗震等级应符合表4-2的规定。该规定参照现行国家标准《建筑抗震设计规范》GB 50011、现行行业标准《高层建筑混凝土结构技术规程》JGJ 3 中的规定给出并适当调整。其中装配整体式框架结构及装配整体式框架-现浇剪力墙结构的抗震等级与现浇结构相同，装配整体式剪力墙结构及部分框支剪力墙结构的抗震等级的划分高度比现浇结构适当降低。

丙类建筑装配整体式混凝土结构的抗震等级   表4-2

结构类型		抗震设防烈度							
		6度		7度			8度		
装配整体式框架结构	高度(m)	≤24	>24	≤24		>24	≤24		>24
	框架	四	三	三		二	二		一
	大跨度框架	三		二			一		
装配整体式框架-现浇剪力墙结构	高度(m)	≤60	>60	≤24	>24且≤60	>60	≤24	>24且≤60	>60
	框架	四	三	四	三	二	三	二	一
	剪力墙	三	三	三	三	二	三	二	一
装配整体式框架-现浇核心筒结构	框架	三		二			—		
	核心筒	一		二			—		
装配整体式剪力墙结构	高度(m)	≤70	>70	≤24	>24且≤70	>70	≤24	>24且≤70	>70
	剪力墙	四	三	四	三	二	三	二	一
装配整体式部分框支墙结构	高度(m)	≤70	>70	≤24	>24且≤70	>70	≤24	>24且≤70	无
	现浇框支框架	二	二	二	二	一	一	一	无
	底部加强部位剪力墙	三	二	三	二	一	二	一	无
	其他区域剪力墙	四	三	四	三	二	三	二	无

注：1. 大跨度框架指跨度不小于18m的框架；
    2. 高度不超过60m的装配整体式框架-现浇核心筒结构按装配整体式框架-现浇剪力墙的要求设计时，应按表中装配整体式框架-现浇剪力墙结构的规定确定其抗震等级。

预制混凝土装配整体式结构的平面布置宜规则、对称，并应具有良好的整体性；建筑的立面和竖向剖面宜规则，结构的侧向刚度宜均匀变化，竖向抗侧力构件的截面尺寸和材料强度宜自下而上逐渐减小，避免抗侧力结构的侧向刚度突变。

同现浇框架一样，装配整体式多层框架结构不宜采用单跨框架结构，高层的框架结构以及乙类建筑的多层框架结构不应采用单跨框架结构。楼梯间的布置不应导致结构平面的显著不规则，楼梯构件应进行抗震承载力验算。

由于底部加强区对结构整体的抗震性能很重要，构件截面大且配筋较多连接不便，而且结构底部或首层往往不太规则，不适合采用预制构件，因此高层装配整体式剪力墙结构的底部较强部位宜采用现浇结构，高层装配整体式框架结构的首层宜采用现浇结构。

为保证结构的整体性，高层装配整体式混凝土结构中屋面层和平面受力复杂的楼层宜采用现浇楼盖，当采用叠合楼盖时，后浇混凝土叠合层厚度不应小于 100mm，且后浇层内应采用双向通长配筋。

4.2.2　材料

装配整体式混凝土结构所使用的混凝土应符合下列要求：预制构件的混凝土强度等级不宜低于 C30；预应力混凝土预制构件的混凝土强度等级不宜低于 C40，且不应低于 C30；现浇混凝土强度等级不应低于 C25。

普通钢筋宜采用 HRB400 和 HRB500 钢筋，也可采用 HPB300 钢筋。抗震设计构件及节点宜采用延性、韧性和焊接性较好的钢筋，并满足现行国家标准《建筑抗震设计规范》GB 50011 的规定。

按一、二、三级抗震等级设计的框架和斜撑构件，其纵向受力普通钢筋应符合下列要求：钢筋的抗拉强度实测值与屈服强度实测值的比值不应小于 1.25；钢筋的屈服强度实测值与屈服强度标准值的比值不应大于 1.30；钢筋最大拉力下的总伸长率实测值不应小于 9%。

混凝土和钢筋力学性能指标和耐久性要求等应符合现行国家标准《混凝土结构设计规范》GB 50010 的规定。

钢构件及其连接材料力学性能指标和耐久性要求应符合现行国家标准《钢结构设计标准》GB 50017 的规定，钢构件材料的牌号宜采用 Q235、Q345。

钢筋套筒灌浆连接接头采用的灌浆套筒和灌浆料应符合现行行业标准《钢筋连接用灌浆套筒》JG/T 398、《钢筋连接用套筒灌浆料》JG/T 408 及《钢筋套筒灌浆连接应用技术规程 JGJ 355》的相关规定。

4.2.3　预制构件

矩形截面预制柱边长或圆形截面柱的直径不宜小于 400mm，预制梁的截面最小边长不宜小于 200mm，预制剪力墙的厚度不宜小于 200mm。

预制叠合板的预制层厚度不宜小于 60mm，现浇层厚度不应小于 60mm。

预制构件保护层厚度应满足《混凝土结构设计规范》GB 50010 的有关规定。

4.3　结构设计

预制混凝土装配整体式结构应进行多遇地震作用下的抗震变形验算。预制混凝土装配整体式结构的一、二、三级框架节点核心区应进行抗震验算；四级框架节点核心区可不进行抗震验算，但应符合抗震构造措施的要求。核心区截面抗震验算方法应符合现行国家标准《混凝土结构设计规范》GB 50010、《建筑抗震设计规范》GB 50011 的有关规定。

在使用阶段的结构内力与位移计算时，梁刚度增大系数可根据翼缘情况近似取为 1.3～2.0。

受弯构件应按《混凝土结构设计规范》GB 50010 的有关规定进行裂缝宽度及挠度的验算。

预制构件的连接部位，纵向受力钢筋一般采用套筒灌浆连接、机械连接、浆锚搭接连接或焊接连接，纵向受力钢筋的连接应满足现行行业标准《钢筋机械连接技术规程》JGJ 107 中Ⅰ级接头的性能要求，预制柱之间当采用套筒灌浆连接，并符合现行行业标准《钢筋套筒灌浆连接应用技术规程》JGJ 355 的规定时，纵向受力筋可在同一断面进行连接。

设计采用的内力应考虑不同阶段计算的最不利内力，各阶段构件取实际截面进行内力验算，施工阶段的计算可不考虑地震作用的影响；使用阶段计算时取与现浇结构相同的计算简图。

施工阶段不加支撑的叠合式受弯构件，内力应分别按下列两个阶段计算：

（1）第一阶段——后浇的叠合层混凝土未达到强度设计值之前的阶段。荷载由预制构件承担，预制构件按简支构件计算；荷载包括预制构件自重、预制楼板自重、叠合层自重以及本阶段的施工活荷载。

（2）第二阶段——叠合层混凝土达到设计规定的强度值之后的阶段。叠合构件按整体结构计算；荷载考虑下列两种情况并取较大值：

施工阶段：考虑叠合构件自重、预制楼板自重、面层、吊顶等自重以及本阶段的施工活荷载；

使用阶段：考虑叠合构件自重、预制楼板自重、面层、吊顶等自重以及使用阶段的活荷载。

4.3.1 内力分析

生产脱模阶段的内力计算应满足下列要求：

（1）预制构件根据脱模吊点的位置按简支梁计算内力；

（2）预制构件根据储存或运输时，设置于构件下方的垫块位置按简支梁计算内力；

（3）施工验算的荷载取值除应满足 4.3.1 节的要求外，脱模荷载取值尚应满足下列要求：等效静力荷载标准值取构件自重标准值乘以动力系数后与脱模吸附力之和，且不宜小于构件自重标准值的 1.5 倍，其中，动力系数不宜小于 1.2，脱模吸附力应根据构件和模具的实际情况取用且不宜小于 1.5kN/m²。

安装阶段的内力计算应满足下列要求：

（1）预制梁、板根据有无中间支撑分别按简支梁或连续梁计算内力；

（2）荷载包括梁板自重及施工安装荷载，一般施工安装荷载取 1.0kN/m²，或集中荷载 2.3kN；

（3）梁、板的计算跨度根据支撑的实际情况确定；

（4）单层预制柱按两端简支的单跨梁计算内力；多层连续预制柱按多跨连续梁计算内力，基础为铰支端，梁为柱的不动铰支座。

使用阶段的内力计算应满足下列要求：

1）荷载及组合：

（1）使用阶段（形成整体框架以后）作用在框架上的荷载包括：永久荷载为楼面后抹的面层、找坡层、后砌隔墙、后浇钢筋混凝土墙、现浇剪力墙、后安装轻质钢架墙等荷载；可变荷载为设备荷载、使用荷载、风荷载等；抗震验算时应考虑地震作用；

（2）进行使用阶段荷载效应组合时应扣除施工安装阶段的施工活荷载；

（3）框架柱或梁计算时，可按有关规定对使用荷载进行折减；荷载折减系数按《建筑结构荷载规范》GB 50009 的规定确定。

2）框架梁的计算跨度取柱中心到中心的距离；梁翼缘的有效宽度按《混凝土结构设计规范》GB 50010 的规定确定。

3）在竖向荷载作用下可以考虑梁端塑性变形内力重分布而对梁端负弯矩进行调幅，叠合式框架梁的梁端负弯矩调幅系数可取为 0.7～0.8。

4）次梁与主梁的连接可按铰接处理。

5）框架柱的计算长度按《混凝土结构设计规范》GB 50010 的规定确定。

4.3.2　作用效应组合

预制混凝土装配整体式结构进行承载能力极限状态计算时，对持久设计状态、短暂设计状态和地震设计状态，当用内力的形式表达时，结构构件应采用下列承载能力极限状态表达式：

$$\gamma_0 S \leqslant R \tag{4-1}$$

式中　γ_0——结构重要性系数，按现行国家标准《混凝土结构设计规范》GB 50010 的规定选用；

　　　S——承载能力极限状态下作用组合的效应设计值（N 或 N·mm），按现行国家标准《建筑结构荷载规范》GB 50009 和《建筑抗震设计规范》GB 50011 的规定进行计算；

　　　R——结构构件的抗力设计值（N 或 N·mm）。

1. 预制构件施工验算时作用组合的效应设计值应按下式计算：

$$S = \alpha \gamma_G S_{G1k} \tag{4-2}$$

式中　α——脱模吸附系数或动力系数；脱模吸附系数：宜取 1.5，也可根据构件和模具表面状况适当增减，复杂情况宜根据试验确定；动力系数：构件吊运、运输时宜取 1.5，构件翻转及安装过程中就位、临时固定时，可取 1.2，当有可靠经验时，可根据实际受力情况和安全要求适当增减。

　　　γ_G——永久荷载分项系数；

　　S_{G1k}——按预制构件自重荷载标准值 G_{1k} 计算的荷载效应值（N 或 N·mm）。

2. 预制构件安装就位后施工时作用组合的效应设计值应按下式计算：

$$S = \gamma_G S_{G1k} + \gamma_G S_{G2k} + \gamma_Q S_{Q_k} \tag{4-3}$$

式中　$S_{G_{2k}}$——按叠合层自重荷载标准值计算的荷载效应值（N 或 N·mm）；

　　　γ_Q——可变荷载分项系数；

　　　S_{Q_k}——按施工活荷载标准值 Q_k 计算的荷载效应值（N 或 N·mm）。

3. 主体结构各构件使用阶段作用组合的效应设计值应按下列情况进行计算：

（1）由可变荷载控制的效应设计值应按下式进行计算：

$$S = \sum_{j=1}^{m} \gamma_{G_j} S_{G_{j_k}} + \gamma_{Q_1} \gamma_{L_1} S_{Q_{1k}} + \sum_{i=2}^{n} \gamma_{Q_i} \gamma_{L_i} \varphi_{c_i} S_{Q_{ik}} \tag{4-4}$$

式中　γ_{G_j}——第 j 个永久荷载的分项系数；

　　　γ_{Q_i}——第 i 个可变荷载的分项系数，其中 γ_{Q_1} 为主导可变荷载 Q_1 的分项系数；

　　　γ_{L_i}——第 i 个可变荷载考虑设计使用年限的调整系数，其中 γ_{L_1} 为主导可变荷载 Q_1

考虑设计使用年限的调整系数；

$S_{G_{jk}}$——按第 j 个永久荷载标准值 G_{jk} 计算的荷载效应值；

$S_{Q_{ik}}$——按第 i 个可变荷载标准值 Q_{ik} 计算的荷载效应值，其中 S_{Q_1k} 为可变荷载效应中起控制作用者（N 或 N·mm）；

φ_{c_i}——第 i 个可变荷载 Q_i 的组合值系数；

m——参与组合的永久荷载数；

n——参与组合的可变荷载数。

（2）永久荷载效应控制的组合应按下式进行计算：

$$S=\sum_{j=1}^{m}\gamma_{G_j}S_{G_{jk}}+\sum_{i=1}^{n}\gamma_{Q_i}\gamma_{L_i}\varphi_{c_i}S_{Q_{ik}} \tag{4-5}$$

注：基本组合中的效应设计值仅适用于荷载与荷载效应为线性的情况；当对 $S_{Q_{1k}}$ 无法明显判断时，应轮次以各可变荷载效应作为 $S_{Q_{1k}}$，并选取其中最不利的荷载组合的效应设计值。

4. 施工阶段临时支撑的设置应考虑风荷载的影响。

对于正常使用极限状态，预制混凝土装配整体式结构的结构构件应分别按荷载的准永久组合并考虑长期作用的影响或标准组合并考虑长期作用的影响，采用下列极限状态设计表达式进行验算：

$$S\leqslant C \tag{4-6}$$

式中 S——正常使用极限状态荷载组合的效应设计值（mm 或 N/mm²）；

C——结构构件达到正常使用要求所规定的变形、应力、裂缝宽度和自振频率等的限值。

主体结构各构件的荷载标准组合的效应设计值和准永久组合的效应设计值，应按下式确定：

（1）荷载标准组合的效应设计值：

$$S=\sum_{j=1}^{m}S_{G_{jk}}+S_{Q_{1k}}+\sum_{i=2}^{n}\varphi_{c_i}S_{Q_{ik}} \tag{4-7}$$

（2）准永久组合的效应设计值：

$$S=\sum_{j=1}^{m}S_{G_{jk}}+\sum_{i=1}^{n}\varphi_{q_i}S_{Q_{ik}} \tag{4-8}$$

式中 φ_{q_i}——可变荷载的准永久值系数。

基本组合的荷载分项系数应按表 4-3 选用。

基本组合的荷载分项系数 表 4-3

永久荷载的分项系数	当其效应对结构不利时	对由可变荷载效应控制的组合，应取 1.2
		对由永久荷载效应控制的组合，应取 1.35
	当其效应对结构有利时的组合	不应大于 1.0
可变荷载的分项系数	对标准值大于 4kN/m² 的工业房屋楼面结构的活荷载应取 1.3	
	其他情况，应取 1.4	

注：对结构的倾覆、滑移或漂浮验算，荷载的分项系数应按国家、行业现行的结构设计规范的规定采用。

预制混凝土装配整体式结构的结构构件的地震作用效应和其他荷载效应的基本组合应按下式计算：

$$S_E = \gamma_G S_{GE} + \gamma_{Eh} S_{Ehk} + \psi_w \gamma_w S_{wk} \tag{4-9}$$

式中　S_E——结构构件的地震作用和其他作用组合的效应设计值（N 或 N·mm）；

　　　γ_G——重力荷载分项系数，一般情况应采用 1.2，当重力荷载效应对构件承载力有利时，不应大于 1.0；

　　　γ_{Eh}——水平地震作用分项系数，应采用 1.3；

　　　γ_w——风荷载分项系数，应采用 1.4；

　　　S_{GE}——重力荷载代表值的效应（N 或 N·mm）；

　　　S_{Ehk}——水平地震作用标准值的效应（N 或 N·mm），尚应乘以相应的增大系数或调整系数；

　　　S_{wk}——风荷载标准值的效应（N 或 N·mm）；

　　　ψ_w——风荷载组合值系数，一般结构取 0.0，风荷载起控制作用的建筑应采用 0.2。

预制混凝土装配整体式结构的结构构件的截面抗震验算，应按下式进行计算：

$$S_E \leqslant R / \gamma_{RE} \tag{4-10}$$

式中　R——结构构件承载力设计值（N 或 N·mm）；

　　　γ_{RE}——承载力抗震调整系数，除另有规定外，应按表 4-4 采用。

承载力抗震调整系数　　　　　　　　表 4-4

结构构件	受力状态	γ_{RE}
梁	受弯	0.75
轴压比小于 0.15 的柱	偏压	0.75
轴压比不小于 0.15 的柱	偏压	0.80
剪力墙	偏压	0.85
各类构件	受剪、偏拉	0.85

4.3.3　构件设计

计算装配整体式结构各杆件在永久荷载、可变荷载、风荷载、地震作用下的组合内力，按最不利的内力进行截面设计及钢筋配置。对于装配整体式结构需分别考虑施工阶段和使用阶段两种情况，并取其大者配筋。

预制梁、板单独工作时，应能承受自重和新浇混凝土的重量。当现浇混凝土达到设计强度后，后加的恒载及活载由叠合截面承担。

叠合梁、板的设计应符合《混凝土结构设计规范》GB 50010 的有关规定。

当叠合梁符合《混凝土结构设计规范》GB 50010 有关普通梁各项构造要求时，其叠合面的受剪承载力按 4.3.5 节的规定计算。

对不配抗剪钢筋的叠合板，当符合《混凝土结构设计规范》GB 50010 叠合界面粗糙度的构造规定时，应满足 4.3.5 节的相关规定。

4.3.4　接缝受剪承载力计算

装配整体式结构的梁端有竖向接缝，柱端有水平接缝，剪力墙有水平接缝。接缝处钢筋贯通，通过后浇混凝土、灌浆料或坐浆材料连为整体，而后浇（灌）材料与预制构件结合面的粘结抗剪强度往往低于预制构件本身混凝土的抗剪强度，所以接缝处需进行受剪承载力计算。梁、柱箍筋加密区接缝的承载力设计值应予放大，同时要求接缝的承载力设计值大于设计内力。《装配式混凝土结构技术规程》JGJ 1 参照国外资料，提出下列要求。

接缝的受剪承载力应符合下列规定：

（1）持久设计状况：

$$\gamma_0 V_{jd} \leqslant V_u \tag{4-11}$$

（2）地震设计状况：

$$V_{jdE} \leqslant V_{uE}/\gamma_{RE} \tag{4-12}$$

在梁、柱端箍筋加密区部位，尚应符合下列要求：

$$\eta_j V_{mua} \leqslant V_{uE} \tag{4-13}$$

式中 γ_0——结构重要性系数，安全等级为一级时不应小于 1.1，安全等级为二级时不应小于 1.0；

V_{jd}——持久设计状况下接缝剪力设计值；

V_{jdE}——地震设计状况下接缝剪力设计值；

V_u——持久设计状况下梁端、柱端底部接缝受剪承载力设计值；

V_{uE}——地震设计状况下梁端、柱端底部接缝受剪承载力设计值；

V_{mua}——被连接构件端部按实配钢筋面积计算的斜截面受剪承载力设计值；

η_j——接缝受剪承载力增大系数，抗震等级为一、二级取 1.2，抗震等级为三、四级取 1.1。

叠合梁端竖向接缝的受剪承载力设计值按下列公式计算，如图 4-1 所示：

（1）持久设计状况：

$$V_u = 0.07 f_c A_{cl} + 0.10 f_c A_k + 1.65 A_{sd} \sqrt{f_c f_y} \tag{4-14}$$

（2）地震设计状况：

$$V_{uE} = 0.04 f_c A_{cl} + 0.06 f_c A_k + 1.65 A_{sd} \sqrt{f_c f_y} \tag{4-15}$$

式中 A_{cl}——叠合梁端截面后浇混凝土叠合层截面面积；

f_c——预制构件混凝土轴心抗压强度设计值；

f_y——垂直穿过结合面钢筋抗拉强度设计值；

A_k　　各键槽的根部截面面积之和，按后浇键槽根部截面和预制键槽根部截面分别计算，并取两者的较小值；

A_{sd}——垂直穿过结合面所有钢筋的面积，包括叠合层内的纵向钢筋。

在地震设计状况下，预制柱底水平接缝的受剪承载力设计值应按下列公式计算：

（1）当预制柱受压时：

$$V_{uE} = 0.8N + 1.65 A_{sd} \sqrt{f_c f_y} \tag{4-16}$$

（2）当预制柱受拉时：

$$V_{uE} = 1.65 A_{sd} \sqrt{f_c f_y \left[1 - \left(\frac{N}{A_{sd} f_y} \right)^2 \right]} \tag{4-17}$$

式中　f_c——预制构件混凝土轴心抗压强度
　　　　　设计值；

　　　f_y——垂直穿过结合面钢筋抗拉强度
　　　　　设计值；

　　　N——与剪力设计值 V 相应的垂直于
　　　　　结合面的轴向力设计值，取绝
　　　　　对值进行计算；

　　　A_{sd}——垂直穿过结合面所有钢筋的
　　　　　面积；

　　　V_{uE}——地震设计状况下梁端、柱端底
　　　　　部接缝受剪承载力设计值。

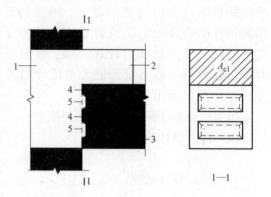

图 4-1　叠合梁端受剪承载力计算参数示意

1—后浇节点区；2—后浇混凝土叠合层；3—预制梁；
4—预制键槽根部截面；5—后浇键槽根部截面

在地震设计状况下，《装配式混凝土结构技术规程》JGJ 1 中剪力墙水平接缝的受剪承载力设计值计算公式采用了现行行业标准《高层建筑混凝土结构技术规程》JGJ 3 中对一级抗震等级剪力墙水平施工缝的抗剪验算公式。在地震设计状况下，剪力墙水平接缝的受剪承载力设计值应按下式计算：

$$V_{uE} = 0.6 f_y A_{sd} + 0.8N \tag{4-18}$$

式中　f_y——垂直穿过结合面钢筋抗拉强度设计值；

　　　N——与剪力设计值 V 相应的垂直于结合面的轴向力设计值，压力时取正，拉力
　　　　　时取负；

　　　A_{sd}——垂直穿过结合面所有钢筋的面积；

4.3.5　叠合受弯构件

叠合受弯构件（梁、板）分为两类：施工阶段有可靠支撑的叠合构件，也称为一阶段受力叠合受弯构件；施工阶段无支撑叠合构件，也称为二阶段受力叠合受弯构件。前者施工阶段预制构件中部有一道或多道支撑，显著降低了预制构件施工阶段的内力，其受力情况与现浇钢筋混凝土结构基本相同，所以其受力性能与普通钢筋混凝土基本接近。后者施工阶段预制构件是简支构件，由预制构件承担施工阶段的荷载，叠合层混凝土达到设计强度后由叠合截面继续承担后加的荷载，在叠合截面形成之前预制构件已经受力，与现浇结构完全不同，所以其受力性能差别很大。

受拉钢筋应力超前和叠合层后浇混凝土受压应变滞后是二阶段受力叠合受弯构件区别于现浇构件的两个特点。

由于叠合构件在施工阶段先以截面高度小的预制构件承担该阶段全部荷载，使得受拉钢筋中的应力比假定用叠合构件全截面承担同样荷载时大，这一现象通常称为"受拉钢筋应力超前"。

试验研究表明，受拉钢筋应力超前现象只影响钢筋提前达到流限，叠合梁的极限承载力并不降低，国内外二次受力叠合梁的试验结果基本上都是这种情况。

当叠合层混凝土达到强度从而形成叠合构件后，整个截面在使用阶段荷载作用下除去在受拉钢筋中产生应力增量和在受压区混凝土中首次产生压应力外，还会由于抵消预制构

件受压区原有的压应力而在该部位形成附加拉力。该附加拉力虽然会在一定程度上减小受力钢筋中的应力超前现象，但仍使叠合构件与同样截面普通受弯构件相比钢筋拉应力及曲率偏大，并有可能使受拉钢筋在弯矩准永久值作用下过早达到屈服，这种情况在设计中应予防止。

为此，根据试验结果给出了受拉钢筋应力控制条件。该条件属叠合受弯构件正常使用极限状态的附加验算条件。该验算条件与裂缝宽度控制条件和变形控制条件不能相互取代。

由于钢筋混凝土受弯构件采用荷载效应的准永久值，计算公式作了局部调整。

二次受力叠合梁在一次受力时，有预制构件的受压区混凝土承担压力，但在二次受力时主要由后浇混凝土承担压力，这种由不同部分混凝土先后承压，使得后浇混凝土受压应变比普通梁在相同弯矩作用下的受压应变小的现象，称为二次受力叠合梁"后浇混凝土受压应变滞后"。

试验研究表明，二次受力的钢筋混凝土叠合梁和预应力混凝土叠合梁的"受拉钢筋应力超前"和"后浇混凝土受压应变滞后"的现象基本相同。试验资料表明，二次受力叠合梁的受拉钢筋的应变均比普通对比梁的相应值超前。如果受拉钢筋流幅很大，则两种梁在破坏时，其受拉钢筋的应变均可能在流幅中，因此实质上是受拉钢筋的应变超前而非应力超前。这就说明为什么钢筋混凝土叠合梁的极限承载力和对比梁基本相同，但前者挠度要大得多、裂缝要宽得多。若采用流幅很短或无流幅的预应力筋，则当二次受力叠合梁破坏时，受拉钢筋已加入强化阶段，同时存在应力超前和应变超前，因此二次受力叠合梁的极限承载力和挠度均比对比梁大，裂缝也更宽，这也解释了二次受力预应力叠合梁比相应的对比梁的极限承载力高的原因。

叠合梁斜截面受剪承载力不低于整浇梁。

根据试验结果得出以下主要结论：

叠合梁（无论是一次受力、二次受力，包括钢筋混凝土叠合梁和预应力混凝土叠合梁）的极限受剪承载力不低于相应条件的整浇梁，且略有提高；与整浇梁基本相同，叠合梁在叠合面粘结力得到保证时，出现斜压、剪压及斜拉三种破坏相同；满足规范规定的构造要求时，不会发生沿水平叠合面的剪切破坏；预制构件及叠合层混凝土强度等级不同会影响叠合梁的受剪承载力，因此引入混凝土折算强度考虑其影响是合理的；预应力值的大小影响预应力混凝土叠合梁的斜截面抗裂性能和受剪承载力。

二次受力的叠合梁与一次受力的对比梁，其斜裂缝的形成和发展存在较大差别。二次受力叠合梁在叠合前的荷载作用下，预制构件中已有应力（正应力、剪应力，受拉主应力、受压主应力等），特别是第一次加载在预制构件上部建立了受压区，类似于预应力作用对梁受剪承载力的有利影响。试验中观察到斜裂缝开展到接近叠合面附近时有停滞现象，因而延迟了主斜裂缝穿过叠合面而导致斜截面剪压区混凝土压碎，从而提高了梁的受剪承载力。此外，叠合梁一般都存在叠合前和叠合后的两条不同特征的主斜裂缝，分散了斜裂缝可能发展的宽度（与对比梁的只有一条主斜裂缝比较），这样增加了骨料的咬合作用和箍筋的有效作用，因而对叠合梁的斜截面抗剪起了有利的影响。

叠合梁由于两次成形、二次受力，其正截面、斜截面上的应力分布情况与整浇梁不同，第一阶段加载时，预制构件截面高度小，与对比梁相比，存在"剪应力超前"，叠合后第二阶段加载时，叠合层后浇部分混凝土的应力从零开始，存在"剪应力滞后"。其他预制部分混凝土的应力较为复杂，原有应力与二次加载引起的应力有些相互抵消，有些互相叠加。这种现象随斜裂缝数量的增加和裂缝长度的延伸，使得截面上的应力不断发生重分布，当有斜裂缝贯通达到或接近叠合面时，应力重分布现象越发显著，使得第一次加载对预制构件的影响进一步减弱，梁上所有荷载逐步发展到由组合截面来承受，因此叠合梁的最终破坏形态与整浇梁接近。

国内还做过叠合板的叠合层埋钢管（模拟叠合层中预埋线管）、叠合面贴不同面积的塑料布（模拟建筑垃圾清理不干净）的低周反复荷载试验，均不配抗剪钢筋。结果表明，预埋钢管的叠合板受力性能和没有预埋钢管的叠合板相同；少量塑料布面积（约占叠合面面积10％以下）不影响后浇层与预制构件的共同工作，即施工现场少量的建筑垃圾对叠合板的工作性能影响不大。

无支撑叠合梁板的设计与现浇梁有较大区别。

施工阶段无支撑的叠合受弯构件应对底部预制构件及浇筑混凝土后的叠合构件进行二阶段受力计算。施工阶段有可靠支撑的叠合受弯构件可按整体受弯构件设计计算，但其斜截面受剪承载力和叠合面受剪承载力应按施工阶段无支撑的叠合受弯构件计算。

二阶段成形的叠合梁、板，当预制构件的高度不足全截面高度的40％时，施工阶段应有可靠支撑。

施工阶段不加支撑的叠合梁板，内力应分别按两个阶段计算：

第一阶段，后浇的叠合层混凝土尚未达到强度设计值，荷载由预制构件承担，预制构件按简支构件计算，荷载包括预制构件自重、预制楼板自重、叠合层自重以及本阶段的施工活荷载。

第二阶段，叠合层混凝土达到设计规定的强度以后，叠合构件按整体结构计算，荷载需要考虑施工阶段、使用阶段两种情况，并取较大值。施工阶段要考虑叠合构件自重、预制楼板自重、面层、吊顶等自重以及本阶段的施工活荷载；使用阶段要考虑上述所有自重以及使用阶段的可变荷载。在该阶段，当叠合层混凝土达到设计强度后仍可能存在施工活荷载，且其产生的荷载效应可能超过使用阶段可变荷载产生的荷载效应，所以应按这两种荷载效应中的较大值进行设计。

预制构件和叠合构件的正截面受弯承载力计算时，弯矩设计值按下列方法取用：

预制构件：

$$M_1 = M_{1G} + M_{1Q} \tag{4-19}$$

叠合构件的正弯矩区段：

$$M_1 = M_{1G} + M_{2G} + M_{2Q} \tag{4-20}$$

叠合构件的负弯矩区段：

$$M_1 = M_{2G} + M_{2Q} \tag{4-21}$$

式中　M_{1G}——预制构件自重、预制楼板自重和叠合层自重在计算截面产生的弯矩设计值；

M_{2G}——第二阶段面层、吊顶等自重在计算截面产生的弯矩设计值；

M_{1Q}——第一阶段施工活荷载在计算截面产生的弯矩设计值；

M_{2Q}——第二阶段可变荷载在计算截面产生的弯矩设计值，取本阶段施工活荷载和使用阶段可变荷载在计算截面产生的弯矩设计值中的较大值。

在计算中，正弯矩区段的混凝土强度等级按叠合层取用；负弯矩区段的混凝土强度等级按计算截面受压区的实际情况取用。

当预制构件高度与叠合构件高度之比 h_1/h 较小（较薄）时，预制构件正截面受弯承载力计算中可能出现 $\xi > \xi_b$ 的情况，此时纵向受拉钢筋的强度 f_y、f_{py} 应该用应力值 σ_s、σ_p 代替，也可取 $\xi = \xi_b$ 进行计算。

叠合梁斜截面受剪承载力可仍按普通钢筋混凝土梁受剪承载力公式计算。预制构件和叠合构件的斜截面受剪承载力计算时，剪力设计值按下列规定取用：

预制构件：

$$V_1 = V_{1G} + V_{1Q} \tag{4-22}$$

叠合构件：

$$V = V_{1G} + V_{2G} + V_{2Q} \tag{4-23}$$

式中　V_{1G}——预制构件自重、预制楼板自重和叠合层自重在计算截面产生的剪力设计值；

　　　V_{2G}——第二阶段面层、吊顶等自重在计算截面产生的剪力设计值；

　　　V_{1Q}——第一阶段施工活荷载在计算截面产生的剪力设计值；

　　　V_{2Q}——第二阶段可变荷载产生的剪力设计值，取本阶段施工活荷载和使用阶段可变荷载在计算截面产生的剪力设计值中的较大值。

在计算中，叠合构件斜截面上混凝土和箍筋的受剪承载力设计值 V_{cs} 应取叠合层和预制构件中较低的混凝土强度等级进行计算（偏于安全），且不低于预制构件的受剪承载力设计值；对预应力混凝土叠合构件，由于预应力效应只影响预制构件，所以在斜截面受剪承载力计算中暂不考虑预应力的有利影响，取 $V_P = 0$。

叠合构件叠合面有可能先于斜截面达到其受剪承载能力极限状态，规范规定的叠合面受剪承载力计算公式是以剪摩擦传力模型为基础，根据叠合构件试验和剪摩擦构件试验结果给出的。叠合式受弯构件的箍筋应按斜截面受剪承载力计算和叠合面受剪承载力计算得出的较大值配置。当叠合梁符合各项构造要求时，其叠合面的受剪承载力应符合下列规定：

$$V \leqslant 1.2 f_t b h_0 + 0.85 f_{yv} \frac{A_{sv}}{s} h_0 \tag{4-24}$$

此处，混凝土的抗拉强度设计值 f_t 取叠合层和预制构件中的较低值。

不配筋叠合面的受剪承载力离散性较大，国内外处理手法类似，即用于这类叠合面的受剪承载力计算公式暂不与混凝土强度等级挂钩。

对不配箍筋的叠合板，当预制板表面做成凹凸差不小于 4mm 的粗糙面时，其叠合面的受剪强度应符合下列公式的要求：

$$\frac{V}{b h_0} \leqslant 0.4 (\text{N/mm}^2) \tag{4-25}$$

预应力混凝土叠合受弯构件，应分别预制构件和叠合构件应进行正截面抗裂验算。此时，在荷载的标准组合下，抗裂验算边缘混凝土的拉应力不应大于预制构件的混凝土抗拉强度标准值 f_{tk}。由于预制构件和叠合层可能选用强度等级不同的混凝土，因此在正截面抗裂验算和斜截面抗裂验算中应按折算截面确定叠合后构件的弹性抵抗矩、惯性矩和面积矩。抗裂验算边缘混凝土的法向应力应按下列公式计算：

预制构件：

$$\sigma_{ck} = \frac{M_{1k}}{W_{01}} \qquad (4\text{-}26)$$

叠合构件：

$$\sigma_{ck} = \frac{M_{1Gk}}{W_{01}} + \frac{M_{2k}}{W_0} \qquad (4\text{-}27)$$

式中　M_{1Gk}——预制构件自重、预制楼板自重和叠合层自重标准值在计算截面产生的弯矩值；

M_{1k}——第一阶段荷载标准组合下在计算截面产生的弯矩值，取 $M_{1k} = M_{1Gk} + M_{1Qk}$，此处，$M_{1Qk}$ 为第一阶段施工活荷载标准值在计算截面产生的弯矩值；

M_{2k}——第二阶段荷载标准组合下在计算截面产生的弯矩值，取 $M_{2k} = M_{2Gk} + M_{2Qk}$，此处，$M_{2Gk}$ 为面层、吊顶等自重标准值在计算截面产生的弯矩值，M_{2Qk} 为使用阶段可变荷载标准值在计算截面产生的弯矩值；

W_{01}——预制构件换算截面受拉边缘的弹性地抗拒；

W_0——叠合构件换算截面受拉边缘的弹性地抗拒，此时，叠合层的混凝土截面面积应按弹性模量比换算成预制构件混凝土的截面面积。

预应力混凝土叠合构件，应进行斜截面抗裂验算；混凝土的主拉应力及主压应力应考虑叠合构件受力特点。

钢筋混凝土叠合受弯构件在荷载准永久值组合下，其纵向受拉钢筋的应力 σ_{sq} 应符合下列规定：

$$\sigma_{sq} \leqslant 0.9 f_y \qquad (4\text{-}28)$$
$$\sigma_{sq} = \sigma_{s1k} + \sigma_{s2q} \qquad (4\text{-}29)$$

在弯矩 M_{1Gk} 作用下，预制构件纵向受拉钢筋的应力 σ_{s1k} 可按下列公式计算：

$$\sigma_{s1k} = \frac{M_{1Gk}}{0.87 A_S h_{01}} \qquad (4\text{-}30)$$

式中　h_{01}——预制构件截面有效高度。

在荷载准永久值组合相应的弯矩 M_{2q} 作用下，叠合构件纵向受拉钢筋中的应力增量 σ_{s2q} 可按下列公式计算：

$$\sigma_{s2q} = \frac{0.5\left(1 + \frac{h_1}{h}\right) M_{2q}}{0.87 A_S h_0} \qquad (4\text{-}31)$$

当 $M_{1Gk} < 0.35 M_{1u}$ 时，上式中的 $0.5\left(1 + \frac{h_1}{h}\right)$ 值应取等于 1.0；此处 M_{1u} 为预制构件正截面受弯承载力设计值，应按规范计算，但式中应取等号，并以 M_{1u} 代替 M。

混凝土叠合构件应验算裂缝宽度，按荷载准永久组合或标准组合并考虑长期作用影响所计算的最大裂缝宽度 w_{max}，不应超过规范规定的最大裂缝宽度限值。

按荷载准永久组合或标准组合并考虑长期作用影响的最大裂缝宽度 w_{max} 可按下列公

式计算：

钢筋混凝土构件：

$$w_{max} = 2 \frac{\varphi(\sigma_{s1k} + \sigma_{s2q})}{E_s} \left(1.9c + 0.08 \frac{d_{eq}}{\rho_{te1}}\right) \tag{4-32}$$

$$\varphi = 1.1 - \frac{0.65 f_{tk1}}{\rho_{te1}\sigma_{s1k} + \rho_{te}\sigma_{s2k}} \tag{4-33}$$

式中　d_{eq}——受拉区纵向钢筋的等效直径；

ρ_{te1}、ρ_{te}——按预制构件、叠合构件的有效受拉混凝土截面面积计算的纵向受拉钢筋配筋率；

f_{tk1}——预制构件的混凝土抗拉强度标准值。

叠合构件应进行正常使用极限状态下的挠度验算。其中，叠合受弯构件按荷载准永久组合或标准组合并考虑长期作用影响的刚度可按下列公式计算：

钢筋混凝土构件：

$$B = \frac{M_q}{\left(\dfrac{B_{s2}}{B_{s1}} - 1\right) M_{1Gk} + \theta M_q} B_{s2} \tag{4-34}$$

预应力混凝土构件：

$$B = \frac{M_k}{\left(\dfrac{B_{s2}}{B_{s1}} - 1\right) M_{1Gk} + (\theta - 1) M_q + M_k} B_{s2} \tag{4-35}$$

$$M_k = M_{1Gk} + M_{2k} \tag{4-36}$$

$$M_q = M_{1Gk} + M_{2Gk} + \varphi_q M_{2Qk} \tag{4-37}$$

式中　θ——考虑荷载长期作用对挠度增大的影响系数，按规范计算；

M_k——叠合构件按荷载标准组合计算的弯矩值；

M_q——叠合构件按荷载准永久组合计算的弯矩值；

B_{s1}——预制构件的短期刚度；

B_{s2}——叠合构件第二阶段的短期刚度；

φ_q——第二阶段可变荷载的准永久值系数。

荷载准永久组合或标准组合下叠合式受弯构件正弯矩区段内的短期刚度，可按下列规定计算。

钢筋混凝土叠合构件：

预制构件的短期刚度可按下列公式计算：

$$B_{s1} = \frac{E_s A_s h_{10}^2}{1.15\varphi + 0.2 + \dfrac{6\alpha_E \rho_1}{1 + 3.5\gamma_f'}} \tag{4-38}$$

叠合构件第二阶段的短期刚度可按下列公式计算：

$$B_{s2} = \frac{E_s A_s h_0^2}{0.7 + 0.6 \dfrac{h_1}{h} + \dfrac{45\alpha_E \rho}{1 + 3.5\gamma_f'}} \tag{4-39}$$

式中　α_E——钢筋弹性模量与叠合层混凝土弹性模量的比值，$\alpha_E = E_s/E_{c2}$。

预应力混凝土叠合构件：

预制构件的短期刚度可按下列公式计算：

$$B_{s1} = 0.85 E_{c1} I_{10} \tag{4-40}$$

叠合构件第二阶段的短期刚度可按下列公式计算：

$$B_{s2} = 0.7 E_{c1} I_0 \tag{4-41}$$

式中　E_{c1}——预制构件的混凝土弹性模量；

　　　I_0——叠合构件换算截面的惯性矩，此时，叠合层的混凝土截面面积应按弹性模量比换算成预制构件混凝土的截面面积。

荷载准永久组合或标准组合下叠合式受弯构件负弯矩区段内第二阶段的短期刚度 B_{s2} 可按规范计算，其中弹性模量的比值取 $\alpha_E = E_s / E_{c1}$。

预应力混凝土叠合构件在使用阶段的预应力反拱值可用结构力学方法按预制构件的刚度进行计算。在计算中，预应力钢筋的应力应扣除全部预应力损失；考虑预应力长期影响，可将计算所得的预应力反拱值乘以增大系数 1.75。

4.4　构件拆分

装配整体式结构的设计有一项重要工作，就是在混凝土预制构件生产前，提前做好构件拆分的初步设计，满足功能、结构、经济性和立面形式等要求，便于保证结构合理性，便于生产、运输、吊装和安装。装配式建筑的生产流程由构件的工厂化预制、运输、现场施工安装三个主要步骤组成，而预制构件的拆分设计与它们之间的联系都非常紧密。构件拆分的好坏直接关系到预制构件生产的质量、效率和成本，同样也会影响到运输、吊装及现场施工的质量、效率及成本；在剪力墙结构中，还会影响到外墙防水、保温等功能要求，以及立面的构成及其形式等方面。因此，在装配式建筑中，预制构件的拆分设计非常重要。构件拆分是装配整体式混凝土结构不同于现浇混凝土结构的重要特性之一。

1. 生产要求

预制构件制作时，大部分采用平躺浇筑的方式，在支设的模具中放入钢筋笼，再浇筑混凝土振实成型，移入蒸汽养护设备中养护达到强度后拆除模具。预制构件拆分时，应考虑预制构件在生产过程中方便支模和浇筑，尽可能采用统一或可变的模具进行制作。拆分后的构件宜具有至少一个平整的表面，这个表面可以利用底模进行构造。构件在其他表面的凸起或外伸可以利用模板来构造形状，但若凸起或外伸过大，会影响养护和运输过程中的效率。构件的连续长度还需要考虑蒸养设备的空间和容量。

2. 运输要求

构件的拆分还应该考虑运输要求。拆分后的构件应便于在运输车辆中的码放，方便可靠地张紧固定在运输平台上，并考虑运输车辆的尺寸要求确定其尺寸。一般公路运输的货车总宽不大于 2.5m，货车高度不大于 4.2m（从地面算起），货车总长不大于 18m，超过上述尺寸时需要到当地交通部门申请，给预制构件的运输带来较大的限制。一般来讲，预制梁、柱构件平躺叠放运输，预制板水平叠放运输，预制墙板直立运输。

3. 翻身和吊装要求

梁、板等水平构件的生产、运输和吊装时的体态与其实际使用阶段相似，因此不存在翻身问题，只需在吊装时采用专用吊架，避免吊绳水平分力引起过大的轴力，并在跨度较大时通过增设中间吊点的方法避免过大弯矩即可。对于柱、墙等生产或运输阶段体态与实际使用阶段不同的预制构件，尤其当构件的宽度或厚度较小时，应限制其连续长度，避免翻身或吊装过程中引起过大的自重弯矩，导致预制构件的开裂或其他不利损伤，必要时应针对预制构件开展施工阶段的抗裂或承载能力验算。

4. 安装和连接要求

构件的拆分应利于构件在安装过程中方便定位和临时固定，以便尽早脱钩，提高吊装效率。在安装过程中，应避免不同构件端部钢筋的穿插，以便可以按照从上到下的顺序快速就位。构件就位后，通过绑扎少量的贯通钢筋或连接钢筋，并在后浇区域内浇填混凝土，将构件连为整体，形成结构。因此，构件拆分还应考虑接头的连接受力性能，既要满足端部钢筋的锚固要求，又要注意便于简化施工流程，做到受力合理、连接可靠。

另外，构件的拆分位置宜处于受力较小部位，拆分构件拼接时，拼接的混凝土强度等级不应低于预制构件的混凝土强度等级。预制构件的拼接还应考虑温度荷载和混凝土收缩的不利影响，宜适当增加构造配筋。

4.4.1 装配式框架结构的构件拆分

装配式框架结构中，预制构件的拆分主要以物理单元为对象，例如，以层高为单位拆分柱子，以跨度为单位拆分梁，以周边为边界拆分板等。

预制柱构件的范围通常从下层楼板的顶面开始，到上层楼盖中较低一根梁的底面结束，成为一个预制单元。柱的纵向钢筋在底部与连接套筒相连，在顶部伸出混凝土表面、穿过框架节点，并留出足够的长度与上层的预制柱连接。也有的预制结构体系采用多层柱作为一个预制单元，例如从法国引进的世构体系。世构体系中，数层柱作为一个预制单元一起预制，节点区混凝土后浇以便与预制梁可靠地连接，由于吊装、翻身时节点区没有混凝土，容易产生较大的局部剪切变形，在节点区采用了两个方向上的交叉钢筋，形成局部桁架，加强抗剪刚度，见图 4-2。交叉钢筋的存在也有利于加强结构成型后节点区的抗剪能力。这种方式的优点

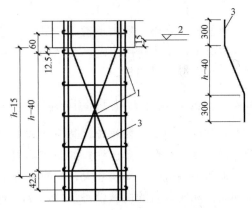

图 4-2　世构体系预制柱层间节点详图
1—焊接；2—楼面板标高；3—交叉钢筋；h—梁高

在于减少了柱子钢筋的连接数量，并可减少柱子吊装次数。当数层柱子作为一个单元预制时，预制构件较为细长，在翻身、吊装过程中产生较大的弯矩，因此，一般连续层数不超过 4 层，详见第 3 章。

为了便于连接预制板，并通过现浇层将楼盖连为一个整体，装配整体式结构中的梁、板一般采用叠合形式，即下部预制，上部后浇。预制梁的长度一般等于其两端搁置点之间的净距离，当为框架梁时可比净距离略长，从而可以在安装阶段快速搁置在预制柱的顶部。当梁的跨度较大时，也可将框架梁分为若干段预制，到现场通过后浇进行连接。预制梁底部的普通钢筋伸出梁端，便于安装时顺着柱子纵向钢筋之间的间隙放落到节点区内，

或伸出合适距离与另一梁段钢筋进行连接。梁、柱节点的构件拆分和后浇混凝土示意见图4-3。主梁上有次梁搁置的地方，次梁宽度范围内主梁的混凝土后浇，并宜与主梁的分段相结合。梁的上部纵向钢筋在现场进行绑扎。世构体系的柱节点上部还有上层柱，梁端伸出的钢筋很难在节点范围内穿行，因此，该体系中梁端钢筋不伸出端部混凝土，而是在梁端留出图4-4所示的U形键槽，在键槽和梁柱节点范围内穿行U形短筋，通过后浇混凝土进行连接。

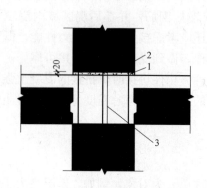

图4-3　梁柱节点的构件拆分和后浇区
1—后浇节点区混凝土上表面粗糙面；
2—接缝灌浆层；3—后浇区

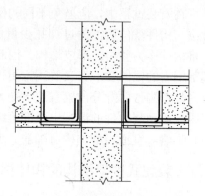

图4-4　世构体系的梁柱节点

预制板的宽度一般由运输条件限制，包括两侧伸出的钢筋一般不超过2.5m，其长度不受限制，由支承跨度决定。当结构布置需要采用更宽的楼板时，可以采用多块预制板连接成的单向板或双向板。

4.4.2　装配式剪力墙的构件拆分

与装配式框架结构相比，装配式剪力墙结构的构件拆分更加重要。这是由于框架结构中，结构受力构件（梁、柱）的截面都相对较小，构件的重量较轻，运输、吊装都比较方便；而剪力墙构件平面尺寸大，同时混凝土用量大、重量大，因此在构件拆分时必须结合运输条件和安装时的机械设备条件，综合确定合理可行的拆分方案。考虑生产条件，预制剪力墙一般采用平面单元，而为了与楼盖结构可靠相连，其高度方向上的范围包括下层楼板顶面与上层楼板底面之间。竖向上，一般在剪力墙底部设置钢筋的连接区域，下层剪力墙的钢筋穿过楼板现浇层，伸入上层剪力墙的连接套筒或预留孔道，通过注浆完成连接。在平面内，预制剪力墙常采用以下三种拆分方式：

1. 边缘构件现浇、非边缘构件预制

我国国家行业标准一般推荐边缘构件现浇、非边缘构件预制拆分方式和连接构造（图4-5）。主要原因是我国装配式剪力墙结构试验资料和工程经验不多。若边缘构件采用现浇，那么边缘构件内纵向钢筋连接可靠，剪力墙结构的整体抗震性能可以得到保证；剪力墙的分布钢筋在地震作用下一般不屈服，因此对分布钢筋的连接要求不是那么高，不影响结构整体的抗震性能，这也是我国国内装配式剪力墙结构未经历实际地震检验的前提下提出的。

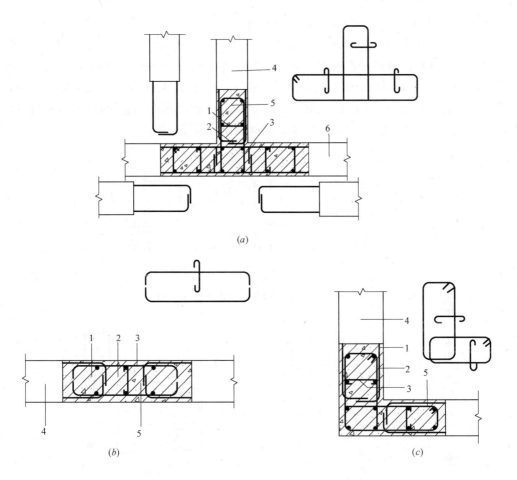

图 4-5　边缘构件现浇、非边缘构件预制的拆分做法
（a）T 形节点构造；（b）一字形节点构造；（c）L 形节点构造
1—水平连接钢筋；2—拉筋；3—边缘构件箍筋；4—预制墙板；5—现浇部分；6—预制外墙板

　　这种拆分方式的主要问题在于墙体的水平分布钢筋不能实现与现浇结构相同的锚固和搭接连接。边缘构件的箍筋和水平分布钢筋有搭接，边缘构件内箍筋会承担水平剪力，这与现浇结构的设计思路有差异。现浇剪力墙结构中，水平钢筋弯锚在边缘构件内，边缘构件的箍筋不受水平力，按照构造要求配置，主要作用是约束边缘构件区域的混凝土，提高约束区混凝土强度，在地震作用下出现塑性铰，有利于结构耗能。预制剪力墙水平分布钢筋与边缘构件内箍筋应保证足够的搭接长度，造成现浇部位尺寸加大。如果从墙体内伸出封闭水平钢筋与箍筋搭接，在搭接连接区域内有 4 根纵向钢筋，类似于边缘构件内复合箍筋的嵌套连接，利用纵向钢筋的销栓作用进行连接也是可行的，一般搭接长度不小于200mm。也可加大现浇部分的长度，水平分布钢筋也做成弯钩。该种拆分方式的优点是边缘构件现浇，其抗震性能基本等同于现浇结构。仅墙体竖向分布钢筋采用套筒灌浆对接连接或预留孔道浆锚搭接连接，连接数量减少。缺点是后浇连接段的边缘构件现浇模板复杂，水平分布钢筋与边缘构件箍筋若满足搭接长度，或按箍筋要求进行搭接，则现浇区域范围大，容易出现胀模和跑模。

2. 边缘构件部分预制、水平钢筋连接环套环

边缘构件部分预制、水平钢筋连接环套环的拆分方式（图 4-6）也被一些企业采用。该方式主要基于复合箍筋嵌套理论。现浇长度一般不小于 300mm，宽度不小于 200mm。水平分布钢筋与边缘构件箍筋仅通过一个环相套，内插两根纵向钢筋，水平箍筋搭接长度不够，只有通过两环嵌套内插四根钢筋才符合箍筋嵌套的要求。这种拆分方式的优点是现浇部分少，缺点是现浇区狭小，箍筋嵌套很难操作，搭接长度不足。

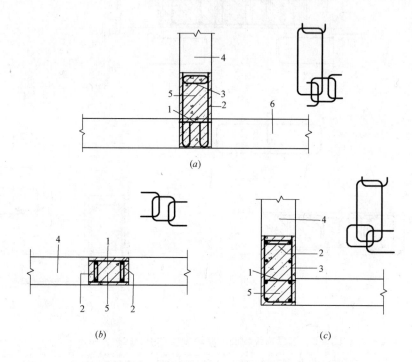

图 4-6　边缘构件部分预制、水平钢筋连接环套环的拆分方式

（a）T 形节点构造；（b）一字形节点构造；（c）L 形节点构造

1—水平连接钢筋；2—拉筋；3—边缘构件箍筋；4—预制墙板；5—现浇部分；6—预制外墙板

3. 外墙全预制、现浇部分设置在内墙

目前在日本体系拆分方法基础上新提出的一种拆分方法。外墙基本全预制，内墙可选择部分预制或全部现浇。该连接构造是剪力墙上预留搁置预制梁的台肩，如果连梁纵向钢筋为 Φ16，台肩长度不小于 400mm，同时要求 T 形剪力墙翼缘尺寸不小于 400mm。如果连梁纵向钢筋为 Φ18、Φ20，则台肩长度不小于 500mm，T 形剪力墙翼缘尺寸不小于 500mm。

剪力墙上预留台肩范围内的箍筋做成开口，待连梁安装完成后，可通过 U 形钢筋搭接或焊接，形成封闭箍筋（图 4-7）。外剪力墙上伸出箍筋和水平分布钢筋与内剪力墙伸出的水平分布钢筋搭接连接，搭接长度 $1.6l_{aE}$。这种拆分方式的优点是外墙几乎全预制，预制构件全部为一字形，构件制作简单，现浇部分模板基本为一字形。缺点是若窗下墙预制，施工较为复杂。因此，在施工水平不高的前提下可选择窗下砌筑。

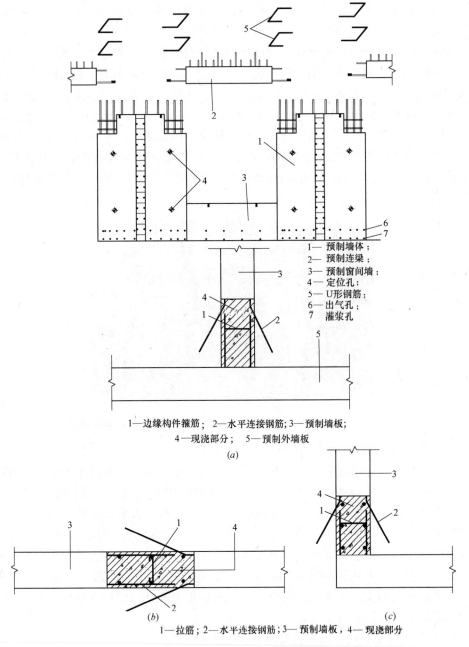

1—边缘构件箍筋； 2—水平连接钢筋；3—预制墙板；
4—现浇部分； 5—预制外墙板

1—预制墙体；
2—预制连梁；
3—预制窗间墙；
4—定位孔；
5—U形钢筋；
6—出气孔；
7—灌浆孔

(a)

1—拉筋；2—水平连接钢筋；3—预制墙板，4—现浇部分

(b)   (c)

图 4-7 边缘构件部分预制、水平钢筋连接环套环

（a）T形节点构造；（b）一字形节点构造；（c）L形节点构造

4.5 构造要求

4.5.1 总体构造要求

1. 构造措施应使连接节点具有足够的整体性。

装配整体式结构由预制的墙、梁、柱、板构件在现场通过必要的连接形成能够承受荷载和作用的结构。在预制制作阶段，各个构件之间是相互独立的，只有在现场通过有效的、可靠的连接，才能够形成整体，共同抵抗外荷载的作用。通过必要的构造措施，保证结构的整体性，是装配整体式结构质量优劣的关键。在我国早期的工程实践中，装配式结构在地震作用下产生了较多的损伤，严重的丧失整体性，或者造成整体结构的倒塌，或者局部构件的连接不足掉落造成生命财产的惨痛损失（图4-8）。正是由于这些教训，长期以来人们产生了"装配式结构整体性不高"的印象，限制了装配整体式建造模式的应用和发展。大量的试验研究表明，通过采取必要的构造措施，落实这些构造措施的贯彻和执行，装配整体式结构也是具有足够的整体性的，这正是新时期建筑工业化能够得以推广和应用的基础。

图4-8　地震中预制板的连接构造不足造成结构丧失整体性倒塌

2. 构造措施应尽量减少构件和节点的类型和数量。

建筑工业化的核心是在制作、运输、安装过程中充分发挥机械的生产能力，改变过去以手工作业为主的生产模式。在手工作业为主的现浇生产模式下，受限于手工的作业能力，每一个在工地组装的单元，例如钢筋、混凝土、模板，大多以构件小、工序多、作业环节散为特点；另一方面，由于手工作业可以面向不同的对象，因此构件的种类多，便于实现结构的多样化。围绕机械化作业开展的工业化建筑模式，要求构件的种类少，从而可以实现批量生产；要求构件的数量少，从而可以减少节点接头的数量，发挥工业化的优势；要求节点的类型少，从而可以简化构造，确保传力和受力。构造措施是否合理，直接影响着装配整体式结构是否具有良好的经济性。

3. 构造措施应使节点发挥出良好的承载能力和延性。

连接节点是构件的交汇点，由于在工地现场完成连接，混凝土的浇筑和养护条件不如工厂预制时完善，因此容易变成结构的薄弱环节；另一方面，节点又是受力的关键区域，各种荷载产生的内力在节点处转换、传递，尤其是框架结构的梁柱节点，还要承受地震作用产生的内力作用。节点在超载情况下，很有可能产生屈服，故要求节点能维持屈服强度而不致产生脆性破坏，并提供适当的延性耗散地震能力。因此，节点处应加以约束，以便提供较大的变形能力，有利于内力的重分布和耗能减震。

4. 构造措施应保证安装的方便。

由于连接节点处存在各个方向、各种构件连接所需的多种钢筋，空间狭小而钢筋数量多。而在现场安装的过程中,各个构件是以一定的顺序依次组装到结构上的,先批安装构件的端部或者端部伸出的锚固钢筋,可能阻碍后批安装构件的顺利就位,而同一位置处,不同来源的钢筋在平面上、立面上也可能有钢筋位置冲突的现象出现。一旦出现这些问题,就需要耗费工时进行解决,严重时会影响工程进度和工程造价。因此,构造措施必须充分考虑工地现场的安装可行性,对可能发生的意外情况做好预案。

4.5.2 叠合板构造

装配整体式结构中的楼板大多采用叠合板施工工艺。叠合板由预制板和现浇层复合组成,预制板在施工时作为永久性模板承受施工荷载,而在结构施工完成后则与现浇层一起形成整体,传递结构荷载。叠合板有各种形式,包括钢筋混凝土叠合板、预应力混凝土叠合板、带肋叠合板、箱式叠合板等。在此,以常规叠合板为例介绍其构造要求,对于其他形式的叠合板,可参照进行设计。对于结构转换层、平面复杂楼层、开洞较大楼层的楼板和直接承受较大温差的屋盖楼板,对楼板整体性和传递水平力的要求较高,宜采用现浇楼盖。

叠合板的预制板在施工期间承受施工荷载,应具有足够的承载能力和刚度,其厚度不宜小于 60mm。对于跨度大于 3m 的叠合板,宜采用桁架钢筋叠合板(图 4-9)。桁架钢筋叠合板包括预制层和现浇层,预制层中包括钢筋桁架及其底部的混凝土层,而钢筋桁架主要由下弦钢筋、上弦钢筋和连接两者的腹杆钢筋组成,如图 4-10。由于钢筋桁架具有较大的高度,在承受施工荷载时刚度大,因此适用于跨度较大的楼板。当跨度大于 6m 时,为了减小预制板的自重,提高其抗裂能力,宜采用预应力混凝土预制板作为叠合板的底层。对于板厚大于 180mm 的叠合板,还可以通过留空材料放置在预制板的上表面,构造混凝土空心板,以减轻楼板的自重。

图 4-9 钢筋桁架叠合板

在桁架钢筋混凝土叠合板中,桁架钢筋是施工时预制板的主要受力骨架,应沿主要受力方向布置,距离板边不应大于 300mm,间距不宜大于 600mm。为了保证钢筋组成的桁架具有足够的刚度,桁架钢筋的弦杆直径不宜小于 8mm,腹杆直径不应小于 4mm。桁架钢筋弦杆的混凝土保护层厚度不应小于 15mm。

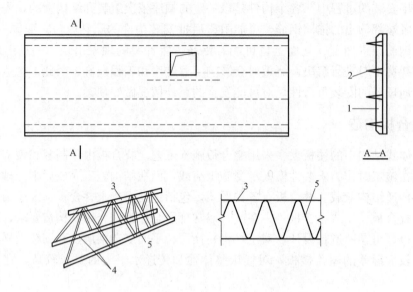

图 4-10　叠合板的预制板设置桁架钢筋构造
1—预制板；2—桁架钢筋；3—上弦钢筋；4—下弦钢筋；5—格构钢筋

　　预制板与后浇混凝土叠合层之间的接合面应设置粗糙面，粗糙面的面积不宜小于接合面的80%，凹凸深度不应小于4mm。当叠合板的跨度较大、有相邻悬挑板的上部钢筋锚入等情况下，叠合板的预制板与叠合层之间的叠合面，在外力、温度等作用下会产生较大的水平剪力，应采取合理的措施保证叠合面的抗剪强度。当有桁架钢筋时，桁架钢筋的腹杆可作为提高叠合面抗剪的措施。当没有采用桁架钢筋时，若跨度单向板的跨度大于4m，或双向板的短向跨度大于4m时，应在支座1/4跨度范围内配置界面抗剪构造钢筋来保证水平界面的抗剪强度。当采用悬挑叠合板、悬挑叠合板的上部纵向受力钢筋锚固在相邻叠合板的后浇混凝土范围内时，应在悬挑叠合板及其钢筋的锚固范围内配置截面抗剪构造钢筋。抗剪构造钢筋可采用马镫形状，间距不宜大于400mm，直径不宜小于6mm。马镫钢筋宜伸到叠合板上、下部纵向钢筋处，预埋在预制板内的总长度不应小于15d，水平段长度不应小于50mm。

　　叠合板可单向或双向布置，如图4-11所示。叠合板之间的接缝，可以采用两种构造措施：分离式接缝和整体式接缝。分离式接缝适用于以预制板的搁置线为支承边的单向叠合板，而整体式接缝适用于四边支承的双向叠合板。

　　分离式接缝（图4-12）形式简单，利于构件的生产和施工，板缝边界主要传递剪力，弯矩传递能力较差。当采用分离式接缝时，为了保证接缝不发生剪切破坏，同时控制接缝处裂缝的开展，应在接缝处紧邻预制板顶面设置垂直于板缝的附加钢筋，附加钢筋的截面面积不宜小于预制板中该方向钢筋的面积，钢筋直径不宜小于6mm、间距不宜大于250mm。附加钢筋伸入梁侧后浇混凝土叠合层的锚固长度不应小于钢筋直径的15倍。试验研究表明，采用分离式接缝的叠合板，整体受力性能介于按板缝划分的单向板和整体双向板之间，与楼板的尺寸、后浇层与预制板的厚度比例、接缝钢筋的数量等因素有关，开裂特征类似于单向板，承载能力高于单向板，挠度小于单向板但大于双向板。按照单向板

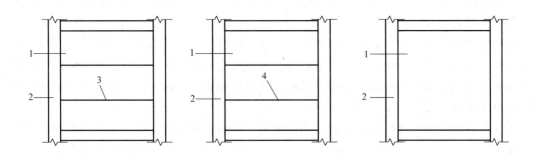

图 4-11 叠合板的预制板布置形式示意

1—预制板；2—梁或墙；3—板侧分离式接缝；4—板侧整体式接缝

的假定对分离式接缝的叠合板进行力学计算和设计，是偏于安全的。

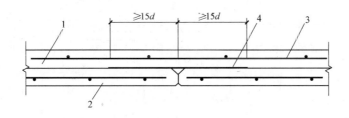

图 4-12 单向叠合板侧分离式拼缝构造示意

1—后浇混凝土叠合层；2—预制板；3—后浇层内钢筋；4—附加钢筋

当预制板侧接缝可实现钢筋与混凝土的连续受力时，可视为整体式接缝。一般采用后浇带的形式对整体式接缝进行处理。为了保证后浇带具有足够的宽度来完成钢筋在后浇带中的连接或锚固连接，并保证后浇带混凝土与预制混凝土的整体性，后浇带的宽度不宜小于 200mm，其两侧板底纵向受力钢筋可在后浇带中通过焊接、搭接或弯折锚固等方式进行连接。

当后浇带两侧板底纵向受力钢筋在后浇带中弯折锚固时（图 4-13），叠合板的厚度不宜小于 10d（d 为弯折钢筋直径的较大值）和 120mm，以保证弯折后锚固的钢筋具有足够的混凝土握裹；预制板侧伸出的纵向受力钢筋应在后浇混凝土叠合层内锚固，且锚固长度不应小于钢筋锚固长度 l_a，两侧钢筋在接缝处重叠的长度不应小于钢筋直径的 10 倍，以实现应力的可靠传递；为了保证钢筋应力转换平顺，

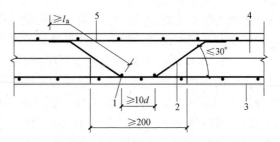

图 4-13 双向叠合板整体式接缝构造示意

1—通长构造钢筋；2—纵向受力钢筋；3—预制板；
4—后浇混凝土叠合层；5—后浇层内钢筋

同时避免钢筋弯折处混凝土挤压破坏，钢筋的弯折角度不应大于 30°，同时在弯折处沿接缝方向应配置不少于 2 根通长构造钢筋，且直径不应小于该方向预制板内钢筋直径。

板底纵向受力钢筋在后浇带内弯折锚固的措施,由于不需要对大量的板底钢筋进行现场作业,后浇带锚固区的长度小,受到工程实践的欢迎。试验研究表明,这种构造形式的叠合板整体性较好。但是,与整浇板相比,预制板接缝处的应变集中,裂缝宽度较大,导致构件的挠度比整体现浇板略大,接缝处受弯承载能力略有降低。因此,整体式接缝应避开双向板受力的主要方向和弯矩最大的截面。当上述位置无法避开时,可以适当增加两个方向的受力钢筋。

为了保证楼板的整体性和传递水平力的能力,预制板内的纵向受力钢筋在板端宜伸入支承梁的后浇混凝土中,锚固长度不应小于 15 倍钢筋直径,且宜伸过支座的中心线(图4-14)。对于单向叠合板的板侧支座,为了加工和施工方便,可不伸出构造钢筋,但宜在紧邻预制板面的后浇混凝土叠合层内设置附加钢筋,其面积不宜小于预制板内同向分布钢筋的面积,间距不宜大于 600mm,在板的后浇混凝土叠合层内锚固长度不应小于 15 倍钢筋直径,在支座内锚固长度不应小于 15 倍钢筋直径,且宜伸过支座中心线。

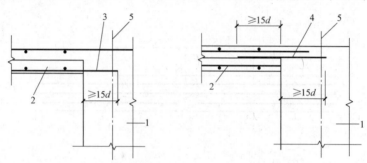

图 4-14　叠合板端及板侧支座构造示意
1—支承梁或墙;2—预制板;3—纵向受力钢筋;4—附加钢筋;5—支座中心线

4.5.3　叠合梁构造

为了给伸入支座的板钢筋提供锚固,装配整体式框架结构的梁,往往采用下部分预制、上部分现场浇筑的叠合梁形式,其中现浇部分和预制部分的叠合界面不高于楼板的下边缘。当采用叠合梁时,往往也采用叠合板,梁板的后浇层一起浇筑。在梁受弯的时候,叠合界面主要承受剪力的作用,而越靠近梁的中性轴,界面的剪力就越大。为了优化叠合界面的受剪,同时保证后浇区域具有良好的整体性,框架梁后浇混凝土叠合层厚度不宜小于 150mm,次梁的后浇混凝土叠合层厚度不宜小于 120mm,如图 4-15 所示。当板的总厚度小于梁的后浇层厚度要求时,单纯为了增加叠合面的高度而增加板的厚度,对板的自重增加过多,不利于结构受力和工程造价。这时候,可以采用凹口截面的预制梁,如图 4-15(b)。凹口深度不宜小于 50mm,同时凹口边厚度不宜小于 60mm,以防止运输、安装过程中的磕碰损伤。预制梁与后浇混凝土叠合层之间的接合面应设置粗糙面,粗糙面的面积不宜小于接合面的 80%,粗糙面凹凸深度不应小于 6mm。

叠合梁施工时,先将叠合梁的预制部分吊装就位,然后安装叠合板预制板,将预制板侧的钢筋伸入梁顶预留空间。这时候如果叠合梁上已经安装上部纵向受力钢筋,梁纵向钢筋将会阻碍预制板侧钢筋的下行,使之无法就位。为此,叠合梁的上部纵向钢筋往往不先安装在预制梁上,而是等叠合板吊装就位后,再在工地现场进行安装、绑扎。为了方便梁

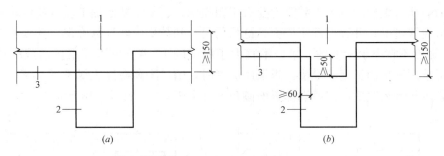

图 4-15　叠合框架梁截面示意

（a）矩形截面预制梁；（b）凹口截面预制梁

1—后浇混凝土叠合层；2—预制梁；3—预制板

上部纵向钢筋的安装，在抗震要求不高的叠合梁或叠合梁部位中，可以采用组合封闭箍筋的形式，即箍筋由一个 U 形的开口箍和一个箍筋帽组合而成（图 4-16），开口箍部分在预制梁生产阶段与梁下部纵向受力钢筋和其他构造钢筋一起埋入预制梁体，待梁的上部纵向钢筋放入梁体后，再在现场安装箍筋帽，并完成绑扎。开口箍的上端和箍筋帽的末端应做成 135°的弯钩，非抗震设计时，弯钩端头平直段长度不应小于 5 倍箍筋直径，抗震设计时不应小于 10 倍箍筋直径。

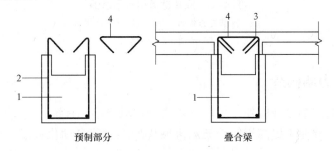

图 4-16　叠合梁箍筋构造示意

1—预制梁；2—开口箍筋；3—上部纵向钢筋；4—箍筋帽

对于抗震要求较高的叠合框架梁梁端，由于组合封闭箍对受压区的混凝土约束作用不够强，无法适应塑性铰转动所需的较大混凝土变形，因此在抗震等级为一级、二级的叠合框架梁梁端加密区不宜采用组合封闭箍的箍筋形式，而宜做成整体封闭箍筋，如图 4-17所示。

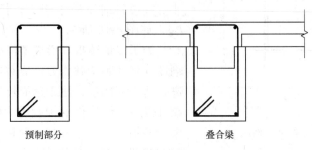

图 4-17　采用整体封闭箍筋的叠合梁

试验表明，键槽的抗剪承载能力要大于粗糙面，且易于控制加工质量和检验。预制梁的端面应设置键槽，并宜设置粗糙面。键槽的尺寸和数量应经计算确定，其深度不宜小于30mm，宽度不宜小于深度的 3 倍，不宜大于深度的 10 倍。可以采用贯通截面宽度的键槽，也可采用不贯通宽度的键槽，当采用后者时，槽口距离截面边缘不宜小于 50mm。键槽间距宜等于键槽宽度，键槽端部斜面倾角不宜大于 30°，如图 4-18 所示。

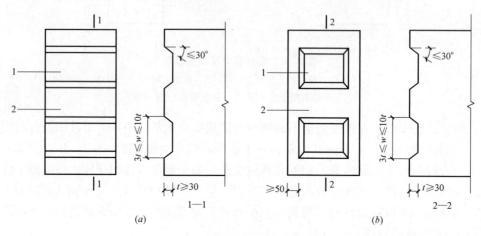

图 4-18　梁端键槽构造示意图
(a) 键槽贯通截面；(b) 键槽不贯通截面
1—键槽；2—梁端面

4.5.4　预制剪力墙构造

预制剪力墙的配筋设计应便于工厂化生产和现场连接，宜统一钢筋规格，采用直径和间距较大的钢筋，并便于提高钢筋骨架的机械化加工安装自动化程度，便于模具的加工、安装和拆除。

预制剪力墙板宜采用一字形的一维构件，也可结合生产和施工经验采用 L 形、T 形、U 形和 Z 形等多维构件。

预制剪力墙开有边长小于 800mm 的洞口且在结构整体计算中不考虑其影响时，应沿洞口周边配置补强钢筋。补强钢筋的直径不应小于 12mm，截面面积不应小于同方向被洞口截断的钢筋面积。该钢筋自孔洞边角算起升入墙内的长度，非抗震设计时不应小于 l_a，抗震设计时不应小于 l_{aE}，如图 4-19 所示。

为了保证墙板在形成整体结构之前具有较大的刚度、延性和承载能力，应对预制墙板的边缘配筋进行适当的加强，使之形成较为强劲的边框。对于端部没有边缘构件的预制剪力墙，宜在端部配置 2 根直径不小于 12mm 的竖向构造钢筋，沿该钢筋竖向应配置拉筋，拉筋直径不小于 6mm、间距不宜大于 250mm。

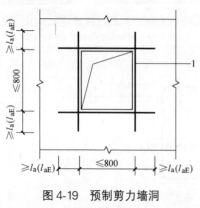

图 4-19　预制剪力墙洞口补强钢筋示意
1—洞口补强钢筋

当采用套筒灌浆连接剪力墙时,应符合现行行业标准《钢筋套筒灌浆连接应用技术规程》JGJ 355 的规定。多所高校开展的相关试验研究表明,增加竖向钢筋灌浆套筒部位的水平钢筋约束配筋率,能显著提高装配剪力墙结构的承载能力。因此,预制剪力墙竖向钢筋采用套筒灌浆连接时,自套筒底部至套筒顶部并向上延伸 300mm 范围内,预制剪力墙的水平分布钢筋应作加密处理(图 4-20),加密区水平分布钢筋的最大间距及最小直径应符合表 4-5 的规定,套筒上端第一道水平分布钢筋距离套筒顶部不应大于 50mm。

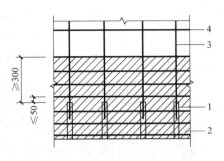

图 4-20 钢筋套筒灌浆连接部位水平分布钢筋的加密构造示意

1—灌浆套筒;2—水平分布钢筋加密区域(阴影区域);3—竖向钢筋;4—水平分布钢筋

当预制剪力墙竖向钢筋采用预埋金属波纹管成孔的浆锚搭接连接时,墙体底部预留灌浆孔道直线段长度应大于下层预制剪力墙连接钢筋伸入孔道内的长度 30mm,孔道上部应根据灌浆要求设置合理弧度。孔道直径不宜小于 40mm 和 2.5d(d 为伸入孔道的连接钢筋直径)的较大值,孔道之间的水平净间距不宜小于 50mm;孔道外壁至剪力墙外表面的净间距不宜小于 30mm。

加密区水平分布钢筋的要求		表 4-5
抗震等级	最大间距(mm)	最小直径(mm)
一、二级	100	8
三、四级	150	8

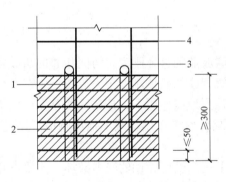

图 4-21 浆锚搭接连接部位水平分布钢筋的加密构造示意

1—预留灌浆孔道;2—水平分布钢筋加密区域(阴影区域);3—竖向钢筋;4—水平分布钢筋

竖向钢筋连接长度范围内的水平分布钢筋应加密,加密范围自剪力墙底部至预留灌浆孔道顶部(图 4-21),且不应小于 300mm。加密区水平分布钢筋的最大间距及最小直径应符合表 4-5 的规定,最下层水平分布钢筋距离墙身底部不应大于 50mm。对于加密水平钢筋区域,其拉筋沿水平方向的间距不宜大于竖向分布钢筋间距,直径不应小于 6mm;拉筋应紧靠被连接钢筋,并钩住最外层分布钢筋。

对于装配式混凝土剪力墙结构的高层住宅楼,从预制率角度,采用预制板、预制阳台和预制楼梯等构件,其预制率仅达 15%左右;采用剪力墙分布钢筋区的预制内墙板、部分预制门带窗外墙板、预制板、预制阳台和预制楼梯等,其预制率达 40%~60%;当包含部分边缘构件一起预制的外墙板、内墙板和门带窗墙板,其他的预制梁、预制板、预制阳台板和空调板以及预制楼梯等最大程度进行构件预制时,其预制率可达 80%。

边缘构件预制可以提高预制率,也利于减少施工现场竖向预制构件间后浇混凝土连接

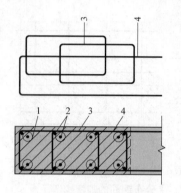

图 4-22　锚搭搭接连接范围内的焊
接封闭箍约束构造示意

1—预留灌浆孔道；2—边缘构件竖向
钢筋；3—封闭箍筋；4—水平分布钢筋

带的支模和混凝土浇筑量。但边缘构件在剪力墙结构抗震中起到关键的作用，因此必须对有别于分布钢筋区的预制墙板，特别重视边缘构件墙板底部箍筋形式和配箍率的加强。当预制边缘构件底部竖向钢筋连接长度范围内采用加密水平封闭箍筋约束时，应沿预留孔道直线段全高加密。箍筋沿竖向的间距，一级不应大于 75mm，二、三级不应大于 100mm，四级不应大于 150mm；箍筋沿水平方向的肢距不应大于竖向钢筋间距，且不大于 200mm；箍筋直径一、二级不应小于 10mm，三、四级不应小于 8mm。封闭箍筋宜采用焊接封闭箍筋（图 4-22）。

装配式混凝土剪力墙结构作为住宅结构时，有保证居住者舒适度的保温隔热要求。一般采用在预制混凝土外墙板时，将保温隔热材料与混凝土墙板一体化制作，即采用夹心墙板，夹心保温层厚度不宜小于 30mm。当预制剪力墙外墙采用夹心墙板时，作为承重墙的内叶墙应按剪力墙进行设计。内、外叶墙板之间应采用具有良好热工性能和力学性能的拉结件进行可靠连接，当采用 FRP 拉结件时，外叶墙板厚度不宜小于 60mm；当外侧采用面砖等不燃材料并采用反打工艺做装饰面时，可取 55mm。拉结件在混凝土中的锚固长度不宜小于 30mm，其端部距墙板外表面距离不宜小于 25mm。此外，内叶和外叶墙板之间宜增加防坠落的附加措施。

对同一层内既有现浇墙肢也有预制墙肢的装配整体式剪力墙结构，现浇墙肢水平地震作用弯矩、剪力宜乘以不小于 1.1 的增大系数。

4.5.5　连梁构造

连梁连接相邻的墙肢，通过其传递的剪力形成联肢墙的整体刚度，协同相邻的墙肢发挥整体作用。连梁一般具有跨度小、截面大、与连梁相连的墙体刚度很大等特点。在风荷载和地震作用下，连梁的内力往往很大。因此，在强烈地震作用下，连梁往往首先产生损伤，延性良好的连梁还能够发挥稳定的耗能作用，减轻地震作用，减小地震响应。因此，连梁是剪力墙结构中的重要构件。

为了保证连梁的抗剪刚度，避免其在剪力作用下过早发生脆性的受剪破坏，连梁不宜开洞。但需要开洞时，洞口宜预埋套管，洞口上、下截面的有效高度不宜小于梁高的 1/3，且不宜小于 200mm；被洞口削弱的连梁截面应进行承载力验算，洞口处应配置补强纵向钢筋和箍筋，补强纵向钢筋的直径不应小于 12mm。

为了保证连梁的抗弯刚度、承载能力和延性，预制剪力墙洞口上方的预制连梁宜与后浇圈梁或水平后浇带形成叠合连梁，见图 4-23。叠合连梁的配筋和构造应符合《混凝土结构设计规范》GB 50010 中有关连梁的要求。叠合连梁的端部竖向接缝，还应按照叠合梁端竖向接缝抗剪验算方法验算其受剪承载能力。

当预制剪力墙洞口下方有墙时，一般存在三种做法（图 4-24）。一种是洞口下墙与后浇圈梁、板下连梁一起形成一根叠合连梁。这种情况下，连梁高度很大，可以发挥很好的

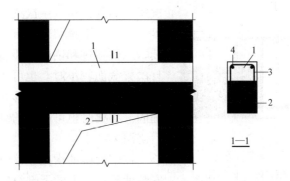

图 4-23   预制剪力墙叠合连梁构造示意

1—后浇圈梁或后浇带；2—预制连梁；3—箍筋；4—纵向钢筋

协同工作刚度，但是抗弯承载能力过大，而抗剪承载能力的增长比不上抗弯承载能力的增长，容易在现实中造成强弯弱剪，发生脆性破坏，对结构在强烈地震下的抗震性能不利，因此不宜采用。另一种是预制连梁与其上方的后浇混凝土形成叠合连梁，洞口下墙内设置纵向钢筋和箍筋，作为单独的连梁构造，两道距离很近的连梁之间连接少量的竖向钢筋，防止接缝开裂并抵抗必要的平面外荷载。这种构造在强烈地震下首先是两道连梁之间的接缝受剪开裂，使连梁的剪跨比增加，发挥良好的延性，其性能类似于双功能连梁，是值得推荐的构造。第三种做法是洞口下墙采用轻质填充墙，或采用混凝土墙但与主体结构采用柔性材料隔离，洞口下墙在计算中仅作为荷载。在计算不需要洞口下墙时可以采用这种做法。

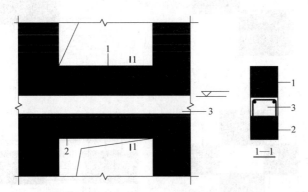

图 4-24   预制剪力墙洞口下墙与叠合连梁的关系示意

1—洞口下墙，2—预制连梁，3—后浇圈梁或水平后浇带

4.5.6   梁的纵向和横向连接构造

梁的跨度较大时，可将一根纵向上的梁分为若干段在工厂预制，然后在现场采用对接连接。梁的纵向对接连接应设置后浇段（图 4-25），后浇段的长度应能满足梁下部纵向钢筋连接作业的空间需求。对接段内的梁下部纵向钢筋分别从两侧的梁端伸出，在后浇段内采用机械连接、套筒灌浆连接或焊接连接的方式实现受力的传递。梁的上部钢筋在现场绑扎。后浇段内的箍筋应加密，箍筋间距不应大于 5 倍纵向钢筋直径，也不应大于 100mm。

正交的两个方向的梁，在交汇点进行连接，即为梁的横向连接，较为常见的是主梁和

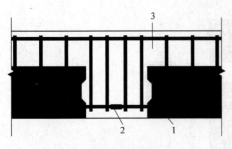

图 4-25　叠合梁连接节点示意

1—预制梁；2—钢筋连接接头；3—后浇段

次梁之间的连接。主次梁的连接也一般采用后浇段，即主梁上预留后浇带，混凝土断开而钢筋连续，以便穿过和锚固次梁钢筋。当主梁截面较高且次梁截面较小时，也可不完全断开主梁预制混凝土，采用预留凹槽的形式供次梁钢筋的穿过和锚固。必要时也可与梁的纵向连接相结合，共用后浇段。

在进行梁的横向连接时，依次将主梁、次梁安装就位，次梁的下部纵向钢筋应伸入主梁后浇段内。次梁下部纵向钢筋锚入主梁后浇段内的长度不应小于 12 倍钢筋直径。对于中间节点，次梁上部纵向受力钢筋应在现浇层内贯通（图 4-26b）；对于端部节点，次梁上部纵向钢筋应在主梁后浇段内锚固（图 4-26a）。当主梁宽度不足以提供足够的纵向钢筋锚固长度时，可以采用弯折锚固或锚固板，此时锚固直段长度不应小于 $0.6l_{ab}$；当钢筋应力不大于钢筋强度设计值的 50% 时，锚固直段长度不应小于 $0.35l_{ab}$；弯折锚固的弯折后直段长度不应小于 12 倍钢筋直径。

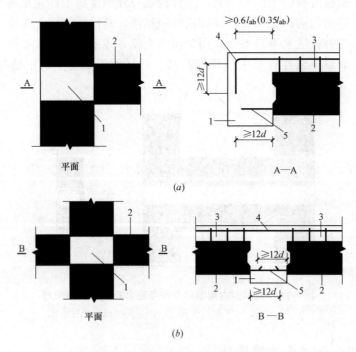

图 4-26　主次梁连接节点构造示意

（a）端部节点；（b）中间节点

1—主梁后浇段；2—次梁；3—后浇混凝土叠合层；
4—次梁上部纵向钢筋；5—次梁下部纵向钢筋

4.5.7　柱与柱的连接构造

框架柱的预制范围一般从楼板顶面开始，到上层梁底为止。柱底预埋与柱钢筋完成连接的灌浆套筒,吊装时插入下部柱伸出的柱纵向钢筋,通过注浆完成柱钢筋的受力连接。柱的上部钢筋伸出柱表面,贯穿节点核心区,并留有足够的长度插入上部柱的灌浆套筒。节点核心区的混凝土在现场浇筑。在进行柱子的连接时,下部节点区混凝土已经现场浇筑并达到一定的强度,节点区混凝土的上表面应设置粗糙面,上柱与节点区上表面之间应留有 20mm 左右的柱底接缝,采用灌浆料填实。柱底接缝灌浆可与套筒灌浆同时进行,采用同样的灌浆料依次完成。为了加强柱底抗剪强度,预制柱的底部应留有均匀布置的抗剪键槽,键槽深度不宜小于 30mm,键槽端部斜面倾角不宜大于 30°,且键槽的形式应允许灌浆填缝时内部气体的排出,以保证柱底接缝灌浆的密实性,如图 4-27 所示。

由于柱节点区钢筋来源方向多,钢筋数量多,而空间狭小,连接作业面受到限制。为了保证节点区的大小,矩形柱的截面宽度或圆柱的直径不宜小于 400mm,且不宜小于同方向梁宽的 1.5 倍。采用较大直径的柱纵向受力钢筋有利于减少钢筋根数,增大钢筋间距,便于柱节点区内钢筋的连接和布置,因此柱纵向受力钢筋直径不宜小于 20mm。由于位于柱底的钢筋连接套筒具有较大的刚度和承载能力,柱的塑性铰区可能会上移到套筒连接区以上,为了对潜在塑性铰区的混凝土实行可靠的约束,增加受压区混凝土的延性,柱底箍筋加密区应延伸到套筒顶部以外至少 500mm,且套筒上端第一道箍筋距离套筒顶部不大于 50mm,如图 4-28 所示。

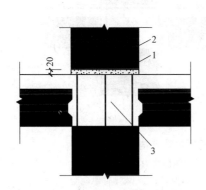

图 4-27 预制柱底接缝构造示意

1—后浇节点区混凝土上表面粗糙面;
2—接缝灌浆层;3—后浇区

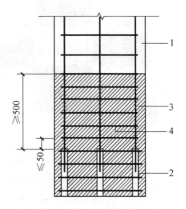

图 4-28 钢筋采用套筒灌浆连接时柱
底箍筋加密区域构造示意

1—预制柱;2—套筒灌浆连接接头;3—箍
筋加密区(阴影部分);4—加密区箍筋

4.5.8 框架梁柱连接构造

装配整体式框架结构中,梁柱节点的连接是最为重要也是最为复杂的连接。梁柱节点不仅承载了楼盖竖向荷载向竖向支承结构的传递,而且负担着地震作用等水平作用引起的弯矩和剪力,在中震、大震下还需要发挥出良好的延性耗散地震能量,保证结构在中震下的可修性,维持结构在大震下不致发生整体倒塌。而同时,梁柱节点处各个方向伸出的钢筋数量也很多,有来自两个正交方向的框架梁的纵向钢筋,有下柱贯穿节点伸入上柱的柱纵向钢筋,还有节点区的箍筋,可能存在纵向上、横向上或高度上的钢筋位置冲突。因此,在设计过程中,必须充分考虑到施工装配的可行性,合理确定梁柱截面尺寸及钢筋的数量、间距和位置。为此，梁柱构件应尽量采用较粗直径的钢筋，从而以较大的间距对钢筋进行布置，方便构件的安装，简化节点区钢筋的构造。当中间节点两侧梁的钢筋锚固位置发生冲突时，可以采取弯折避让的方式解决，弯折角度不宜大于 1∶6。在节点区施工的时候，还应特别注意合理安排节点区箍筋、预制梁、梁上部纵向钢筋的安装顺序，控制节点区箍筋的间距满足要求。

对于框架的中节点，节点两侧梁的下部纵向钢筋宜锚固在后浇节点区内，也可采用机械连接或者焊接的方式进行直接连接（图 4-29）。由于节点区空间狭小，而下部纵向钢筋又深陷在节点区凹口范围内，因此，前者在操作上更加简便，但是需要解决纵向上的钢筋位置冲突问题。梁的上部纵向受力钢筋在现场安装，绑扎在梁的后浇区内，应贯穿节点区。

在柱截面较小、梁的下部纵向钢筋在节点区内连接较困难时，也可在节点区外设置后浇梁段，梁的下部纵向钢筋贯穿节点区，伸至节点区外的另一侧梁端留设的后浇段内连接，如图 4-30 所示。采用这种连接构造时，为了保证梁端塑性铰区的性能，连接接头与节点区的距离不应小于梁截面有效高度的 1.5 倍。

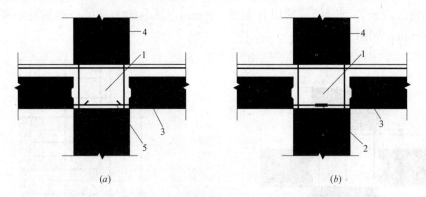

图 4-29　预制柱及叠合梁框架中间层中节点构造示意

（a）梁下部纵向受力钢筋锚固；（b）梁下部纵向受力钢筋连接

1—后浇区；2—梁下部纵向受力钢筋连接；3—预制梁；4—预制柱；5—梁下部纵向受力钢筋锚固

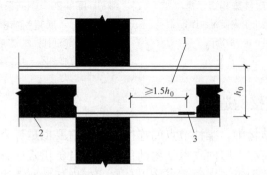

图 4-30　梁纵向受力钢筋在节点区外的后浇段内连接示意

1—后浇段；2—预制梁；3—纵向受力钢筋连接

对于框架中间层边节点，当柱截面尺寸不满足梁纵向受力钢筋的直线锚固要求时，宜采用锚固板锚固的方式（图 4-31），以简化节点内的钢筋，方便构件的安装。也可以采用

90°弯折锚固。

对于顶层中节点，除了采取前述方法解决梁纵向钢筋的连接和锚固以外，还需解决柱纵向钢筋在节点内的锚固问题。为了便于预制梁的安装，柱纵向受力钢筋应避免同现浇钢筋混凝土框架顶层中节点一样使用弯折锚固，而适宜采用锚固板锚固的方式，如图4-32所示。

对于框架顶层边节点，梁的下部纵向受力钢筋宜采用锚固板的方式锚固在后浇节点区内，梁的上部钢筋和柱的纵向钢筋可以采用两种方式进行锚固。一种方式是柱伸出屋面并将柱纵向受力钢筋采用锚固板锚固在伸出段内，而梁的上部纵向钢筋也与下部钢筋一样，采用锚固板锚固在后浇节点区内。这种连接方式实质上是通过柱子的构造性

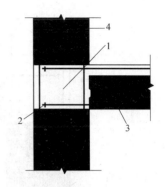

图4-31 预制柱及叠合梁框架
中间层端节点构造示意
1—后浇区；2—梁纵向受力钢筋
锚固；3—预制梁；4—预制柱

延伸将顶层边界点转换为中间层边界点相似的构造，避免了钢筋应力的复杂传递。此时，柱子伸出段长度不宜小于500mm，伸出段内箍筋间距不应大于5倍柱纵筋直径，也不应大于100mm，柱纵向钢筋的锚固长度不应小于40倍纵筋直径，如图4-33（a）所示。

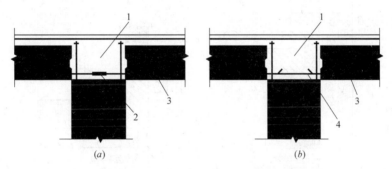

(a)　　　　　　　　　　　　　(b)

图4-32 预制柱及叠合梁框架顶层中节点构造示意
(a) 梁下部纵向受力钢筋连接；(b) 梁下部纵向受力钢筋锚固
1—后浇区；2—梁下部纵向受力钢筋连接；3—预制梁；4—梁下部纵向受力钢筋锚固

另一种锚固方式是将柱外侧纵向受力钢筋与梁上部纵向受力钢筋在后浇区内搭接，柱内侧纵向受力钢筋采用锚固板锚固，如图4-33（b）所示。这种构造方式与现浇钢筋混凝土框架结构的顶层边界点相似，相应的要求也相同。

4.5.9 剪力墙的连接构造

目前国内较多采用将相邻预制墙板间竖向拼缝的连接节点设计成利用一定宽度的后浇混凝土带从而结合成整体式接缝连接，并区分约束边缘构件和构造边缘构件的不同做法。

当接缝位于纵横墙交接处的约束边缘构件区域内时，约束边缘构件的阴影区域（图4-34）宜全部采用后浇混凝土，并应在后浇段内设置封闭箍筋。

当接缝位于纵横墙交接处的构造边缘构件区域时，构造边缘构件宜全部采用后浇混凝土（图4-35），当仅在一面墙上设置后浇段时，后浇段的长度不宜小于300mm（图4-36）。

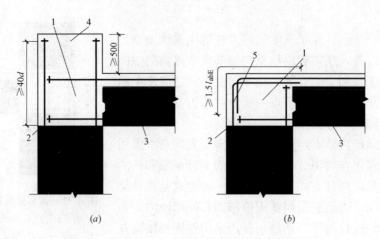

图 4-33　预制柱及叠合梁框架顶层端节点构造示意

（*a*）柱向上伸长；（*b*）梁柱外侧钢筋搭接

1—后浇区；2—梁下部纵向受力钢筋锚固；3—预制梁；4—柱延伸段；5—梁柱外侧钢筋搭接

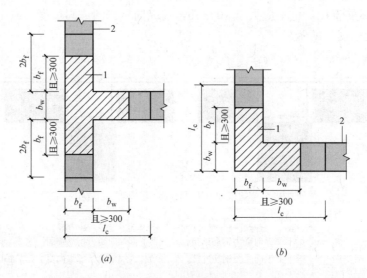

图 4-34　约束边缘构件阴影区域全部后浇构造示意

（阴影区域为斜线填充范围）

（*a*）有翼墙；（*b*）转角墙

1—后浇段；2—预制剪力墙

　　后浇连接带部位边缘构件内的配筋及构造要求按相应的现浇结构设计，预制剪力墙的水平分布钢筋在后浇段内的锚固、连接应符合现行国家标准《混凝土结构设计规范》GB 50010 的有关规定。非边缘构件位置，相邻预制剪力墙之间设置后浇段的宽度不应小于墙厚且不宜小于 200mm；后浇段内应设置不少于 4 根竖向钢筋，钢筋直径不应小于墙体竖向分布钢筋直径且不应小于 8mm。

　　剪力墙的水平连接往往位于楼层位置。预制的剪力墙在竖向上的范围一般为一层墙板，从下层楼板的顶面到上层楼板的底面。安装时，叠合楼板的预制板搁置到墙顶边缘，其端部伸出的钢筋伸入墙顶。在浇筑叠合楼板的现浇层时，同时在墙顶浇筑水平后浇带。

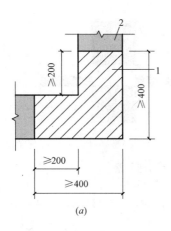 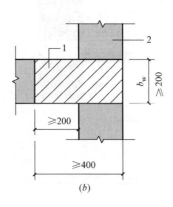

图 4-35　构造边缘构件全部后浇构造示意

（阴影区域为构造边缘构件范围）

（a）转角墙；（b）有翼墙

1—后浇段；2—预制剪力墙

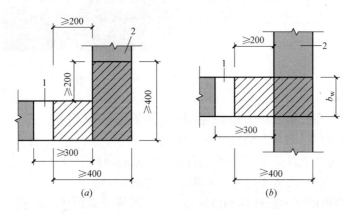

图 4-36　构造边缘构件部分后浇构造示意

（阴影区域为构造边缘构件范围）

（a）转角墙；（b）有翼墙

1—后浇段；2—预制剪力墙

墙顶需要连接的钢筋伸出水平后浇带，等待与上层预制剪力墙的连接。水平后浇带的宽度与剪力墙厚度相同，高度不应小于楼板厚度，水平后浇带内应配置至少 2 根直径不小于 12mm 的连续纵向钢筋，如图 4-37 所示。

　　预制剪力墙竖向钢筋一般采用套筒灌浆或浆锚搭接连接，在灌浆时宜采用灌浆料将墙底水平接缝填满，利用灌浆料强度较高且流动性较好的特点，保证接缝承载能力。水平接缝的高度宜为 20mm，且接缝处后浇混凝土上表面应设置粗糙面（图 4-38），以承受水平荷载作用下的剪力。

　　在地震设计状况下，剪力墙水平接缝的受剪承载力设计值应按下式计算：

$$V_{uE} = 0.6f_y A_{sd} + 0.8N \tag{4-42}$$

式中　V_{uE}——剪力墙水平接缝受剪承载力设计值；

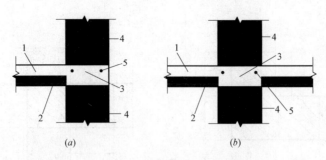

图 4-37　水平后浇带构造示意

（a）端部节点；（b）中间节点

1—后浇混凝土叠合层；2—预制板；3—水平后浇带；4—预制墙板；5—纵向钢筋

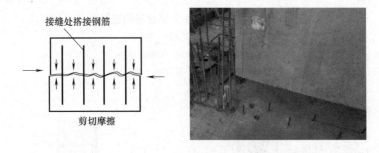

图 4-38　预制墙板底部与楼面拼缝间的受剪示意

f_y——垂直穿过结合面的竖向钢筋抗拉强度设计值；

A_{sd}——垂直穿过结合面的竖向钢筋面积；

N——与剪力设计值 V 相应的垂直于结合面的轴向力设计值，压力时取正，拉力时取负；当大于 $0.6f_cbh_0$ 时，取为 $0.6f_cbh_0$。

为了提高剪力墙的结构整体性和稳定性，对于屋面及立面收进的楼层，应在预制剪力墙的顶部设置封闭的后浇钢筋混凝土圈梁。圈梁截面宽度不小于剪力墙的厚度，截面高度不宜小于楼板厚度及 250mm 的较大值，并与叠合板的现浇层浇为一体。圈梁内配置的纵向钢筋不应少于 4 根，直径不小于 12mm，且按照全截面计算的配筋率不低于 0.5% 和水平分布筋配筋率的较大值，纵向钢筋的竖向间距不大于 200mm，箍筋直径不小于 8mm，间距不大于 200mm，如图 4-39 所示。

在装配整体式混凝土剪力墙结构中，上下层预制墙板间的竖向钢筋连接可靠性直接影响整体结构的安全性。抗震等级为一级的剪力墙以及二、三级底部加强部位的剪力墙，剪力墙的边缘构件竖向钢筋宜采用套筒灌浆连接。

上下层预制剪力墙边缘构件的竖向钢筋应逐根连接，竖向分布钢筋宜采用双排套管灌浆连接，并可采用"梅花形"部分连接（图 4-40），连接钢筋的配筋率不应小于现行国家标准《建筑抗震设计规范》GB 50011 规定的剪力墙竖向分布钢筋最小配筋率要求，连接钢筋的直径不应小于 12mm，同侧间距不应大于 600mm，且在剪力墙构件承载力设计和分布钢筋配筋率计算中不得计入未连接的分布钢筋；未连接的竖向分布钢筋直径不应小于 6mm。

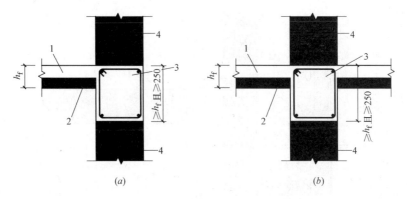

图 4-39 后浇钢筋混凝土圈梁构造示意

（a）端部节点；（b）中间节点

1—后浇混凝土叠合层；2—预制板；3—后浇圈梁；4—预制剪力墙

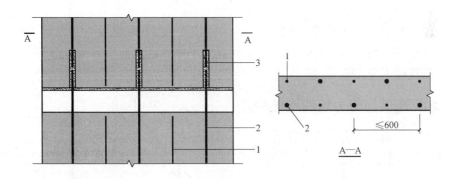

图 4-40 竖向分布钢筋套筒灌浆连接"梅花形"部分连接构造示意

1—未连接的竖向分布钢筋；2—连接的竖向分布钢筋；3—灌浆套筒

当上下层预制剪力墙的竖向钢筋采用双排浆锚搭接连接时，预留灌浆孔道及外侧钢筋的构造要求见图 4-41。当竖向分布钢筋采用"梅花形"部分连接时（图 4-42），连接钢筋的配筋率不应小于现行国家标准《建筑抗震设计规范》GB 50011 规定的剪力墙竖向分布

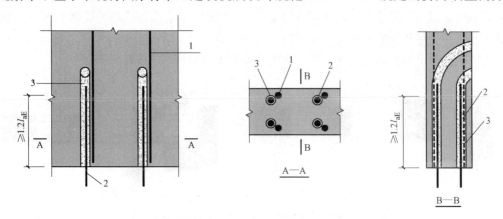

图 4-41 浆锚搭接连接构造示意

1—上部预制剪力墙竖向钢筋；2—下部预制剪力墙竖向钢筋；3—预留灌浆孔道

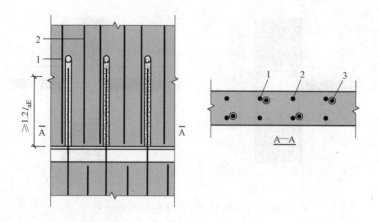

图 4-42　竖向分布钢筋浆锚搭接连接"梅花形"部分连接构造示意

1—连接的竖向分布钢筋；2—未连接的竖向分布钢筋；3—预留灌浆孔道

钢筋最小配筋率要求；连接钢筋的直径不应小于 12mm，同侧间距不应大于 600mm，且在剪力墙构件承载力设计和分布钢筋配筋率计算中不得计入未连接的分布钢筋；未连接的竖向分布钢筋直径不应小于 6mm。

4.5.10　梁及连梁与剪力墙的连接构造

楼面梁不宜与预制剪力墙在剪力墙的面外单侧连接。当不可避免时，在剪力墙面外单侧连接的楼面梁应假设在该支座处铰接以计算其内力，并宜在剪力墙上设置挑耳对其实现支承。

预制叠合连梁的预制部分与剪力墙的连接，可以采用三种做法。第一种做法是预制连梁与预制剪力墙整体预制，这种情况适用于连梁跨度不大、联肢后的剪力墙长度较短的情况。第二种做法是预制连梁分为两段，分别与两侧的剪力墙端一起预制，在跨中实现现场拼接，此时，连梁跨中接缝的构造应满足框架梁中间拼接的要求。第三种做法是剪力墙与连梁的预制部分分别预制，在现场实现连梁端部与预制剪力墙的拼接。此时，连梁纵向钢筋应在后浇段中可靠锚固（图 4-43）或连接（图 4-44），并保证连梁端部接缝的受弯和受剪承载力不低于连梁的受弯和受剪承载力。还可以采用预制剪力墙、后浇连梁的方式，此时，宜在预制剪力墙端部伸出预留纵向钢筋，并与后浇连梁的纵向钢筋可靠连接（图 4-45）。

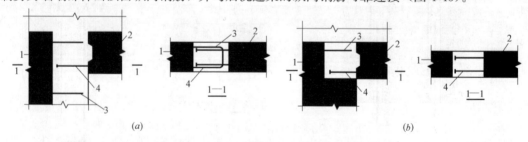

图 4-43　预制连梁钢筋在预制剪力墙后浇段内的锚固

（a）预制连梁钢筋在后浇段内锚固构造示意；（b）预制连梁钢筋在预制剪力墙局部后浇节点区内锚固构造示意

1—预制剪力墙；2—预制连梁；3—水平分布钢筋；4—连梁底部纵向钢筋

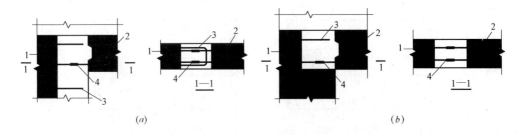

图 4-44　预制连梁钢筋与预制剪力墙预留钢筋的连接

（a）预制连梁钢筋在后浇段内与预制剪力墙预留钢筋连接构造示意；（b）预制连梁
钢筋在预制剪力墙局部后浇节点区内与墙板预留钢筋连接构造示意
1—预制剪力墙；2—预制连梁；3—水平分布钢筋；4—钢筋连接

4.5.11　锚固板锚固构造

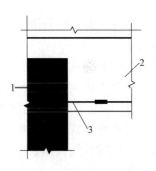

图 4-45　后浇连梁与预制剪
力墙连接构造示意
1—预制墙板；2—后浇连梁；3—预
制剪力墙伸出纵向受力钢筋

　　装配整体式结构在现场浇筑的后浇区，其主要目的是完成同一位置处不同预制构件端部钢筋的连接和锚固，在后浇区内建立钢筋与混凝土之间的粘结作用，确保钢筋应力的传递，从而将不同用途的预制构件连接在一起。粘结破坏是一种脆性破坏，在地震的反复作用下粘结性能还会退化，因此更要给予足够的重视。在现浇钢筋混凝土框架结构中，钢筋的锚固主要依靠咬合力完成，这就需要较长的粘结区，直线锚固长度不足时还需要将钢筋弯折。这种连接方式应用到装配整体式框架中，将会导致现场混凝土浇筑量过大，弯折的钢筋还会造成现场安装的困难，阻碍其他构件的就位。锚固板是近年来发展起来的一种垫板和螺帽相结合的新型附加锚固措施，具有良好的锚固性能，螺纹连接可靠、方便，定型的锚固板还可工厂化生产和商品化供应，可以节省钢材，方便施工，减少节点中钢筋的拥挤，提高混凝土的浇筑质量，因此在装配整体式混凝土结构中应用广泛。

　　锚固板分为部分锚固板和全锚固板。部分锚固板依靠锚固长度范围内钢筋与混凝土的粘结作用和锚固板承压面的承压作用共同承担钢筋规定锚固力，全锚固板仅依靠锚固板承压面的承压作用承担钢筋的所有锚固力。在钢筋具有一定锚固长度的时候，一般采用部分锚固板。装配整体式框架结构中使用较多的就是部分锚固板。图 4-46 是一个钢筋锚固板组装件的示意图。

　　部分锚固板的承压面积不应小于锚固钢筋公称面积的 4.5 倍，其厚度不应小于锚固钢筋的公称直径，锚固的钢筋直径不宜大于 40mm。在使用锚固板时，为了加强局部受压混凝土的约束，钢筋锚固长度范围内的混凝土保护层厚度不宜小于其直径的 1.5 倍，在锚固长度范围内应配置不少于 3 道箍筋，箍筋直径不小于纵向钢筋直径的 0.25 倍，间距不大于纵向钢筋直径的 5 倍，且不应大于 100mm，第一根箍筋与锚固板承压面的距离应小于纵向钢筋直径。为了给局部受压混凝土所承受的承压力提供良好的扩散，同时保证锚固长度范围内钢筋和混凝土之间的粘结，使用锚固板锚固的钢筋间距不宜小于纵向钢筋直径的

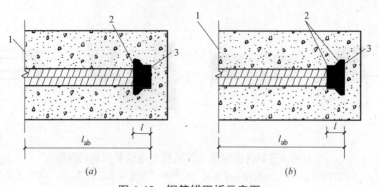

图 4-46　钢筋锚固板示意图

(a) 锚固板正放；(b) 锚固板反放

1—锚固区钢筋应力最大处截面；2—锚固板承压面；3—锚固板端面

1.5 倍。锚固长度范围内钢筋的混凝土保护层厚度大于 5 倍钢筋直径时，可不设横向箍筋。

装配整体式框架结构的节点连接中使用锚固板完成梁受拉纵向钢筋的锚固时，纵向钢筋伸入节点区的直线锚固长度不应小于相应基本受拉锚固长度或抗震基本受拉锚固长度的 0.4 倍，并应伸到对面钢筋的内沿，距离对面钢筋内边不超过 50mm，如图 4-47 所示。

装配整体式框架结构的节点连接中使用锚固板完成柱纵向钢筋的锚固时，纵向钢筋伸入节点区的直线锚固长度不应小于相应基本受拉锚固长度或抗震基本受拉锚固长度的 0.5 倍，如图 4-48 所示。

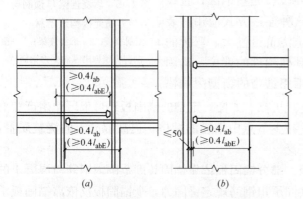

图 4-47　梁纵向钢筋在中间层节点的锚固

(a) 中间节点；(b) 端节点

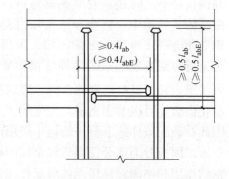

图 4-48　柱纵向钢筋和梁下部纵向钢筋在顶层中间节点的锚固

4.5.12　钢筋的连接构造

现浇混凝土框架结构中，钢筋的连接主要依靠搭接、焊接或螺纹套筒连接等方式进行。这些连接方式中，搭接需要较长的搭接长度，焊接和螺纹套筒连接需要占用较长的吊机作业时间，均不利于应用到装配整体式框架结构的柱钢筋连接。在装配式混凝土结构中，节点及接缝处的纵向钢筋连接宜根据接头受力、施工工艺等要求选用合适的钢筋连接方式。当前应用较广的灌浆套筒连接技术是国内外公认的一种最成熟、可靠的解决方案，充分利用了钢套管的高强度和灌浆料的高粘结力，最大幅度地减小了连接长度，特别适用于预制柱、预制剪力墙这种从上往下、依靠重力下落的安装方式。另一种钢筋连接方式——钢筋搭接连接的预留孔浆锚连接,适于连接较小直径的钢筋,具有施工方便、价格低廉的优点,也适合用于剪力墙钢筋的连接。

钢筋套筒灌浆连接技术的工作机理,是基于灌浆套筒内灌浆料有较高的抗压强度,同时自身还具有微膨胀特性。当它受到灌浆套筒的约束作用时,在灌浆料和灌浆套筒内侧筒壁之间产生了较大的正向压应力,从而在钢筋的带肋粗糙表面产生摩擦力,进而传递钢筋轴向应力。

灌浆套筒连接又分为无缝钢管滚压成型的全灌浆套筒、球墨铸铁的全灌浆和半灌浆套筒,还有 45 号钢车削加工成型的半灌浆套筒(图 4-49)。所谓的全灌浆套筒,就是接头的两端均采用灌浆方式连接钢筋的灌浆套筒,而半灌浆套筒则一端采用灌浆方式连接,另一端采用螺纹等非灌浆方式连接钢筋,如图 4-50 所示。对于半灌浆套筒,又可依据螺纹形成方式进一步分为直接滚轧直螺纹灌浆套筒、剥肋滚轧直螺纹灌浆套筒和镦粗直螺纹灌浆套筒。

由于装配整体式框架柱的纵向钢筋接头不得不在同一截面布置,因此采用灌浆套筒连接柱纵向钢筋时,其接头应满足 I 级接头的性能要求。灌浆套筒的长度应根据试验确定,且灌浆连接端长度不宜小于钢筋直径的 8 倍,并应预留钢筋安装的调整长度,以便适应工程中可能出现的误差。预制端的调整长度不应小于 10mm,现场装配端的调整长度不应小于 20mm。剪力墙中,边缘构件的性能对剪力墙的整体性能影响很大,同时边缘构件内往往采用直径较大的纵向钢筋,因此这些纵向钢筋的连接宜优先采用灌浆套筒连接,而墙身范围内分布的钢筋可以采用浆锚搭接连接。

浆锚搭接先在预制混凝土构件中预留孔道,待混凝土达到要求强度后,将被连接钢筋穿入孔道,再将高强度无收缩灌浆料灌入孔道养护,起到锚固钢筋的作用。这种连接体系属于多重界面体系,即钢筋与灌浆料的界面体系、灌浆料与孔道边界的界面体系以及孔道边界与预制构件混凝土的界面体系复合工作,因此,灌浆料对钢筋的锚固力不仅与灌浆料与钢筋的握裹力有关,还与灌浆料与孔道边界、孔道边界与预制构件混凝土之间的连接有关。

浆锚搭接具有机械性能稳定、便于采用配套灌浆材料、价格低廉、施工方便等特点,适合剪力墙中分布竖向钢筋的连接。

4.5.13 其他构造要求

装配整体式框架结构应尽可能使用高强高性能混凝土,利用工厂生产混凝土强度稳定、养护充分的优点,以便减轻构件自重,降低运输安装的机械费用。预制构件的混凝土强度等级不宜低于 C30,预应力混凝土预制构件的混凝土强度等级不宜低于 C40,不应低于 C30,现场浇筑的混凝土强度等级不宜低于 C25,节点等重要区域宜采用比相连接的预制构件高一等级的混凝土。

吊装关系到施工的安全性,吊装时重物坠落将会造成严重的生命和财产损失,社会影响也很大。为了达到节约材料、方便施工、吊装可靠的目的,并避免外露金属件的锈蚀,预制构件的吊装方式宜采用内埋式螺母、内埋式吊杆或预留吊装孔。当采用吊环吊装时,应采用未经冷加工的 HRB300 级钢筋制作。

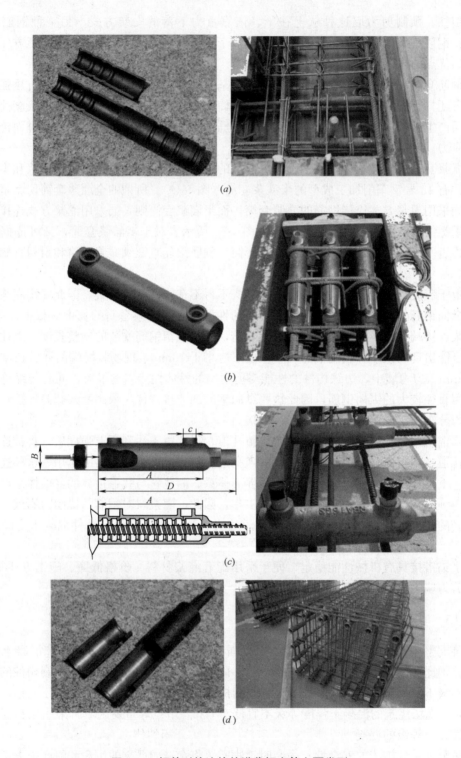

图 4-49　钢筋对接连接的灌浆钢套筒主要类型
（a）无缝钢管滚压成型的全灌浆钢套筒；（b）国外的全灌浆球墨铸铁灌浆套筒；
（c）国外的半灌浆球墨铸铁灌浆套筒；（d）国内的车削成型半灌浆套筒

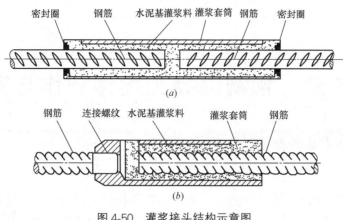

图 4-50　灌浆接头结构示意图
(a) 全灌浆接头；(b) 半灌浆接头

考虑到节点区钢筋布置空间的需要，预制梁、柱构件的钢筋保护层厚度往往较大。当保护层厚度大于 50mm 时，为了控制混凝土保护层的裂缝，防止受力过程中保护层的剥离脱落，宜采取增设钢筋网片等措施进行保护。

对于预制构件中外露的预埋件，宜采用凹入混凝土表面的措施，凹入深度不宜小于 10mm，以便进行封闭处理。

本章小结

本章结合装配整体式混凝土结构的施工特点，介绍了这类结构有别于现浇混凝土结构的受力特性，阐述了装配整体式混凝土结构设计计算中应予着重考虑的验算内容、验算工况和设计计算方法，简要介绍了装配整体式结构构件拆分的主要原则和常用结构体系的拆分和连接方法，详细介绍了为保证装配整体式混凝土结构的可施工性和结构整体性，各种预制构件之间的常用连接构造和设计要求。

思考与练习题

4-1　如何判别两类叠合受弯构件？其受力特点有什么相同和不同？为什么？

4-2　二阶段受力叠合受弯构件的预制构件和叠合构件，进行受弯和受剪承载能力验算时，分别采用什么工况组合？材料强度如何取值？

4-3　装配整体式框架结构和剪力墙结构，在不同的设防烈度下最大适用高度分别为多少米？

4-4　装配整体式结构的预制构件拆分，主要应考虑哪些要求？

4-5　叠合板分别采用分离式接缝和整体式接缝，板的传力路径和构造上有什么异同？

4-6　为什么叠合梁的箍筋往往采用开口箍和箍筋帽组合的形式？

4-7　预制剪力墙的水平连接常用哪些钢筋连接措施？分别适用于什么场合？为什么？

4-8　装配整体式剪力墙结构的窗口开洞，常见哪些连梁结构布置方法？各有什么特点？

4-9　预制框架柱的箍筋设置有哪些特殊要求？为什么？

第 5 章　预制混凝土构件制作与安装

本章要点及学习目标

本章要点：

（1）不同的混凝土预制构件在工厂生产时有不同的生产方式，预制板和墙板等可以在流水生产线上高效率预制，预制柱、预制梁、预制楼梯和阳台板等可在固定台模上定位生产，预制混凝土构件的质量控制是关键点，目标生产高精度和高质量的预制构件；（2）预制构件的运输和堆放要合理规划运输车辆和路线，注意预制构件在堆放场地的合理布置，并保证预制构件成品的完好性及防止预制构件出现裂缝；（3）预制构件的现场安装吊装机械的合理选择和套筒灌浆质量控制至关重要，预制构件间的连接质量直接影响主体结构的安全和拼缝的抗渗漏性能。

学习目标：

（1）掌握常规混凝土预制构件如预制墙板、预制板、预制柱和梁、预制楼梯和阳台板等的构件制作流程和基本的生产方法，掌握预制构件要求的基本质量控制标准；（2）掌握常规混凝土预制构件的运输和堆放的技术要求，并了解常用的运输和堆放方法；（3）掌握代表性的装配整体式混凝土剪力墙结构的预制墙板、预制板和预制楼梯及阳台板等构件的基本安装流程和安装方法，并掌握安装过程中的施工安全控制点；（4）掌握代表性的装配整体框架结构的预制柱、预制梁和预制板及预制楼梯等构件的基本安装流程和安装方法，并掌握安装过程中的施工安全控制点；（5）掌握预制构件间钢筋浆锚连接的方法和钢套筒浆锚连接的施工要点，并掌握灌浆套筒施工的质量控制要求。

在装配式混凝土结构工程中，预制混凝土构件的制作和安装是两个重要的环节，承担工程施工的项目部应做好充分的准备工作，包含了解工程施工地点附近的预制构件厂的供货质量和供货能力，阅读装配式混凝土结构工程施工图，并与装配式混凝土结构设计人员进行构造细节技术沟通，得到工程监理人员的认可，编制装配式混凝土结构工程项目施工组织设计和必要的专项施工方案，规划从混凝土构件预制到安装全过程的技术方案和质量控制措施，采购混凝土预制构件，安排构件运输和现场堆放，并落实预制构件安装细节，实现全过程的精益建造和绿色施工。

5.1　预制构件工厂制作

预制混凝土构件技术（Precast Concrete，简称 PC 技术）是建筑工业化的重要组成部分，主要是通过工业化方式在预制构件生产工厂的车间内通过一系列的自动化的机械设备生产各种建筑类型的预制构件，然后再运输到工地现场拼装成建筑物。

一般一个年产 10 万立方米预制混凝土构件的工厂包含了预制构件流水自动生产线、预制构件固定模台生产线和钢筋自动加工生产线，典型的预制构件厂厂房内各生产线的平面布置如图 5-1 所示。

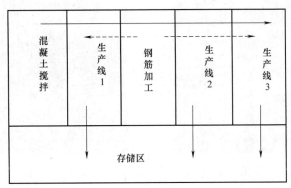

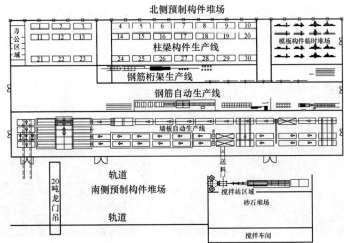

图 5-1　预制构件生产厂车间内生产线平面布置图

5.1.1　PC 构件生产流水线概述

1. PC 构件生产流水线简介

PC 构件在工厂流水线上生产，生产工艺主要分为固定模台法和移动模台法（也称流水线）两种。预制墙板和叠合楼板预制板类厚度小于 400mm 的平面构件大多采用移动模台法生产，该方法可组织为流水自动化生产线，即各生产工序依靠专业自动化设备进行有序生产，并按一定的生产节拍在生产线上行走，最终经过立体养护窑养护成型，从而形成完整的流水作业（图 5-2）。柱、梁、楼梯、阳台等尺寸较大和非规则构件在传统的固定模台上进行预制生产（图 5-3），该类构件预制以手工操作为主，用工量偏大。

2. PC 构件生产流水线的关键生产设备

1）钢筋加工设备

一条现代化的 PC 构件生产流水线，通常配置有自动化的钢筋加工系统，完成钢筋调直、钢筋剪切、钢筋半成品加工、铺设钢筋、钢筋骨架制作、钢筋网片安装等一系列工序操作。先进的自动化钢筋加工系统提高了生产效率、优化了生产流程、保证了加工尺寸精度，把误差率降低到最小。

图 5-2　墙板构件移动模台流水生产线　　　　图 5-3　柱构件固定模台生产

钢筋加工系统的设备主要有数控钢筋弯箍机、数控钢筋调直切断机、数控立式弯曲中心、数控剪切生产线、自动钢筋桁架焊接生产线、钢筋焊网机，形成一个自动化钢筋加工系统（图 5-4）。

图 5-4　钢筋加工典型自动化成型机

（a）钢筋自动弯曲成型机；（b）钢筋桁架自动成型机；（c）钢筋焊接网片自动成型机

2) 预制板和预制墙板流水线生产线设备

该设备主要有能作循环平移的移动模台、混凝土布料机、混凝土振动密实和抹平装置、码垛机和蒸汽养护设备（分布式养护室或立体蒸养窑）（图 5-5）。

图 5-5 预制板和预制墙板流水线生产线典型设备
(a) 移动模台；(b) 布料机；(c) 振动台；(d) 抹平机；(e) 码垛机；(f) 蒸汽养护设备

为了与加工的多种规格预制板和预制墙板尺寸相适应，一般移动模台的尺寸为 3.5m×9m，由一个喷防腐涂料的钢结构底架和一个表面经打磨抛光的高平整度钢板面板组成。为了增加面板防锈效果，也有采用不锈钢碳钢复合面板的。模台的移动速度可根据流水线上工人作业的内容和完成时间作调整。

先进的智能化混凝土布料机可以根据计算的预制构件混凝土立方数量精准地把混凝土料布料移动到模台上固定模板框内的预定位置。混凝土布料机的操作，可根据所需的自动化程度采用手动式或者自动化操作。

振动密实装置主要对在模台上完成布料的混凝土进行振动密实，消除混凝土内部的气泡，确保混凝土良好的颗粒分布和密实度。目前在预制构件生产厂有两种振动密实方式，一种是台振方式，即浇筑到模板框内的混凝土坍落度为 $70\sim80$mm，利用工位上的多台高频激振器带动模台强迫振动，将新浇混凝土振动密实。该振动方式的最大缺点是在强迫振动时产生的噪声较大，因此，必要时必须设置隔离噪声的罩棚。另一种是欧洲预制构件生产厂常用的模振方式，即采用增大混凝土的坍落度至 $160\sim170$mm，利用晃动模台的方式将流动度大的混凝土振动密实。该方式主要缺点为由于混凝土坍落度大，需要在模台移至立式蒸汽养护窑时另外设置加快混凝土初凝速度的两端敞口的隧道式预养护窑。

在预制构件流水生产线上，混凝土构件若采用常规的自然养护，其养护时间过长，生产效率低。因此，蒸汽养护系统是流水线的主要装备，整个蒸养系统由供热系统、温控系统、通风降温系统、养护窑系统几部分组成。该系统必须满足蒸养制度的要求。蒸养制度规定了新浇混凝土养护过程的时间和温度，其经历四个时间期：静养期→升温期→恒温期→降温期。一般规定：静养期（2h）；升温期（3h，$0\sim1$h：33℃；$1\sim2$h：38℃；$2\sim3.5$h：50℃）；恒温期（3h，42℃）；降温期（1.5h，25℃）。

3）流水线中央控制室

该室主要结合预制构件的生产流程，对构件在流水线上的生产节奏配合工人流水作业进行集中控制。

4）混凝土制备搅拌站

该站主要将水泥、砂、石和掺合料及外加剂按设计的混凝土配合比进行上料搅拌，利用在空中轨道上行走的混凝土运料罐送至布料机进行布料。

3. PC构件生产流水线工艺分析

PC构件生产流水线上按循环作业方式有多道流线组成，包括移动模台流线、边模流线、钢筋流线、混凝土流线、信息和控制流线等。移动模台流线是流水生产线的主线，该流线上布置了生产线上的大部分工艺过程，包括模台面板清理、划线、边模放置、钢筋放置、预埋件放置、混凝土布料、密实抹平、混凝土养护、脱膜等工序。除了模台表面清理和划线工序外，模台上的其余工艺都有边模的参与。因此，边模流线也是生产线重要的工艺流线。钢筋流线包括钢筋矫直、切断、绑扎或焊接、钢骨架成型。混凝土流线包括混凝土原料储存、配料、搅拌、混凝土布料、密实抹平、混凝土养护、脱膜和混凝土构件运至仓库等工序路线。

信息和控制流线是实现PC构件生产线各个工艺过程的经络，包括配料搅拌信息与控制、布料密实信息与控制、混凝土养护信息与控制、机械手台面划线信息与控制等。中央控制系统用于监控和控制整个流水线循环过程，对移动模台的运动过程进行有效的安排和控制，对所有运行数据和运输过程实现优化，并能够实现故障信息自动检测和传输，通过远程维护模块进行实时分析和排除。所有信息都汇至中央控制中心，并由中央控制中心发出指令控制生产线沿途各个工艺流程。

5.1.2 预制混凝土构件生产

预制构件生产工厂应具备满足预制构件质量要求的生产设备和质量管理体系。

预制构件生产前应根据深化设计图纸编制生产加工制作图和生产计划，并得到工程监理方的认可。预制构件制作方案具体内容包括：生产计划及生产工艺、模具计划及模具安装、技术质量控制措施、成品存放、保护及运输等内容。

1. 主要预制构件介绍

在装配整体式混凝土结构中，典型的预制构件种类有预制柱、预制梁、预制内墙板、预制夹心外墙板（包含带门、窗的外墙板）、预制钢筋桁架板、预制楼梯和阳台板等。

1) 预制柱

预制柱是装配式混凝土框架结构的主要竖向构件，一般在工厂固定模台上进行预制。一般柱钢筋笼在固定模台侧进行绑扎安装，柱底纵向钢筋安装连接钢套筒（图5-6）。对于半灌浆钢套筒，钢筋一端需滚压直螺纹，并与钢套筒拧紧连接；对于全灌浆钢套筒，钢筋插入套管内至规定长度位置。预制柱侧模可固定在模台台面钢板上，一端模固定外露钢筋，另一端模固定钢筋连接钢套筒（图5-7）。为加快预制柱生产效率，可采用覆盖膜布通入蒸汽进行养护。

图5-6 预制柱钢筋笼安装

图5-7 预制柱两侧模和端模安装

2) 预制梁

预制梁是装配式混凝土框架结构和剪力墙结构的主要水平构件，也在工厂固定模台上进行生产。梁钢筋安装时，端部钢筋根据设计要求，或做90°弯钩，或做端锚。梁端部模板应根据深化设计图要求，与不同的剪力键槽槽型相匹配（图5-8）。

对于先张法预应力预制梁，在长线台座上先张拉钢绞线至设计值（图5-9），并分节段绑扎梁内非预应力钢筋，浇筑混凝土并养护达到设计要求的强度后进行整体放张，拆模将预制梁构件吊运至堆放场地。

3) 预制板

预制板可作为装配整体式混凝土结构的叠合楼板的底面模板，能有效提高混凝土楼板底面平整度和防止楼板产生裂缝。常用的预制板有两类：一类为预制钢筋桁架板（图5-10a），混凝土强度为C30～C40；另一类为先张法预应力板（图5-10b），混凝土强度为C40。预制板的厚度一般为60mm，三角形钢桁架一般按600mm间距放置，起到增加板的刚度和作为脱模及安装的吊装点。

图 5-8　预制梁构件制作

图 5-9　先张法预制梁制作

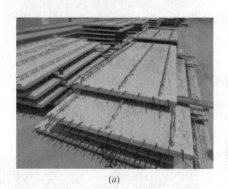

(a)

(b)

图 5-10　典型叠合楼板用的混凝土预制底板
(a) 预制钢筋桁架底板；(b) 预制预应力底板

4）预制墙板

在装配整体式混凝土结构中，预制墙板的类型主要有带外保温的预制夹心外墙板和带门窗的预制外墙板，还有预制内墙板。

预制夹心保温外墙板（图 5-11）是由三层构造组成：内外叶两层预制混凝土板和中间层保温板。外叶混凝土板通常厚度为 60mm，并根据不同的建筑设计风格做成不同的外表面形式，可以是清水混凝土，或者装饰混凝土，也可以在预制阶段反打混凝土粘贴瓷砖或石材，或者做成颗粒、磨砂、抛光和水磨石效果；位于中间的夹心保温层厚度为 20～70mm 不等，按不同工程地区的保温要求设置；内叶墙板厚度根据围护墙板和承重墙板的不同功能要求进行调整。承重墙板厚度一般为 180～200mm，可用作为高层装配式混凝土剪力墙结构的承重墙板；围护墙板内叶厚度一般为 80～120mm 不等。内外叶混凝土墙板间通常采用具有低导热率的 FRP 玻纤筋连接件或不锈钢连接件进行连接，连接件的间距按设计要求进行布置，一般为 300～400mm。

预制内墙板可以在工厂流水线上利用移动模台进行预制，也可以利用固定模台进行预制。预制内墙板多为剪力墙结构中分布钢筋区域的墙板单元，一般按一字形墙板进行预制（图 5-12），方便进入抽屉式蒸汽养护窑进行养护和运输现场安装。

2. 生产工艺流程

预制板和预制墙板构件的流水生产线生产基本流程为：补充完善预制板和墙板构件的生产加工图→钢筋分类加工成型→在移动模台工位上安装构件的边框模板→在模板框内安

图 5-11 预制夹心保温外墙板

图 5-12 预制内墙板

装钢筋及预埋件等→利用混凝土布料机进行布料→移至振动台工位进行振动将混凝土振至密实→移至码垛机工位将构件送至养护窑→预制构件养护至规定强度出窑并进入堆放场地待运。

预制梁、楼梯和阳台等构件的固定模台生产的基本流程为：补充完善梁、楼梯和阳台等构件生产加工图→钢筋分类加工成型→在固定模台工位上组装构件的模板→在模板内安装钢筋及预埋件等→利用混凝土布料机进行布料→利用振动棒振捣将混凝土振至密实→覆盖养护罩将预制构件养护至规定强度并进入堆放场地待运。

结合上述基本生产流程，具体的操作关键点如下：

1）模具清扫与组装

（1）模台板面清扫

流水线上工人操作驱动装置驱动模台至清理工位，清扫机大件挡板挡住块体较大的混凝土块，防止大块头混凝土进入清理机内部损坏设备。立式旋清电机组对模台表面进行精细清理，把附着在模台表面的小块混凝土残余清理干净。用风刀对模台表面进行最终清理，清洗机底部废料回收箱收集清理下来的混凝土渣，并输送到车间外部存放处理，模具清理需要人工进行清理。

（2）模具清理

① 用钢丝球或刮板将内腔残留混凝土及其他杂物清理干净，使用压缩空气将模具内腔吹干时，以用手擦拭手上无浮灰为准。

② 所有模具拼接处均用刮板清理干净，保证无杂物残留，保证组模时无尺寸偏差。

③ 清理模具各基准面边沿，利于抹面收光时保证厚度要求。

④ 清理模具外腔，并涂油保养。

（3）组模

① 组模前检查清模是否到位，如发现模具清理不干净，不得进行组模。

② 组模时应仔细检查模板是否有损坏、缺件现象，损坏、缺件的模板应及时维修或者更换。

③ 选择正确型号侧板进行拼装，拼装时不许漏放紧固螺栓或磁盒。在拼接部位要粘贴密封胶条，密封胶条粘贴要平直，无间断，无褶皱，胶条不应在构件转角处搭接。

④ 各部位螺丝拧紧，模具拼接部位不得有间隙，确保模具所有尺寸偏差控制在预制构件尺寸要求误差范围以内。

（4）涂刷界面剂（露骨料剂）

① 需涂刷界面剂的模具应在绑扎钢筋笼之前涂刷，严禁界面剂涂刷到钢筋笼上。

② 界面剂涂刷之前保证模具必须干净，无浮灰。

③ 界面剂涂刷工具为毛刷，严禁使用其他工具。

④ 涂刷界面剂必须涂刷均匀，严禁有流淌、堆积的现象。涂刷完的模具要求涂刷面水平向上放置，20min 后方可使用。

⑤ 涂刷厚度不少于 2mm，且需涂刷 2 次，2 次涂刷时间的间隔不少于 20min。

（5）涂刷脱模剂

① 涂刷脱模剂前检查模具清理是否干净。

② 脱模剂宜采用水性脱模剂，且需保证抹布（或海绵）及脱模剂干净无污染。

③ 用干净的抹布蘸取脱模剂，拧至不下滴为宜，均匀涂抹在模台面板和模具内腔。

④ 涂刷脱模剂后的模具表面不应有明显的痕迹。

（6）自动划线

根据预制构件生产任务需要，用 CAD 绘制需要的实际尺寸图形（包括模板的尺寸及模板在模台上的相对位置），再通过专用图形转换软件，把 CAD 文件转为划线机可识读的文件，传送到划线机的主机上，划线机械手就可以根据预先编好的程序，画出模板安装及预埋件安装的位置线。作业人员根据此线能准确可靠地安装好模板和预埋件。整个划线过程不需要人工干预，全部由机器自动完成。所划线条粗细可调，划线速度可调。

（7）模具固定

操作驱动装置将完成划线工序的模台驱动至模具组装工位，模板内表面要手工刷涂脱模剂；同时，绑扎完毕的钢筋笼也吊运到此工位，作业人员在模台上进行钢筋笼及模板组模作业，模板在模台上的位置以预先画好的线条为基准进行调整，并进行尺寸校核，确保组模后的位置准确。起重行车将模具连同钢筋骨架吊运至组模工位，以划线位置为基准控制线安装模具（含门、窗洞口模具）。模具（含门、窗洞口模具）、钢筋骨架对照划线位置微调整，控制模具组装尺寸。模具与模台面板紧固，下边模与面板用紧固螺栓连接固定，上边模靠专用夹具连接固定，左右侧模和窗口模具采用磁盒固定。

2）钢筋骨架制作、预埋件等附属品的埋设

（1）钢筋骨架制作

钢筋骨架制作包括钢筋调直、钢筋下料、绑扎或焊接钢筋骨架等内容。

（2）钢筋网片、骨架入模及埋件安装

① 钢筋网片、骨架经检查合格后，吊入模具并调整好位置，安装保护层间隔件。

② 检查外露钢筋尺寸和位置。

③ 安装钢筋连接套筒和进出浆管。

④ 用工装保证预埋件及电器盒位置，将工装固定在模具上。

（3）预埋件安装

操作驱动装置将完成模具组装工序的移动模台驱动至预埋件安装工位，按照图纸的要求，将钢筋连接套筒固定在模板及钢筋笼上；利用磁性底座将套筒软管固定在模台表面，将简易工装连同预埋件（主要指斜支撑固定埋件、固定现浇混凝土模板埋件）安装在①上，利用磁性底座将预埋件与底模固定并安装锚筋，完成后拆除简易工装安装水电盒、穿线管、门窗口防腐木块等预埋件。固定在模具上的钢筋连接套筒、螺栓、预埋件和预留孔洞应按构件模板图进行配置，且应安装牢固，不得遗漏。

3）混凝土浇筑及表面处理

（1）混凝土一次浇筑及振捣

操作驱动装置将完成钢筋连接套筒和预埋件安装工序的模台驱动至振动平台工位并锁紧模台，中央控制室控制搅拌站开始搅拌混凝土，完成搅拌后下料至混凝土运输罐车，罐车通过空中轨道运行至布料机上方并向布料机投料，布料机扫描到基准点开始自动布料，布料完成后振动平台开始工作至混凝土表面无明显气泡时停止工作并松开模台。

混凝土浇筑及振捣时的要点：

浇筑前检查混凝土坍落度是否符合要求，过大或过小不允许使用，且要料时不准超过理论用量的 2%。

① 浇筑振捣时尽量避开埋件处，以免碰偏埋件。

② 采用人工振捣方式时，振捣应振至混凝土表面无明显气泡溢出，保证混凝土表面水平，无突出石子。

③ 浇筑时控制混凝土厚度，在达到设计要求时停止下料。

④ 工具使用后清理干净，整齐放入指定工具箱内。

（2）保温 EPS 挤塑板及连接件安装

① 操作驱动装置驱动完成混凝土一次浇筑和振捣工序的移动模台至保温挤塑板安装工位，将加工好的保温挤塑板按布置图中的编号依次安放好，使挤塑板与混凝土充分接触、连接紧密。

② 安装连接件：操作驱动装置驱动完成外叶墙钢筋网片安装工序的模台驱动至连接件安装工位，将连接件通过挤塑板预先加工好的通孔插入到混凝土中，确保混凝土对连接件握裹严实，连接件的数量及位置根据图纸工艺要求，保证位置的偏差在要求的范围内。

（3）安装外叶墙钢筋网片

操作驱动装置驱动完成挤塑板安装工序的模台驱动至安装外叶墙钢筋网片工位，进行外叶墙钢筋网片的安装。

（4）混凝土二次浇筑及振捣

操作驱动装置将完成连接件安装工序的模台驱动至振动平台并锁紧模台，中央控制室控制搅拌站开始搅拌混凝土，完成搅拌后下料至混凝土运输小车，小车通过空中轨道运行至布料机上方并向布料机投料，布料机扫描到基准点开始自动布料，采用振捣棒进行人工振捣至混凝土表面无明显汽包后松开模台。

（5）赶平

操作驱动装置将完成混凝土二次浇筑及振捣工序的模台驱动至赶平工位，振动赶平机开始工作，振幅赶平机对混凝土表面进行振捣，在振捣的同时对混凝土表面进行刮平；根据表面的质量及平整度等状况调整振捣刮平机的相关运转参数。

4）预制构件养护

（1）预养

操作驱动装置将完成抹平工序的模台驱动至预养窑，通过蒸汽管道散发的热量对混凝土进行预养获得初始结构强度以及达到构件表面搓平压光的要求。预养护采用干蒸的方式，利用蒸汽管道散发的热量获得所需的窑内温度；窑内温度实现自动监控、蒸汽通断自动控制，窑内温度控制在 30～35℃，最高温度不超过 40℃。

（2）抹面

操作驱动装置将完成预养工序的模台驱动至抹面工位，抹面机开始工作，确保平整度及光洁度符合构件质量要求。

（3）构件养护

驱动装置将完成磨光工序的模台驱动至码垛机，码垛机将模台连同预制构件输送至空闲养护单元内，在蒸养 8～10h 后，再由码垛机将平台从蒸养窑内取出将其送入生产线，进入到下一道工序。立体蒸养采用蒸汽湿热蒸养方式，利用蒸汽管道散发的热量及直接通入窑内的蒸汽获得所需的温度及湿度；温度及湿度自动监控，温度及湿度变化全自动控制，蒸养温度最高不超过 60℃，确保升温及降温的速度符合要求，同时确保蒸养窑内各点温度均匀。

固定台模的蒸汽养护要点：

① 抹面之后、蒸养之前需静停，静停时间以用手按压无压痕为标准。

② 用干净塑料布覆盖混凝土表面，再用帆布将墙板模具整体盖住，保证气密性，之后方可通蒸汽进行蒸养。

③ 温度控制控制最高温度不高于 60℃，升温度 15℃/h，恒温不高于 60℃，时间不小于 6h，降温速度 10℃/h。

④ 温度测量频次：同一批蒸养的构件每小时测量一次。

5）预制构件脱模和起吊

（1）拆模

码垛机将完成养护工序的构件连同模台从养护窑里取出，并送人拆模工位，用专用工具松开模板紧固螺栓、磁盒等，利用起重机完成模板输送，并对边模和门窗口模板进行清洁。

拆模控制要点：

① 拆模之前需做同条件试块的抗压试验，试验结果达到 20MPa 以上方可拆模。

② 用电动扳手拆卸侧模的紧固螺栓，打开磁盒磁性开关后将磁盒拆卸，确保拆卸完成后将边模平行向外移出，防止边模在此过程中变形。

③ 将拆下的边模由两人抬起轻放到边模清扫区，并送至钢筋骨架绑扎区域。

④ 拆卸下来的所有工装、螺栓、各种零件等必须放到指定位置。

⑤ 模具拆卸完毕后，将底模周围打扫干净。

（2）脱模

① 在混凝土达到 20MPa 后方可脱模。

② 起吊之前，检查吊具及钢丝绳是否存在安全隐患，如有问题不允许使用，及时上报。

③ 检查吊点、吊耳及起吊用的工装等是否存在安全隐患（尤其是焊接位置是否存在裂缝）。吊耳工装上的螺栓要拧紧。

④ 检查完毕后，将吊具与构件吊环连接固定，起吊指挥人员要与吊车配合好，保证构件平稳，不允许发生磕碰。

⑤ 起吊后的构件放到指定区域，下方垫 100mm×100mm 木方，保证构件平稳，不允许磕碰。

⑥ 起吊工具、工装、钢丝绳等使用过后要存放到指定位置。

（3）翻转起吊

操作驱动装置驱动预制构件连同模台至翻转工位，模台平稳后液压缸将模台缓慢顶起，最后通过行车将构件运至成品运输小车。

6）预制构件标识及使用说明

（1）预制构件检验合格后，应立即在其表面显著位置按构件制作编号对构件进行喷涂标识。标识应包括构件编号、重量、使用部位、生产厂家、生产日期（批次）字样。构件生产单位应根据不同构件类型，提供预制构件运输、存放、吊装全过程技术要求和安装使用说明书。

（2）预制构件检验合格出厂前，应在构件表面粘贴产品合格证（准用证），合格证（准用证）应包括下列内容：①合格证编号；②构件编号；③构件类型；④重量信息；⑤材料信息；⑥生产企业名称、生产日期、出厂日期；⑦检验员签名或盖章（构件厂、监理单位）。

5.2 预制构件现场安装

5.2.1 预制构件的存放和运输

预制构件在工厂生产完毕并经过质量检查验收后，会暂时存放在工厂的堆场中。混凝土构件预制厂内要设专用堆放场，一般设在靠近预制构件的生产线及龙门吊等起重机械所能达到的起重范围内。堆放构件时要注意应按构件类型分类分垛堆放。

对于预制混凝土板等构件，最下层构件应用木方等垫实，预埋吊件向上，标志向外。重叠堆放的构件，各层间用 100mm×100mm 的长方木或 100mm×100mm×200mm 的木垫块垫实，各层垫木或垫块应在同一垂直线上，避免下层预制构件产生弯曲变形（图 5-13a）。垫木或垫块在构件下的位置宜与脱模、吊装时的起吊位置一致；垫木或垫块应铺设平整、牢固、坚实，堆垛层数应根据构件与垫木或垫块的承载能力及堆垛的稳定性确定。对于预制墙板类构件应采用专用的插放架直立并列堆放（图 5-13b）。

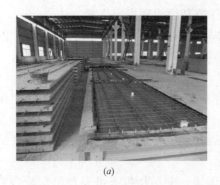

(a)　　　　　　　　　　　　　　(b)

图 5-13　施工现场预制构件临时堆放

(a) 预制板平躺重叠堆放；(b) 预制墙板并列直立堆放

堆放时应注意按吊装和运输的先后顺序堆放，并标明构件所在的工程名称、构件型号、尺寸及所在工程部位编号。根据吊装顺序，先吊先运，保证配套供应，构件进场应按结构构件吊装平面布置图所示位置堆放，以免二次倒运。

施工现场要求预制构件的进场前，应制订预制构件的运输方案，主要内容包括存放场地要求、运输线路计划、运输固定要求、码放支垫要求及成品保护措施等内容。对于超高、超宽、刚度不对称等大型构件的运输和码放要采取特殊质量安全保证措施。

预制构件的运输车辆应满足构件尺寸和载重要求，一般来说，预制构件体量和重量都很大，宜用低平板车运输，并采用专用托架，构件与托架绑扎牢固。根据构件的特点采用不同的叠放和装架方式，货架应进行专门设计。

PC梁、楼板、阳台板宜采用平放运输，并用紧绳与运输车固定。预制楼梯最好采用二点支点的方式平躺运输，两个支点设置在距离梯段端部 $L/4\sim L/5$ 长处。预制叠合板可以采用叠放方式运输，但层与层之间要垫平垫实，叠放层数不宜大于5层，各层支垫要上下对齐，特别是最下面一层支垫要通长设置。

在预制装配式剪力墙结构中，预制剪力墙板可根据施工要求选择适宜的运输方式。对于外观复杂的平面墙板及非平面墙板宜采用插放架、靠放架直立堆放，并宜采取直立运输方式。插放架、靠放架应有足够的强度和刚度，并需支垫稳固。对采用靠放架立放的构件，宜对称靠放且外饰面朝外，其倾斜角度宜与地面保持大于 $80°$，并对称靠放，构件上部宜采用木垫块隔离（图5-14）。

图 5-14　预制墙板的运输与堆放

运输时构件应设有专用支垫，采取可靠稳定的绑扎固定措施，防止构件移动或倾倒。运输细长构件时应根据需要设置临时水平支架。对构件边缘及链索部位用柔性衬垫材料加以保护。装卸构件时应考虑车体平衡。

5.2.2　施工现场预制构件临时堆放

预制构件进场前，施工场地应该做好准备工作，尤其注意经过策划绘制预制构件平面布置图。场内运输宜设置循环道路或大型运输车辆进出的道路、场地，道路、场地应平整坚实，并应有可靠的排水措施；应有可满足预制构件周转使用的场地，并且要求在停车吊装的工作范围内不得有障碍物。

预制构件的堆放应符合下列要求：

（1）堆放场地应平整坚实，堆放应满足地基承载力、构件承载力和防倾覆等要求。

（2）构件堆放区应按吊装顺序和构件种类进行合理分区，再按照吊装顺序、规格、品种、所属楼栋号等分区堆放构件，不同构件堆放之间宜设宽度为 $0.8\sim1.2m$ 的通道。

（3）堆放的位置在塔吊回转半径范围以内，避免起吊盲点和二次倒运。卸放和吊装工作范围内应能满足其周转使用的要求，不能有障碍物阻挡。

（4）构件堆放时，应与周围建筑物保持大于 2m 的距离。每 2～3 堆垛设一条纵向通道，每 25m 设一条横向通道，通道宽度为 $0.8\sim0.9m$。同时必须留有一定的挂钩和绑扎操作的空间。

（5）对不同的构件宜各自选用合适的堆放方式，堆放应满足规范和设计要求。

（6）各种构件堆放时两端的垫木和端部距离应基本一致，以便吊装时对称地安装索具。否则，板被吊起后两端高低相差较多，不好就位和安装，且吊索可能发生滑动导致构件摔落地面，有安全隐患。

PC 梁、楼梯、阳台等构件宜采用平放，叠层堆放时不得大于 5 层，层与层之间应以长方木垫隔开并垫平垫实，垫点位置应通过适当的计算确定，并满足设计要求。垫木应紧靠吊环外侧并上下对齐。最下面一层支垫至少设置两根垫木，距离构件端部距离不得大于800mm，具体垫木面积应根据地面耐压力确定并通长设置。在宽板上堆放窄板时要用截面 100mm×100mm 以上的长垫木，增加宽板的局部承压面积，从而防止压坏板面。对于有桁架筋的叠合板部分，垫木要放置在桁架筋的顶点处，或者在无桁架筋位置多放置几块木方来代替上述垫木（图 5-15）。

对于预制装配式剪力墙结构，为了现场吊装方便，多采用竖直形式插放或靠放于专用插放的堆放架上（图 5-16a）。堆放架的强度、刚度和稳定性是防止构件倾覆的基本要求，同时堆放架必须设置防磕碰、防下沉等项保护措施。放置墙板时应遵循外饰面朝外、对称靠放原则，保持在 5°～10°倾斜角（图 5-16b）。

5.2.3　垂直运输机械——塔吊的选用

装配整体式混凝土剪力墙结构建筑施工时，为了将预制构件安装到各自的设计位置，需要用到起重设备。起重设备可分为起重机械和索具两类。在施工现场预制装配结构安装工程中主要的起重机械有汽车吊、履带吊和塔吊；吊索具有钢丝绳、横吊梁等专用吊具等。

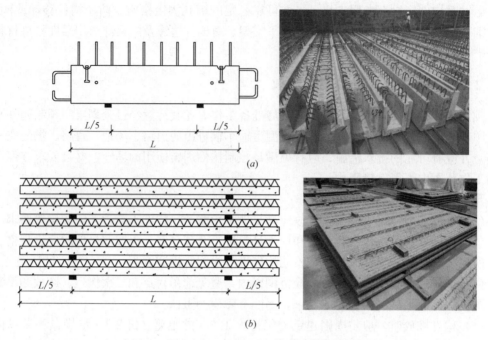

图 5-15　施工现场预制梁和预制板的堆放

（*a*）预制梁的堆放；（*b*）预制板的堆放

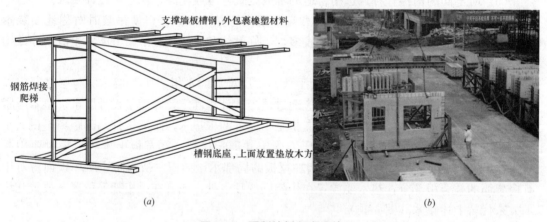

图 5-16　预制墙板竖直堆放

（*a*）预制墙板插放的堆放架；（*b*）预制墙板现场堆放

　　学校建筑类多层装配式混凝土框架的预制构件安装，可根据预制梁及预制柱等主要预制构件的重量、起升高度及起重半径选用适宜的起重机械。

　　在高层预制装配式剪力墙结构中，预制构件类型较多、体量较大，结构受力复杂、高空作业也多，合理的吊装方式对于构件本身和工程进度起着至关重要的作用。因而对于此类结构的安装工程，起重机械的选择至关重要。事实上，在装配式剪力墙结构安装时，根据预制混凝土构件的重量、吊装距离、吊装高度以及施工的场地条件，塔式的选用十分重要，直接影响工程项目的经济性和施工安全性。

　　1. 塔吊的主要特点

（1）塔吊均由塔身、行走机构、回转机构、带起重装置的悬臂架等构成。自身平衡稳定性好，不需牵缆，占有场地也不大。

（2）起重塔身高，起重臂安装高度高，有效作业空间大，可将重物吊到有效空间的任意位置上。而且自升式塔吊的塔身还可随时加高，所以起升高度也比其他起重机械都大。

2. 塔式起重机的分类

（1）按回转机构的安装位置不同可分为：上回转式（塔顶回转）和下回转式（塔身回转）。其中前者的承载力要高于后者，在施工现场多选用上回转式上顶升加节接高的塔机。

（2）按变幅方式不同可分为：有倾斜臂架式（改变起重机的俯仰角度）和运行小车式。

（3）按自升塔的爬升部位不同可分为：内爬式（安装在建筑物内部电梯间的框筒上）和附着式（安装在建筑物外侧，塔身通过连杆锚固在建筑物上）。

（4）按架设方式不同可分为：快装式塔机和非快装式塔机。

3. 塔式起重机标识以及发展现状

根据建筑工业行业标准《建筑机械与设备产品分类及型号》JG/T 5093 的规定，我国的塔式起重机按照图 5-17 所示的编号方式进行编号：

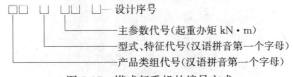

图 5-17 塔式起重机的编号方式

塔式起重机用 QT 表示，其中 Q 代表起重机，T 代表塔式。特征号 K 代表快装式，Z 代表上回转自升式，G 代表固定式，A 代表下回转式。如 QTZ80 代表起重力矩为 80t·m（800kN·m）的自升塔式起重机。

目前国内装配式施工现场的塔吊多选用上回转自升式塔机，并要求具备较大的适应预制构件安装的起重能力。在构件预制阶段，结合施工现场规划选用的塔吊，应对预制构件的重量作一限定，一般墙板预制构件的重量控制在 4t 以内，预制柱和梁控制在 6t 以内，常规的塔吊参数见表 5-1。新型塔式起重机研制进展很快，在起升载荷、起重臂长、装拆速度、安全监控等方面都有了进一步的提高。

预制构件吊装常用塔吊主要技术性能表 表 5-1

型号产地	QTZ80	QTZ125	QTZ160	STT200
额定起重力矩(kN·m)	800	1250	1600	2020
最大工作幅度(m)	2.5～55	2.5～65	2.4～65	60
最大幅度起重量(t)	1.3	1.2	1.6	2.2
最大起重量(t)	6	10	10	12
附着式最大起升高度(m)	100	181	161～200	
独立起升高度(m)	45	50	46.2	59.7
结构自重(t)	45	60.8	69	78
平衡重/压重(t)	14.6	20	18.15(65m)	18
装机总容量(kW)	47.5	43.5	62	55
标准节尺寸(m)	1.833×1.833×2.5	1.835×1.835×2.5	1.835×1.835×2.8	2.0×2.0×3.0

4. 塔吊选型及布置

与全现浇高层建筑混凝土结构施工相比，装配式结构施工前更应注意对塔式起重机的型号、位置、回转半径等技术参数的策划，根据工程所在位置与周边道路、卸车区、存放区位置关系，再结合构件拆分图和结构图计算构件数量、重量及各构件吊装部位和工期要求，合理排布吊装机械的位置、数量和型号。吊机尽量布置在靠近最重的构件处，以有效覆盖最大吊装面积为宜。

1）塔吊选型

塔吊选择根据工程特点，即建筑层数、总高度、平面形状、平面尺寸、构件重量、构件形体大小以及现场条件、技术力量来确定。塔吊选用的原则：

（1）满足最高层构件的吊装（起升高度或可爬升、附着高度）。

（2）满足最远最重构件的吊装（起重力矩）。

（3）起重臂的回转半径能尽量覆盖整个建筑物（最大幅度）。

（4）在装配式剪力墙结构中，塔式起重机附着锚固点不能设置在装配式预制外墙上，只能设置在墙体后浇混凝土连接段或直接伸入墙内固定在楼面结构上（图 5-18）。

图 5-18　吊装预制构件的塔吊附着臂伸入墙内固定于楼面结构

（5）塔吊在选型时必须满足覆盖面的要求，但是遇到裙房面积比较大的建筑物，可选择汽车吊或履带吊、另外安装小型塔吊或是采取他辅助措施来进行施工，尽量避免为实现全面覆盖而选用大型塔吊，在施工过程中造成浪费，增加不必要的支出。如果有群塔在进行施工时，尽量保证塔吊的标准节长度相同，方便管理以及使用。

2）塔吊布置

遵循塔吊选型时规划的大致位置进行塔式起重机的具体布置：

（1）在进行平面布置时尽可能的覆盖到整个的施工面，不产生或者少产生盲点；相邻的塔吊设计出足够的安全距离，使塔机在回转时少重叠或不重叠覆盖面。

（2）塔机在垂直方向上能够穿越现场施工构件，以保证不同几何尺寸的物件有足够的空隙距离提升到需要的作业平台。

（3）考虑塔吊高度、吊索具高度、吊物高度和安全限位高度，保证有足够的垂直距离使各种不同几何尺寸物件进行水平运输。

（4）塔机之间的距离应错开，保证吊钩在最大高度时回转不相互碰撞。

（5）尽量避开施工范围内的所有设施，高压线，相邻建筑等，并进行隔离防护。

（6）居中的塔吊应尽可能地保持在高位，使其技术性能得到更好的发挥。

5. 塔吊使用要点

（1）塔吊工作时必须严格按照额定起升载荷起吊，不得超载，也不准吊运人员、斜拉重物以及拔出地下埋设物。

（2）司机必须得到指挥信号后，方能进行操作。操作前司机必须按电铃、发信号。吊物上升时，吊钩距起重臂端不得小于 1m；工作休息和下班时，不得将预制构件悬挂在空中。

（3）所有控制器工作完毕后，必须扳到停止点（零点），关闭电源总开关。

（4）遇 6 级以上大风及雷雨天，禁止操作。

5.2.4 吊索具的选择与使用

预制混凝土构件的安装施工由于其特殊性需要大量的吊装作业，吊索具在施工安全中扮演着重要的角色，因而对于吊索具的选择与使用要点都要有所了解。

任何吊具在确定前，都需要根据构件的特点分别设计加工，取吊具要吊装的最大单体构件重量以及最不利状况的取值标准计算对吊具本身的受力、吊点的受力进行验算分析（图 5-19），应主要到当采用钢扁担梁的吊索与预制构件夹角 $\alpha=90°$ 时，假定荷载系数为 1；则当夹角 $\alpha=60°$ 时，荷载系数为 1.16；夹角 $\alpha=45°$ 时，荷载系数为 1.42；夹角 $\alpha=30°$ 时，荷载系数为 2.0。确保吊具、构件的安全使用，同时要求构件在吊装过程中不断裂、不弯曲、不发生变形。因此必须选择既有足够能力，又能满足使用方式的恰当长度的吊索具；假如多个吊索具被同时使用起吊负载，必须选用同样类型吊索具。无论附件或软吊耳是否需要，必须慎重考虑吊索具的末段和辅助附件及起重设备相匹配，现阶段装配式混凝土结构施工现场索具绝大部分采用钢丝绳或铁链。构件预埋吊点形式多样，有吊钩、吊环、吊耳、可拆卸埋置式接驳器以及型钢、方通等形式，吊点可按构件具体状况选用。预制构件上的吊点承载力要做专门计算复核，考虑混凝土拔出锥的抗剪强度。

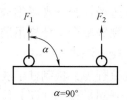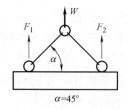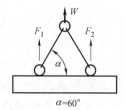

图 5-19　吊索与预制构件不同夹角的受力计算图

同时为了确保预制构件在吊装时吊装钢丝绳的竖直，避免产生水平分力导致构件旋转问题，现场一般采用吊装梁或吊装框架（图 5-20）。可根据各种构件吊装时不同的起吊点位置，设置模数化吊点，从而加工模数化通用吊装梁（或结合吊装框架），以此来加快安装速度，提高作业效率。由于构件吊点的埋设难免出现误差，容易导致构件在起吊后出现一边高一边低的情况，为此，可在较短吊索的一端或两端使用手动葫芦，随时可以调整构件的平衡。

吊索具正确的使用方法：

（1）应合理设定预制构件吊点位置，吊索具的分支应按设计分布对称均匀，合力必须

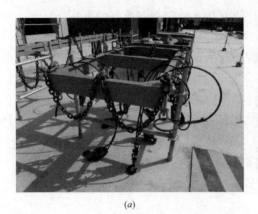 

(a)　　　　　　　　　　　　　　　　　　(b)

图 5-20　吊装预制构件的专用吊索具

(a) 吊装框架；(b) 吊装梁

在经过构件的重心点上，保证构件的水平和稳定。

（2）总结以往的吊装经验，在开始吊装之前计划好起吊和轻便的操作方案。重视同类预制构件首件吊装，起吊前要有试吊过程，确认稳妥后再继续下一步作业。

（3）在吊装时，必须注意确保负载受到如溜索的人工牵引约束，防止意外翻转或和其他物体碰撞。避免拖、拉或振荡负载，否则将增加索具的受力。

（4）吊索具要加强保护，远离尖锐边缘、摩擦和磨损。假如索具在承受负载，或负载压在索具上时，不能在地面或粗糙的物体表面拖拉吊索具。

（5）确保作业人员在吊装过程中的安全，必须警告在危险状态下的人员，假如需要，立即从危险地带撤出。手或身体的其他部位必须远离吊索具，防止当吊索具松弛时受到伤害。

5.2.5　预制柱构件的安装

装配式混凝土框架结构的一般施工流程如下：预制构件进场检查→现场堆放→吊装准备→预制柱吊装就位→钢筋连接的套筒灌浆→梁、预制板、预制阳台、楼梯吊装→叠合现浇部分钢筋绑扎、模板支设→梁柱节点、梁和楼板叠合面混凝土浇筑。

预制柱是装配式混凝土框架的主要构件，预制柱的安装流程为：预制柱进场检查→按预制柱安装位置进行楼面划线，包括轴线和柱边安装位置线→测量预制柱安装位置标高并在四角放置调高垫铁→预制柱起吊就位→微调预制柱安装位置→设置可调斜支撑并校正柱身垂直度→预制柱底周边用坐浆料封闭→灌浆料准备和钢筋连接套筒灌浆→套筒灌浆料预养至规定强度后拆除斜撑。

（1）预制柱进场前，在浇筑楼面叠合层混凝土时，柱的露出楼面的连接钢筋必须采用专用套板定位（图 5-21），浇筑混凝土后对其进行检查，主要检查外露长度和倾斜度。

（2）预制柱进场后应对其进行检查，对柱底的钢筋连接套筒应逐一检查，检查其套筒本体内部的畅通性，进浆孔和排浆孔的畅通性，逐一检查后做出已通过检查的标记（图 5-22）。

（3）预制柱吊装前，基本的准备工作为：在预制柱身上画出轴线，并应对其安装位置

图 5-21　露出楼面的柱筋采用套板定位

图 5-22　预制柱钢筋连接套筒进场检查　　　　图 5-23　柱角用垫片调整安装标高

进行测量划线,重点为 X、Y 向的轴线位置,同时按预制柱的外周尺寸画出待就位的外边线。

　　(4)测量每个柱的楼面安装位置的标高,用不同厚度垫片在柱截面的四个角部进行调整预制柱底的安装高度(图 5-23)。

　　(5)采用直吊方法将平卧状态的预制柱转身至直立状态后吊至安装位置,先对准导向钢筋,后徐徐将柱底套筒对准每一根露出楼面的连接钢筋,就位后立即用能承受拉压的可调斜撑临时固定,可调斜撑必须不少于两根,并呈 90°夹角设置(图 5-24)。

图 5-24　预制柱直吊就位及斜撑固定

　　(6)采用专用工具对预制柱按楼面上画出的定位线进行微调,准确就位后校正柱身的垂直度,完成预制柱的安装。

5.2.6　预制墙板构件的安装

　　装配式混凝土剪力墙结构的一般施工流程如下:预制构件进场检查→现场堆放→吊装

准备→预制墙板吊装就位→钢筋连接的套筒灌浆→梁、预制底板、预制阳台、楼梯吊装→叠合现浇部分钢筋绑扎、模板支设→墙体后浇段和楼板叠合面混凝土浇筑。为提高施工效率，套筒灌浆，预制梁、预制板构件吊装，现浇部分钢筋绑扎、模板等工作可以同时或者穿插施工。

预制装配式剪力墙结构竖向构件主要是预制墙板，墙体作为传递竖向荷载的主要构件，施工质量好坏直接决定结构的传力机制和抗震性能。因此以下主要介绍预制剪力墙板的安装流程：预制墙板进场检查、堆放→按施工图放线→安装调节预埋件和墙板安装位置坐浆→预制墙板起吊、调平→预留钢筋对位→预制墙板就位安放→斜支撑安装→墙板垂直度微调就位→摘钩→浆锚钢筋连接节点灌浆。

（1）预制墙板运入现场后，对其进行检验（图5-25）。要求首批入场构件全数检查，后续每批进场数量不超过100件，每批应随机抽查构件数量的5%。对于预制剪力墙构件，主要检查墙板构件的高、宽、厚、对角线差值等尺寸，同时还要注意检验墙板构件的侧向弯曲、表面平整度偏差以及抗压强度是否满足项目要求。其后要对预埋件的数量、中心线位置、钢筋长度、与混凝土表面高差等进行检验，要求与出厂检查记录对比验证并且符合规范和设计要求。最后重点检查剪力墙底部钢筋连接套筒或预留孔的灌浆孔与出浆孔，要求全数检查保证孔道全部畅通无阻。检验完毕后将结果记录在案，签字后方可进行吊装。

图5-25　预制墙板构件运输进场并做构件质量检查

（2）根据施工图用经纬仪、钢尺、卷尺等测量工具在施工楼面上弹出轴线以及预制剪力墙构件的外边线，轴线误差不得超过5mm。同时在预制剪力墙构件中弹出建筑标高1000mm控制线以及预制构件的中线。要尽量保证弹出的墨线清晰且不会过粗，以保证预制墙板的安装精度。同时由于预制剪力墙构件的竖向连接基本上通过套筒灌浆连接，套筒内壁与钢筋距离为6mm左右，因此，为了保证被连接钢筋的位置准确、便于准确对位安装，在浇筑前一层时可以用专用的钢筋定位架（图5-26）来控制其位置准确性。

（3）在起吊前，应选择合适的吊具、钩索，并提前安装支撑系统所需的工具埋件，检查吊装设备和预埋件，检查吊环以及吊具质量，确保吊装安全。预制墙板下部20mm的灌浆缝可以使用预埋螺栓或者垫片来实现，该垫块的标高误差不得超过2mm。剪力墙长度小于2m时，可以在墙端部200~800mm处设置两个螺栓或者垫片；如果剪力墙长度大于2m，可适当增加预埋螺栓或者垫片的数量（图5-27a）。

（4）开始吊装时，下方配备三人，1人为信号工，负责与塔吊司机联系，其他两人负

图 5-26 浇筑叠合层楼面混凝土时用定位架控制连接钢筋的准确位置

责确保构件不发生磕碰。设计吊装方案时要注意确保吊索与墙体水平方向夹角大于 45°，现场常常采用钢扁担起吊（图 5-27b），能有效达成此项要求。

图 5-27 预制墙板吊装就位基本作业过程

（a）预制墙板底部安装位置标高调节垫片；（b）用扁担梁和配套索具吊装预制墙板；
（c）预制墙板扶正缓放准备就位；（d）借助反光镜将被连接钢筋插入钢套筒

起吊时要遵循"三三三制"，即先将预制剪力墙吊起离地面 300mm 的位置后停稳30s，工作人员确认构件是否水平、吊具连接是否牢固、钢丝绳是否交错、构件有无破损。确认无误后所有人员远离构件 3m 以上，通知塔吊司机可以起吊。如果发现构件倾斜等情况，要停止吊装，放回原来位置，重新调整以确保构件能够水平起吊。

（5）预制剪力墙构件的套筒内壁与钢筋距离为6mm左右，允许的吊装误差很小，因此构件在吊到设计位置附近后，要求将构件缓缓下放，在距离作业层上方500mm左右的位置停止。安装人员用手扶住预制剪力墙板，配合塔吊司机将构件水平移动到构件安装位置，就位后缓缓下放，安装人员要确保构件不发生碰撞（图5-27c）。下降到下层构件的预留钢筋附近停止，借助反光镜确认钢筋是否在套筒正下方，微调至准确对位，指挥塔吊继续下放（图5-27d）。下降到距离工作面约50mm后停止，安装人员确认并尽量将构件控制在边线上，然后塔吊继续下放至垫片或预埋螺母处；若不行则回升到50mm处继续调整，直至构件基本到达正确位置为止。

（6）预制剪力墙板就位后，塔吊卸力之前，需要采用可调节斜支撑螺杆将墙板进行固定。螺杆与钢板相互连接，再使用螺栓和连接垫板与预埋件连接固定在预制构件上，确保牢固，就可以实现斜支撑的功能。每一个剪力墙构件至少用不少于2根斜支撑进行固定。现场工地常使用两长两短4个斜支撑或者两根双肢可调螺杆支撑外墙板（图5-28），内墙板常使用2根长螺杆支撑。斜支撑一般安装在竖向构件的同一侧面，并要求呈"八"字形，斜撑与预制墙板间的投影水平夹角为70°~90°，与楼面的竖向夹角为45°~60°。

图5-28　预制墙板就位后用可调节斜支撑校正垂直度

斜撑安装前，首先清除楼面和剪力墙板表面预埋件附近包裹的塑料薄膜及迸溅的水泥浆等，露出预埋连接钢筋环或连接螺栓丝扣，检查是否有松动现象，如出现松动，必须进行处理或更换。其次将连接螺栓拧到预埋的内螺纹套筒中，留出斜撑构件连接铁板厚度。再次将撑杆上的上下垫板沿缺口方向分别套在构件及地面上的螺栓上。安装时应先将一个方向的垫板套在螺杆上，再通过调节撑杆长度，将另一个方向的垫板套在螺杆上。最后将构件上的螺栓及地面预埋螺栓的螺母收紧。此处调节撑杆长度时要注意构件的垂直度能够满足设计要求。

（7）构件基本就位后，需要进行测量确认，测量指标主要有标高、位置和倾斜。

构件安装标高调整可以通过构件上弹出的1000mm线以及水准仪来测量，每个构件都要在左右各测一个点，误差控制在±3mm以内。如果超过标准，可能是以下问题：①垫片抄平时出现问题或者后来被移动过；②水准仪操作有误或者水准仪本身有问题；③某根钢筋过长导致构件不能完全下落；④构件区域存在杂物或者混凝土面上有个别突出点使得构件不能完全下落。重新起吊构件后可以从这些因素上进行检查，然后重新测量，直至误差满足要求。

左右位置调整有整体偏差和旋转偏差之分。如果是整体偏差，让塔吊施加 80％构件重量的起升力，用人工手推或者撬棍的方式整体移位。如果是旋转偏差，可以通过伸缩斜支撑的螺杆来进行调整。前后位置如果也不能满足要求，在调整完左右位置后，塔吊施加80％构件重量的起升力，用斜支撑收缩往内和伸长往外的方式调整构件的前后位置。

通常情况下，垂直度与高度调整完毕后不会出现倾斜的情况，如果出现，可能是构件自身存在质量问题，最好能再次检查构件本身。否则就要注意到垫片是否出现了移动、损坏等偶然状况。在完成上述微调后，剪力墙板即可临时固定，然后方可松开构件吊钩，进行下一块构件的吊装。

5.2.7 预制梁板构件的安装

预制梁板的安装施工流程：预制梁板进场检查、堆放→按图放线→设置梁底和板底临时支撑→起吊→就位安放→微调就位→摘钩。

（1）预制梁板运入现场后，要求对构件进行进场检查，主要检查构件的数量、规格、尺寸、表面质量、抗压强度，同时要注意预埋件以及预留钢筋的形状、数量等是否能够满足要求，并与出厂记录作比对，确认无误后方可吊装。

（2）根据施工图运用经纬仪、钢尺、卷尺等测量工具在施工平面上弹出轴线以及预制梁板构件的外边线和中线，作为安装和调整位置的主要依据，轴线误差不得超过 5mm，以保证预制梁板的安装精度。如果由于剪力墙安装高度有所误差，导致预制梁板的高度误差较大，可以在剪力墙构件上放上垫片（剪力墙高度不够时采用，注意之后进行混凝土浇筑前要求做好封堵工作，以免出现漏浆的情况）或者进行剔凿处理（剪力墙高度太高）。

（3）预制板构件安装前应根据测量放线结果安装支撑构件的架体。预制板底支撑可以采用普通扣件式或者盘扣式钢管支架（图 5-29）。板中间也可以选择采用高度可调的独立钢支撑，一根独立钢支撑的受荷面积不应大于 3m×3m，具体的钢管间距及布置应当按照设计规范并计算验证满足强度和稳定要求来确定。临时支撑顶部的木枋水平标高利用水准仪调整至准确位置，间距不宜大于 1.8m，距离墙、梁边净距不宜大于 0.5m，竖向连续支撑层数不应少于 2 层。首层支撑架体的地基必须坚实，架体必须有足够的刚度和稳定性。

(a) (b)

图 5-29 预制板下的钢管支撑

(a) 预制板下用可调钢支柱支撑；(b) 预制板下用盘扣式钢管支架支撑

（4）预制板的面积较大，厚度一般为60mm，相对平面内刚度较小，质量较大。因此，预制板的吊装一般采用专用的钢框式吊装架，进行多点吊装，吊点应沿垂直于桁架筋的方向设置（图5-30）。

图5-30　钢筋桁架预制板的多点吊装

（5）预制梁吊装一般利用钢扁担采用两点吊装，注意吊装过程中需控制吊索长度，使其与钢梁的夹角不小于60°，钢扁担下的索具与梁垂直，尽量保证构件的垂直受力。

预制梁下部的竖向支撑可采取点式支撑（图5-31），支撑间距应根据适当的计算来确定。单根预制梁至少设置两道可靠的端部支撑，双节预制梁的每一节按照单根预制梁的要求设置临时支撑。注意预制梁和现浇部分交接的地方要增设一根竖向支撑。

图5-31　安装预制梁下时设置的临时点式支撑

（6）预制梁板起吊前要试吊，起吊时也要严格遵循"三三三制"，先吊离地面300mm后暂停30s，以调整构件水平度和检查吊装设备完好，确认构件平稳后所有人员离开3m，再匀速移动吊臂靠近建筑物。

预制梁板构件下放时要做到垂直向下安装，在靠近作业层上方200mm时暂停。施工人员手扶着梁板调整方向，将构件的边线和位置控制轴线对齐，并对构件端部的钢筋进行调整，使其预留钢筋与作业面上的钢筋交叉错位。钢筋对位后，将梁板缓慢下放，严禁快速猛放，以避免冲击过大造成构件破损。

（7）构件吊装完毕后利用撬棍对板的水平位置进行微调，保证搁置长度，允许偏差不得超过5mm。但是调整时要注意先垫一小木块，以免直接使用撬棍损坏边角。同时进行标高检核，不符合要求的利用支撑的可调顶托调整。若只通过可调顶托的微调难以修正，可配合千斤顶一类的工具，先减少支撑的受力再行调整。最后即可摘钩，进行下一步的叠合面层钢筋绑轧。

5.2.8 预制楼梯构件的安装

现阶段预制楼梯安装有两种方式：一种是类似梁板的安装，下设临时支撑，吊装就位后与叠合梁板一起现浇一部分，形成现浇节点的连接；另一种是利用预埋件和灌浆连接。由于第一种方式的安装流程与梁板相似，这里着重介绍第二种预埋件连接的方式。

预制楼梯构件的安装流程：预制楼梯进场检查、堆放→楼梯上下口铺设 20mm 砂浆找平层→按图放线→预制楼梯吊装→就位安放→微调控位→预埋件连接并灌浆→摘钩。

（1）预制楼梯进场后，对其外观、尺寸、台阶数进行复核，确保满足设计要求。

（2）然后在梯段上下口的梯梁上设置两组 20mm 垫片并抄平，铺 20mm 厚 M10 水泥浆找平层，标高要控制准确，水泥砂浆采用成品干拌砂浆。

（3）根据图纸，在楼梯洞口外的梁板上划出楼梯上、下梯段板安装控制线，在墙面上画出标高控制线。注意楼梯侧面距离结构墙体预留 30mm 空隙，为保温砂浆抹灰层预留空间。

（4）预制楼梯起吊时，将吊索连接在楼梯平台的两端（必要时可以借助其他工具如钢扁担等，设置多个吊点），楼梯抬离地面约 300mm 时暂停，用水平尺检测，调整踏步平面的水平度，便于楼梯就位。

（5）待构件平稳时匀速缓慢地将构件吊至靠近作业层上方 200mm 的安装位置上方暂停。施工人员手扶着楼梯调整方向，将构件的边线和梯梁上的位置控制轴线对齐，然后缓慢下放（图 5-32）。

图 5-32 预制楼梯的 4 点吊装

（6）基本就位后再用撬棍等微调楼梯板，然后校正标高直到位置正确。

（7）将梁板现浇部分浇筑完毕后吊装楼梯并按照设计固定，吊装时搁置长度至少为 75mm。主体结构的叠合梁内预埋件和梯段板的预埋件通过机械连接或者焊接连接，然后一端直接在预留孔洞附近灌 M40 级灌浆料进行连接并用砂浆封堵（图 5-33a），另一端则是在预留孔洞上部采用砂浆封堵（图 5-33b）。这样可以认为两端形成一端固定、一端滑动的连接，工程实际当中，如果有地震一类的偶然荷载，支座端的转动和滑动变形能力能满足结构层间位移的要求，来保证梯段的完整性。

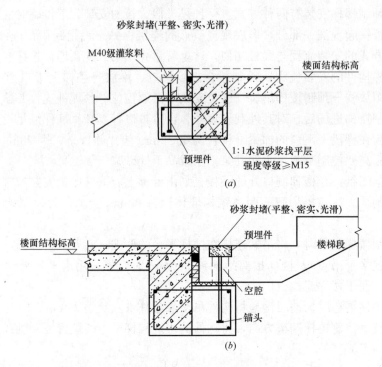

图 5-33　预制楼梯上端和下端的连接构造

（a）梯段固定端连接构造；（b）梯段滑动端连接构造

5.2.9　钢筋浆锚连接的灌浆

预制构件之间的连接采用浆锚套筒灌浆连接，这是一种现在装配式结构里预制构件间常用的连接方式，是确保竖向受力构件连接可靠的重要因素。其主要施工流程是：灌浆孔检查→预制构件底部接缝四周封堵→高强灌浆料灌浆。

采用套筒灌浆连接技术，首先要选用一个厂家提供的配套的套筒和灌浆材料，产品质量要保证验收合格。在灌浆前，应该检查露出混凝土楼面被连接钢筋的长度、位置和倾斜度是否满足规范要求，还要注意检查位于低处的灌浆孔和位于高出的排浆孔是否畅通，使用细钢丝从上部排浆孔伸入套筒，如从底部可伸出，且能从下部灌浆孔看见细钢丝，即可确保灌浆孔畅通且没有异物，否则会导致灌浆料不能填充满套筒，造成钢筋连接不符合要求。

预制柱定位后，将预制构件接缝的四周利用坐浆料进行封闭；预制墙板构件在吊装前沿长度方向进行分仓，每仓的长度控制在 1200mm 左右，预制墙板底部用不低于墙体混凝土强度的坐浆料进行坐浆，形成密闭程度合格的灌浆连接腔，保证在最大约为 1MPa 的灌浆压力下密封仍然有效。

灌浆作业应采取压浆法从套筒下口灌注，即从钢套筒下方的灌浆孔处向套筒内压力灌浆。基本作业为从预制构件的套筒下端靠中间的灌浆孔注入待上方的排孔连续均匀流出浆料后，按照浆料排出的先后顺序，依次用专用的橡胶塞对灌排浆孔进行封堵，封堵时灌浆泵要一直保持压力。当灌浆料从上口流出时应及时封堵，持压 30s 后再封堵下口，直至所有灌排浆孔出浆并封堵牢固后再停止灌浆（图 5-34）。在浆料初凝前要检查灌浆接头，如发现漏浆处要及时处理。在灌浆的过程中，仍然需注意固定预制构件的位置，避免构件因任何外界因素产生错动，再导致返工。

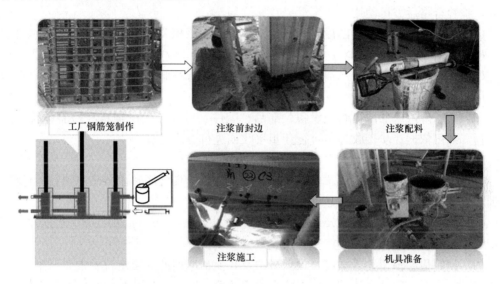

工厂钢筋笼制作　　　注浆前封边　　　注浆配料

注浆施工　　　机具准备

图 5-34　预制构件底部钢筋连接套筒灌浆作业

灌浆的同时要注意以下几点：

（1）灌浆全过程中都要有监理观察检查施工质量并记录。

（2）M80 的高强灌浆料的水灰比一般 0.12～0.13，准确计量灌浆料和水的体积，使其按照设计配比搅拌均匀。并且要求每工作班制作一组试件，对流动性、强度等性能进行试验测定，保证每组浆料质量都能够满足生产要求。

（3）灌浆料初凝前必须用完。

（4）构件和灌浆层在灌浆完 24h 内不能有任何振动或碰撞。

（5）工程施工如遇气温较低的冬季，灌浆的环境温度宜维持在 5℃ 以上。而且在约为 2d 左右的浆料凝结硬化过程中要采取措施加热钢筋套筒连接处，保证温度不低于 10℃。

（6）为保证套筒灌浆的饱满度，可采用在预制柱或预制墙的灌浆区域内选择一个钢套筒的排浆口上设置高出 150～200mm 的透明塑料漏斗，将灌浆料进入漏斗的 100mm，形成"微重力流"补浆，并直接观察饱满度，可有效控制灌浆质量。

5.3　预制构件制作与安装质量控制

5.3.1　构件生产准备阶段质量控制

1. 生产材料质量控制

生产材料质量控制一般规定：

（1）原材料、设备及相关物资采购合同的技术要求必须符合质量标准（国家标准或企业标准）。

（2）质检部制定大宗原材料的技术要求及进场检验标准，设备物质部制定设备进场检验标准，生产部制定生产辅料等进场检验标准。

（3）质检部对进厂的大宗原材料按照国家标准或企业标准要求进行检验，并做好检验记录，检验合格后方可使用。

（4）设备物质部对进厂的设备、部品、配件等按照相关标准进行检验，并做好检验记录，检验合格后方可使用。

（5）生产部对进厂的生产辅料等按照相关标准进行检验，并做好检验记录，检验合格后方可使用。

（6）如出现进厂的原材料、设备、部品、配件、备件、生产辅料经检验不符合要求，设备物资部可依据让步接收标准进行让步接收或进行退厂处理。

2. 模具质量控制

应根据预制构件的质量要求，生产技术及工艺，模具可周转次数确定预制构件模具设计和加工方案。模具设计应满足下列条件：

（1）混凝土浇筑时的振动及加热养护情况。

（2）满足相应的强度、刚度和整体稳定性要求。

（3）预制构件预留孔、插筋、预埋吊件及其他预埋件的安装定位要求。

（4）支模时，应认真清扫模板，防止模板翘曲、凹陷，尺寸和角度应保持准确。

（5）预制构件模具尺寸的允许偏差和检验方法应符合表 5-2 规定。

预制构件模具尺寸允许偏差和检验方法　　　　　　　　　　表 5-2

项次	检验项目、内容		允许偏差（mm）	检验方法
1	长度	≤6m	1，−2	用钢尺量平行构件高度方向，取其中偏差绝对值最大处
		>6m 且≤12m	2，−4	
		>12m	3，−5	
2	宽度、高（厚）度	墙板	1，−2	用钢尺测量两端或中部，取其中偏差绝对值最大处
3		其他构件	2，−4	
4	底模表面平整度		2	用 2m 靠尺和塞尺量
5	对角线差		3	用钢尺量对角线
6	侧向弯曲		$L/1500$ 且≤5	拉线，用钢尺量测侧向弯曲最大处
7	翘曲		$L/1500$	对角拉线测量交点间距离值的两倍
8	组装缝隙		1	用塞尺量测，取最大值
9	端模与侧模高低差		1	用钢尺量

注：L 为模具与混凝土接触面中最长边的尺寸。

3. 钢筋骨架和预埋件质量控制

（1）混凝土预制构件用钢筋网或钢筋骨架允许偏差应符合表 5-3 的规定；并宜采用专用钢筋定位件严格控制混凝土的保护层厚度满足设计或标准要求。

（2）预制构件中的预埋件质量要求和允许偏差应满足表 5-4 的规定。

钢筋成品的允许偏差和检验方法 表 5-3

项 目		允许偏差(mm)	检验方法
钢筋网片	长、宽	±5	钢尺检查
	网眼尺寸	±10	钢尺量连续三档,取最大值
	端头不齐	5	钢尺检查
钢筋骨架	长	0,−5	钢尺检查
	宽	±5	钢尺检查
	高(厚)	±5	钢尺检查
	主筋间距	±10	钢尺量两端、中间各一点,取最大值
	主筋排距	±5	钢尺量两端、中间各一点,取最大值
	箍筋间距	±10	钢尺量连续三档,取最大值
	弯起点位置	15	钢尺检查
	端头不齐	5	钢尺检查
	保护层 梁	±5	钢尺检查
	板、墙	±3	钢尺检查

模具上预埋件、预留孔洞模具安装允许偏差 表 5-4

项次	检验项目		允许偏差(mm)	检 验 方 法
1	预埋钢板、建筑幕墙用槽式预埋组件	中心线位置	3	用尺量测纵横两个方向的中心线位置,记录其中较大值
		平面高差	±2	钢直尺和塞尺检查
2	预埋管、电线盒、电线管水平和垂直方向的中心线位置偏移、预留孔、浆锚搭接预留孔(或波纹管)		2	用尺量测纵横两个方向的中心线位置,记录其中较大值
3	插筋	中心线位置	3	用尺量测纵横两个方向的中心线位置,记录其中较大值
		外露长度	+10,0	用尺量测
4	吊环	中心线位置	3	用尺量测纵横两个方向的中心线位置,记录其中较大值
		外露长度	+5,0	用尺量测
5	预埋螺栓	中心线位置	2	用尺量测纵横两个方向的中心线位置,记录其中较大值
		外露长度	+5,0	用尺量测
6	预埋螺母	中心线位置	2	用尺量测纵横两个方向的中心线位置,记录其中较大值
		平面高差	±1	钢直尺和塞尺检查
7	预留洞	中心线位置	3	用尺量测纵横两个方向的中心线位置,记录其中较大值
		尺寸	+3,0	用尺量测纵横两个方向尺寸,取其最大值

续表

项次	检验项目		允许偏差（mm）	检 验 方 法
8	灌浆套筒及连接钢筋	灌浆套筒中心线位置	1	用尺量测纵横两个方向的中心线位置，记录其中较大值
		连接钢筋中心线位置	1	用尺量测纵横两个方向的中心线位置，记录其中较大值
		连接钢筋外露长度	+5,0	用尺量测

5.3.2　构件生产过程质量控制

1）在混凝土浇筑成型前应进行预制构件的隐蔽工程验收，检查项目应包括下列内容：

（1）钢筋的品种、级别、规格和数量。

（2）钢筋、预埋件、灌浆套筒、吊环、插筋及预留孔洞的位置。

（3）混凝土保护层厚度。

2）带保温材料的预制构件宜采用水平浇筑方式成型，保温材料宜在混凝土成型过程中放置固定。制作过程应按设计要求检查连接件在混凝土中的定位偏差。当采用垂直浇筑方式成型时，保温材料可在混凝土浇筑前放置固定。

3）带门窗框、预埋管线的预制构件，其制作应符合下列规定：

（1）门窗框、预埋管线应在浇筑混凝土前预先放置并固定，固定时应采取防止污染窗体表面的保护措施。

（2）当采用铝框时，应采取避免铝框与混凝土直接接触发生电化学腐蚀的措施。

（3）应考虑温度或受力变形与门窗适应性要求。

4）带饰面的预制构件宜采用反打一次成型工艺制作。根据构件的设计要求，饰面可采用涂料、面砖或石材等。饰面材料应分别满足下列要求：

（1）当面砖或石材与预制构件一次浇筑成型时，构件生产前应对面砖或石材进行加工。

（2）当构件采用面砖饰面时，模具中铺设面砖前，应根据图纸设计要求对拐角面砖和面砖版面进行加工，并应采用背面带有燕尾槽的面砖。

（3）当构件采用石材饰面时，模具中铺设石材前，应在石材背面做涂覆防水处理；同时应在石材背面钻倒角孔，并安装不锈钢卡勾与混凝土进行机械连接。

（4）应采用不污染饰面和构件的材料（如：规格海绵条等）预留面砖缝或石材缝，并应保证缝的垂直和水平齐整。

5.3.3　构件制作质量检验

（1）预制构件不得存在影响结构性能或装配、使用功能的外观缺陷。对于存在的一般缺陷应采用专用修补材料按修补方案要求进行修复和表面处理。

（2）预制构件的尺寸偏差按预制构件的类型不同有不同的要求。预制板的宽度和厚度误差一般控制在±5mm以内，长度误差根据跨度不同控制在±5～20mm以内；预制墙板的高度、宽度和厚度误差均控制在±4mm以内；预制梁和柱的宽度和高度误差控制在±5mm以内，长度误差控制在±5～20mm以内。预埋件的位置偏差控制较严，一般在2mm以内。钢筋连接的套筒位置偏差控制在2mm以内，外露钢筋的长度偏差在＋10～0mm以内。

（3）对外观缺陷及超过表5-4要求的允许尺寸偏差的部位应制订修补方案进行修理，并重新检查验收。

（4）预制构件应按设计要求的试验参数及检验指标进行结构性能检验；检验内容及验收方法按《混凝土结构工程施工质量验收规范》GB 50204有关规定执行。

5.3.4　构件安装质量控制与检查

预制构件安装的尺寸允许偏差及检验方法应符合表5-5的规定。

预制构件安装尺寸的允许偏差及检验方法　　表5-5

项　　目		允许偏差(mm)	检验方法
构件中心线对轴线位置	基础	15	尺量检查
	竖向构件(柱、墙、桁架)	10	
	水平构件(梁、板)	5	
构件标高	梁、柱、墙、板底面或顶面	±6	水准仪或尺量检查
构件垂直度	柱、墙 ＜5m	5	经纬仪或全站仪量测
	≥5m且＜10m	10	
	≥10m	20	
构件倾斜度	梁、桁架	5	垂线、钢尺量测
相邻构件平整度	板端面	5	钢尺、塞尺量测
	梁、板底面 抹灰	5	
	不抹灰	3	
	柱墙侧面 外露	5	
	不外露	10	
构件搁置长度	梁、板	±10	尺量检查
支座、支垫中心位置	板、梁、柱、墙、桁架	10	尺量检查
墙板接缝	宽度	±5	尺量检查
	中心线位置		

5.4　装配混凝土结构现场施工安全

装配式混凝土建筑施工应执行国家、地方、行业和企业的安全生产法规和规章制度，落实各级各类人员的安全生产责任制。在实际工程施工中，应按现行行业标准《建筑施工高处作业安全技术规范》JGJ 80、《建筑机械使用安全技术规程》JGJ 33、《施工现场临时用电安全技术规范》JGJ 46等的有关规定细化施工现场预制构件安装作业。

施工项目部应结合装配式混凝土结构特点和现场施工条件，编制相应的施工组织设计，并编制预制构件安装的专项施工方案。在预制构件安装专项施工方案中，应突出以下几个重点方面：

（1）结合施工现场的工程结构平面及典型预制构件的吊装参数，重点规划起重吊装机械的选择，并列表表达构件吊装是否满足安全要求的安全技术分析结果。

（2）当采用固定式塔吊吊装预制构件时，应重点分析有无吊装盲区，最远和最重预制构件的吊装工况计算复核分析，计算中应包含吊索具的重量；当采用行走式吊机吊装预制构件时，应规划场地内行走路线，关键预制构件的站位吊装点以及站位点下的基础承载力计算复核和吊装技术参数复核，该部分计算复核应包含吊索具重量及必要的动力系数。

（3）规划预制构件安装就位的临时支撑，包含竖向预制构件的防倾倒和垂直度校正的可调斜撑以及水平预制构件搁置的钢管支架等。对安装作业层的外脚手架也应做出详细规划，编制具体的实施方案。

施工现场项目部应根据工程施工特点对重大危险源进行分析并予以公示，并制定相对应的安全生产应急预案。项目部还应对从事预制构件吊装作业及相关人员进行安全培训与交底，识别预制构件进场、卸车、存放、吊装、就位各环节的作业风险，并制订防控措施。

安装作业开始前，应对安装作业区进行围护并做出明显的标识，拉警戒线，根据危险源级别安排进行旁站，严禁与安装作业无关的人员进入。

安装作业使用专用吊具、吊索等，施工使用的定型工具式支撑、支架等，应进行安全验算，使用中定期、不定期进行检查，确保其安全状态。

吊装作业安全应符合下列规定：

（1）预制构件起吊后，应先将预制构件提升 300mm 左右后，停稳构件，检查钢丝绳、吊具和预制构件状态，确认吊具安全且构件平稳后，方可缓慢提升构件。

（2）吊机吊装区域内，非作业人员严禁进入；吊运预制构件时，构件下方严禁站人，应待预制构件降落至距地面 1m 以内方准作业人员靠近，就位固定后方可脱钩。

（3）高空应通过揽风绳改变预制构件方向，严禁高空直接用手扶预制构件。

（4）遇到雨、雪、雾天气，或者风力大于 6 级时，不得进行吊装作业。

本章小结

作为我国装配整体式混凝土建筑中的主要结构形式之一，装配整体式框架（包含框架-剪力墙）和剪力墙结构的应用在目前阶段比较广泛。本章主要介绍了装配整体式混凝土结构的从构件预制生产到现场施工安装的基本知识和要求，以及相关的质量和安全注意事项。总的来说，目前我国装配式混凝土结构的构件预制和安装施工尚处于不断完善中，还需要进一步加深研究和在推广应用中总结提高，相信装配式混凝土建筑一定会得到更好的完善，成为具有中国特色的一种新型装配建筑形式。

思考与练习题

5-1　目前我国装配式混凝土结构形式主要有哪几种？主要预制构件采用哪种方式生产？各自的主要优缺点有哪些？

5-2　预制构件现场安装方案编制要注意哪些关键问题？现场连接如何把控施工质量？

5-3　施工现场预制构件之间钢筋套筒连接灌浆要注意哪些问题，如何保证其质量？

第6章　装配式钢结构设计与施工

本章要点及学习目标

　　本章要点：

　　(1) 装配式钢结构建筑的结构体系分类及工程应用；(2) 装配式钢结构建筑设计的基本规定及主要内容；(3) 装配式钢结构建筑的墙板设计；(4) 装配式钢结构建筑的节点连接技术与设计。

　　学习目标：

　　(1) 了解装配式钢结构建筑的定义、特点及发展趋势；(2) 掌握装配式钢结构建筑的设计要点与关键节点连接技术；(3) 了解装配式钢结构建筑的制作与安装。

6.1　概述

6.1.1　装配式钢结构

　　1. 基本概念

　　现代建筑中，钢结构代表了当今世界建筑发展的潮流。随着我国经济建设的迅猛发展，现代建筑钢结构的应用越来越多，已经显示出作为建筑业新的经济增长点的良好势头。与其他建筑结构形式相比，钢结构具有自重轻、抗震性能好、施工周期短、节能、环保、绿色等优势，符合国家节能减排和可持续发展政策，易于实现工厂化生产；钢结构的设计、生产、施工以及安装可通过 BIM 平台实现一体化，进而实现钢结构的装配化、工业化和商品化；且钢结构可以实现现场干作业，降低环境污染，材料还可以回收利用，符合国家倡导的环境保护政策，是一种最符合"绿色建筑"概念的结构形式。

　　装配式钢结构建筑是指按照统一、标准的建筑部品规格与尺寸，在工厂将钢构件加工制作成房屋单元或部件，然后运至施工现场，再通过连接节点将各单元或部件装配成一个结构整体，又称工业化建筑。装配式钢结构易于实现工业化、标准化、部品化的制作，且与之相配的墙体材料可以采用节能、环保的新型材料，可再生重复利用，符合可持续发展战略。装配式钢结构不仅可以改变传统住宅的结构模式，而且可以替代传统建筑材料（砖石、混凝土和木材），真正实现了标准化设计。

　　装配式钢结构建筑具有设计标准化、生产工厂化、施工装配化、装修一体化和管理信息化五大特点。装配式钢结构建筑体系包括主体结构体系、围护体系（三板体系：外墙板、内墙板、楼层板）、部品部件（阳台、楼梯、整体卫浴、厨房等）、设备装修（水电暖、装修装饰）等。钢结构是最适合工业化装配式的结构体系：一是因为钢材具有良好的机械加工性能，适合工厂化生产和加工制作；二是与混凝土相比，钢结构较轻，适合运输、装配；三是钢结构适合于高强螺栓连接，便于装配和拆卸。

装配式钢结构建筑正是由于具备上述特点，近年来其在建筑工业化中应用越来越广泛。当下，装配式钢结构建筑在钢结构住宅建筑和公共建筑中应用广泛，接受程度高。

2. 装配式钢结构的优点

与传统结构形式（钢筋混凝土结构、砌体结构、木结构等）建筑相比，装配式钢结构建筑具有以下优点：

1）装配式钢结构重量轻、强度高、抗震性能好

钢结构建筑的骨架是钢柱、钢梁及轻钢龙骨等钢制构件，并和高强、隔热、保温以及轻质的墙体组成。与其他建筑结构相比，重量仅为同等面积建筑结构的 $1/3\sim1/2$，大大减轻基础的荷载。由于钢材的匀质性和韧性好，可承受较大变形，在动力荷载作用下，有稳定的承载力和良好的抗震性能。相比混凝土等脆性材料，钢结构具有更好的抗震能力，在高烈度地震区域具有良好的应用优势。

2）装配式钢结构符合建筑工业化要求

大量的标准化钢构件通常采用机械化作业，可在工厂内部完成，构件的施工精度高、质量好，符合产业化要求。钢结构建筑更容易实现设计的标准化与系列化、构配件生产的工厂化、现场施工的装配化、完整建筑产品供应的社会化。装配式钢结构将节能、防水、隔热等部品集合在一起，实现综合成套应用，将设计、生产、施工安装一体化，提高住宅的产业化水平。

3）装配式钢结构建筑的综合效益较高

装配式钢结构建筑在造价和工期方面，具有一定的优势。由于钢结构柱截面尺寸小，与混凝土柱相比，截面小 50% 以上，而且开间尺寸灵活，可增加约 8% 的有效使用面积。钢结构承载力高，构件尺寸小，节省材料；结构自重小，降低了基础处理的难度和费用；装配式钢结构建筑部件工厂流水线生产，减少了人工费用和模板费用等。同时，钢结构构件易于回收利用，可减少建筑废物垃圾，提高了经济效益。

4）装配式钢结构的维护结构体系可更换

装配式钢结构设计为 SI（Skeleton Infill）体系理念，其含义是将建筑分为"支撑体"与"填充体"两大部分。"S"包含了所有梁、柱、楼板及承重墙、共用设备管网等主体结构构件；"I"包含了户内设备管网、室内装修、非承重外墙及分户墙。在使用过程中，由于承重体系和维护体系的使用寿命不同，可在原钢结构承重体系上进行维护结构体系的拆除和更换。新型轻质围护板材，耐久性好且施工简便，管线可暗埋在墙体及楼层结构中。内墙一般可采用轻质板材，增加使用面积，可重新分隔空间改变使用功能。

5）装配式钢结构建筑具有绿色环保的优点

钢结构具有生态环保的优点，改建和拆迁容易，材料的回收和再生利用率高；而且采用装配化施工的钢结构建筑，占用的施工现场少，施工噪声小，可减少建造过程中产生的建筑垃圾，因此被誉为"绿色建筑"。同时，在建筑使用寿命到期后，钢结构建筑物拆卸后产生的建筑垃圾仅为钢筋混凝土结构的 1/4，废钢可回炉重新再生，做到资源循环再利

用。总之，装配式钢结构建筑基本符合"四节一环保"（节能、节地、节水、节材和环境保护）的要求。

总而言之，相比于其他结构体系，装配式钢结构建筑在环保、节能、高效、工厂化生产等方面具有明显优势。在大型公共建筑中，如上海浦东的金茂大厦、深圳的地王大厦、北京的京广中心等都采用了钢结构体系；在住宅建筑方面，上海、北京和山东等省市已开始对装配式钢结构住宅进行试点。

6.1.2 装配式钢结构建筑存在的问题

针对装配式钢结构建筑，要完全实现其标准化生产、装配化施工，亟待从建筑形态、结构体系、围护体系及配套技术等方面入手，解决装配式钢结构建筑中存在的一系列关键问题。目前，我国装配式钢结构建筑主要存在以下关键问题急需解决。

1. 装配式钢结构建筑的抗震设计问题

在地震作用下，装配式钢结构的破坏形式主要包括节点破坏、构件破坏和结构倒塌等。

1）节点破坏

在地震作用下，钢结构在节点域出现焊缝撕裂，且破坏具有不可修复性，如图 6-1 所示的梁柱节点破坏和图 6-2 所示的支撑节点破坏。

图 6-1　梁柱节点破坏　　　　　　　　图 6-2　支撑节点破坏

装配式钢结构建筑的现场拼接节点形式未能突破传统钢结构连接形式，现场装配效率不高。目前，装配式钢结构建筑中钢柱多选取冷弯矩形管，因此新型节点多采用隔板式节点，如图 6-3 所示。常见的隔板可以分为三类：内隔板节点、隔板贯穿节点和外环板节点。

上述三种连接节点的破坏集中在节点域区域。针对其特点，新型构造方式的梁柱节点也不断被提出和被改进，如十字形肋环板节点、倒角隔板贯穿节点、盖板加强型节点、上环下隔节点，甚至已出现单面螺栓连接节点、无焊缝全螺栓连接节点。然而，这些新型连接节点在地震作用下的抗震性能研究尚需进一步加强。

2）构件破坏

在地震作用下，钢结构构件发生的破坏形式主要包括构件屈曲破坏和构件剪切破坏，如图 6-4 所示。

3）结构倒塌

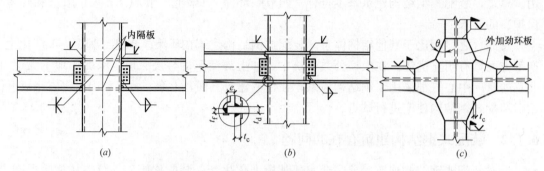

图 6-3　隔板式节点

(*a*) 内隔板节点；(*b*) 隔板贯穿节点；(*c*) 外环板节点

结构倒塌是地震中结构最为严重的破坏形式。结构中存在薄弱层是导致结构发生整体倒塌的主要原因。

近年来，随着结构抗震设计水平的不断提高，地震作用下钢结构的倒塌越来越少出现。然而，针对装配式钢结构建筑，随着新型钢结构体系的不断出现，钢结构抗震设计仍需要不断完善。

图 6-4　构件破坏形式

(*a*) 屈曲破坏；(*b*) 剪切破坏

2. 装配式钢结构建筑的围护墙板问题

目前，装配式钢结构建筑围护体系主要采用预制砌块、预制条板、预制大板等类型。

预制砌块包括加气混凝土、石膏等，如图 6-5 所示。优点是制作方便、容易生产、取材方便。缺点是装配化程度较低、现场湿作业多，连接方式可以采用拉筋、角钢卡槽。

预制条板分为水泥类、石膏类、陶粒类和加气类，如图 6-6 所示。优点是运输安装方便，容易标准化制作。缺点是现场后期作业多，拼缝多容易开裂，防水效果差，连接方式可以采用标准件、U 形导轨。

预制大板主要包括轻钢龙骨墙体和预制混凝土夹芯板，如图 6-7 所示。轻钢龙骨墙体的优点是重量轻、强度较高、耐火性好、通用性强、安装简易；缺点是墙板根部易受潮变形、耐久性较差；连接方式采用自攻螺钉、角钢卡件。预制混凝土夹芯板的优点是耐久性

图 6-5　预制砌块

(*a*) 预制砌块砌筑；(*b*) 砌块连接方式

(http：//shop. jc001. cn/1050572/photo 和 http：// www. hardwareinfo. cn/commerce/cv-588726-8313573. html)

图 6-6　预制条板

(*a*) 预制轻质条板；(*b*) 轻质墙板应用

(http：//www. jiancai365. cn/cp _ 311004. htm 和 http：//www. jiancai365. cn/ypnews _ 43687. htm)

好、工业化程度高、施工快、更符合居住习惯，缺点是墙板偏重、施工难度较大；连接方式包括端板连接和栓焊连接。

　　装配式钢结构建筑围护体系存在的问题包括：①墙板与主体结构的细部处理复杂，时间长久容易开裂、渗漏；②墙板与主体连接构造种类繁多，通用性较差；③墙板安装水平较差，粗放式施工管理；④围护墙板体系没有统一的标准或规范、工业化程度较低；⑤外墙板的耐久性与保温节能性能依然需要进一步研究。

　　3. 装配式钢结构建筑的防火防腐问题

　　1）防火问题

　　装配式钢结构建筑受火时，构件受热膨胀，但由于构件端部的不同约束条件，导致构件内部产生附加内力。高温作用下，钢材的弹性模量和屈服强度随着温度升高而不断降低；且火灾下温度不断变化，造成结构内部产生不均匀的温度场。高温导致楼盖梁与钢柱等构件破坏，进而引起结构内力重分布，最终导致结构整体破坏或垮塌。近年来，火灾引起的工程事故不断增多，工程结构抗火与建筑防火显得更为迫切。

　　目前，装配式钢结构建筑的防火措施可采用防火涂料和防火板材，如图 6-8 所示。其中，防火涂料分为厚型防火涂料和薄型防火涂料，多用于装配式大跨钢结构；防火板材可

(a)　　　　　　　　　　　　(b)

图 6-7　预制大板
(a) 轻钢龙骨墙体；(b) 预制混凝土夹芯板

将建筑装饰和结构防火融为一体，安装方便快捷，多用于住宅和高层钢结构建筑。

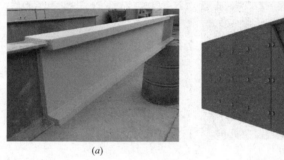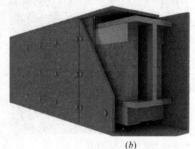

(a)　　　　　　　　　　　　(b)

图 6-8　装配式钢结构建筑防火
(a) 防火涂料；(b) 防火板材
(http://www.yi7.com/sell/show-6745321.html)

2）防腐问题

钢结构发生腐蚀，会降低材料强度、塑性、韧性等力学性能，影响钢结构的耐久性。当前钢结构防腐措施主要包括镀锌防腐和涂料防腐，如图 6-9 所示。对装配式钢结构建筑，钢构件大多数隐匿于墙体中，一方面构件的防腐涂装维修十分困难、成本较高；另一方面，钢构件所处的环境较为密闭，对钢结构耐腐蚀有利。为此，装配式钢结构的防腐问题还有待于进一步研究与完善。

4. 装配式钢结构建筑的规范标准与设计问题

随着装配式钢结构建筑的不断发展与大力推进，配套的规范标准尚不够完善。虽然国家已经颁布了《装配式钢结构建筑技术规范》GB/T 51232、《钢结构住宅设计规范》CECS 261 等相关规范，同时许多地方也已颁布了地方技术规程，包括上海市《轻型钢结构技术规程》DG/TJ 08—2089 和《多高层钢结构住宅技术规程》DG/TJ 08—2029，以及安徽省《高层钢结构住宅技术规程》DB 34/T 5001。但是在其发展过程中，装配式钢结构建筑施工、验收以及新型钢结构体系会不断出现，其标准或规范还要进一步地完善。

在装配式钢结构建筑设计方面，随着新型钢结构体系、新型构件截面、新型梁柱节点的不断出现，以及结构抗震精细化模型的不断发展，传统的钢结构设计概念和设计方法已

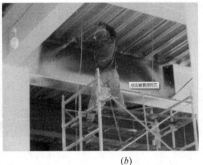

(a)　　　　　　　　　　　　　　　(b)

图 6-9　装配式钢结构建筑防腐

(a) 镀锌防腐；(b) 涂料防腐

(http://info.b2b168.com/s168-69795493.html 和 https://www.chinapp.com/baike/111373)

难以完全适用。在结构设计理念方面，为了方便新型结构形式、新型构件截面以及新型连接节点的分析，钢结构高等分析设计方法正在被提出与完善；在主体结构连接节点方面，为了提高装配式钢结构建筑的装配率，需不断改进连接节点的构造方式或利用新连接元件，提出新型快速装配式梁柱节点，完善装配式梁柱节点；在墙板与主体结构连接节点方面，墙板材料及形式的不同导致其与主体钢结构连接及构造方式也不同，设计中应依据墙板材料，结合建筑要求，利用新型连接件，提出更合理连接节点，既要满足结构安全，也要保证建筑美观。

6.1.3　装配式钢结构建筑发展趋势

装配式钢结构建筑未来的发展趋势主要呈现在以下五个方面：

1. 建筑产业化

装配式钢结构建筑发展具有建筑产业化的趋势。此种趋势有利于提高制造精度和制造水平，有利于解决人口老龄化和劳动力不足问题，有利于减少建筑垃圾以及保护环境。

2. 装修装饰一体化

装配式钢结构建筑的设计应采用多专业协同设计，即建筑、结构、水电以及装饰设计同步进行，完成预制部品件的设计，且可在工厂加工制作完成，大大减少现场施工，更易于保证建筑质量，如图 6-10 所示。

3. 设计标准化

装配式钢结构建筑的设计标准化主要体现为三个方面：

（1）设计单位是设计标准化的主体，可以保证设计质量，有利于提高工程质量；又可以有效减少重复劳动，加快设计速度。

（2）预制构件生产单位是设计标准化的载体，以便于实行构配件生产工厂化、装配化和施工机械化，有利于节约建设材料，降低工程造价，提高经济效益。

（3）施工单位保证设计标准化的实现，有利于缩短施工周期、更容易保证施工质量。

4. 结构体系性能化

随着装配式钢结构建筑的发展，新材料、新技术、新工艺在结构中不断应用，结构体

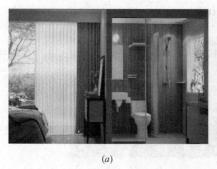

(a)　　　　　　　　　　　(b)　　　　　　　　　　　(c)

图 6-10　装修装饰一体化

(a) 集成卫浴、厨房；(b) 板中水电管集成；(c) 墙板装饰一体化集成

(http://news.dichan.sina.com.cn/2016/01/27/1164902.html)

系呈现出性能化发展趋势，主要体现在以下四个方面：

（1）高性能材料的应用，如高强度钢材（Q460、Q550、Q690）、不锈钢、低屈服点钢（钢板剪力墙、防屈曲支撑、耗能器）、记忆合金等材料。

（2）可更换元件或带有损伤元件的应用，如可换保险丝节点、可换墙板阻尼器等，如图 6-11 (a)、(b) 所示。

（3）减隔震技术的应用，如防屈曲支撑、黏滞阻尼器以及隔震支座等，如图 6-11 (c)、(d) 所示。

（4）智能结构的应用，如自复位、自修复和自检测结构。

(a)　　　　　　　　(b)　　　　　　　　(c)　　　　　　　　(d)

图 6-11　结构性能化技术

(a) 可换保险丝节点；(b) 可换墙板阻尼器；(c) 防屈曲支撑；(d) 橡胶隔震支座

(http://zhedesign.blog.sohu.com/rss)

5. 管理信息化

装配式钢结构建筑的管理信息化趋势主要体现为：

（1）预制部品、部件的信息化生产与管理。建立预制构件的大数据库，将每个构件独立编码，可使用二维码扫描或者 APP 搜索查询构件信息，便于装配式钢结构建筑的制作生产和后期管理。

（2）BIM 技术的应用。装配式钢结构中应用 BIM 技术，可实现建筑日照分析和结构设计查错，也可进行施工阶段模拟、结构模型拆分和施工阶段结构碰撞分析，使整个结构的施工过程清晰化、全局观念加强和提高施工效率。装配式钢结构中 BIM 技术的应用如图 6-12 所示。

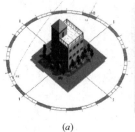 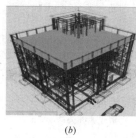 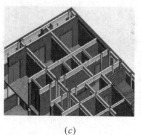 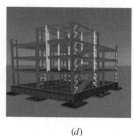

(a)   *(b)*   *(c)*   *(d)*

图 6-12 装配式钢结构中 BIM 技术
(a) 日照分析；*(b)* 碰撞检查；*(c)* 模型拆解；*(d)* 施工模拟

6.2 装配式钢结构体系

6.2.1 结构体系分类

我国装配式钢结构建筑起步相对较晚，但是发展速度很快。装配式钢结构建筑体系依据建筑高度及层数可以分为低多层钢结构体系和中高层钢结构体系两大类，并有诸多不同的结构体系与之对应。其中，低多层装配式钢结构体系包括集成房屋结构体系、模块化结构体系、冷弯薄壁型钢结构体系和轻型钢框架体系等，主要是用于别墅、酒店、援建等项目。中高层装配式钢结构体系包括纯钢框架体系、钢框架-支撑体系、钢框架-剪力墙体系和钢框架-核心筒体系，主要用于住宅、办公楼等项目，较为符合我国目前发展状况的是钢框架-支撑体系和钢框架-剪力墙体系。

在常见体系基础上，新型承重构件截面形式、新型梁柱构造形式节点、新型抗侧力体系和新型围护材料或连接的采用，促使许多新型装配式钢结构体系不断被提出。

6.2.2 低多层装配式钢结构体系

1. 集成房屋结构体系

集成房屋主要是通过在工厂预制墙体、屋面等，以钢结构为代表的承重结构，现场能够迅速装配的一种房屋。集成房屋的特点是标准化模块生产，易于拆迁、移动、安装及运输，可重复使用。集成房屋的优点是集成程度高、施工周期短、绿色环保、湿作业少以及可回收利用。集成房屋主要用于临时用房建筑、办公室、宿舍等，如图 6-13 所示。

2. 模块化结构体系

模块化结构体系分为全模块化建筑结构体系、模块单元与传统框架结构复合体系、模块单元与板体结构复合体系三类，如图 6-14 所示。全模块化建筑结构体系是指建筑全部由模块单元装配而成，适用于多层建筑房屋，一般适用层数为 4～8 层。模块单元与传统框架结构复合体系是指以一个框架平台作为上部模块化建筑的基础，并在此平台上部进行

(*a*)　　　　　　　　　　　　　　(*b*)

图 6-13　集成房屋结构体系

(*a*) 集成式幼儿园；(*b*) 集成式办公楼

(https：//b2b. hc360. com/viewPics/supplyself _ pics/573583557. html)

模块单元安装。模块单元与板体结构复合体系是指以模块单元堆叠形成一个核心，并在其周围布置预制承重墙板和楼板，一般应用于 4～6 层的建筑。目前，模块化结构体系已应用于上海世博会宝钢绿色建筑，如图 6-15。

(*a*)　　　　　　　　　　　(*b*)　　　　　　　　　　　(*c*)

图 6-14　模块化结构体系

(*a*) 全模块化；(*b*) 模块单元与传统框架复合；(*c*) 模块单元与板体复合

(http：//www. steelconstruction. info/Modular _ construction)

图 6-15　宝钢绿色之家

(http：//www. mjshsw. org. cn/shmj2011/node563/node564/node682/u1ai1766314. html)

3. 轻钢龙骨结构体系

轻钢龙骨结构体系主要是由钢柱、钢梁、天龙骨、地龙骨、中间腰支撑以及配套的扣件、加劲件、连接板通用自攻螺钉连接而成，如图 6-16 所示。根据主受力构件的截面形式，轻钢龙骨结构体系大致可分成两类：一类是以冷弯薄壁型钢组成的龙骨体系；另一类是以小型热轧型钢组成的龙骨体系。钢梁与钢柱等构件的截面厚度为 $1\sim3$mm，钢柱的间距约为 $400\sim600$mm。此类结构的主要受力机理为：钢柱与天龙骨、地龙骨、腰支撑或隔板组成受力墙壁，竖向力由楼面梁传至墙壁的天龙骨，再通过钢柱传至基础；水平力由作为隔板的楼板传至墙壁再传至基础。在结构传力过程中，墙面板承受了一定的剪力，且提供了必要的抗侧刚度，因此墙面板也应满足一定的要求。

图 6-16 轻钢龙骨结构体系

（https://b2b. hc360. com/viewPics/
supplyself_pics/546966758. html）

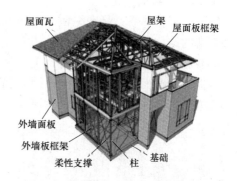

图 6-17 分层装配式钢结构体系

（http://www. precast. com. cn/index. php/
news_detail-id-3688. html）

4. 分层装配式钢结构体系

分层装配式钢结构体系具有梁柱节点处钢梁通长、钢柱分层等特点，采用端板螺栓形式实现构件之间的连接，且采用交叉柔性支撑来抵抗水平力，如图 6-17 所示。

5. 无比钢结构体系

无比钢结构体系是在冷弯薄壁型钢结构体系的基础上发展与改进而来的，如图 6-18 所示。结构体系中最基本单元是小型桥架，主要是由冷弯薄壁方钢管和 V 形连接件通过自攻螺栓连接而成的；主要用于中低层住宅结构中，也可用于厂房结构中。

图 6-18 无比钢结构体系

（https://product. gongchang. com/c939/
CNC1055290724. html）

图 6-19 多层轻钢框架结构体系

（https://baike. so. com/doc/
1283281-1356953. html）

6. 多层轻钢框架结构体系

多层轻钢框架结构体系是采用宽厚比较大的构件作为钢框架梁柱构件。钢柱截面为高频 H 型钢或冷弯方钢管，钢梁截面主要为高频 H 型钢，如图 6-19 所示。

6.2.3　中高层装配式钢结构体系

中高层装配式钢结构建筑目前应用较多的结构体系有：钢框架结构体系、钢框架-剪力墙结构体系、钢框架-支撑结构体系、钢框架-核心筒结构体系、交错钢桁架结构体系等。

1. 钢框架结构体系

钢框架结构体系是指在纵横方向均由钢梁与钢柱构成的，且主要用于承受竖向荷载和水平荷载的结构体系。钢框架体系的主要受力构件是框架梁和框架柱，梁柱共同作用抵抗竖向荷载和水平荷载。钢框架体系是一种典型的柔性结构体系，其抗侧刚度仅由框架提供。钢框架梁截面常采用 I 形、H 形和箱形等种类，钢框架柱截面常采用 H 形、空心圆管形或方矩形等种类，如图 6-20 所示。

图 6-20　钢框架结构体系

图 6-21　钢框架-支撑结构体系

2. 钢框架-支撑结构体系

钢框架-支撑结构体系是以钢框架结构为基础，在结构纵、横向的部分框架柱之间设置竖向支撑，进而提高结构的整体抗侧刚度，如图 6-21 所示。钢框架主要承受竖向荷载，钢支撑则承担水平荷载，形成双重抗侧力的结构体系。

根据支撑部位的不同，钢框架-支撑结构体系分成中心支撑体系和偏心支撑体系。与钢框架结构体系相比，钢框架-中心支撑结构体系具有较大的刚度，弹性变形易于满足规范要求，但在强震作用下支撑易于受压屈曲，导致结构整体承载力和刚度下降。在钢框架-偏心支撑结构体系中，支撑与钢梁、钢柱的轴线不汇交于一点，支撑与支撑间或与梁柱节点间形成一段先于支撑杆件屈服的消能梁段；消能梁段在正常使用或小震作用下处于弹性工作状态，而在强震作用下通过其非弹性变形进行耗能，具有较好的抗震性能。对非抗震设防地区或抗震设防烈度较低（6 度、7 度）地区，宜采用钢框架-中心支撑结构体系；对抗震设防烈度较高（8 度、9 度）地区，宜采用钢框架-偏心支撑结构体系。钢框架-支撑结构体系抗侧刚度较大，适用于多层及高层结构，经济性好。

3. 钢框架-剪力墙结构体系

中心支撑与偏心支撑受杆件的长细比限制，截面尺寸较大，受压时易于失稳屈曲。为了解决上述问题，提高结构的侧向刚度，在框架结构中设置部分剪力墙，使框架和剪力墙两者结合起来，取长补短，共同抵抗水平荷载，即形成了钢框架-剪力墙结构体系，如图 6-22 所示。在此结构体系中，由于剪力墙刚度大，剪力墙分担大部分的水平荷载，是抗侧力的主体；钢框架承担竖向荷载和少部分的水平荷载，为结构提供了较大的使用空间。

与钢框架结构相比，钢框架-剪力墙结构总体受力性能良好，结构刚度和承载力均大大提高，在地震作用下层间变形减小，因而减小了非结构构件（隔墙与外墙）的损坏。但钢框架-剪力墙结构不足之处在于安装比较困难，制作较为复杂。此类结构体系常用于多层和高层结构，应用较为广泛。

图 6-22 钢框架-剪力墙结构体系

图 6-23 钢框架-核心筒结构体系

4. 钢框架-核心筒结构体系

钢框架-混凝土核心筒结构体系是由外侧的钢框架和混凝土核心筒构成的，其中混凝土核心筒由四周封闭的现浇混凝土墙体形成的，主要布置在卫生间、楼梯间或电梯间的四周，如图 6-23 所示。在此结构体系中，各组成部分受力分工明确，核心筒抗侧刚度极强，承担了绝大部分的水平荷载和大部分的倾覆力矩；钢框架承担了竖向荷载和少量的水平荷载。核心筒可采用滑模施工技术，施工速度介于钢结构和混凝土结构之间。

由于综合受力性能好，且钢框架-混凝土核心筒结构体系的抗侧刚度大于钢框架结构，结构造价介于钢结构和钢筋混凝土结构之间，因此该结构体系目前在我国应用极其广泛，特别适合于地基土质较差地区和地震区，新建的高层和超高层建筑几乎都采用了钢框架-混凝土核心筒结构体系。

5. 交错钢桁架结构体系

交错桁架结构体系主要是由钢柱与钢桁架组成的，通过钢柱、钢桁架和楼板形成空间结构抗侧力体系，如图 6-24 所示。交错钢桁架结构体系中桁架的杆件全部受轴力作用，杆件的材料能得到充分利用。钢柱仅布置在框架承重结构的外围周边，中间不设置钢柱。钢桁架高度为对应结构楼层的高度、跨度为结构宽度或长度，且钢桁架两端支承在结构周边的纵向钢柱上；钢桁架布置在横向的每列钢柱轴线上，每隔一层设置一个，且相邻钢柱轴线交错布置。在相邻的钢桁架间，楼板一端支承在钢桁架上弦杆，另一端支承在相邻钢桁架下弦杆。

6.2.4 新型装配式钢结构体系

为了适应市场的需求，众多企业在不断完善加工制作工艺和丰富产品的基础上，力求技术创新，提出与开发出形式各异的新型装配式钢结构体系。新型装配式钢结构体系的创新主要集中在以下方面：①构件截面形式；②梁柱连接节点形式；③抗侧力体系；④围护材料或连接的采用。下面仅介绍几种较为成熟的新型装配式钢结构体系。

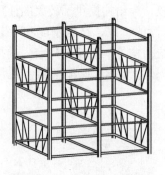

图 6-24　交错钢桁架结构体系

图 6-25　方钢管混凝土异形柱结构体系

1. 方钢管混凝土异形柱结构体系

方钢管混凝土异形柱结构体系由单根方钢管混凝土柱通过缀件连接组合而成方钢管混凝土异形柱，可布置成 L 形、T 形和十字形，采用分体式外环肋板梁柱节点或一体化外肋环板梁柱节点，如图 6-25 所示。

2. 高层装配式巨型钢结构体系

高层装配式巨型钢结构体系是将巨型钢结构体系与模块化结构结合为一体，如图 6-26 所示。结构受力合理，工业化程度极高，施工周期较短。

3. 装配式空间钢网格盒式结构体系

装配式空间钢网格盒式结构由钢-混凝土协同式组合空腹夹层楼盖及钢网格式承重墙组成的，多用于公寓、办公楼，如图 6-27 所示。

图 6-26　高层装配式巨型钢结构体系

图 6-27　装配式空间钢网格盒式结构体系

4. 装配式斜支撑节点钢框架体系

装配式斜支撑节点钢框架体系由钢柱、集成式组合楼板、节点加强型斜撑构成，在现场通过法兰和高强螺栓将各部分连接拼装，核心是加强型斜撑节点，多用于中高层的酒店和公寓，如图 6-28 所示。

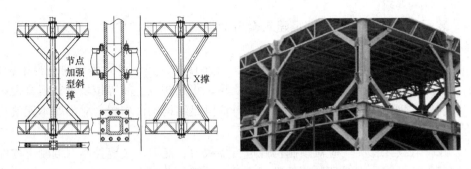

图 6-28　装配式斜支撑节点钢框架体系

5. 钢管混凝土组合束墙结构体系

钢管混凝土组合束墙结构体系由钢管组合束墙与 H 形钢梁或箱形梁连接而成,如图 6-29 所示。组合束墙是由 C 形型钢连续拼接形成钢管空腔,并在空腔之内浇筑混凝土形成钢板混凝土组合剪力墙。

6. 多腔柱钢框架支撑结构体系

多腔柱钢框架支撑结构体系由多个型钢构件(冷弯方钢管、C 型钢)拼接形成多腔柱,依据需要并提出一种工厂预制装配式梁柱节点,如图 6-30 所示。此结构体系的优点是容易标准化生产、制作方便、避免室内梁柱凸出。

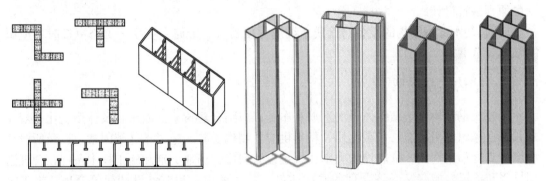

图 6-29　钢管混凝土组合束墙结构体系　　　　图 6-30　多腔柱钢框架支撑结构体系

6.3　结构设计基本规定

6.3.1　设计原则

装配式钢结构建筑进行结构设计时应遵循的主要设计原则如下:

(1) 装配式钢结构建筑应采用系统集成的方法进行统筹设计、生产运输、施工安装和使用维护,实现全过程的协同。

(2) 装配式钢结构建筑应按照通用化、模数化、标准化的要求,以少规格、多组合的原则,实现建筑及部品部件的系列化和多样化。

(3) 装配式钢结构建筑防火、防腐应符合国家现行相关标准的规定,满足可靠性、安全性和耐久性的要求。

（4）装配式钢结构建筑应满足建筑全寿命期的使用维护要求，宜采用管线分离的方式。

（5）公共建筑采用楼电梯、公共卫生间、公共管井、基本单元等模块进行组合设计，住宅建筑应采用楼电梯、公共管井、集成式厨房、集成式卫生间等模块进行组合设计。

（6）装配式钢结构建筑平面与空间的设计应满足结构构件布置、立面基本元素组合及可实施性等要求。

（7）在持久设计工况，应对预制构件进行承载力、变形、裂缝控制（混凝土构件）验算；在地震设计工况，应对预制构件进行承载力验算；在制作、运输和堆放、安装等短暂设计工况，预制构件的验算应符合现行国家标准及规范有关规定。

（8）用于固定连接件的预埋件和预埋吊件、临时支撑用预埋件在设计时应尽量不选用；如特殊情况必须选时应满足各种设计工况的要求。

（9）装配式钢结构建筑应根据建筑功能、主体结构、设备管线及装修等要求，确定合理的层高及净高尺寸。

（10）内外墙板的接缝应满足防水、防火、保温、隔声的要求，内外墙板接缝及门窗洞口等部位宜采用材料和构造双重防水相结合的设计。

（11）各系统设计应统筹考虑材料性能、加工工艺、运输限制、吊装能力的要求。

（12）装配式钢结构建筑的结构系统应按传力可靠、构造简单、施工方便和确保耐久性的原则进行设计。

（13）装配式钢结构的设备与管线系统应方便检查、维修、更换，维修更换时不应影响结构安全性。

6.3.2　结构体系选型

装配式钢结构建筑结构体系的选型和布置，应结合建筑平立面布置及体型变化的规律性，综合考虑使用功能、荷载性质、材料供应、制作安装、施工条件等因素，以及所设计房屋的高度和高宽比、抗震设防类别、抗震设防烈度、场地类别和施工技术条件，合理选用抗震和抗风性能好又经济合理的结构体系，并力求构造和节点设计简单合理、施工方便。除此之外，建筑类型对结构体系的选择也是至关重要的。钢框架结构、钢框架-支撑结构、钢框架-剪力墙结构适用于多高层钢结构住宅及公建；筒体结构、巨型结构适用于高层或超高层建筑；交错桁架结构适合带有中间走廊的宿舍、酒店或公寓；低层冷弯薄壁型钢结构适用于以冷弯薄壁型钢为主要承重构件，层数不大于3层的底层房屋。对有抗震设防要求的建筑结构，更应从设计概念上考虑所选择的结构体系具有多道抗震防线，使结构体系抗震时应具有支撑→梁→柱的屈服顺序机制，或耗能梁段→支撑→梁→柱的屈服顺序机制，并避免结构刚度在水平向和竖向产生突变。

装配式钢结构建筑应根据建筑高度、平面布置、地质条件和抗震要求等因素，采用轻钢龙骨结构体系、交错桁架结构体系、钢框架结构体系（轻型截面钢框架、普通钢框架、混合钢框架和异性柱钢框架）、钢框架-支撑结构体系（中心支撑和偏心支撑）、钢框架-剪力墙结构体系（钢板剪力墙板、内藏钢板支撑剪力墙板和带竖缝混凝土剪力墙板）和钢框架-混凝土核心筒结构体系。一般情况下，对底层（1～3层）装配式钢结构建筑，结构体系宜选择轻钢龙骨或轻型截面钢框架；对多层（4～6层）装配式钢结构建筑，结构体系宜采用钢框架结构、钢框架-支撑或交错桁架；对中高层（7～12层）装配式钢结构建筑，结构体系宜采用钢框架结构、钢框架-支撑或钢框架-剪力墙；对高层（13～30层）装配式钢结构建筑，结构体系宜采用钢框架结构、钢框架-支撑或钢框架-剪力墙或钢框架-混凝土核心筒体。当有可靠依据，经过相关论证，也可采用其他结构体系，包括新型构件和新型节点的结构体系。

重点设防类和标准设防类多高层装配式钢结构建筑适用的最大高度应符合表6-1规定。

各种结构体系的最大适用高度（m）　　　　表6-1

结 构 体 系	6 度 (0.05g)	7 度		8 度		9 度 (0.40g)
		(0.10g)	(0.15g)	(0.20g)	(0.30g)	
钢框架结构	110	110	90	90	70	50
钢框架-中心支撑结构	220	220	200	180	150	120
钢框架-偏心支撑结构 钢框架-屈曲约束支撑结构钢框架-延性墙板结构	240	240	220	200	180	160
筒体(框筒、筒中筒、桁架筒、束筒)结构巨型结构	300	300	280	260	240	180
交错桁架结构	90	60	60	40	40	—

注：1. 房屋高度指室外地面到主要屋面板板顶的高度（不包括局部突出屋顶部分）；
2. 超过表内高度的房屋，应进行专门研究与论证，采用有效的加强措施；
3. 交错桁架结构不得用于9度区；
4. 柱子可采用钢柱或钢管混凝土柱；
5. 特殊设防类，6、7、8度时宜按本地区抗震设防烈度提高1度后符合本表要求；9度时应做专门研究。

装配式钢结构建筑的高宽比是对结构刚度、整体稳定、承载能力和经济合理性的宏观控制。多高层装配式钢结构建筑的高宽比不宜大于表6-2的规定。

装配式多高层建筑钢结构适用的最大高宽比　　　　表6-2

烈　　　度	6、7	8	9
最大高宽比	6.5	6.0	5.5

注：1. 计算高宽比的高度从室外地面算起；
2. 当塔形建筑底部有大底盘时，计算高宽比的高度从大底盘顶部算起。

6.3.3 材料

1. 钢材

装配式钢结构建筑对钢材的品种、质量和性能有着较高的要求，要求在设计选材时做好优化比选的工作。钢材品种的选择和质量等级是根据结构或构件连接方法、应力状态、工作环境以及板件厚度等因素确定，并应在设计文件中完整注明钢材的技术要求。

装配式钢结构建筑用钢材性能应符合下列要求：

（1）钢材性能应符合现行国家标准《钢结构设计标准》GB 50017 及其他有关标准的规定。有条件时，可采用耐候钢、耐火钢、高强钢等高性能钢材。同时，由于装配式钢结构建筑中钢材费用约占到工程总费用的 30%，故选材还应充分地考虑到工程的经济性，选用性价比较高的钢材。

（2）结构钢材可选用符合现行国家标准《碳素结构钢》GB/T 700 和《低合金高强度结构钢》GB/T 1591 的 Q235 钢和 Q345 钢。当有依据时，也可选用强度更高的钢材。

（3）按 8 度或 9 度抗震设防的高层装配式钢结构建筑要求采用较高性能钢板时，宜采用符合现行国家标准《建筑结构用钢板》GB/T 19879 的 Q235GJ 钢和 Q345GJC 级钢。

（4）钢材的强度设计值等设计指标应符合现行国家标准《钢结构设计标准》GB 50017 与《冷弯薄壁型钢结构技术规范》GB 50018 的规定。

（5）结构钢材应保证屈服强度、抗拉强度、伸长率等基本力学性能符合要求，框架梁、柱等重要承重构件应再附加冷弯性能要求，必要时尚应附加保证冲切功值要求。

（6）框架柱或钢管混凝土柱等构件选用圆钢管时，宜优先选用冷弯成型的焊接圆管；当有技术经济依据时，也可选用符合《结构用无缝钢管》GB/T 8162 的 Q345 无缝钢管，但不应选用以热扩方法生产的无缝钢管。

（7）各类构件选用薄壁型材时，须注意截面板件的局部稳定，应符合规范要求。

（8）非潮湿环境（湿度不大于 60%）下的装配式钢结构建筑中次构件（坡屋顶、承重龙骨等），需采用冷弯薄壁型钢（C 型钢或方矩钢管）时，其厚度不宜小于 3.0mm；当采用镀锌构件时，应采用热浸镀锌板（双面镀锌量不小于 180g/m² ）制作。

（9）钢材断口处不应有分层、夹渣、表面锈蚀、麻点等缺陷，表面划痕不应大于钢材厚度负偏差的一半。

（10）钢材的代换应经原设计单位确认后方可执行。

（11）抗震设防（不低于 7 度）的中高层和高层住宅钢结构，当其框架和抗侧力支撑等重要构件的截面设计由地震作用组合控制时，钢材应附加保证下列性能：①钢材的屈强比不应大于 0.85；②钢材应有明显的屈服台阶，且伸长率不小于 20%（标距 50mm 实践）；③钢材应有良好的焊接性能，对低合金结构钢应保证合格的碳当量。

2. 连接材料

焊接连接材料的选用应符合下列规定：

（1）手工焊接用焊条应符合现行国家标准《非合金钢及细晶粒钢焊条》GB/T 5117 或《热强钢焊条》GB/T 5118 的规定，选用的焊条型号应与主体钢构件金属力学性能相适应；当两种不同强度的钢材焊接时，宜采用与低强度钢材相适应的焊接材料。

（2）自动焊接或半自动焊接采用的焊丝和焊剂应与主体钢构件金属力学性能相适应，焊丝应符合现行国家标准《熔化焊用钢丝》GB/T 14957、《气体保护电弧焊用碳钢、低合金钢焊丝》GB/T 8110 及《碳钢药芯焊丝》GB/T 17493 的规定；埋弧焊用焊丝和焊剂应符合现行国家标准《埋弧焊用碳钢焊丝和焊剂》GB/T 5293、《低合金钢埋弧焊用焊剂》GB/T 12470 的规定。

（3）焊接材料的匹配以及焊缝的强度设计值应符合《钢结构设计标准》GB 50017、《高层民用建筑钢结构技术规程》JGJ 99 的规定。

（4）承受较强地震作用的构件与节点的焊接连接，宜选用低氢型焊条。

连接螺栓、锚栓的选用应符合下列规定：

（1）普通螺栓应符合现行国家标准《六角头螺栓 C 级》GB/T 5780 和《六角头螺栓》GB/T 5782 的规定。

（2）高强度螺栓应符合现行国家标准《钢结构用高强度大六角头螺栓》GB/T 1228、《钢结构用高强度大六角头螺母》GB/T 1229、《钢结构用高强度垫圈》GB/T 1230、《钢结构用高强度大六角头螺栓、大六角螺母、垫圈技术条件》GB/T 1231 或《钢结构用扭剪型高强度螺栓连接副技术条件》GB/T 3633 的规定。

（3）锚栓可采用现行国家标准《碳素结构钢》GB/T 700 规定的 Q235 钢，或《低合金高强度结构钢》GB/T 1591 规定的 Q345 钢。

（4）各类螺栓、锚栓的强度设计值应符合《钢结构设计标准》GB 50017、《高层民用建筑钢结构技术规程》JGJ 99 的规定。

组合结构中的抗剪焊（栓）钉，其材料为 ML15 或，ML15AL 钢，其材质性能、规格及配件等应符合现行国家标准《电弧螺柱焊用圆柱头焊钉》GB/T 10433 的规定。

3. 钢筋与混凝土

钢-混凝土组合构件与混合结构体系中剪力墙、核心筒等构件，其混凝土的强度等级不宜低于 C30。

钢-混凝土混合结构的钢筋可选用 HPB235 级钢筋、HRB335 钢筋、HRB400 级和 RRB400 级钢筋。钢筋性能应符合现行国家标准《钢筋混凝土用热轧带肋钢筋》GB 1499、《钢筋混凝土用热轧光圆钢筋》GB 13013、《钢筋混凝土用余热处理钢筋》GB 13014 等的规定。钢筋的强度标准值应具有不小于 95％ 的保证率。

用于抗震等级为一、二级混合框架结构的纵向受力普通钢筋，其产品检验所得的强度实测值应符合下列要求：①钢筋的抗拉强度实测值与屈服强度实测值的比值不应小于 1.25；②钢筋的屈服强度实测值与强度标准值的比值不应大于 1.3。

混凝土与钢筋的强度、弹性模量等设计指标应按现行国家标准《混凝土结构设计规范》GB 50010 的规定采用。

工程中采用的新材料产品，必须经过新产品的鉴定、论证、评审以及工艺评定后，方可在工程中应用。

6.4 结构分析

6.4.1 荷载与作用

在装配式钢结构建筑中，荷载和效应的标准值、荷载分项系数、荷载效应组合、组合值系数应满足现行国家标准《建筑结构荷载规范》GB 50009 的规定。

1. 竖向荷载

装配式钢结构建筑的楼面活荷载、屋面活荷载及屋面雪荷载除应符合现行国家标准《建筑结构荷载规范》GB 50009 的相关规定外，尚应满足下列规定：

（1）对住宅结构，各楼层的楼面荷载应考虑二次装修（地面、饰面、吊顶等）产生的均布永久荷载。

（2）各楼层内部的固定隔墙应按永久荷载考虑。对大开间结构或结构内部带有灵活布置的轻质隔墙时，可取每米墙重的 1/3 作为楼面附加活荷载施加，且标准值不应小于 $1.0kN/m^2$。

（3）计算构件内力时，楼面和屋面活荷载可取为各跨满载，当楼面活荷载大于 $4.0kN/m^2$ 时宜考虑楼面活荷载的不利布置。

（4）施工过程中采用附墙塔、爬塔等对结构有影响的起重机机械或其他施工设备时，应根据具体情况验算施工荷载对结构的影响。

（5）地下室顶板施工荷载应按实际情况取值，且不应小于 $3.5kN/m^2$；按人防设计时，尚应符合现行国家标准《人民防空地下室设计规范》GB 50038 的要求。

（6）屋顶绿化覆土的重量应按实际的附加永久荷载考虑，且不应小于 $3.0kN/m^2$。

（7）设置太阳能热水系统的屋面荷载取值应考虑太阳能热水系统设备自重以及运行水重量，且取值不宜小于 $2.5kN/m^2$。

（8）其他附加荷载，如擦窗机、水箱、广告牌、屋顶塔架等设备，应按实际情况确定其大小和作用的位置。

（9）基本雪压应按 50 年重现期确定的雪压（标准值），对雪荷载敏感的结构，应采用 100 年重现期的雪压。对装配式钢结构，在计算女儿墙处屋面或竖向存在较大落差的屋面、通廊、雨篷等屋盖结构的雪荷载时，屋面板、次梁以及檩条应考虑积雪不均匀分布的不利情况，可将雪压乘上不均匀积雪增大系数。

2. 温度作用

装配式钢结构建筑的温度作用除应符合现行国家标准《建筑结构荷载规范》GB 50009 的相关规定外，尚应满足下列规定：

（1）设计时宜考虑施工阶段和使用阶段温度作用对结构内力的影响。

（2）对气温变化较敏感的钢结构，宜考虑极端气温的影响，基本气温的最高值和最低值可根据当地气候条件适当增加或降低。

3. 风荷载

垂直于装配式钢结构建筑表面的风荷载，主要包括抗侧力结构和围护结构的风荷载标准值，应符合现行国家标准《建筑结构荷载规范》GB 50009 的相关规定。除此之外，风荷载值的确定尚应满足下列规定：

（1）基本风压应采用按现行国家标准《建筑结构荷载规范》GB 50009 中方法确定的 50 年重现期的风压，且不得小于 $0.3kN/m^2$。对风荷载比较敏感的装配式钢结构建筑，基本风压的取值应适当提高；对重现期为 50 年且高度不超过 60m 的装配式高层钢结构住宅，应按基本风压 1.05 倍取用；对高度超过 60m 的装配式高层钢结构住宅，应按基本风压 1.1 倍取用。

（2）对横风向风振或扭转风振作用效应明显的装配式高层钢结构，宜考虑横风向风振或扭转风振的影响。

（3）设计幕墙结构时，风荷载应按现行国家标准《建筑结构荷载规范》GB 50009、《玻璃幕墙工程技术规范》JGJ 102、《金属与石材幕墙工程技术规范》JGJ 133 和《人造板材幕墙工程技术规范》JGJ 336 的相关规定采用。

4. 地震作用

装配式钢结构的地震作用及荷载效应，应按现行国家标准《建筑抗震设计规范》GB 50011 和现行行业标准《高层民用建筑钢结构技术规程》JGJ 99 中相关规定计算。除此之外，装配式钢结构地震作用和荷载效应的计算尚应满足下列规定：

（1）在地震作用与荷载效应计算时，应考虑非承重墙体对结构刚度的影响，对所采用的结构自振周期进行折减。当非承重墙体为填充轻质砌块、轻质墙板和外挂墙板时，折减系数可取 0.8～1.0。

（2）对不同结构体系，地震作用与荷载效应计算时结构阻尼比 ζ 的取值应符合表 6-3 的规定。

（3）特殊情况下，计算出的地震作用与作用效应需要乘以增大系数，增大系数参考《钢结构住宅设计规范》CECS 261。

不同结构体系的结构阻尼比 ζ   表 6-3

结构体系	建筑高度 H (m)	阻尼比 ζ	
		多遇地震	罕遇地震
钢框架结构	H≤50	0.04	
钢框架-中心支撑结构			
钢框架-偏心支撑结构	50<H<200	0.03	0.05
钢框架-屈曲约束支撑结构			
钢框架-延性墙板结构	H≥200	0.02	
钢框架-混凝土核心筒结构	—	0.040～0.045	0.05

注：1. 当偏心支撑框架承担的地震倾覆力矩大于结构总地震倾覆力矩的 50% 时，结构阻尼比 ζ 可表中的数值增加 0.05。

2. 当钢框架-混凝土核心筒主要构件中钢构件所占比重较大时，多遇地震下结构阻尼比 ζ 取 0.04；当钢构件布置比重较少时，结构阻尼比 ζ 取 0.045。

6.4.2 内力分析

对装配式钢结构建筑，其内力与位移的计算原则、计算假定、计算模型和计算方法等，均应符合现行国家标准《建筑抗震设计规范》GB 50011、《钢结构设计标准》GB 50017 和现行行业标准《高层民用建筑钢结构技术规程》JGJ 99 以及现行协会标准《高层建筑钢-混凝土混合结构设计规程》CECS 230 的有关规定。

1. 基本原则

装配式钢结构建筑在结构内力分析时，除了应遵循钢结构的一般原则，尚应需满足下列基本原则：

（1）装配式钢结构建筑的结构设计应符合现行国家标准《工程结构可靠性设计统一标准》GB 50153 的规定，结构的设计使用年限不应少于 50 年，其安全等级不应低于二级。

（2）装配式钢结构建筑应按现行国家标准《建筑工程抗震设防分类标准》GB 50223 的规定确定其抗震设防类别，并应按现行国家标准《建筑抗震设计规范》GB 50011 进行抗震设计。

（3）在结构内力和位移计算时，应考虑钢梁和钢柱的弯曲变形、剪切变形以及钢柱的轴向变形。对于带有现浇竖向连续的钢筋混凝土剪力墙，应考虑剪力墙平面内的弯曲变形、剪切变形、扭转变形与翘曲变形。进行精确的结构分析时，需要考虑剪力墙面外刚度的影响。

（4）当抗震设防烈度为8度及以上时，装配式钢结构建筑可采用隔震或消能减震结构，并应按国家现行标准《建筑抗震设计规范》GB 50011和《建筑消能减震技术规程》JGJ 297的规定执行。

（5）装配式钢结构建筑在施工阶段时，结构属于非完善结构，结构内力采用传统分析方法较为困难时，宜采用钢结构的直接分析设计方法。

（6）对异形柱装配式钢结构，计算水平地震作用宜采用振型分解反应谱法，当质量和刚度不对称、不均匀时应采用考虑扭转耦联影响的振型分解反应谱法。

（7）对采用全螺栓连接的装配式钢结构建筑，梁柱节点为半刚性连接，结构内力分析时应计入节点转动对刚度，考虑节点弯矩-相邻梁柱间相对转角曲线。

（8）在风荷载和多遇地震作用下，结构楼层层间最大弹性位移不宜大于表6-4中的规定；在罕遇地震作用下，结构薄弱层的弹塑性层间位移不应大于表6-4中的限值。

结构层间位移角的限值　　　　　　表6-4

结构体系	建筑高度 H(m)	层间位移角			
		风荷载	多遇地震		罕遇地震
			填充墙或内嵌墙板	外挂墙板	
钢框架结构 钢框架-中心支撑结构 钢框架-偏心支撑结构 钢框架-屈曲约束支撑结构 钢框架-延性墙板结构	—	1/400	1/400	1/300	1/50
钢框架-混凝土核心筒结构 钢管混凝土框架-混凝土核心筒结构	$H \leqslant 150$	1/800	1/800		
	$H = 150 \sim 250$	插值确定	插值确定		1/100
	$H \geqslant 250$	1/500	1/500		

注：在保证主体结构不开裂和装修材料不出现较大破坏的前提下，多遇地震下层间位移角限值可适当放宽，其中钢结构可以取不大于1/250。

（9）高度不小于80m的装配式钢结构住宅以及高度不小于150m的其他装配式钢结构建筑应满足风振舒适度要求。在现行国家标准《建筑结构荷载规范》GB 50009规定的10年一遇的风荷载标准值作用下，结构顶点的顺风向和横风向振动最大加速度计算值不应大于表6-5的限值。结构顶点的顺风向和横风向振动最大加速度，可按现行国家标准《建筑结构荷载规范》GB 50009的有关规定计算，也可通过风洞试验结果判断确定。

结构顶点的顺风向和横风向风振加速度限值　　　　　　表6-5

使用功能	a_{lim}	使用功能	a_{lim}
住宅、公寓	0.20m/s²	办公、旅馆	0.28m/s²

（10）多高层装配式钢结构建筑的结构整体稳定性应符合下列规定：

① 钢框架结构：

$$D_i \geqslant 5 \sum_{j=i}^{n} G_j / h_i \quad (i=1,2,\cdots\cdots,n) \tag{6-1}$$

② 框架-支撑结构、框架-延性墙板结构、筒体结构、巨型结构和交错桁架结构：

$$EJ_d \geqslant 0.7 H^2 \sum_{i=1}^{n} G_i \tag{6-2}$$

式中　D_i——第 i 楼层的抗侧刚度（kN/mm），可取该层剪力与层间位移的比值；

h_i——第 i 楼层层高（mm）；

G_i、G_j——分别为第 i、j 楼层重力荷载设计值（kN），取 1.2 倍的永久荷载标准值与 1.4 倍的楼面可变荷载标准值的组合值；

H——房屋总高度（mm）；

EJ_d——结构一个主轴方向的弹性等效侧向刚度（kN·mm²），可按倒三角形分布荷载作用下结构顶点位移相等的原则，将结构的侧向刚度折算为竖向悬臂受弯构件的等效侧向刚度，当延性钢板采用混凝土墙板时，刚度应适当折减。

2. 结构分析方法

对装配式钢结构建筑，不同结构体系的结构内力分析可分别采用现行国家标准《建筑抗震设计规范》GB 50011、《钢结构设计标准》GB 50017、《门式钢架轻型房屋钢结构技术规范》GB 51022、《冷弯薄壁型钢结构技术规范》GB 50018 和现行行业标准《高层民用建筑钢结构技术规程》JGJ 99 以及现行协会标准《高层建筑钢-混凝土混合结构设计规程》CECS 230 的有关规定。

1）半刚性钢框架内力分析

对装配式钢结构建筑，当有可靠依据时，钢梁与钢柱之间可采用全螺栓的半刚性连接。此时，结构内力分析应计入节点转动对刚度的影响，可假定连接的节点弯矩-相邻梁柱间相对转角曲线，且在节点设计时，应保证节点的构造与假定的弯矩-转角曲线符合。

当考虑梁柱节点半刚性连接的影响时，钢框架内力分析可采用下列三种近似计算方法。

（1）钢梁等效惯性矩的方法

钢梁等效惯性矩方法是通过钢梁的等效惯性矩来考虑节点的半刚性。在计算分析中，可不必采用精确的梁柱弯矩-转角曲线，也不必通过迭代方法来考虑刚度的折减。

① 有侧移钢框架

对有侧移钢框架，钢梁的等效惯性矩 I_E 可按下式计算确定：

$$\frac{1}{I_E} = \frac{1}{I_B} + \frac{1}{I_C} \tag{6-3}$$

$$I_C = \frac{K_C L}{6E} \tag{6-4}$$

式中　I_B——钢梁的初始惯性矩；

I_C——常数；

K_C——连接节点的初始切线刚度；

E——钢材的弹性模量；

L——钢梁的长度。

考虑节点半刚性时，钢梁端部的弹性弯矩 M_V 可按下式计算确定：

$$M_V = \frac{M_G}{(2EI_B/K_CL)+1} \tag{6-5}$$

式中　M_G——假定连接节点完全刚性时的钢梁端部弹性弯矩。

为了保证钢框架不会发生整体失稳和局部失稳，可采用允许长细比来控制结构的整体失稳和局部失稳。

控制整体失稳时，长细比应满足下式条件：

$$\left(\frac{h}{r}\right)_{AV} = \frac{29}{K_{AV}\sqrt{N_{AV}\left[(M_S/M_{CAP})^2+0.175\right]}}\sqrt{\frac{300}{f_y}} \tag{6-6}$$

式中　$(h/r)_{AV}$——每一层中柱的平均长细比；

K_{AV}——每一层中柱的平均有效长度系数；

N_{AV}——系数，$N_{AV}=\dfrac{P_{AV}}{A_{AV}}f_y$；

P_{AV}——每一层柱子的平均轴力；

A_{AV}——每一层中柱子的平均面积；

M_S——在水平荷载作用下钢柱的一阶弹性弯矩；

M_{CAP}——在水平荷载作用下含轴力时钢柱的一阶弯曲承载力；

f_y——钢材屈服强度。

控制局部失稳时，长细比应满足下式条件：

$$\frac{h}{r} = \frac{82}{K_B\sqrt{N}}\sqrt{\frac{300}{f_y}(1-C_mM_2/1.05M_P)} \tag{6-7}$$

式中　h/r——每一层柱的长细比；

K_B——采用传统弹性屈曲且假定柱有支撑时钢柱的弹性有效长度系数；

N——系数，$N=\dfrac{P}{A}f_y$；

P——钢柱轴力；

A——钢柱面积；

C_m——系数，$C_m=0.6+0.4M_2/M_1$；

M_1/M_2——由塑性分析得到的最小与最大端部弯矩比；

M_2——由塑性分析获得钢柱最大端部弯矩；

M_P——含轴力时钢柱的一阶弯曲承载力。

② 无侧移钢框架

对无侧移钢框架，钢梁的等效惯性矩 I_E 可按式（6-8）计算确定。

$$\frac{1}{I'_E} = \frac{1}{I_B} + \frac{1}{I'_C} \tag{6-8}$$

$$I'_C = \frac{K_CL}{2E} \tag{6-9}$$

（2）仅考虑一端半刚性连接的方法

对半刚性连接钢框架，可将钢梁与钢柱连接节点近似为转动弹簧，且弹簧刚度 R_k 是由连接节点弯矩-转角关系曲线的切线斜率确定。由于 R_k 随弯矩变化，且弯矩又和横梁所承受的荷载有关，因此问题比较复杂。实用的简化计算方法是假定钢横梁一端弯矩不断增大，弹簧刚度 R_k 下降为零；另一端弯矩因框架侧向移动而减小，弹簧刚度可取为 R_k 的初始值 R_{k0}。

钢横梁的惯性矩 I 被修改为 I'，且可按式（6-10）计算确定。

$$I' = \frac{2R'_{K0}}{12 + 4R_{K0}} I \tag{6-10}$$

式中，$R'_{K0} = R_{K0} L/(EI)$。

（3）线性化方法

在一个半刚性梁柱连接节点上施加弯矩，根据弯矩-转角关系可获取相应的转角 θ。半刚性连接节点的弯矩-转角关系曲线经历卸载、再加载路径如图 6-31 所示。此时，连接节点刚度 k 等于初始刚度 k_0。因此，在弹性阶段，可近似地采用节点初始刚度 k_0 来反映节点半刚性，用线性化模型来代替非线性的弯矩-转角曲线。

一般情况下，梁柱采用全螺栓连接的节点初始刚度 k_0 要小于栓焊混用型连接的节点初始刚度 k_0 值，栓焊混用型节点的 k_0 值又小于全部满焊连接节点的 k_0 值；即便是同类节点连接，不同的钢梁和连接板尺寸，其初始刚度 k_0 亦会不同。经分析表明，连接节点 k_0 值与两翼缘的间距 h_0、节点的极限弯矩 M_{cu} 以及钢材的屈服强度 f_y 有关。半刚性连接节点的初始刚度 k_0 可按式（6-11）计算。

$$k_0 = \gamma(M_{cu}h_0/f_y) + \beta \tag{6-11}$$

式中　M_{cu}——连接节点的极限弯矩，$M_{cu} = A_e h_0 f_y$；

　　A_e——翼缘的面积；

　　$\gamma、\beta$——系数，应由半刚性节点试验确定。

上述确定 k_0 值的方法简单易行，但没有考虑连接件的宽度和厚度对节点初始刚度 k_0 的影响，且只在弹性范围内适用。

2）直接分析设计方法

直接分析设计法应考虑二阶 $P-\Delta$ 和 $P-\delta$ 效应，按《钢结构设计标准》GB 50017 中相关规定同时考虑结构和构件的初始缺陷、节点连接刚度和其他对结构稳定性有显著影响的因素，允许材料的弹塑性发展、内力重分布，获得各种设计荷载（作用）下结构的内力和位移；并应按照《钢结构设计标准》GB 50017 的有关规定进行各结构构件的设计。

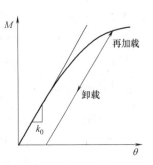

图 6-31　半刚性连接节点的
弯矩-转角曲线

由于直接分析设计法已经在内力分析过程中考虑了一阶弹性设计中的长度系数和稳定系数等因素，因此设计过程中不必再进行基于长度系数和稳定系数的构件稳定性验算。

直接分析设计法考虑材料弹塑性发展时宜采用塑性铰法或塑性区法。钢材的应力-应变曲线可近似为理想弹塑性模型，屈服强度取规范规定的强度设计值，弹性模量取标准值。钢构件截面应为双轴对称截面或单轴对称截面且以对称截面受弯为主，塑性铰处截面板件宽厚比等级应为 S1 级、S2 级，其出现的截面或区域应保证有足够的转动能力。在对结构进行连续倒塌分析时，结构材料的本构关系宜考虑应变率的影响；在结构进行抗火分析时，应考虑结构材料在高温下的本构关系对结构和构件内力产生的影响。

结构和构件采用直接分析设计法进行分析和设计时，计算结果可直接作为结构或构件在承载能力极限状态和正常使用极限状态下的设计依据。此时，当构件有足够侧向支撑以防止侧向失稳时，截面的承载能力应满足式（6-12）的要求；否则，构件的截面承载力应按式（6-13）验算。

$$\frac{N}{Af}+\frac{M_x^{\mathrm{II}}}{M_{cx}}+\frac{M_y^{\mathrm{II}}}{M_{cy}}\leqslant 1 \tag{6-12}$$

$$\frac{N}{Af}+\frac{M_x^{\mathrm{II}}}{\varphi_b W_x f}+\frac{M_y^{\mathrm{II}}}{M_{cy}}\leqslant 1 \tag{6-13}$$

当截面板件宽厚比等级不符合 S2 级要求时，构件不允许形成塑性铰，受弯及载力设计值应按下式确定

$$M_{cx}=\gamma_x W_x f \tag{6-12a}$$
$$M_{cy}=\gamma_y W_y f \tag{6-13a}$$

当截面板件宽厚比等级符合 S2 级要求时，不考虑材料弹塑性发展时，受弯承载力设计值应按下式确定：

$$M_{cx}=W_{px} f \tag{6-12b}$$
$$M_{cy}=W_{py} f \tag{6-13b}$$

式中　M_x^{II}、M_y^{II}——分别为绕 x 轴、y 轴的二阶弯矩设计值，可由结构分析获取；

A——毛截面面积；

W_x、W_y——分别为绕 x 轴、y 轴的毛截面模量（S1、S2、S3、S4 级）或有效截面模量（S5 级）；

W_{px}、W_{py}——为构件绕 x 轴、y 轴的塑性毛截面模量；

γ_x、γ_y——截面塑性发展系数；

φ_b——钢梁的整体稳定性系数。

6.4.3　构件设计

在装配式钢结构中，常规构件（如钢梁、组合梁、型钢混凝土梁、钢柱、钢管混凝土柱、型钢混凝土柱、钢支撑等）设计应符合现行国家标准《钢结构设计标准》GB 50017、《钢管混凝土结构技术规范》GB 50936、《高层民用建筑钢结构技术规程》JGJ 99 和《组合结构设计规范》JGJ 138 的规定。对特殊类钢构件（如异形钢柱、压型钢板、檩条、墙梁、门式刚架等）设计可按下列方法进行设计。

1. 异形钢柱

在装配式钢结构建筑住宅中，为了建筑功能需求，不希望房间内部出现突柱及突梁。通常情况下，钢柱采用异形截面，截面形状主要为工字形、十字形、T 形、Z 形、L 形。装配式钢框架结构中的异形柱设计工作对建筑行业的发展是十分关键的，异形柱的受力性能对于框架整体结构的承载力有着极其重要的影响。为此，异形柱的截面设计是十分重要的。

异形钢柱截面设计应遵循下列规定：

（1）截面力学特性。在等肢的前提条件下，L 形异形柱绕位于形心主轴方向 45°和 135°的轴线，对应的惯性矩分别为最大值和最小值；T 形异形柱绕位于形心主轴方向 0°和 90°的轴线，对应的惯性矩为在其截面各方向上的最大值和最小值。

（2）受力分析。对异形钢柱而言，截面可能没有对称轴或仅有 1～2 根对称轴，且在不同方向上的刚度有所不同。在双向压弯的受力状态下，异形钢柱的中和轴与弯矩作用平面基本不会出现垂直现象，也不会与截面边缘平行。当材料的强度以及截面积全部相同时，对双向压弯状态下，T 形截面异形钢柱的正截面承载能力要高于 L 形异形钢柱。异形钢柱截面由于其特殊的组成形式，梁柱节点核心区的截面面积较小，导致其抗剪承载能力较差，此部位是异形柱结构中抗震承载力最为薄弱环节。为确保结构安全及强节点设计要求，对抗震等级为一、二、三、四级的梁柱节点核心区和非抗震设计时，均应对节点域部位进行精确详细的受剪承载力计算，并采取必要的抗震构造措施，提高节点域抗震承载能力，基于异形柱结构受力性能的复杂，设计中应更多注重概念设计。

2. 冷弯薄壁构件

冷弯薄壁型钢是由厚度较薄的钢板或带钢，经冷加工（冷弯、冷压或冷拔）成型，同一截面部分的厚度都相同，截面各角部处呈圆弧形。冷弯型钢作为承重结构、围护结构、配件等在轻钢房屋中大量应用，也非常适用于底层装配式钢结构建筑结构中。在装配式钢结构房屋建筑中，冷弯薄壁型钢可用作钢架、桁架、梁、柱等主要承重构件，也被用作屋面檩条、墙架梁柱、龙骨、门窗、屋面板、墙面板、楼板等次要构件和围护结构。冷弯薄壁型钢结构构件通常有压型钢板、檩条、墙梁、刚架等。

目前，冷弯薄壁型钢构件的设计方法主要有两种：有效宽度法和直接强度法。

1）有效宽度法

有效宽度法是指在计算构件的承载力时采用有效截面代替原截面，来考虑局部屈曲对整体稳定的影响，但并未充分考虑畸变屈曲的影响。虽然各国规范在具体的表达形式上有所区别，但其本质都是由 Winter 有效宽度公式发展而来的。由于 Winter 有效宽度公式是在大量的试验研究基础上得到的，因此有效宽度法实际上包括了板件各种初始缺陷、冷弯效应等影响。

新版《冷弯薄壁型钢结构技术规范》GB 50018 中，在计算部分加劲板件受压稳定系数时，已经较好地考虑了畸变屈曲的影响。关于有效宽度法求解轴心受压构件、受弯构件和压弯构件的具体计算公式可详见《冷弯薄壁型钢结构技术规范》GB 50018。

2）直接强度法

直接强度法是指在计算构件承载力时采用全截面特性并考虑了截面畸变屈曲的影响，不需对组成截面的每块板件分别求解有效面积，计算简便且精度高。新版《冷弯薄壁型钢结构技术规范》GB 50018 中，在参考国外规范并结合我国已有研究和现行规范的基础上，在附录部分给出了计算轴压、受弯和压弯构件的直接强度法，以便于工程设计人员参考。具体计算方法可参见《冷弯薄壁型钢结构技术规范》GB 50018。

6.5 装配式钢结构建筑楼面及围护结构体系

装配式钢结构建筑围护结构体系是指"三板"体系，主要包括楼（屋）面板体系、外墙板体系和内墙板体系。围护结构体系对装配式钢结构建筑的整体性能有着较大的影响，其主要功能为：满足结构安全稳定、传递荷载、隔热保温、封闭防湿、隔声防火等。

在装配式钢结构建筑中，按在建筑中所处的位置，墙体可分为外墙和内墙；按照结构类型，墙体可分为承重墙和非承重墙。随着多高层装配式钢结构建筑的发展，对围护墙体提出了更新、更高的要求：①墙体材料应轻质高强、保温隔热；②具有一定的强度和刚度；③适于工厂化生产，现场装配化施工；④耐久性好；⑤墙体的节点构造须妥善处理。

装配式钢结构建筑的墙体材料宜采用装配化程度高、连接可靠的轻质材料，符合钢结构构件标准化、产业化、工厂化以及经济等要求，同时在构造上应满足结构受力、管线布置等基本要求。

6.5.1　楼（屋）面板体系

楼（屋）面板体系在建筑物中主要是用来承受和传递竖向荷载，且传递风及地震作用下的水平荷载，其用量大而广。楼板承担的竖向荷载主要由楼板自重和楼面活载组成，楼板自重甚至能达到建筑上部主体总重 40％左右。减小楼（屋）面板的自重是降低建筑总重量的最有效方法。不同的楼板形式对于结构造价有着直接的影响。因此，装配式钢结构建筑应尽量采用轻质高强的楼板形式，同时也可以达到标准化设计、工厂化的生产，与装配式钢结构体系相适应。

楼板除了应具有足够的强度、刚度、安全稳定外，还应具有良好的隔声、防火、防潮、防渗等性能。屋面板的功能除了楼板的功能外，还要有抵御风、雨、霜、雪的侵袭，防水防渗、保温隔热以及节能环保等功能。

1. 楼（屋）面板种类

装配式钢结构建筑的楼（屋）面板可以采用以下几种类型：现浇钢筋混凝土板、预制混凝土叠合楼板、钢筋桁架组合板、压型钢板-混凝土组合板和轻质板。为了楼面板和屋面板的施工便捷，且考虑楼板与下部支撑钢梁的共同工作，目前在装配式钢结构建筑中常采用压型钢板-混凝土组合板和钢筋桁架组合板。

装配式钢结构建筑的楼（屋）面板应符合下列规定：

（1）楼板可选用工业化程度高的压型钢板-混凝土组合楼板、钢筋桁架组合楼板、钢筋桁架混凝土叠合楼板、预制带肋底板混凝土叠合楼板（PK 板）及预制预应力空心板叠合楼板（SP 板）等。

（2）楼板应与钢结构主体进行可靠连接。

（3）抗震设防烈度为 6、7 度且建筑高度不超过 50m 时，可采用装配式楼板（全预制楼板）或其他轻型楼盖，但应采取下列措施之一保证楼板的整体性：①设置水平支撑；②加强预制板之间的连接性能；③增设带有钢筋网片的混凝土后浇层；④其他可靠方式。

（4）装配式钢结构建筑可采用装配整体式楼板（混凝土叠合板），但表 6-1 中的高度限值应适当降低。

（5）楼盖舒适度应符合国家现行标准《高层民用建筑钢结构技术规程》JGJ 99 的规定。

无论采用何种楼板，均应保证楼板的整体牢固性，保证楼板与钢结构的可靠连接，具体可以采取在楼板与钢梁之间设置抗剪连接件或将楼板预埋件与钢梁焊接等措施来实现。全预制装配式楼板的整体性能较差，因此需要采取更强的措施来保证楼盖的整体性。对于装配整体式的叠合板，一般当现浇的叠合层厚度大于 80mm 时，其整体性与整体式楼板的差别不大，因此可以适用于更高的高度。常见楼板体系的性能对比如表 6-6 所示。

1) 现浇钢筋混凝土楼板

现浇钢筋混凝土楼（屋）面板是工程中应用最广泛的楼板形式，其设计及施工技术都已发展较为成熟，如图 6-32 所示。现浇钢筋混凝土楼板取材方便、施工技术简单、平面刚度大、整体性好，同时成本低廉；可与钢梁形成组合梁，共同工作，可以减小梁的截面高度。

常见楼板体系性能的对比 表 6-6

楼板种类	压型钢板组合楼板	钢筋桁架楼承板	现浇混凝土楼板	预制混凝土叠合楼板
装配化	部分装配化	部分装配化	无	部分装配化
施工效率	湿作业量大 施工效率快	湿作业量大 施工效率快	湿作业量大 施工效率低	湿作业量少 施工效率高
楼板刚度	大	大	大	较大
楼层净高	小	大	大	大
防火与防腐	需要	不需要	不需要	不需要
吊顶	需要	依据拆模	不需要	不需要
造价	较高	较高	低	适中

钢筋混凝土现浇楼板具有强度高、刚度大、防火和耐久性能好等优点；且不受房间形状的限制，便于各种设备管道的铺设，开洞方便。但是缺点也不容忽视，现浇楼板自重大、耗材多，跨度和承载能力有限，大跨度的结构就需采用预应力楼板，容易开裂，施工工期长，施工质量受现场条件影响较大。由于其造价低，施工单位也比较熟悉，目前在钢结构建筑应用较为广泛。

图 6-32 现浇钢筋混凝土板

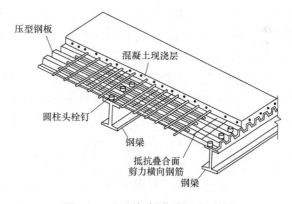

图 6-33 压型钢板-混凝土组合板

2) 压型钢板-混凝土组合楼板

压型钢板-混凝土组合楼板是先在钢梁上铺设凹凸相间的薄钢板作为衬板，然后在钢板上现浇混凝土形成的组合楼板，并通过焊接于钢梁上的栓钉加强板的整体性，如图6-33所示。压型钢板-混凝土组合楼板有两种形式：一种，压型钢板仅作为永久性模板使用，需要在混凝土板底配置跨中受拉钢筋；另一种，压型钢板既当作模板又可替代底板受拉钢筋，且要求压型钢板必须与混凝土可靠连接，保证两者能形成整体性构件。

3) 钢筋桁架混凝土组合板

钢筋桁架混凝土组合楼板是在压型钢板混凝土组合楼板的基础上发展而来的。钢筋桁架楼板是将原本在现场绑扎的楼板底部钢筋在工厂加工成钢桁架后，并将其与底模钢板连成一体的组合模板，如图 6-34 所示。

钢筋桁架混凝土组合楼板可减少现场钢筋绑扎工作量 70％左右，并且采用工厂化的加工能够使面层与底层钢筋间距及混凝土保护层厚度得到保证，钢筋排列均匀，提高楼板的质量。底部的钢板仅作为模板使用，所以不需要考虑防火喷涂及防腐维护的问题，同时加快了现场施工速度。

图 6-34　钢筋桁架混凝土组合板

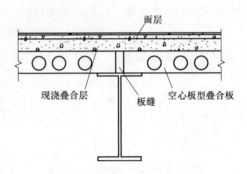

图 6-35　预制预应力叠合楼板

4）预制预应力叠合楼板

预制预应力叠合板是先在工厂生产预应力混凝土底板，然后运至施工现场与钢梁连接安装后，再在其上现浇混凝土叠合面层而形的一种楼板形式，如图 6-35 所示。

根据底板的截面形式，叠合板可以分为平板型叠合板、带肋底板型叠合板、空心底板型叠合板和夹芯板型叠合板四大类。平板型叠合板是应用最早也最广泛的叠合板形式之一，底板一般为先张法预应力混凝土实心板；由于实心平板抗弯刚度较小，在运输、吊装及安装过程中容易折断，为增加抗弯刚度，需增加底板厚度，增加了运输和安装成本；施工时还需在板底设置临时支撑，而且新旧混凝土在同一水平面上，两者粘结力小，施工操作不当容易张开，板缝易开裂，因此现在已经很少应用。带肋叠合板的板肋可以增加底板的刚度，在施工时可不设或少设临时支撑，施工方便、缩短工期；但大多数带肋叠合板铺设管线不方便、钢筋的绑扎也比较麻烦，因此推广应用程度不高。空心板型叠合板通常采用预制预应力混凝土空心底板，叠合板自重较轻，但板厚相对偏大，抗剪、抗震性能相对实心板较差。夹芯板型叠合板是将空心板型叠合板的空心部位用轻质材料填充而形成的，该类叠合板自重较小，且保温隔声性能较好，发展前景较好，但目前其仍然存在与空心板型叠合板类似的问题，因此此种板的使用有所限制。

5）PK 预制预应力叠合楼板

PK（拼装快速之意）预制预应力叠合楼板是在传统的预制预应力叠合板基础上进一步改进而来的，主要创新之处在于：在混凝土底板上设置 T 形板肋，板肋上预留横向孔洞，如图 6-36 所示。

2. 楼（屋）面板设计

组合楼板的计算应分为两个阶段：施工阶段和使用阶段。在组合楼板的两阶段计算中，均应按承载能力极限状态验算强度和按正常使用极限状态验算变形。现浇混凝土板的设计方法可参考现行《混凝土结构设计规范》GB 50010，压型钢板-混凝土组合板的设计方法可以参考《组合结构设计规范》JGJ 138，预制预应力叠合楼板可参见 4.3.5 节。

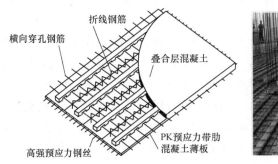

图 6-36　PK 预应力混凝土叠合板

（http：//news. 0731fdc. com/zg/20114/21/16324098 _ 1.

html 和 http：//www. precast. com. cn/index. php/zhuanjia _ news-id-220. html）

6.5.2　外墙板围护系统

外墙板围护系统是装配式钢结构建筑的重要组成部分，在此系统中墙体材料的选择显得尤其重要。装配式钢结构建筑的结构体系可以实现高度工业化生产和装配式安装，所以适合于钢结构的外墙板必须也要满足工厂化生产、现场装配化施工的要求，且与钢结构体系的安装相匹配。同时，钢结构体系建筑的特征之一就是轻质高强，外墙板材料也应具备这一特质，否则过重的墙体会增加整体结构的自重，导致钢结构建筑丧失轻质高强的优势。

在装配式钢结构住宅部品中，外墙所占比例约为 70％，其性能直接影响了装配式钢结构住宅的推广与发展。现今，装配式钢结构住宅只建设试点工程而没有大规模推广的原因之一，就是因为与结构主体相配套的外墙技术研究滞后。随着"墙改"的实施，我国已从实心黏土砖向空心砖及其他各种轻质、多功能新型墙体材料转变，这些新材料更能适应钢结构主体。新型墙体材料的特点主要体现在两方面：第一，新材料，新型墙体材料中加入了工业废渣、粉煤灰、煤矸石等工业废料作为部分原料，并采用蒸压养护、发泡、板内开孔等生产技术；第二，新的连接方式，由于装配式钢结构的自身特点，使墙体不能再通过水泥砂浆粘结方式与主体结构进行连接，取而代之的连接方式变为拉结钢筋、焊接、螺栓、连接件等。装配式钢结构住宅配套外墙技术研究的重点和难点在于外墙材料材性的革新和连接节点的研究。外墙应在保证安全性和建筑使用要求的同时，充分考虑与结构主体的配合，重点突出外墙材料的轻质和节点安装的快速，使之在生产制作和安装等方面具备高度工业化，以便发挥装配式钢结构住宅的优势。

1. 外墙板种类

在装配式钢结构建筑中，外墙板宜采用各类复合保温墙板，更好地满足产业化、部件化和标准化的要求，且应根据不同的建筑类型及结构形式选择适宜的系统类型。外墙围护系统中外墙板部品可采用内嵌式、外挂式、嵌挂结合三种形式，并宜分层悬挂或承托。

目前，装配式钢结构建筑中常用的外墙类型主要有预制砌块、预制条板、轻钢龙骨大板和轻质混凝土复合大板：

（1）预制砌块造价低廉，承重能力和防火性能较高，保温隔热性能差，需要增加外保温做法，且现场湿作业较多，施工速度慢。目前，预制砌块主要有轻质加气混凝土砌块、混凝土小型空心砌块、粉煤灰砌块等。

（2）预制条板可实现标准化设计和工厂化生产，适合钢结构建筑的装配化施工，但目前国内预制条板的种类较少，技术落后，容易开裂且防火性能较差。预制条板可根据材料的组成类型分为两大类：一类是单一材质墙板，如NALC板、麦秸人造板、石膏空心板、纸面石膏板、玻璃纤维增强水泥板；另一类是复合材质墙板，主要有钢丝网架岩棉夹芯墙板、ZF轻质墙板、FC轻质复合墙板、金属面夹芯板等。

（3）轻钢龙骨大板主要以轻钢龙骨为墙体的支撑骨架，内外挂水泥刨花板或石膏板，中间填充岩棉保温材料，外侧设防潮层。轻钢龙骨墙体的优点是：结构的自重轻，墙板对立柱有蒙皮支承作用；管道、线路可藏在龙骨墙体内，室内外较美观；构件工厂化制作，现场安装，施工周期短；干法施工，环保节能。

（4）轻质混凝土复合大板是指由两种或两种以上材料结合而成的墙板，此种墙板的构造一般为内外层混凝土薄板，中间为保温材料的夹芯式结构。夹芯层通常有两种形式：一种为填充轻质聚合物，如木屑、珍珠岩、玻璃棉、矿棉、聚苯乙烯泡沫塑料、聚氨酯泡沫塑料等；另一种为非填充的空芯，如波纹夹芯或蜂窝夹芯。复合墙板具有较高的抗弯承载力和刚度，以及优越的强重比；自身保温性能良好，符合节能要求；可实现工厂化和模数化生产，减少施工现场湿作业，施工速度较快。我国现有的复合墙板分承重型与非承重型两种，承重型主要有复合剪力墙板（CL体系复合墙板）、混凝土灌芯纤维增强石膏板和密肋复合墙板等；非承重型的主要有复合外墙板、纤维水泥板整体灌浆墙体、纤维水泥（硅酸钙）板预制复合墙板、钢丝网架复合墙板、条式复合墙板、植物纤维复合墙板、聚苯模块混凝土复合绝热墙体和金属面夹芯板。

常见围护外墙板性能的对比如下表6-7所示。

常见围护外墙板性能的对比　　　　　　　　　　　　　表6-7

墙板种类	预制砌块	预制条板	大板(轻钢龙骨)	大板(轻质混凝土)
装配化	低	一般	高	高
施工效率	湿作业量大 施工效率低	部分湿作业 施工效率较高	湿作业极少 施工效率高	湿作业量极少 施工效率高
连接构造	简单	一般	较复杂	较复杂
集成化	无	较低	高	高
造价	低	一般	较高	较高

下面介绍一下国内应用较多的且装配化程度较高的几种典型外墙板。

1）轻质蒸压加气混凝土板（NALC板）

轻质蒸压加气混凝土板采用以水泥、石灰、砂为原材料，配上防锈处理的钢筋网片，经过高温、高压、蒸汽养护和表面加工而成的板材。NALC板的材料和蒸压加气混凝土砌块完全相同，仅是被做成了条板，并在其中加入了钢筋网片，如图6-37所示。由于采用高温高压蒸汽养护，板材内部形成很多封闭的小孔，使其具有良好的保温隔声性能。此外，NALC板自重较轻，能够适应较大的层间角位移，具有良好的抗震性能。NALC板使用了一种不燃的无机硅酸盐材料，具有很好的耐火性能和抗老化性能，板材寿命可以与各类建筑物使用寿命相匹配，抗冻性、抗渗性及软化系数均已达到绿色环保材料标准。

NALC 板是目前国内应用最广泛的新型墙板材料，它的技术目前比较成熟，被列为"国家住宅建设推荐产品"。

NALC 板材配有专用连接螺栓，可以与钢框架灵活连接，采用内嵌式、外挂式和内嵌外挂组合式等连接方式均可，可根据建筑的使用功能确定。板材的性能、连接构造、板缝构造等要求应符合现行行业标准《蒸压加气混凝土建筑应用技术规程》JGJ/T 17 的有关规定。

图 6-37 轻质蒸压加气混凝土板（NALC 板）
(http://www.qihuiwang.com/product/
q34399/15364437.html)

图 6-38 玻璃纤维增强水泥板（GRC 板）
(http://china.nowec.com/supply/
detail/18401024.html)

2）玻璃纤维增强水泥板（GRC 板）

GRC 板是以低碱度的硫铝酸盐水泥轻质砂浆作为基材，以耐碱玻璃纤维为增强材料，制成的中间有孔洞的条形板材，如图 6-38 所示。GRC 板的重量仅是 120mm 黏土砖墙体重量的 20% 左右，有着切割、钻孔较为方便等优点，是一种性能较为优越的新型板材。GRC 板也有着一些缺点：在钢结构中应用时，墙体抹灰后容易出现裂缝，主要是由于板安装方法和抹灰方法不当造成的；此外，GRC 板的墙体还容易形成返霜现象。

3）轻质水泥发泡夹心板

轻质水泥发泡夹心板又称作中体板，具有环保节能、无污染、轻质、抗震、防火、防水、保温隔热、隔声、施工快捷的明显优点。板材的外圈用 C 型钢做骨架，内部加副肋筋，整体板层内部铺设钢丝网，芯材采用轻质发泡混凝土填充，如图 6-39 所示。

图 6-39 轻质水泥发泡夹心板
(http://www.cnbaowen.net/sell/show/963830)

图 6-40 钢丝网架水泥聚苯乙烯夹芯板
(http://goods.jc001.cn/detail/3185193.html)

4）钢丝网架水泥聚苯乙烯夹芯板

钢丝网架水泥聚苯乙烯夹芯板是用高强度冷拔钢丝组成三维空间网架，中间填以阻燃型聚苯乙烯泡沫塑料或岩棉等绝热材料，现场安装后两侧喷抹水泥砂浆而形成的复合墙板，如图6-40所示。此板材具有较好的保温、隔热、隔声性能，自重较轻，且其成本较低，是一种值得推广应用的新型墙体材料。钢丝网架水泥聚苯乙烯夹芯板的缺点是：墙板的接缝处容易形成热桥，降低钢结构住宅的保温隔热效果。

5) 钢筋混凝土绝热材料复合墙板

钢筋混凝土绝热材料复合墙板的两侧用薄壁钢筋混凝土板形成面层，中间层为岩棉或聚苯板制成的保温材料，如图6-41所示。此种复合墙板可以在工厂进行生产制作、现场进行装配式施工，很大程度上减少了现场的工作量，并且有利于抗震处理。但是由于保温层是整体预制在复合板内部的，在板缝处必然会形成一定的冷、热挤，影响建筑的保温隔热性能。

图 6-41　钢筋混凝土绝热材料复合墙板
（http：//www.xspic.com/aihao/
meinvtupian/332396.htm)

图 6-42　金属复合板
http：//gonglue.guojj.com/a/7302.html)

6) 金属复合板

金属复合板是一种夹心式结构，两侧为金属面材料、中间层为保温材料，如图6-42所示。金属面材料通常采用镀锌钢板、不锈钢板、铝板及彩色涂层钢板等。中间层保温材料为岩棉或聚苯板。金属复合板强度高、施工快捷、可多次拆装，但是金属不耐腐蚀，在钢结构中使用金属复合板时需要通过一些措施提高其耐久年限。另外，金属复合板外表面一般不平整，所以为了达到室内的美观要求需要对内饰面进行二次处理。

7) 轻钢龙骨组合板

轻钢龙骨组合板通常采用轻钢龙骨为墙体支撑骨架，内外挂石膏板或水泥刨花板，中间填充岩棉保温，如图6-43所示。轻钢龙骨组合外墙具有良好的保温隔热性能和防渗漏优点，各项材料的现场安装保证了保温层的连续性，有效避免冷、热桥的产生。

2. 外墙板设计

装配式钢结构建筑外墙板所受的荷载主要有自身的重量、风荷载和地震作用，设计原则应符合现行国家规范《钢结构设计标准》GB 50017 和现行行业标准《高层民用建筑钢结构技术规程》JGJ 99 的相关规定。

1) 一般规定

外墙板设计时应满足下列功能要求，且需符合现行国家相关标准的规定：

图 6-43　轻钢龙骨组合板
（http：//www.cnbaowen.net/
news/show-10057.html)

（1）保温隔热、隔声、防水抗渗、抗冻融、防火、防雷和装饰美观的要求。

（2）自承重、抗震、抗风、抗冲击、抗变形等结构承载力和刚度的要求。

（3）连接件、墙体及其装饰面的设计使用年限的要求。

（4）外墙构件应符合模数化、工厂化（或现场统一制作）的要求，并便于运输与安装。

（5）外墙板宜积极提高预制装配化程度，可选用、发展和推广各类新型外墙；且实际工程中选用的墙体构建和工程做法宜为经过工程试点并通过国家或省、部级鉴定的产品和技术。

（6）外墙板（条板或大板）应满足制作、运输、堆放、吊装、连接、接缝处处理等工艺技术要求。

（7）外墙板标准化设计应满足互换性的要求。

（8）外墙板的力学性能指标应符合下列规定：①在侧向荷载作用下，允许荷载标准值不应小于 $1.5kN/m^2$；②应满足装饰及设备安装等对墙体强度和刚度的要求。

2）设计与计算

外墙板设计与计算应遵循下列基本原则：

（1）墙板构件可采用弹性方法计算承载力与刚度，在风荷载标准值作用下其挠度不应大于板跨的 1/200，并应验算墙板构件在运输吊装等各阶段的承载力。

（2）作用于外墙板表面的风荷载标准值应按现行国家标准《建筑结构荷载规范》GB 50009 的规定计算。

（3）外墙板自重所产生的水平地震作用标准值应按下式计算：

$$F_{Ek} = 5\alpha_{max}G \tag{6-14}$$

式中 F_{Ek}——沿最不利方向施加于外墙板重心处的水平地震作用标准值；

α_{max}——水平地震影响系数最大值；

G——外墙板的重力荷载代表值。

（4）外墙板及其连接节点的承载力计算中，应考虑地震作用效应与风荷载效应的组合。

（5）外墙板与主体钢结构连接节点的设计应符合下列规定：

① 应有可靠的连接，且外墙板连接结构的延性与墙体刚性应达到协调一致；

② 连接节点应保证在重力荷载、风荷载、温度作用以及多遇地震作用下不发生破坏；

③ 外墙与主体钢结构的连接接缝应柔性连接，应满足在温度应力、风荷载及地震作用下接缝变形不会导致密封材料的破坏。

3）构造要求

装配式钢结构建筑的外墙板应符合下列构造要求：

（1）应根据墙板构件可能出现的相对于钢框架结构的变位形式来确定具体连接方法和构造，且需综合考虑以下因素：①各节点的承重、固定或可动的单一或组合功能；②外墙板部件的更换；③连接件的耐久性；④操作空间和安装方法；⑤施工误差的调节；⑥连接件的"热桥"。

（2）对抗震设防的装配式钢结构，当外墙采用大板时，墙板构件与主体钢结构之间的分离缝宽度宜取 30mm，墙板构件之间的横向和纵向分离缝宽度宜取 25mm，且分离缝应采用压缩性良好的弹性密封材料；当外墙采用条板时，墙板构件与主体钢结构之间的分离缝宽度宜按构造要求确定，并留有一定量的误差，墙板构件之间可以靠紧，但每隔3～5m应设置分离缝，且缝宽不宜小于20mm。

（3）外墙板与主体钢结构的连接节点可参见图6-44。

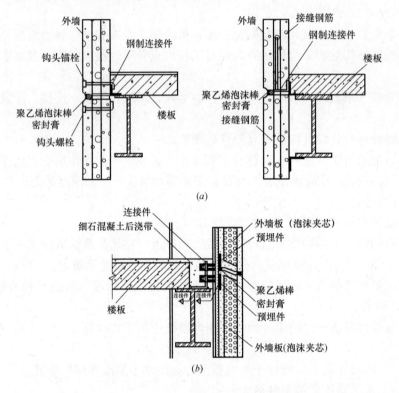

图 6-44　外墙板与主体钢结构连接节点

（a）蒸压轻质加气混凝土 NALC 板外墙；

（b）钢丝网架聚苯泡沫夹芯大板外墙

6.5.3　内墙板系统

1. 内墙板种类

内墙板系统主要采用无机非金属墙板，目前主要有：NALC 板、轻质混凝土隔墙、植物纤维复合隔墙、空心石膏墙板和粉煤灰泡沫水泥墙板等。

随着建筑行业的迅猛发展以及人们对环境质量的要求不断提高，内墙板系统产生 3 种工程施工新工艺，预制内隔墙板就是其中的一种。预制内隔墙板的出现逐渐取代了分室分户及非承重墙由空心砖和混凝土砌块砌筑而成的施工方式。预制内隔墙板具有质地轻、抗渗性好、绿色环保优良、强度高、隔声性能和防火性能佳、施工便捷、造价低等优点。

2. 内墙板设计

1）设计要求

装配式钢结构建筑内墙板设计时应满足下列要求，且需符合现行国家相关标准的规定：

（1）分户墙应满足隔声、防护和防火要求，对采暖地区的分户墙，尚需满足保温要求；内隔墙应满足分隔户内空间的要求，厨房、卫生间的分隔墙应满足防水和吊挂的要求。

（2）自承重、抗震、抗变形等自身结构承载力和刚度的要求。

（3）在7度以上抗震设防地区，内墙与钢框架结构的梁、柱构件之间应设置变形孔隙。

（4）预制装配式分户墙体、内隔墙板应满足制作、运输、堆放、吊装、连接、管线设置、接缝处理等工艺要求。

（5）内墙板自重所产生的水平地震作用标准值可按式（6-14）计算。

（6）分户墙板、内隔墙板应满足互换性的要求。

（7）内隔板的力学性能指标应符合下列规定：①在侧向荷载作用下，允许荷载标准值不应小于 $1.0kN/m^2$；②应满足装饰及设备安装等对墙体强度和刚度的要求。

2）现场装配式内隔墙

现场装配式内隔墙设计应满足以下规定：

（1）装配式轻质内隔墙的沿底和沿顶龙骨应可靠固定，并根据使用要求确定沿底龙骨下方设置现浇素混凝土条基的范围。

（2）当无设计资料时，装配式内隔墙的墙面均布荷载值可取 $0.3kN/m^2$，其在水平荷载作用下的最大水平变形应不大于单片墙高度的 $1/240$。

（3）当厨房、卫生间采用装配式内隔墙时，内隔墙龙骨间距不宜大于 300mm，且应为管线、固定物件、装饰材料等设置相应的预埋件；当被固定物体较重时，应在墙体空腔内设置型钢支架并与钢构件或钢筋混凝土楼板有可靠连接。

（4）卫生间一侧墙面的防潮层高度不应小于 1.8m。

3）预制装配式内隔墙

预制装配式内隔墙设计应满足以下规定：

（1）内隔墙板应采用不燃性材料，其面层装饰材料应符合现行国家标准《建筑内部装饰设计防火规范》GB 50222 的相关规定。

（2）内隔墙板可采用空心或实心截面，墙板在高度方向的构造应是连续的。

（3）当无设计资料时，对板间具有紧密承插接口的预制装配式内隔墙，墙面均布荷载值可取 $0.3kN/m^2$，其在水平荷载作用下的最大水平变形应不大于单片墙高度的 $1/150$；对板间具有其他接口的内隔墙，最大水平变形应不大于单片墙高度的 $1/240$；在洞口处，当墙板与门窗框组合受力后，仍需能满足变形要求。

（4）内隔墙板应具有较好的局部稳定性，单板的平面外翘曲变形值应满足：对板间具有紧密承插接口的内隔墙，不应大于 3mm；对板间具有其他接口的内隔墙，不应大于 2mm。

（5）内隔墙板内可设置相应的竖向电气管线和接线盒，避免在板上横向剔槽。

（6）当厨房、卫生间采用预制装配式内隔墙时，应满足防潮和管线暗埋、吊挂的要求。

（7）预制装配式轻质内隔墙板应采用模数设计网格法，经过模数协调确定内隔墙板中的基本板、洞口板、转角板和调整板等类型板的规格、截面尺寸和公差。

6.6 装配式钢结构连接节点

钢结构连接节点是结构的重要组成部分，是实现结构的可预制装配式建造方式的关键环节之一，并对结构造价、工期产生直接影响。因此，设计出一种既能满足装配式要求，又能满足标准化生产要求的连接形式是必不可少的，这也是实现装配式钢结构房屋建筑产业化需要解决的关键问题之一。钢结构连接节点形式与力学性能是国内外学者研究和开发的热点课题之一。

钢结构构件的连接方法可分为焊接连接、铆钉连接和螺栓连接等。铆钉连接由于其自身施工工艺的特殊性，已在实际钢结构工程中逐渐被淘汰了。目前，钢结构工程主要采用焊接连接和螺栓连接。对装配式钢结构建筑，构件节点连接形式宜采用螺栓连接。

6.6.1 主构件连接节点

1. 梁柱节点

1）节点连接形式

在钢框架或钢框架-支撑结构体系中，钢梁与钢柱连接节点设计是结构设计的关键环

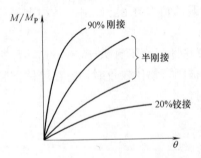

图 6-45 梁柱节点弯矩-转角曲线

节。根据图 6-45 所示的约束刚度大小，可将钢梁与钢柱的连接节点分成三种类型：刚性连接、半刚性连接和铰接连接。梁柱节点连接类型按连接传递梁端弯矩能力确定：①当梁与柱刚性连接时，除能传递梁端剪力外，还能传递梁端弯矩；②当梁与柱为半刚性连接时，除能传递梁端剪力外，还能传递一定数量梁端弯矩，梁端能承担 25% 的端弯矩；③当梁与柱为铰接连接时，连接只能传递梁端剪力，而不能传递梁端弯矩或只能传递梁端很少量弯矩。

在实际钢结构工程中，钢梁与钢柱连接节点宜采用钢柱贯通型，也可采用钢梁贯通型和隔板贯通型，分别如图 6-46 所示。

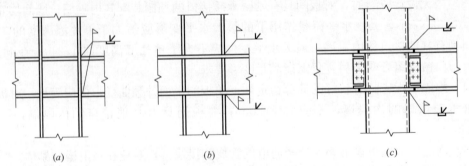

图 6-46 钢梁与钢柱连接节点

(a) 钢柱贯通型；(b) 钢梁贯通型；(c) 隔板贯通型

在传统钢结构设计中，钢柱常采用 H 形截面。在受力性能上，H 形钢存在的不足主要是两个对称平面刚度相差较大。当弱轴方向受到较大荷载作用时，对整个结构受力、变

形都会产生不利影响。然而，在装配式钢结构建筑中，方钢管截面构件相对于 H 形截面构件具有独特优势。方钢管作为柱构件与 H 形钢梁框架节点的连接形式受方钢管截面形式限制，与 H 形梁柱节点构造有很大不同。方钢管柱与 H 形钢梁节点主要集中在以下四种连接方式。

（1）内隔板（水平加劲肋）式

内隔板式节点是目前在方钢管柱与 H 形钢梁节点中应用较为普遍的连接形式之一，如图 6-47 所示。对于方钢管柱与 H 形钢梁的连接，由于柱的翼缘通常较钢梁翼缘的尺寸大，在不设置内隔板（水平加劲肋）的情况下，梁端弯矩会使柱受弯而产生明显的变形，满足不了刚性连接的需要，因此不利于节点抗震。现行《建筑抗震设计规范》GB 50011 中规定，框架梁与柱刚性连接时，应在梁翼缘的对应位置设置柱的水平加劲肋或内隔板。通常采用的做法是先将钢管柱在节点中部截断，将横隔板焊接在与 H 形钢梁翼缘对应的位置，再用全熔透对接焊缝将截断的钢管柱焊接在一起。内隔板式节点传力明确，构造简单，节点刚度大，可视为刚性节点。但对于一般规格的冷成型方钢管，由于截面尺寸较小，在管内施焊内隔板较为困难，且管内焊缝质量通常不易保证，容易诱发裂缝。

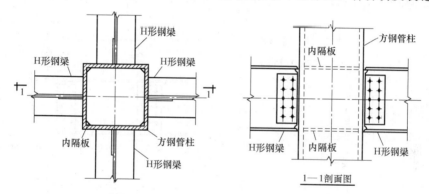

图 6-47　内隔板式节点

（2）贯通横隔板式

贯通横隔板式节点是在钢梁的上下翼缘对应位置各设置一块贯通的横隔板，钢梁和钢柱翼缘都与横隔板用熔透的对接焊缝连接，如图 6-48 所示。隔板贯通式节点虽然在加工中由于柱的截断容易造成上下柱对准困难，然而该类型节点能有效避免内隔板由于方管尺寸较小时不便施焊的缺点，易于实现上下柱的厚度变化以及节点域柱壁厚的加强，因此在日本被广泛应用。经过对阪神地震震害数十年研究之后，这类节点在日本仍作为钢管柱梁节点的首选形式。

（3）外隔板式

外隔板式节点通过在钢管外相应于梁上下翼缘位置处设置外环板以实现梁柱连接，上下环板之间设置剪切板与钢梁腹板拼接以传递剪力，如图 6-49 所示。采用外隔板式节点能有效避免钢管柱在节点域的断开，保持柱子的连贯性，构造简单，传力明确，有良好的抗震性能，因此得到广泛的应用。但由于外环板的环板较大，在建筑内部出现突角的奇异形状，经常给建筑装饰带来很大困扰，也给住户带来视觉上的不便。

（4）高强度螺栓端板式

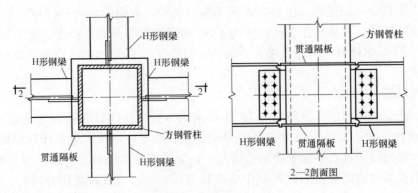

图 6-48　贯通横膈式节点

高强度螺栓端板式节点是指钢梁翼缘和腹板与钢柱之间通过端板进行连接，如图6-50所示。根据端板连接强度和刚度的不同，常用的高强度螺栓端板连接节点主要包括下列几种：两端外伸加劲式、两端外伸受拉侧加劲式、受拉侧外伸受拉侧加劲式、两端外伸无加劲式、受拉侧外伸无加劲式、齐平式和内缩式等形式，分别如图 6-51 所示。

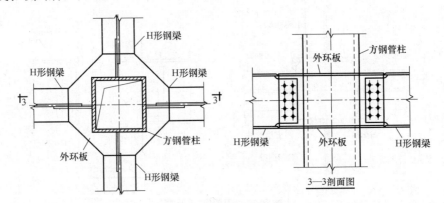

图 6-49　外环板式节点

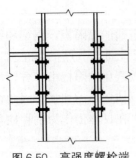

图 6-50　高强度螺栓端板式节点

目前在实际应用中，两端外伸加劲式和两端外伸式以其承载力高、刚度大而被广泛采用。对于 H 形钢柱，采用高强度螺栓实现梁柱端板连接较为简单，但要进入到方钢管柱内部拧紧螺栓非常困难，如果使用国内既有高强度螺栓实现钢梁钢管柱全螺栓连接，则一般需在工厂事先开直径较大的安装孔，在工厂完成钢管柱短牛腿螺栓连接后将安装孔补焊好，再到施工现场完成钢梁短牛腿拼接，或者到现场直接进行钢管柱钢梁螺栓连接后，再将安装孔补焊好，前者会增加构件加工工作量和运输成本，后者则增加了现场焊接量。

2）节点设计

（1）刚性连接节点

对装配式钢结构建筑，梁柱刚性连接节点的设计应遵循现行国家标准《建筑抗震设计规范》GB 50011、《钢结构设计标准》GB 50017、《门式钢架轻型房屋钢结构技术规范》GB 51022、《冷弯薄壁型钢结构技术规范》GB 50018 和现行行业标准《高层民用建筑钢

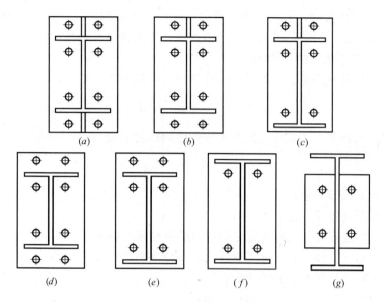

图 6-51　端板连接节点的形式

(a) 两端外伸加劲式；(b) 两端外伸受拉侧加劲式；(c) 受拉侧外伸受拉侧加劲式；
(d) 两端外伸无加劲式；(e) 受拉侧外伸无加劲式；(f) 齐平式；(g) 内缩式

结构技术规程》JGJ 99 中相关规定。

（2）半刚性连接节点

在装配式钢结构建筑中，梁柱半刚性节点的连接形式可采用 T 形连接件连接和端板连接，分别如图 6-52 所示。T 形连接件梁柱节点的转动刚度在很大程度上取决于螺栓预拉力和 T 形连接件翼缘的抗弯能力；此类节点在地震作用下难以满足刚接要求，同时在非抗震设计时也应考虑节点的柔性。端板连接梁柱节点一般为半刚性连接，当端板厚度较小且变形较大时，端板受到撬开的作用，出现附加撬力和弯曲变形，其受力性能与 T 形连接节点相似。

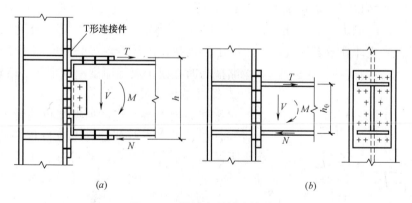

图 6-52　梁柱半刚性连接节点

(a) T 形连接件连接；(b) 端板连接

① 梁柱 T 形连接件连接

在进行梁柱 T 形连接件连接的节点设计时，通常可近似地假定：梁端的弯矩仅由钢梁翼缘的 T 形连接件传递，梁端的剪力仅由腹板与柱翼缘间的 T 形连接件传递。此类节点试验研究结果表明：梁端的剪力对整个节点性能影响较小，梁端剪力也可近似认为通过 T 形连接件与钢柱翼缘间的摩擦力传递。

T 形连接件与钢柱翼缘之间高强度螺栓的抗拉承载力 N_t^b 可按下式计算：

$$N_t^b = \frac{M}{n_1 h} + Q \leqslant 0.8P \tag{6-15}$$

T 形连接件与钢梁上下翼缘之间高强度螺栓的抗剪承载力 N_v^b 可按下式计算：

$$N_v^b = \frac{M}{n_2 h} \leqslant [N_v^b] \tag{6-16}$$

式中　M——钢梁端部的弯矩设计值；

　　　P——高强度螺栓的预拉力；

　　　n_1——T 形连接件与钢柱翼缘之间受拉高强度螺栓的数目；

　　　n_2——T 形连接件与钢梁上下翼缘之间受拉高强度螺栓的数目；

　　　Q——T 形连接件翼缘板的撬力；

　　$[N_v^b]$——单个高强度螺栓的抗剪承载力；

　　　h——T 形连接件翼缘板间距离。

T 形连接件与刚性构件连接节点的受力状态如图 6-53 所示，图中端板的撬力为 Q，螺栓的外加拉力为 T。一般情况，端板撬力 Q 与端板的厚度、螺栓直径与排列、螺栓的材料性能等因素有关。当端板在螺栓轴线出被拉开时，螺栓受力应满足下式要求：

$$N_t^b = Q + T \leqslant 0.8P \tag{6-17a}$$

$$M_A \geqslant Qc \tag{6-17b}$$

$$M_B \geqslant N_t^b a - Q(c+a) \tag{6-17c}$$

式中　M_A——T 形连接件截面 A-A 处（扣除孔洞）的塑性抵抗矩；

　　　M_B——T 形连接件截面 B-B 处的塑性抵抗矩。

在 T 形连接件设计时，可按以下步骤进行：（a）任意选取端板撬力 Q，使其满足式（6-17a）～式（6-17b），一般情况下选取 $Q = (0.1 \sim 0.2) T$；（b）由式（6-17a）计算所需的螺栓直径；（c）再由式（6-17b）和式（6-17c）所确定的弯矩，计算 T 形连接件的翼缘厚度，取两个公式计算结果的较大值，且 T 形连接件的翼缘厚度一般宜略大于螺栓直径，当忽略撬力时，要求翼缘厚度应不小于 2 倍螺栓直径。

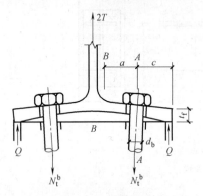

图 6-53　T 形连接节点端板螺栓的撬力

② 梁柱端板连接

对梁柱端板连接节点，根据端板的受力与变形分析可知，端板上、下两部分受力应自相平衡，可将端板上下两端完全分离出来，形同两个 T 形连接件。因此，梁-柱端板的受力性能同 T 形连接相似。

在梁柱端板连接节点中，端板尺寸和连接螺栓直径均会影响节点的承载能力。因此，随着端板和螺栓刚度的强弱变化，连接节点会呈现三种不同的破坏机构：（a）端板与连接螺栓同时失效（破坏）机构，如图 6-54（a）所示；此种破坏通常发生在端板和连接螺栓等刚度时，两者的承载力均可充分利用，计算时两者的变形均应考虑。（b）端板失效（破坏）机构，如图 6-54（b）所示；此种破坏通常发生在连接螺栓刚度大于端板抗弯刚度时，常以端板出现塑性铰而失效，计算时忽略螺栓的弹性变形，按端板的塑性承载力计算。（c）螺栓拉断失效机构，如图 6-54（c）所示；此种破坏通常发生在端板抗弯刚度大于连接螺栓刚度时，常发生在端板厚度大于等于 2 倍螺栓直径时，计算时假定端板绝对刚性且不考虑端板撬力。在梁-柱端板连接的设计中，通常按第二种破坏机构来考虑。

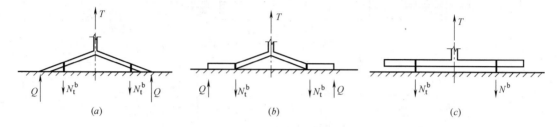

图 6-54　端板连接的失效机构

（a）端板与螺栓同时失效；（b）端板失效；（c）螺栓拉断

3）构造要求

梁柱连接节点构造要求除满足现行相关设计规范与标准的规定外，尚应满足下列要求：

（1）当钢柱为冷成型箱形截面时，应在钢梁上、下翼缘对应位置设置横隔板，且应采用横隔板贯通式连接；钢柱段与横隔板的连接应采用全熔透对接焊缝，如图 6-55（a）和（b）所示；横隔板宜采用 Z 向性能钢，其外伸长度 e 宜为 25～30mm，如图 6-55（c）所示。

（2）钢梁与钢柱在现场焊接连接时的过焊孔，可采用下列两种连接方式：①常规型，如图 6-56（a）所示，钢梁腹板上下端应作扇形切角且下端的切角高度应稍大些，与钢梁翼缘相连处应预留半径为 10～15mm 的圆弧；与柱翼缘连接处的下翼缘应全长采用角焊缝焊接衬板，焊脚尺寸宜取 6mm。②改进型，如图 6-56（b）所示，钢梁翼缘与钢柱的连接应采用气体保护焊焊缝。

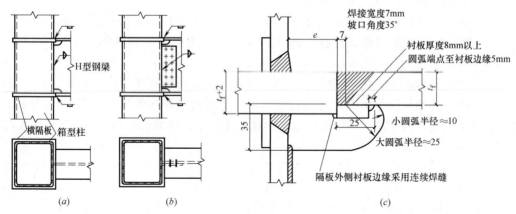

图 6-55　钢梁与冷成型箱形钢柱的连接

（a）工厂全焊接；（b）翼缘焊接、腹板螺栓；（c）翼缘焊接详图

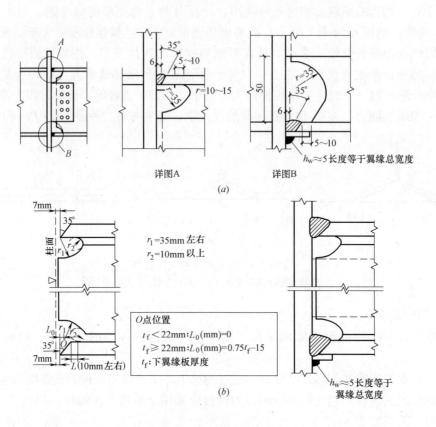

图 6-56　钢梁与钢柱连接的过焊孔

(*a*) 常规型；(*b*) 改进型

（3）钢梁腹板（或连接板）与钢柱翼缘的连接焊缝应满足：当腹板板厚小于 16mm 时，可采用双面角焊缝，焊缝截面的有效高度不得小于 5mm；当腹板厚度等于或大于 16mm 时，应采用 K 形坡口焊缝；当抗震设防烈度为 7 度（0.15g）及以上时，应采用围焊，且围焊的竖向长度应大于 400mm。

（4）钢梁与钢柱加强型连接主要有以下五种类型：①钢梁翼缘扩翼式连接，图 6-57 (*a*)；②钢梁翼缘局部加宽式连接，图 6-57 (*b*)；③钢梁翼缘板式连接，图 6-57 (*c*)；④钢梁翼缘盖板式连接，图 6-57 (*d*)；⑤钢梁骨式连接，图 6-57 (*e*)。

（5）当钢梁与 H 形钢柱（绕弱轴）刚性连接时，加劲肋应伸至钢柱翼缘以外 75mm，并以变宽度形式伸至钢梁翼缘，且与翼缘采用全熔透对接焊缝连接，如图 6-58 所示；加劲肋应两面设置，翼缘加劲肋厚度应大于钢梁翼缘厚度；钢梁腹板与钢柱连接板采用高强度螺栓连接。

（6）当钢梁与钢柱刚性连接时，在钢梁的上下翼缘对应的位置需设置钢柱的水平加劲肋（横隔板）。对抗震设计的结构，水平加劲肋（横隔板）的厚度不应小于钢梁翼缘的厚度加 2mm，且钢材强度不得低于钢梁翼缘的钢材强度，其外侧应与钢梁翼缘外侧对齐，如图 6-59 所示。对非抗震设计的结构，水平加劲肋（横隔板）应能传递钢梁翼缘的集中力，厚度需通过计算确定；当内力较小时，其厚度不应小于 1/2 钢梁翼缘厚度，且符合板

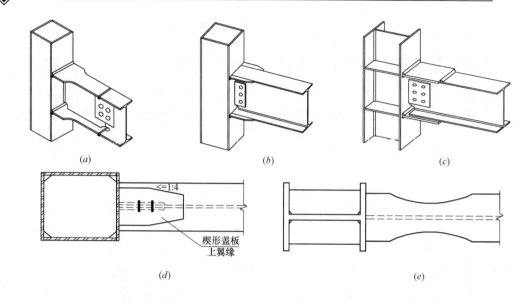

图 6-57 钢梁与钢柱加强型连接

(a) 翼缘扩翼式；(b) 翼缘局部加宽式；(c) 翼缘板式；(d) 翼缘盖板式；(e) 骨式连接

件宽厚比限值；水平加劲肋宽度应从钢柱边缘后退 10mm。

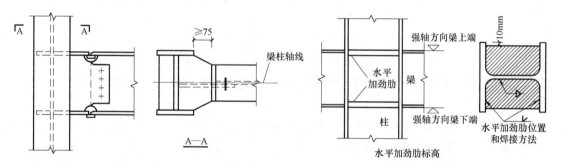

图 6-58 钢梁与 H 形钢柱弱轴刚性连接   图 6-59 钢柱水平加劲肋构造要求

（7）当与钢柱连接的两侧钢梁高度不相等时，且两侧钢梁的高度相差大于或等于 150mm，可在对应每个钢梁的翼缘位置均设置水平加劲肋，如图 6-60 (a) 所示。若两侧钢梁的高度相差小于 150mm，可通过加腋方式将截面高度较小的梁端部高度局部加大，且加腋翼缘的坡度不应大于 1：3，如图 6-60 (b) 所示；也可采用设置斜加劲肋，加劲肋的倾斜度不应大于 1：3，如图 6-60 (c) 所示。当与钢柱相连的钢梁在两个相互垂直方向的高度不相等，且高度差值大于或等于 150mm 时，应分别设置钢柱的水平加劲肋，如图 6-60 (d) 所示。

（8）当钢梁与钢柱连接节点域厚度不满足规范要求时，对 H 形组合柱宜将腹板在节点域局部加厚，如图 6-61 (a) 所示，腹板加厚的范围应伸出钢梁上下翼缘外不小于 150mm。对轧制 H 形钢柱可贴焊补强板加强，如图 6-61 (b) 所示。

2. 柱脚节点

根据结构的不同受力特点，钢柱脚节点连接可分成两种类型：铰接柱脚和刚接柱脚。铰接钢柱脚仅传递垂直力和水平力；刚接钢柱脚除了传递垂直力和水平力外，还需传递弯

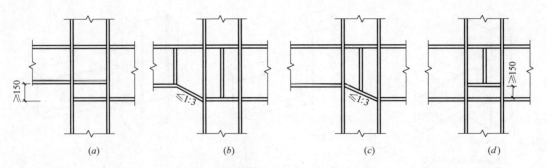

图 6-60　钢梁高度不等时的梁柱连接节点

（a）高差较大；（b）高差较小（加腋）；（c）高差较小（斜加劲）；（d）两垂直方向

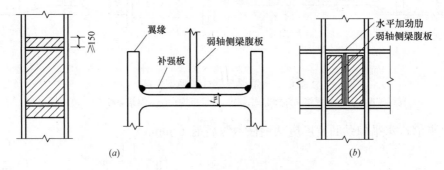

图 6-61　钢梁与钢柱节点域加强

（a）节点域加厚；（b）补强板设置

矩。鉴于钢柱脚构造形式的不同，刚接钢柱脚又分为三类：外露式、外包式和埋入式，分别如图 6-62（a）～（c）所示。

钢柱脚的连接节点设计可参照现行《建筑抗震设计规范》GB 50011、《钢结构设计标准》GB 50017 和《高层民用建筑钢结构技术规程》JGJ 99 有关规定执行。

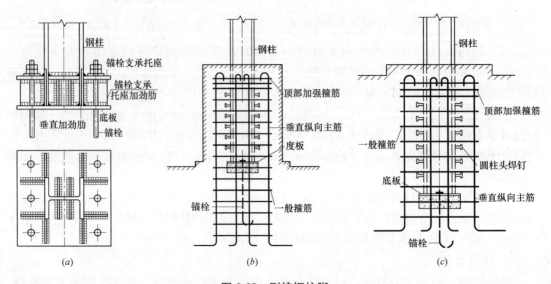

图 6-62　刚接钢柱脚

（a）外露式；（b）外包式；（c）埋入式

6.6.2 围护墙体连接节点

装配式钢结构建筑中围护墙板与主体结构的连接主要分为两种：柔性连接和刚性连接，柔性连接和刚性连接各具优缺点。柔性连接可以使墙板产生较大的位移，但是对主体结构的强度和刚度没有贡献；刚性连接使墙板和主体结构同步变形，对主体结构的强度和刚度有较大的贡献，但在外力的作用下，墙体内部会产生较大的内力。

1. 柔性连接节点

柔性连接节点一般是将预埋件预埋在墙板和主体结构中，然后在预埋件或钢梁上焊接角钢件或 T 形件，再通过螺栓将墙板和主体结构连接起来，如图 6-63 所示。为了释放水平荷载作用下墙板的变形，螺栓孔一般设置为长圆形孔，如图 6-64 所示。

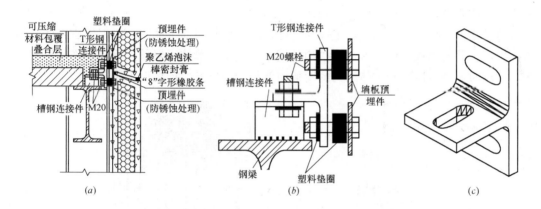

图 6-63 墙体与主体结构的柔性连接节点

(*a*) 连接节点整体；(*b*) 连接节点细部；(*c*) T 形连接件

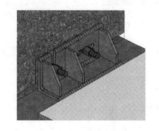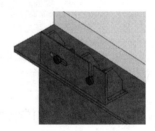

图 6-64 柔性连接节点的长圆孔设置

根据墙体变位形式的不同，预制墙板与主体结构的连接方式有如下三种：平移式、旋转式和固定式：①平移式节点是在墙板的上部或下部设置水平滑移孔，当与主体结构产生相对位移时，墙体发生相应的变位并未对主体结构产生刚性约束，如图 6-65（*a*）所示；②旋转式节点是在墙体的四个角部设置竖向滑移孔，当与主体结构发生相对位移时，墙体发生旋转而未对主体结构产生刚性约束，如图 6-65（*b*）所示；③固定式节点是当墙体作为窗间墙时，不需要层间位移的随从功能，在墙体的左侧或右侧设置水平滑移孔，当墙体发生温度变形而未对主体结构产生刚性约束，如图 6-65（*c*）所示。

2. 刚性连接节点

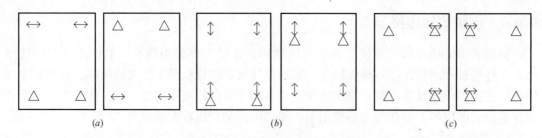

图 6-65 柔性连接节点的连接方式

（a）平移式节点；（b）旋转式节点；（c）固定式节点

刚性连接节点是在预制墙板中预留外伸钢筋，然后在预埋件或钢梁上焊接角钢件或 T 形件，再通过螺栓或焊缝将墙板和主体结构连接起来，如图 6-66 所示。合理的预埋件既要满足结构安全，也要保证建筑美观。

对于刚性连接节点，其随着主体结构变形而产生相应变位的能力应根据震级的不同有所区别，中震时墙板可以随着主体结构的变形而变位，墙体完好并且不需要修复可继续使用；大震时墙体可以随着主体结构的变形而变位，墙体发生损坏但不脱落。

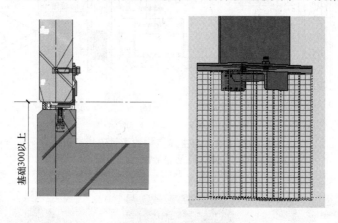

图 6-66 墙体与主体结构的刚性连接节点

6.7 装配式钢结构制作与安装

6.7.1 装配式钢结构制作

1. 一般规定

（1）钢结构制作单位应具有相应的钢结构工程施工资质，且应根据审查批准的技术设计文件进行深化设计。深化设计文件应由施工图设计单位审核确认后，方可进行下料制作。

（2）钢结构制作前，应根据相关规范、设计文件、深化设计文件的要求以及制作车间的条件，编制制作工艺书，内容应包含：施工中所遵循的规范标准、制作单位的质量保证体系、制作工程中的技术措施、生产场地的布置、生产所采用的加工焊接设备、焊工和检查人员的资质证明、各类检查项目表格和生产进度计算表。

（3）钢结构制作单位宜对构造复杂的构件或节点进行工艺性试验；对大型复杂构件或结构，在制作单位出厂前宜进行预拼装。

（4）钢结构制作、安装、验收及土建施工用的量具，应按同一计量标准进行鉴定，并应具有相同的精度等级。

2. 加工下料

（1）下料应按要求预留收缩量（现场焊接收缩量）及加工余量（切割、铣端），切割后的飞边、毛刺应清理干净。

（2）下料后的钢板、型钢切割面不得有分层、裂纹和棱角等缺陷；钢板、型钢的下料允许偏差应符合相关规范的规定，焊接构件外露切割面边缘处应进行倒角处理。

（3）下料和切割应符合以下规定：①主要受力构件和需要弯曲的构件，在下料时应按工艺规定的方向取料，弯曲件的外侧不应有冲样点和伤痕缺陷；②下料应有利于切割和保证零件质量；③型钢的下料宜采用锯切。

（4）边缘加工应符合下列规定：①需边缘加工的构件或零件，宜采用精密切割来代替机械加工；②焊接坡口加工宜采用自动切割、半自动切割、坡口机、刨边等方法进行；③坡口加工时，应采用样板控制坡口角度和各部分尺寸。边缘加工精度应符合表 6-8 中的规定。

边缘加工的允许偏差   表 6-8

边线与下料线的允许偏差 （mm）	边线的弯曲矢高 （mm）	粗糙度 （mm）	缺口 （mm）	渣	坡度
±1.0	$l/3000$ 且≤2.0	0.02	1.0 （修磨平缓过度）	清除	±2.5°

注：l 为弦长。

3. 组装

（1）钢结构构件的组装应按制作工艺书中的顺序进行，组装前应对组件进行严格检查，填写实测记录，制作必要的工装。

（2）焊接 H 形钢、箱形构件的组装宜在组焊生产线上进行，当构件的外形尺寸超出生产线范围时，应在组装胎架或组装平台上进行构件组装焊接。组装平台可由型钢搭设，高度约为 0.5m，确保平面度。

（3）组装前应首先检查 H 形梁柱、圆管截面柱、箱形截面柱等半成品以及牛腿、柱脚底板、钢梁端板等附件，确认上述零部件合格后方可进行组装。

（4）除保证组装尺寸外，应严格控制焊接接头坡口、钝边尺寸精度和定位焊缝质量，定位焊缝所用焊接材料应与母材材质匹配。

（5）组装后的矫正可采用机械方法、加热方法或机械与加热联合方法，矫正的环境温度要求应符合现行国家标准《钢结构工程施工规范》GB 50755 中的规定。

（6）钢板对接接头时，允许偏差应符合现行行业标准《高层民用建筑钢结构技术规程》JGJ 99 中的规定；钢构件组装成品的外形和尺寸偏差应符合现行国家标准《钢结构工程施工质量验收规范》GB 50205 及现行行业标准《高层民用建筑钢结构技术规程》JGJ 99中的规定。

（7）构件的细部制作包括高强度螺栓制孔、摩擦面加工、端部加工等，制作加工质量应符合现行行业标准《高层民用建筑钢结构技术规程》JGJ 99 中的规定。

4. 焊接

（1）在钢结构工程中，首次采用的钢材、焊接材料、焊接方法、接头形式、焊接位置、坡口形式、预热和后热措施以及焊接工艺参数等，应在钢结构制作及安装施工前进行焊接工艺评定，且评定结果应符合设计及现行国家标准《钢结构焊接规范》GB 50661 的规定。

（2）钢结构焊接前应清除焊接接头及周围的油、锈、水及其他污物，应选择正确的焊接材料、焊接设备和焊接工艺参数进行施焊。

（3）钢结构焊接应根据工艺评定合格的试验结果和数据，编制焊接工艺文件；焊接工作应严格按所编工艺文件中规定的焊接方法、工艺参数和施焊顺序进行；且应符合现行国家标准《钢结构焊接规范》GB 50661 的规定。

（4）焊接时应根据环境温度、钢材材质、厚度，选取相应的预热温度对焊件进行预热。无特殊要求时，可按表 6-9 选择预热温度。

常用结构钢材最低预热温度要求　　　　　　　　　　　　　　　　表 6-9

常用钢材牌号	接头最厚部件的板厚 t(mm)				
	$t<20$	$20\leqslant t\leqslant40$	$40<t\leqslant60$	$60<t\leqslant80$	$t>80$
Q235、Q295	/	/	40	50	80
Q345	/	40	60	80	100
Q390、Q420	20	60	80	100	120
Q460	20	80	100	120	150

注：1. "/"表示可不进行预热；
2. 当采用非低氢焊接材料或焊接方法焊接时，预热温度应比该表规定的温度提高 20℃；
3. 当母材施焊处温度低于 0℃时，应将表中母材预热温度增加 20℃；
4. 中等热输入指焊接热输入约为 15～25kJ/cm，热输入每增大 5kJ/cm，预热温度可降低 20℃；
5. 焊接接头板厚不同时，应按接头中较厚板的板厚选择最低预热温度；
6. 焊接接头材质不同时，应按接头中较高强度、较高碳当量的钢材选择最低预热温度；
7. 本表各值不适用于供货状态为调质处理的钢材；控轧控冷（热机械轧制）钢材最低预热温度可下降的数值由试验确定。

（5）在正式焊接前，应复查组装质量、定位焊质量和焊接部位的污物清理情况；对不符合质量要求的部位，应进行修改，合格后方可施焊。

（6）对接接头、T 形接头和全熔透的角部焊缝，应在焊缝两端设置起弧板和落弧板。对手工焊缝，起弧板的长度不应小于 25mm；对自动埋弧焊，起弧板的长度不应小于 80mm。引焊到起弧板的焊缝长度不应小于起弧板长度的 2/3。

（7）在焊接过程中，引弧应在焊道外进行，严禁在母材上打火引弧；焊枪、焊把等焊接工具不应放在母材上。

（8）当板厚超过 30mm，且有淬硬倾向和拘束度较大低合金高强度结构钢的焊接，必要时可进行后热处理，后热处理的时间应按每 25mm 板厚为 1h。后热处理应在施焊后立即进行，后热的加热范围为焊缝两侧各 100mm，温度测量应在距离焊缝中心线 50mm 处进行。

（9）焊缝质量的外观检查和探伤检查、栓钉焊接的质量检验均应符合现行行业标准《高层民用建筑钢结构技术规程》JGJ 99 中的规定。

5. 除锈与涂装

1）除锈等级分为三级，应符合表 6-10 要求。

表 6-10

除锈质量等级

涂料品种	除锈等级
油性酚醛、醇酸等底漆或防锈漆	St2
高氯化聚乙烯、氯化橡胶、氯磺化聚乙烯、环氧树脂、聚氨酯等底漆或防锈漆	Sa2
无机富锌、有机硅、过氯乙烯等底漆	Sa2.5

2）钢结构防腐涂装应在适宜的温度、湿度和清洁环境中进行，且应符合下列规定：

（1）设计施工图纸中要求暂不涂底漆的部位不得涂漆，应待安装完成后补涂油漆。

（2）防腐涂装应在钢构件组装或结构安装工程检验批的施工质量验收合格后进行。

（3）涂装前应将构件表面除锈至设计要求，构件的尖角应打磨成斜切角或圆角；且应保证涂装表面处无焊渣、灰尘、油污、水、飞溅物、氧化铁和毛刺等缺陷，再进行涂装。

（4）涂料、涂装遍数、涂层厚度应符合设计要求。

（5）钢构件涂完底漆后，应在明显位置处标注钢构件代号。

（6）除设计要求涂装的高强度螺栓摩擦接触面外，其余不得涂装油漆。

3）钢结构的防腐、涂装施工质量应按现行国家标准《建筑防腐蚀工程施工及验收规范》GB 50212 和《钢结构工程施工质量验收规范》GB 50205 的规定检查验收。

4）在运输安装过程中钢构件涂层被磨损的部位，应进行补涂，补涂前应对锈蚀部位进行除锈处理，且采用与钢构件相同的涂料和质量标准。

6.7.2　装配式钢结构安装

1. 一般规定

（1）在钢结构制作安装前，设计单位在设计文件交付施工时应向施工单位和监理单位作详细设计交底说明。安装单位应根据设计文件编制安装工程施工组织设计，对复杂异形结构，应进行施工过程的模拟分析并采取相应安全技术措施。

（2）钢结构深化设计时应综合考虑安装要求（如吊装构件的单元划分、吊点和临时连接件位置、对位和测量控制基准线、安装焊接的坡口方向和形式等）。

（3）施工过程验算时，应考虑塔吊位置及其他施工活荷载、风荷载。

（4）钢结构安装时应有可靠的作业通道和安全防护措施，应制定极端天气下安全措施。

（5）安装用的焊接材料、高强度螺栓、普通螺栓、栓钉和涂料等应具有产品质量证明书、材料复试试验报告、出厂合格证明，其质量应符合现行国家相关标准。

（6）安装用的专用机具和工具应满足施工要求，并应定期进行检验，保证质量合格。

（7）安装前应对构件的外形尺寸、螺栓孔直径和位置、连接件位置和角度、焊缝、栓钉、高强度螺栓接头抗滑移面加工质量、构件表面的涂层等进行全面检查，在符合设计文件及现行国家标准的要求后，方可安装施工。

（8）安装工作在环境保护、劳动保护和安全技术方面应符合现行国家有关法规和标准的规定。

2. 质量检查

（1）制作单位应在钢构件成品出厂前将每个构件的质量检查记录和产品合格证交给安装单位。对梁柱、支撑等主要构件，应在安装现场进行复查；对误差大于允许偏差的构件，应进行修复。

（2）钢构件的弯曲变形、扭曲变形以及构件上连接板、孔洞等的位置和尺寸，应以构件轴线为基准进行检查。

（3）构件分段应综合考虑加工、运输条件和现场起重设备能力；钢柱分段一般宜按约 3 层一节，分段位置位于楼层钢梁顶标高 1.2～1.3m；钢梁和支撑一般不宜分段，若必须分段，应同设计单位协商确定。

（4）构件各分段单元应能保证吊运过程中的强度和刚度，必要时应采取加强措施。

3. 安装顺序

（1）钢结构安装应遵循以下顺序：安装流水区段的划分、安装顺序的确定、安装顺序图和顺序表的编制、构件安装。

（2）安装流水区段可按建筑物的平面形状、结构形式、安装机械数量、现场施工条件等因素划分；构件安装顺序平面上应从中间向四周拓展，竖向应由下向上逐步安装。

（3）安装顺序表应在构件安装前编制，且应表明构件的平面布置图、构件所在的详图号、构件所用的节点板和安装螺栓的规格数量、构件的重量等。

（4）构件接头的现场焊接应按下列顺序进行：安装流水区段主要构件的安装与固定、构件接头焊接顺序的确定、焊接顺序图的绘制和现场施焊。

（5）构件接头的焊接顺序平面上应从中部对称向四周扩展，竖向可采用有利于方便施工和保证焊接质量的顺序。构件接头焊接顺序图应根据接头的焊接顺序绘制，且应列出顺序编号，注明焊接工艺参数。

图 6-67　钢结构安装

（http://news.cnpc.com.cn/system/2016/05/04/001590896.shtml）

4. 钢结构的安装

（1）钢柱的安装应先调整标高，再调整水平位移，最后调整竖向偏差，且应重复上述步骤直至标高、位移和竖向偏差符合要求。

（2）钢结构的柱、梁、屋架和支撑等主要构件安装完成后应立即进行校正与固定；当天安装的钢构件应形成稳定的空间体系；安装单元的全部钢构件完成后，应形成空间刚度单元，如图 6-67 所示。

（3）钢结构安装时，楼面上堆放的安装荷载应加以限制，不得超过钢梁和压型钢板的承载能力。

（4）一节钢柱的各层梁安装完毕且经过验收合格后，应立即铺设各层楼面的压型钢板或楼板，且安装本节柱范围内的各层楼梯。一个流水段一节钢柱的全部钢构件安装完毕且验收合格后，方可进行下一个流水段的安装工作。

（5）钢构件连接节点应检查合格后方可紧固或焊接。

5. 钢结构防火涂装施工

1）处于弱侵蚀环境和中等侵蚀环境的构件，应进行涂层附着力测试，在检测范围内，当涂层完整程度度达到 70% 以上时，涂层附着力应达到合格质量标准的要求。

2）钢结构连接节点处的防火保护层厚度，不应小于被连接构件防火保护层厚度的较大值，对连接表面不规则的节点，尚应局部加厚。

3）防火涂料涂层各测点平均厚度的检查应符合下列规定：

（1）检查数量：按同类构件数抽查 10%，且均不少于 3 件。

（2）检验方法：用涂层厚度测量仪、测针和钢尺检查。

4）钢结构采用非膨胀型防火涂料或防火板保护时，应按下列规定检测导热系数：

（1）钢结构防火保护分项工程可分成一个或若干个检验批。相同材料、工艺、施工条件的防火保护工程应按防火分区或按楼层划分为一个检验批。

（2）每一个检验批应在施工现场留取不少于 5% 构件数（且不少于 3 个）的防火材料试样。

（3）每一个检验批防火材料试样的 500℃ 导热系数或等效导热系数平均值不应大于产品合格证书规定值的 5%，最大值不应大于产品合格证书规定值的 15%，防火材料试样密度和比热容平均值不应超过产品合格证书规定值的 10%。

5）钢结构采用膨胀型防火涂料保护时，应检测防火涂料的隔热性能和膨胀性能。检测防火涂料的膨胀性能时，所有试样的最小膨胀率不应小于 5，当涂层厚度不大于 3mm 时，最小膨胀率不应小于 10。

6）选用钢结构的防火涂料时，应符合下列要求：

（1）应按耐火极限要求，分别选用超薄型、薄涂型和厚涂型涂料，如图 6-68（a）所示。在满足耐火极限的条件下，宜优先选用薄涂型涂料。

（2）选用的钢结构防火涂料应具有产品鉴定证书、产品耐火性能检测报告、生产许可证。

（3）防火涂料应呈碱性或偏碱性，底层涂料应能与防锈漆或钢板相容，并有良好的结合力；当有可靠依据时，可选用有防锈功能的底层涂料。

（4）钢结构防火涂料的技术性能应符合现行国家标准《钢结构防火涂料》GB 14907 的规定。

7）选用防火板材（图 6-68b）时，应符合下列要求：

（1）按耐火极限和保护层厚度要求，应分别选用防火薄板或防火厚板。

（2）防火板材的性能应符合下列要求：①防火板应为不燃性（A 级）材料，应具有产品鉴定证书、产品耐火性能检测报告、生产许可证；②板在高温下（965℃）线收缩率不应大于 2%；③板受火时不炸裂，不产生裂纹。

（3）采用防火板进行钢结构防火保护时，应有产品的导热系数、密度和比热等技术参数。

（4）防火板接缝构造（单层板或多层板）和接缝材料均应具有不低于防火板的防火性能。

 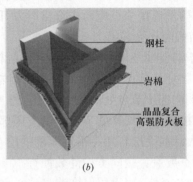

钢柱

岩棉

晶晶复合
高强防火板

(*a*)   (*b*)

图 6-68　钢结构防火措施

(*a*) 防火涂料；(*b*) 防火板材

(https：//b2b. hc360. com/viewPics/supplyself _ pics/257101247. html 和 http：//www. t-jiaju. com/pjj17969004371)

本章小结

　　本章结合装配式钢结构建筑的特点、研究现状以及存在问题，详细介绍了装配式钢结构建筑的各种结构体系以及新型结构体系；分析了此类结构受力特性的特殊性，阐述了装配式钢结构建筑在结构和构件设计计算中应予着重考虑的验算内容、验算工况和设计计算方法，重点简介了装配式钢结构建筑的节点连接技术、设计方法和构造要求，简单介绍装配式钢结构建筑的制作和安装施工的具体要求。

思考与练习题

　　6-1　何为装配式钢结构建筑？装配式钢结构建筑具有的五大特点是什么？

　　6-2　与传统结构形式建筑相比，装配式钢结构建筑优点是什么？

　　6-3　装配式钢结构建筑目前存在的主要问题是什么？未来发展趋势如何？

　　6-4　装配式钢结构建筑的结构体系如何分类？有哪些新型的结构体系？

　　6-5　装配式钢结构建筑的结构设计应遵循哪些基本原则？

　　6-6　与传统钢框架结构相比较，装配式钢框架结构设计时有哪些特殊性？

　　6-7　半刚性框架结构内力如何分析？装配式钢结构建筑结构分析何时可采用直接分析设计方法？

　　6-8　装配式钢结构建筑中的"三板"体系是指什么？装配式钢结构建筑中外墙板与内墙板设计时应考虑哪些内容？

　　6-9　装配式钢结构建筑中梁柱连接节点常规形式有哪些？请列举出一些新型的梁柱连接节点形式？

　　6-10　装配式钢结构建筑中围护墙体与主结构的连接节点有几种？各有何优缺点？

　　6-11　某轴心受压钢柱截面形式为焊接 H 形截面，拟采用两种截面尺寸，分别如图 6-69 (*a*) 和 (*b*) 所示，两种截面面积相等。现已知：钢柱长度为 10m，上下两端为铰接，翼缘为轧制边，钢材材质为 Q235。试计算两种截面尺寸钢柱的最大轴向承载力，并验算其局部稳定。

6-12　钢框架的钢梁与钢柱刚性连接节点，采用栓焊混合连接方式（注：钢梁翼缘与钢柱翼缘通过坡口对接焊缝连接，钢梁腹板与钢柱翼缘通过角焊缝连接），如图 6-70 所示。钢柱与钢梁截面型号分别为 HW400×400、HM500×300，钢材材质均采用 Q345 钢。已知：节点的弯矩设计值为 $M=450$kN·m，剪力设计值为 $V=250$kN，高强度螺栓为 10.9 级 M20 摩擦型，焊缝质量为二级。试设计此连接节点。

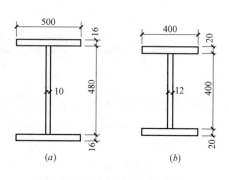

图 6-69　轴心受压钢柱截面
(a) 截面尺寸 1；(b) 截面尺寸 2

6-13　某主钢梁与次钢梁铰接连接，如图 6-71 所示。主钢梁与次钢梁的截面型号分别为 HM500×300、HN400×200，钢材材质均采用 Q345 钢。已知：梁端的剪力设计值为 $V=180$kN，高强度螺栓为 10.9 级 M20 摩擦型。试设计此主次钢梁连接节点。

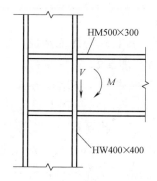

图 6-70　梁柱刚性连接节点

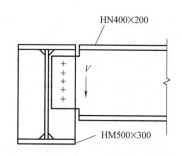

图 6-71　主次钢梁铰接连接节点

6-14　某钢框架边钢柱柱脚采用埋入式节点，钢柱的截面形式为箱形截面，截面尺寸为 600×500×25×25。已知：边钢柱的内力基本组合值为 $N=400$kN，$M=500$kN·m，$V=150$kN；钢材材质均采用 Q345 钢，钢筋采用 HRB400，基础混凝土强度等级为 C40。试设计此钢柱柱脚节点。

第7章 装配式竹木结构设计与施工

本章要点及学习目标

本章要点：

系统地从装配式竹木结构概念、结构用材、结构抗震设计及构造措施、施工工艺以及结构防火防腐措施共五个方面介绍了装配式竹木结构体系。

学习目标：

(1) 了解装配式竹木结构体系概念；(2) 掌握装配式竹木结构体系与传统木结构的区别；(3) 了解装配式竹木结构体系的设计建造过程；(4) 了解装配式竹木结构体系防火与防腐措施。

以混凝土和钢材为主要材料的传统建筑工业，因消耗大量自然资源而造成严重的环境负面影响。从世界范围看，土木工程行业消耗的能源约占总能源的50%左右，占自然资源总量的40%，成了最主要的污染源。由于我国一直沿袭粗放的经济增长方式，建筑行业一直都是高耗能、高排放的大户，这使得单位工业产值的污染排放强度是发达国家的8~10倍，主要污染物排放量已经远远超过了环境承载能力。因此寻找一种低碳环保的建筑材料，使得建筑行业在持续发展的同时污染物排放量有效得到降低，成为现代建筑工业的当务之急。在这一探索寻找的过程中，竹材、木材作为一种力学性能优良的绿色建筑材料，成为现代学者关注的热点。装配式竹木结构以工业化竹木材制成基本结构构件，并以一定的连接方式组合成满足使用要求的建筑结构，其构件均由工厂加工后运输至施工地点进行组装。

7.1 竹木结构建筑结构形式及特点

7.1.1 传统木结构建筑

在距今六七千年前，我国已经开始使用榫卯结构来构筑木结构房屋。中国传统木结构建筑以木构架为房屋的骨架，墙体仅为维护结构。就其形式而言，传统木结构建筑的主要形式有以下三种：

(1) 抬梁式或梁柱式（图7-1a）：抬梁式建筑以垂直木柱为房屋的基本支撑，木柱顶端沿着房屋进深方向架起数层叠架的木梁。木梁由下至上逐渐缩短，层间垫短柱或木块，最上层梁中间立小柱或三角撑，形成三角形梁架，在相邻的屋架之间架上檩，檩上架椽，形成屋面下凹的两坡屋顶骨架。梁柱式是使用最广的古代木结构建筑形式，古代宫廷建筑基本都是使用抬梁式木结构建筑，华中、华北、西北、东北等地均有采用该建筑形式。

（2）穿斗式（图7-1b）：穿斗式木结构建筑将每间进深方向上的各柱随屋顶坡度升高，直接承檩，另用一组穿枋联系，构成两坡屋顶的骨架。其他构件与抬梁式相同。主要流行于华东、华南和西南等地区。

（3）密梁平顶式（图7-1c）：密梁平顶式建筑用纵向列柱承檩，檩间架水平的椽，构成平屋顶。主要流行于新疆、西藏、内蒙古等地区，以西藏的布达拉宫为代表。

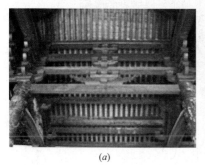

(a)　　　　　　　　　　(b)　　　　　　　　　(c)

图 7-1　典型木结构形式
(a) 抬梁式；(b) 穿斗式；(c) 平顶式

7.1.2 传统竹结构建筑

竹子具有与木材相似的材料性能，因其取材方便造价低廉，在发展中地区因取代木材而被广泛应用。另外，竹子的种植相对于木材具有可持续性这一大特点，有效保证了它源源不断的供给，同时收割、储放和加工工艺的逐步完善也使得广泛应用以竹材为建筑材料的结构形式成为可能。竹林在我国分布广泛，其面积达到440万公顷，主要品种以毛竹为主，主要集中生长在湖南、江西、浙江和福建等长江流域以南亚热带地区。

传统竹结构建筑直接采用原竹作为基本构件，通过捆绑、铁钉连接、穿斗式连接等节点构造，将结构的主要构件连接在一起，形成一套结构体系。我国南方历来有用竹子建造住宅的传统，如我国云南的傣族"干阑式"竹楼（图7-2），至今已有1400多年的历史，被誉为雨林民族文化的结晶，它不仅造型独特美观、天然材质与自然环境有机结合，而且通风避热、同时能够阻隔地面潮气对人体的不利影响，非常适应湿热地区的气候特点。

图 7-2　"干阑式"建筑

在一些亚洲国家，竹材被视为主要建筑材料。在孟加拉国约有70％的人口居住在各种形式的竹屋中。在哥伦比亚、厄瓜多尔和哥斯达黎加等拉美国家，竹建筑业非常发达，造型典雅的竹楼、竹亭及其他风格各异的竹建筑随处可见（图7-3）。

图7-3　发展中地区的竹结构建筑

7.1.3　装配式竹木结构建筑的结构体系

装配式竹木结构建筑是一种新兴的建筑结构，它采用工业化的胶合木材、胶合竹材或木、竹基复合材作为建筑结构的承重构件，并通过金属连接件将这些构件连接。装配式竹木结构克服了传统竹木结构尺寸受限、强度刚度不足、构件变形不宜控制、易腐蚀等缺点。按照竹木构件的大小轻重，装配式竹木结构可分为重型装配式竹木结构体系和轻型装配式竹木结构体系。其中，重型竹木结构体系是指以间距较大的梁、柱、拱和巧架为主要受力的体系。重型装配式木结构体系已经被广泛应用于休闲会所、学校、体育馆、图书馆、展览厅、会议厅、餐厅、教堂、火车站、桥梁等大跨建筑和高层建筑。

我国现行《木结构设计规范》GB 50005将木结构分为普通木结构、胶合木结构和轻型木结构三种结构体系。其中，普通木结构是指承重构件采用方木或原木制作的单层或多层木结构，不属于本书的讨论范围。由于装配式竹结构建筑还没有形成系统的设计建造系统，是较为新颖的结构体系，目前，装配式竹结构仅应用于3层及3层以下建筑。因此，本书仅介绍较为系统的木结构建筑体系。装配式木结构建筑相关的规范标准同样适用于装配式竹结构建筑。

1. 胶合木结构

胶合木是一种根据木材强度分级的工程木产品，通常是由二层或二层以上的木板叠层胶合在一起形成的构件。实木锯材虽然有不同的尺寸和等级，但其截面尺寸和长度受到树木原料本身尺寸的限制，所以对大跨度构件，实木锯材往往难以满足设计要求。在这种情况下可以采用结构胶合木构件。1906年，德国的一项曲线胶合木结构专利标志着胶合木建筑的开端。胶合木结构随着建筑设计、生产工艺及施工手段等技术水平的不断发展和提高，其适用范围也越来越大。以层板胶合木材料制作的拱、框架、桁架及梁、柱等均属胶合木结构。由于在胶合木结构中，结构构件的尺寸较为灵活，可以满足多高层及大跨度建筑的使用要求，胶合木结构建筑已经是欧美大型民用建筑中的重要组成部分（图7-4、图7-5）。

2. 轻型木结构

轻型木结构是利用均匀密布的小木构件来承受房屋各种平面和空间作用的受力体系。

轻型木结构建筑的抗力由主要结构构件（木构架）与次要结构构件（面板）的组合而得到。木构架通常由规格材或工字型木搁栅（在大跨或较大荷载情况下采用）组成。常用的面板有胶合板与定向刨花板等。

图 7-4　英国斯坎索普体育运动学院运动馆（2007）

图 7-5　加拿大爱德华王子岛 8 层 WIDC 大楼（2014）

轻型木结构（图 7-6）有平台式和连续墙骨柱式两种基本形式：

（1）平台式结构。平台式结构是先建造一个楼盖平台，在该平台上施工墙体，然后在该墙体顶上再建造上层楼盖。平台式轻木结构由于结构简单和容易建造而被广泛使用。其主要优点是楼盖和墙体分开建造，因此已建成的楼盖可以作为上部墙体施工时的工作平台。

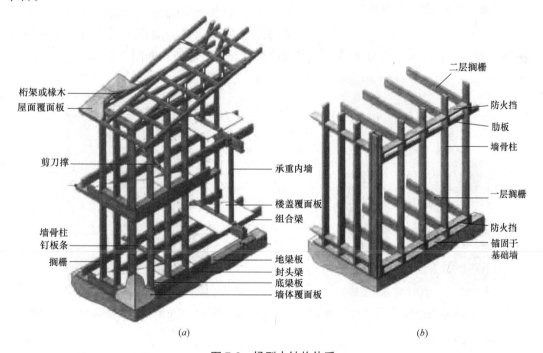

图 7-6　轻型木结构体系

（a）平台式骨架建筑；（b）连续墙骨柱式骨架建筑

（2）连续墙骨柱式结构。连续墙骨柱式结构与平台式结构的主要区别是连续墙骨柱式结构的外墙与某些内墙的墙骨柱从基础底梁板一直延伸到屋盖下的顶梁板。其低层楼盖搁栅锚固于靠近墙骨柱的底梁板上。楼盖搁栅在楼面处于墙骨柱搭接，并支撑在凹入外墙墙骨柱内 20mm×90mm 的肋板上。楼盖搁栅和外墙墙骨柱的连接采用垂直钉连接，和支承他的内墙或梁的连接采用斜向钉连接。由于墙中缺少梁板，为防止失火时火焰蔓延，在墙骨柱以及搁栅间要另加挡火构件（通常为 40mm 厚规格材横撑）。但是，连续墙骨柱式结构因其在施工现场安装不方便，现在已经很少应用。

2017 年 10 月最新使用的《多高层木结构建筑技术标准》GB/T 51226—2017 更加细致地归纳了装配式木结构建筑的结构体系和结构类型。

1. 纯木结构体系

承重构件均采用木材或木材制品制作的结构形式，包括方木原木结构、胶合木结构和轻型木结构等，它包括四种木结构类型。

图 7-7　轻型木结构房屋构造

1）轻型木结构

轻型木结构体系已在前文中介绍。图 7-7 为轻型木结构的实际构造。

2）木框架支撑结构

木框架支撑结构采用梁柱作为主要竖向承重构件，以支撑作为主要抗侧力构件的木结构，支撑材料可以为木材或其他材料，如图 7-8 所示。

3）木框架剪力墙结构

木框架剪力墙结构采用梁柱作为主要的竖向承重构件，以剪力墙作为主要抗侧力构件的木结构。剪力墙可以采用轻型木结构墙体或者正交胶合木墙体，如图 7-9 所示。

图 7-8　挪威卑尔根市 Treet 公寓（2014）

图 7-9　英国伦敦 Birdport Housing（2010）

4）正交胶合木剪力墙结构

正交胶合木（CLT）剪力墙结构是采用正交胶合木剪力墙作为主要受力构件的木结构，如图 7-10 所示。

2. 木混合结构体系

(a) (b)

图 7-10　英国伦敦 Murray Grove 公寓（2009）

（a）公寓外观；（b）公寓内部构造

由木结构构件与钢结构构件、钢筋混凝土结构构件混合承重，并以木结构为主要结构形式的结构体系。它包括下部为钢筋混凝土结构或钢结构、上部为纯木结构的上下混合木结构以及混凝土核心筒木结构等。

1）上下混合木结构

木混合结构中，下部采用混凝土结构或钢结构，上部采用纯木结构的结构体系。图 7-11 是加拿大魁北克省 2015 年发布新规范后建造的第一幢高层混合木结构体系公寓楼，整幢楼共 13 层，其中第一层为混凝土结构，上部十二层为正交胶合木剪力墙结构。

(a) (b)

图 7-11　加拿大魁北克某公寓楼

（a）公寓外观图；（b）建造中的公寓

2）混凝土核心筒木结构

混凝土核心筒木结构是在木混合结构体系中，主要抗侧力构件采用钢筋混凝土核心筒，其余承重构件均采用木质构件的结构体系。加拿大哥伦比亚大学 Brock Commons 学生宿舍（图 7-12）由两个混凝土核心筒作为主要的抗侧力构件，其余承重构件为木框架体系。

图 7-12　加拿大哥伦比亚大学 18 层学生宿舍（2016）

7.1.4　装配式竹木结构建筑的节点形式

传统竹木结构的连接节点一般通过木工制作的榫卯连接得以实现，然而在现代竹木结构中，这种传统的连接方式已经很少被使用，取而代之的是各种标准化、规格化的金属连接件。加拿大木结构设计标准规定现代木结构中的金属构件大体分为钉类连接、螺栓和销类连接、木结构铆钉、剪盘和裂环连接件、齿板连接件、构架连接件以及梁托等。而我国现行《木结构设计规范》GB 50005 对各类连接件的分类与加拿大规范稍有差异，它将各类连接件分为齿连接、螺栓和钉连接以及齿板连接三大类。这些连接形式也适用于竹结构体系。

1. 齿连接

齿连接是将受压构件的端头做成齿榫，抵承在另一构件的齿槽内以传递压力的一种连接方式，可采用单齿或多齿的形式，如图 7-13、图 7-14 所示。

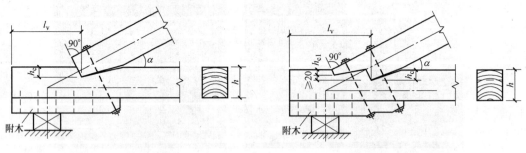

图 7-13　单齿连接　　　　　　　　　　图 7-14　双齿连接

齿连接的优点在于构造简单、传力明确、制作工具简易、连接外露易于检查等，它的缺点是开齿削弱构件截面、产生顺纹受剪作用导致脆性破坏。齿连接在装配式竹木结构当中很少使用。

2. 螺栓连接和钉连接

螺栓连接和钉连接统称为销连接。其中，在装配式竹木结构当中，螺栓连接是最为常用的连接方式。螺栓连接的种类繁多、造型各异，根据受力情况可以分为单剪连接、双剪连接及多剪连接三种类型。在工程实际中大多采用单剪连接和双剪连接（图 7-15）。

根据是否采用金属连接板以及金属连接板的位置，螺栓连接可分为普通螺栓连接、

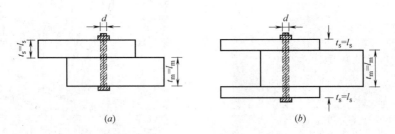

图 7-15　螺栓连接方式

(a) 单剪连接；(b) 双剪连接

d—螺栓直径；l_m—螺栓在主构件中的贯入深度；l_s—螺栓在侧面构件中的总贯入深度；

t_s—较薄构件或边部构件的厚度；t_m—较厚构件或中部构件的厚度

钢夹板螺栓连接和钢填板螺栓连接三种（图 7-16）。

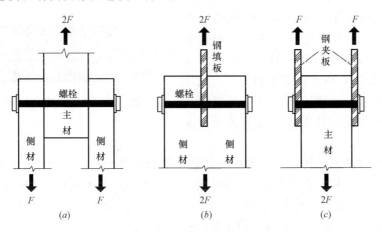

图 7-16　螺栓连接示意图

(a) 普通连接；(b) 钢填板连接；(c) 钢夹板连接

螺栓连接的紧密性和韧性较好，施工简单，连接安全可靠，是装配式竹木结构中使用最为广泛的连接方式。

3. 齿板连接

齿板（图 7-17）是经表面处理的钢板冲压成带状板，一般由镀锌钢板制作。齿板连接（图 7-18）适用于轻型木结构建筑中规格材桁架的节点及受拉杆件的接长。齿板的承载力有限，不能用于传递压力。

除上述三种木结构规范提及的常用连接以外，植筋节点也是近年来常用于装配式竹木结构的连接节点之一。植筋技术是一种后锚固技术，广泛应用于混凝土结构的加固与补强。木材植筋技术，源自瑞典、丹麦等北欧国家，至今已有 40 余年的发展历史。其做法是将筋材（如钢筋、螺栓杆、FRP 筋等）通过胶粘剂植入预先钻好的木材孔中，待胶体固化后形成整体，如图 7-19 所示。

木结构植筋最早用于横纹植入木梁端部来增强梁端的抗剪与局部承压能力。目前植筋主要用于梁端拼接、柱脚及墙体锚固、木结构桥梁等。

图7-17　齿板图

图7-18　齿板连接

7.1.5　装配式竹木结构建筑在我国的应用现状

中国古建筑以木结构闻名，但是到了现代，由于我国森林资源缺乏，现代装配式木结构技术发展却滞后于西方国家。随着20世纪80年代木材工业和竹材工业的发展，尤其是胶合木、木基、竹基工业化材料的成功制作，我国现代装配式竹木结构技术进入黄金发展期。

图7-19　木结构植单筋节点示意图

2013年建成的苏州胥虹桥（图7-20）是目前世界最大跨度木拱桥。这座木拱桥一共使用了400m³的木材，全部采用宽7cm、厚3cm、长2m左右的木条拼接胶合而成，跨度达到75.7m。木材原料采用欧洲赤松，所有木料经过高温加压和防腐处理，通过现代技术手段，将木材胶合、挤压，形成木拱桥所需要的弧度。

图7-20　苏州胥虹桥

2016年4月，第九届江苏省园艺博览会在苏州成功举办。其主展馆（图7-21）为一木结构网壳建筑，菱形网格为2m×2m。屋面有四根曲梁延伸到基础，作为屋盖的支撑点。菱形网格有部分钢拉杆，确保屋盖有足够的刚度将荷载有效的传递到边拱。

2009年，在南京林业大学建起了我国最具代表性的装配式竹结构安居示范房（图7-22），该竹房建筑面积220m²，共两层，抗震设防烈度8度。竹房的整体结构以梁柱结构体系为主。同时，兼用搁栅-墙骨柱构成多约束、多传力路径的受力体系，结构的主次梁采用集成竹材制作，竹采用冷压重组竹制作，梁柱之间通过金属节点连接，组成竹结构框

图 7-21　苏州园博会主展馆（2015）

架。楼板采用竹帘胶合板制作。竹帘胶合板支撑于集成竹材次梁上，通过凹凸缝相互搭接。

图 7-22　竹结构安居示范房

2017 年年底，由南京林业大学和东南大学合作建成的南京市溧水区白马镇集成竹结构示范工程（图 7-23），共三层，总高 9.8m，总建筑面积为 4006.32m²，抗震设防烈度为 7 度。竹构件采用热压集成竹制作而成，结构体系主要采用集成竹框架结构体系，即集成竹梁、柱、楼板及外墙板为主要承重构件，形成结构框架，构件之间通过不同的金属连接件相互连接，维持其较好的整体性。

图 7-23　白马镇集成竹结构示范工程

7.2　装配式竹木结构建筑材料及其性质

7.2.1　装配式木结构建筑材料及其性质

装配式木结构建筑中应用最广泛的木材一般为实木锯材和胶合木两种。其中，对于不重要的构件或在满足主要跨度的前提下，可选用适合的锯材；相比于锯材，由软木或硬木加工的胶合木在装配式木结构中适用性更广。实木锯材虽有不同的尺寸和等级，但其截面尺寸和长度受到树木原材料本身尺寸的限制，所以对大跨度构件，实木锯材往往难以满足设计要求，在这种情况下可以采用胶合木构件。胶合木即集成材（Glued Laminated Timber），是较小规格的实木锯材，利用冷固化型胶粘剂，顺纹方向粘结而成的一种工程木。结构用胶合木具有良好的物理力学性能，其含水率较具有相同断面成材的含水率均匀，强度大，而且结构均匀，内应力小，不易开裂和变形，尺寸稳定性好，自由度大。大断面的胶合木还具有良好的阻燃性能。此外，结构用胶合木不存在单板裂隙影响问题。结构用胶合木在木结构中一直扮演着重要的角色。

胶合木是一种根据木材强度分级的工程木产品，通常是由二层或二层以上的木板叠层胶合在一起形成的构件。制作胶合木构件所用的木板，经过干燥和分等分级，根据不同受力要求和用途，将不同等级的材料在截面方向进行组合。强度等级高的木板被放在使用中产生应力较大的部位，根据构件在受拉或受压区安排的木板的材质等级及数量，构件的承载力可以得到不同程度的提高。胶合木的主要生产过程介绍如下。

1. 原料准备

层板是结构用胶合木基本组成单元之一。层板本身的性质，直接影响胶合木生产工艺的制定；而层板的性质更决定着结构用胶合木的性能和品质。

1）树种。树种不同其胶合性能将有差异，胶合强度随木材密度增加而提高，木破率随木材密度增加而降低。用于胶合木板材的树种分为软木和硬木两类。各个国家和地区在其制定的标准中，均主要侧重于利用当地的材种进行胶合木的生产。美国主要用道格拉斯冷杉、南方松、花旗松、黄松、北美红枫、阿拉斯加雪松和东部云杉等作为结构用胶合木的树种；欧洲主要用欧洲赤松、红松、落叶松、云杉和冷杉等作为结构用胶合木的树种；加拿大主要用云杉、红杉、铁杉、小干松、西部白松、旱地松和花旗松等作为结构用胶合木的树种；我国主要用落叶松、南方松、杉木等作为结构用胶合木的树种。

2）锯材尺寸。通直胶合木的板材厚度可采用较大值，而弯曲胶合木的板材厚度则受弯曲曲率半径和树种物理特性的限制，且对板材厚度有限值要求。胶合木用的板材一定要经过人工干燥，厚板材干燥困难，而且干燥时间长，干燥费用高，而且板材太厚时，在胶合时不易压平，造成加压不均匀，从而可能导致胶缝受力情况各处不均匀，对胶合构件的承载力产生不利影响。但采用薄板材切削加工的出材率低，胶合木截面高度相同时，所含有的层板数量多，胶粘剂消耗量大，会提高胶合木的成本；一般胶合木用的板材厚度为10~50mm。但不同国家和地区对于木板厚度的规定略有不同，例如，在北美结构胶合木木板的厚度一般采用38mm，在欧洲胶合木木板的厚度通常采用45mm。另外，树种不同对木板的厚度要求也不同，例如在美国，采用南方松生产的结构胶合木木板的标准厚度为

35mm，而采用西部树种生产的结构胶合木的木板厚度一般为 38mm。一般来说，同一胶合木构件中木板的厚度应该统一。至于胶合木构件截面宽度尺寸，理论上，采用胶合木可生产出任何尺寸的构件。但是考虑到工业化生产的要求及对木材资源的充分利用，世界上生产胶合木的国家或地区，对于常用的胶合木产品，都有标准的截面尺寸。例如，在欧洲，胶合木构件的标准宽度有 42mm、56mm、66mm、90mm、115mm、140mm、165mm、190mm、215mm 和 240mm 等，宽度为 265mm 和 290mm 也可以用。在美国，胶合木构件的截面宽度一般在 63～273mm 之间，常用的截面宽度为 79mm、89mm、130mm、139mm 和 171mm 五种规格。同样，在加拿大，常用的截面宽度为 80mm、130mm、175mm、225mm、275mm 和 315mm 等规格，根据工程要求，宽度可增加到 365mm、425mm、465mm 和 515mm。标准截面尺寸的胶合木构件主要用在住宅建筑中。在大量的重型木结构中，当构件的跨度较大，荷载较重或有其他的情况出现时，往往采用非标准尺寸的胶合木。一些常用非标尺寸胶合梁的形状包括弧形梁、双坡梁、曲线梁及门式刚架等。

3）含水率。板材含水率对胶合木的胶合性能有很大影响。原材切割成锯材后需烘干至含水率满足使用要求方可进行下一道工序。一般板材的含水率应相当于使用环境的木材含水率。通常板材含水率为 8%～15%时可以得到良好的胶合性能，对于采暖的室内板材的含水率为 8%～12%。如果胶合木中一块层板的各部位或相邻层板之间的含水率差过大，胶合木的含水率达到平衡时，易在其内部产生不均匀的收缩，使胶合木内部产生应力，一般要求层板的含水率之差不超过 5%。

2. 应力分等

板材按强度性能分几个等级，称为应力分等或等级区分。胶合木与成材的最大区别在于前者是由层板胶合而构成，这样可以人为取舍层板，进行层板的配置以及将木材缺陷分散。胶合木的强度性能主要取决于层板的强度性能、不同等级层板的配置和层板的胶合性能。确定层板强度等级及合理配置不同等级的层板是合理利用木材、提高胶合木强度和刚度的有效方法。层板应力分等是以层板的抗弯强度作为主要指标，但在胶合木生产中，在不破坏层板的情况下，测量其抗弯强度是困难的，为此采用抗弯弹性模量作为层板分等的指标值，另外还可采用集中节径比、材缘部节径比和纹理斜度等配合进行层板的应力分等。应力分等有目测分等和机械分等两种。目测分等主要通过对板材表面的各种影响强度或相关性能的缺陷进行评估实现的，在目测分等规则中，每个等级都详细规定了所允许缺略的尺寸和性质要求，并考虑了长期荷载因子和含水率的影响。机械分等主要通过确定每一个层板原料的弹性模量，以便对层板分等。目前，越来越多的厂家采用机械与目测分级相结合的方法，以期获得更准确的强度和刚度。

3. 胶合工艺

结构用胶一般要求胶缝的强度应不低于被胶合木材顺纹抗剪和横纹抗拉的强度，并具有良好的抗菌性和耐久性。对于胶的耐水性、耐热性和耐候性的要求，则按各种工程所处的不同环境条件，予以区别对待。其使用环境可分为以下两类：

1）胶合木作为承载部件，在下述条件下，要求胶粘剂具有较高的耐水性、耐热性和耐候性。

（1）含水率长期超过 19%的环境；

（2）直接受露天大气影响的环境；

（3）由于太阳照射，长期连续高温的环境；

（4）建筑物发生火灾时要求具有高胶合性能的环境。

2）胶合木不作为承载部件，要求胶粘剂的耐水性、耐候性和耐热性具有一般的使用环境。通常适用中、小截面胶合木和结构用贴面胶合木。

（1）层板拼长

若胶合木构件的长度超过层板的长度，则层板在长度方向需要进行端部拼接。端部拼接方式一般有四种，即平接、斜接、齿接以及指接。平接几乎没有任何受拉承载力，所以在受弯、受拉以及弯曲构件中不允许采用。对于木板的斜接，当接口坡度为 1/12 时，连接处的强度可以达到木板本身的强度。齿接可以满足快速生产的要求，但强度不如斜接强度高。

（2）层板拼宽

当胶合木构件的截面超过一块层板的宽度时，在截面的宽度方向需要对层板进行横向拼宽。在一般情况下，在进行横向拼宽时，除了构件顶面和底面的层板横向拼宽需要胶合，中间的层板在横向拼宽方向都不需要进行胶合。但是，当荷载作用方向与层板宽面方向平行，或当构件的计算剪力超过 50% 的设计承载力时，层板横向拼宽方向需要胶合。当层板胶合木构件的截面宽度大于层板宽度时，层板的横向拼宽可采用平接；胶合木的接缝需要分散配置，上下相邻两层木板平接线水平距离不应小于 40mm。

层板经拼接后再经过刨光、涂胶、施压胶合、压刨后，即可成型。胶合木主要制造工艺如图 7-24 所示。

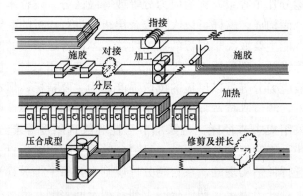

图 7-24　胶合木主要制造工艺示意图

7.2.2　装配式竹结构建筑材料及其性质

竹材与木材的不同之处在于，竹材壁薄中空、直径较小、尖削度大、结构不均匀，内含淀粉、蛋白质等营养物质而易产生虫蛀、霉变等缺陷，因而传统的木材加工设备和工艺不能直接应用于竹材加工。因此，就装配式竹结构而言，其主要材料——工业化竹材本身就是近年来我国建筑材料方面的新突破。

工业化竹材的主要思想是利用现代胶合工艺对原竹材料进行改造和重组，即将原竹进行分解与合成，有效提高结构形态的强度，制成符合现代建筑工业要求的规则胶合竹材。

其发展思路类似于国外工业化国家广泛应用的以胶合木材为主要建筑材料的现代木结构。

1. 工业化竹材的类别及加工工艺

我国竹材工业利用研究起步于 20 世纪 70 年代后期，在 80 年代发展最为迅速，是我国竹材制品从传统的手工制作到现代化工业生产的重大转折和发展时期。特别在竹材加工、机械设备、加工工艺和竹材干燥防护技术方面取得了突破性的发展，能将竹子这类径级相对较小，又中空壁薄有节的竿材加工成各种类型和规格的竹质人造板材，克服了天然竹材直接利用中的许多缺陷，使竹材的利用价值得到大幅度提高。通过加工竹质人造板材可使 100 kg 竹材产值由传统利用的 20～40 元，提高到 200～500 元。不仅大大提高了竹材的利用率和经济效益，而且还大幅度提高了竹制品的质量和档次，进而拓宽了使用的范围，在许多方面部分或全部替代了木材。尤其在建筑、家具、装饰、包装和车辆等方面得到了应用。90 年代竹材利用研究向纵深发展，主要在精细加工、胶粘剂、防护处理技术及专用加工设备等方面发展十分迅速，竹材现代加工利用技术走向了成熟，并达到了国际领先水平。

根据对竹材的处理和加工工艺的不同，竹材人造板有多种类型，但现有能够用于建筑领域的竹材人造板材主要工艺基本相同，一般需经过将原竹材加工成长条，去除内节、干燥、浸胶、组坯、热压、锯边等工序，将竹材加工成胶合竹结构使用。目前，我国针对竹材的研究主要集中于竹材制造工艺、竹木重组及竹塑复合等领域，先后开发了竹编胶合板、竹材集成材、竹材层积材、竹材重组材、竹材复合板等多种竹质工程材料，产品品种已系列化和标准化。这为我国装配式竹结构的发展提供了非常有利的条件。

结构用工业化竹材板按照其生产工艺和产品所具有的使用性能，其结构主要有定向结构和非定向结构两种主要形式。定向结构是指组成同一单元的纤维排列方向一致，从而可以获得单向强度极高的结构板材。非定向结构是指组成同一单元的纤维排列方向一致，但和相邻单元的纤维排列方向相互垂直，从而改变了竹材各向异性的缺陷，这也使得纵横两个方向的强度均匀，膨胀率和干缩率小以及整体性能好等优点，如图 7-25 所示。

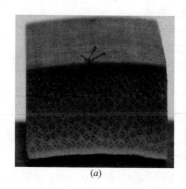 

(a)　　　　　　　　　　(b)

图 7-25　现代工业化竹材

（a）重组竹；（b）集成竹材

结构用竹材定向结构根据竹纤维的制作及排列方式的不同，一般可以主要分为重组竹和集成竹材这两种工业化竹材形式。

1）重组竹

重组竹是原竹经剖篾加工、低温干燥至含水率15%以下，然后顺纹组坯、浸胶，经热压、高频电流加热胶合或冷模压成型再保压加温固化成型等多种工艺，制成密度约1000kg/m³的型材。目前的重组竹抗压强度和弹性模量已分别达到60MPa和14000MPa，其力学性能和阻燃性均优于木材，环保指标已达欧洲E1级标准。重组竹可以满足现代建筑结构对材料的力学、环保与耐久性等方面的性能要求。与其他工业竹材相比，以竹束为单元制备的重组竹材对竹材的径级没有特殊要求，原料利用率更高。但是因受到模具因素影响，成型的重组竹一般长度不超过1.8m，不适用于较大跨度建筑。

2）集成竹材

集成竹材选取4～5年竹龄的毛竹作为原材料，除去顶端和根部之后，根据壁厚截取一定长度的截断，去黄去青，并切割成厚2～3mm、宽10～15mm、长不超过2.5m的竹条，经过蒸煮炭化、干燥、精刨、涂胶、组坯、热压后成品。集成竹材的特点是纵向强度高，刚度好，曾主要用作汽车、火车的车厢底板，是一种良好的木材替代产品。因为在制作过程中没有模具的限制，集成竹材的规格较为灵活，是现在市场上使用最多的工业化竹材。

2. 工业化竹材的材料特性

经过工业化处理后的一定规格竹质工程材料，质地均匀，力学性能稳定，因而具备了作为现代建筑结构材料的基本要求。采用这种材料建造的结构自重轻，抗震性能好，适合装配式施工，尤其适用于快速建设与标准化生产。虽然各种工业化竹材的物理力学性能存在一定差异，但是它们的主要特点可以概括为：

1）工业化竹材是由竹纤维、木质素、胶粘剂等复合而成的各向异性复合材料。竹材的种类、生长期、胶粘剂、加工工艺等因素都会影响其力学性能，这决定了工业化竹材微观结构的复杂性、力学性能的变异性和离散性。工程应用中需要对这种材料的物理力学性质、本构关系、损伤失效机理等作系统深入的研究。以集成竹材为例，它的力学性能大致如表7-1所示。

集成竹材力学性能　　　　　　　　　　　　　　表 7-1

项目	顺纹					横纹			横纹挤压		
	抗拉	抗压	挤压	径向抗压	劈裂	径向抗压	弦向抗压	抗弯	切向	径向向内	径向外边
强度（MPa）	150	65	59	11.5	2.3	10.6	20	11.57	22.6	154	22.8

2）工业化竹材在生产过程中，由于加温加压的时间比较长，使得最终其含水率维持在较低的水平。试验证明，工业化竹材板的纵、横向力学性能随含水率的增加而下降，当含水率在纤维饱和点以上后，其力学性能趋于稳定状态。

3）工业化竹材板大都是热的不良导体，其导热系数大大低于混凝土和黏土砖，能确保竹结构房屋具有优异的保温隔热性能。

4）受到原材料的制约，现代工业化竹材会发生蠕变现象。试验表明：胶合板的横向蠕变大于纵向，湿态下的蠕变大于干态。这主要是因为竹材纤维素随含水率增加，纤维素等其他大分子的体积也随之增加，运动越快、蠕变越大。

7.3 装配式竹木结构建筑抗震设计及构造措施

现行装配式木结构建筑的相关规范包括《木结构设计规范》GB 50005、《装配式木结构建筑技术标准》BG/T 51233、《多高层木结构建筑技术标准》GB/T 51226 以及《胶合木结构技术规范》GB/T 50708 等。

除我国现行的装配式竹木结构相关规范外，欧美等装配式木结构发展较早较快地区，也有较为系统的木结构设计规范，供研究设计人员参考。

相对于装配式木结构而言，装配式竹结构没有系统的规范规程可以参考，对装配式竹结构的主要研究还处于材料的物理力学性能及热物理性能等基本阶段，其结构体系的构造可类比装配式木结构，因此，在设计建造装配式竹结构时，上述规范标准均可作为参考。

7.3.1 抗震一般规定

1）一般采用以概率理论为基础的极限状态设计法。

2）结构在规定的设计使用年限内应具有足够的可靠度，采用的房屋设计基准期为 50 年，其设计使用年限、安全等级应参考《木结构设计规范》GB 50005 4.1 节的相关规定（表 7-2、表 7-3）。

木结构建筑设计使用年限表　　　　　表 7-2

类别	设计使用年限	示例
1	5 年	临时性结构
2	25 年	易于替换的结构构件
3	50 年	普通房屋和一般构筑物
4	100 年及以上	纪念性建筑物和特别重要建筑结构

木结构建筑结构的安全等级表　　　　　表 7-3

安全等级	破坏后果	建筑物类型
一级	很严重	重要的建筑
二级	严重	一般的建筑
三级	不严重	次要的建筑

3）装配式竹木结构不应采用严重不规则的结构体系（表 7-4），并应符合下列规定：

（1）结构应具有必要的承载能力、刚度和延性；

（2）结构的竖向布置和水平布置应使结构具有合理的刚度和承载力分布，应避免因刚度和承载力局部突变或结构扭转效应而形成薄弱部位；对可能出现的薄弱部位，应采取有效的加强措施；

（3）应避免因结构部分的破坏或构件的破坏而导致整个结构丧失承受重力荷载、风荷载和地震作用的能力；

（4）应设置多道抗倒塌防线，以抵御地震、火灾或其他偶然荷载等引起的连续性倒塌。

4）装配式竹木结构在节点设计时应采取有效措施减小竹木材因干缩、蠕变而产生的不均匀变形、受力偏心、应力集中或其他不利影响；并应考虑不同材料的温度变化、基础差异沉降等非荷载效应的不利影响。

5）装配式竹木结构应用于多高层竹木结构建筑时，可采用纯竹木结构体系和竹木混合结构体系。两种结构体系适用的结构类型、允许层数和允许高度应符合表 7-5 的规定。

木结构不规则结构类型表　　　　　　　　　表 7-4

序号	不规则方向	结构不规则类型	不规则定义
1	平面不规则	扭转不规则	在具有偶然偏心的水平力作用下，楼层两端抗侧力构件的弹性水平位移或层间位移的最大值与平均值的比值大于 1.2 倍
2		凹凸不规则	结构平面凹进的尺寸大于相应投影方向总尺寸的 30%
3		楼板局部不连续	1. 有效楼板宽度小于该层楼板标准宽度的 50%；2. 开洞面积大于该层楼面面积的 30%；3. 有较大的楼层错层
4	竖向不规则	侧向刚度不规则	1. 该层的侧向刚度小于相邻上一层的 70%；2. 该层的侧向刚度小于其上相邻三个楼层侧向刚度平均值的 80%；3. 除顶层或出屋面的小建筑外，局部收进的水平向尺寸大于相邻下一层的 25%
5		竖向抗侧力构件不连续	竖向抗侧力构件的内力采用水平转换构件向下传递
6		楼层承载力突变	抗侧力结构的层间受剪承载力小于相邻上一楼层的 80%

多高层木结构建筑适用结构类型、允许层数和允许高度表　　　表 7-5

结构体系		结构类型	烈度							
			6 度		7 度		8 度		9 度	
			高度(m)	层数	高度(m)	层数	高度(m)	层数	高度(m)	层数
纯木结构体系		轻型木结构	20	6	17	5	13	4	10	3
		梁柱-支撑结构	20	6	17	5	13	4	10	3
		梁柱-剪力墙结构	32	10	28	8	20	6	20	6
		剪力墙结构	40	12	32	10	28	8	28	8
木混合结构体系	底框-木结构	轻型木结构	20	6	17	5	13	4	10	3
		梁柱-支撑结构	23	7	20	6	17	5	13	4
		梁柱-剪力墙结构	35	11	31	9	23	7	13	7
		剪力墙结构	43	13	35	11	31	9	31	9
	核心筒-木结构	梁柱结构 梁柱-支撑结构	56	18	50	16	46	14	40	12

注：1. 房屋高度指室外地面到主要屋面板板顶的高度（不包括局部突出屋顶部分）；
　　2. 超过表内高度的房屋，应进行专门研究和论证，采取有效的加强措施。

7.3.2 抗震计算方法

对竹木结构进行地震作用的计算时，可采用底部剪力法进行计算。结构的水平地震作用标准值应按下式计算：

$$F_{EK} = 0.72\alpha_1 G_{eq} \tag{7-1}$$

式中 α_1——相应于结构基本自振周期的水平地震影响系数，应按现行国家标准《建筑抗震设计规范》GB 50011 的规定确定；

G_{eq}——结构等效总重力荷载；对于单层坡屋顶建筑取 $1.15G_E$（G_E 为结构总重力荷载代表值）；对于单层平屋顶建筑取 $1.0G_E$；对于多层建筑取 $0.85G_E$。

结构基本自振周期宜根据实测值确定；当建筑平面规则，以竹构架承重，且柱全高不超过 20m 时，其结构基本自振周期应按下式确定：

（1）横向基本自振周期：

$$T_1 = 0.05 + 0.075H \tag{7-2}$$

（2）纵向基本自振周期：

$$T_1 = 0.07 + 0.072H \tag{7-3}$$

式中 H 为柱高：对于单层和多层采用通高柱的建筑，以及采用叠层柱且首层无附属建筑物的多层建筑，H 为首层室内地坪到大梁底部的高度；对于采用叠层柱，且首层有刚度较大的附属建筑物的多层建筑，H 为室内地坪到二层楼面的高度。

结构分析模型应根据结构实际情况确定，所选取的分析模型应能准确反应结构中各构件的实际受力状态，连接节点的假定应符合结构实际采用的节点形式。对结构分析软件的计算结果，应进行分析判断，确认其合理有效后方可作为工程设计依据。若无可靠的理论和依据时，宜采用试验和专家评审会的方式做专题研究后确定。

楼面梁与竖向构件的偏心以及上下层竖向构件之间的偏心宜按实际情况计入结构的整体计算。当结构整体计算中未考虑上述偏心时，应采用柱、墙端附加弯矩的方法进行验算。

装配式竹木结构建筑弹性状态下的层间水平位移不得超过结构层高的 1/350，弹塑性水平位移限制不得超过 1/50。

进行高层建筑内力与位移计算时，可假定楼板在其自身平面内为无限刚性；设计时应采取相应的措施保证楼板平面内的整体刚度。当楼板可能产生较明显的面内变形时，计算时应考虑楼板的面内变形影响或对采用楼板面内无限刚性假定计算方法的计算结果进行适当调整。

竹木结构用竹木材的设计指标应参照相关规范规定采用，对不同使用条件、不同设计使用年限，对竹木材的强度设计值和弹性模量进行调整。

7.3.3 装配式竹木结构设计

1. 构件设计

装配式竹木结构建筑物构件的安全等级，不应低于结构的安全等级，其承载能力应采用下列公式验算：

（1）持久设计状况、短暂设计状况：

$$\gamma_0 S_d \leqslant R_d \tag{7-4}$$

（2）地震设计状况：

$$S_d \leqslant R_d / \gamma_{RE} \tag{7-5}$$

式中　γ_0——结构重要性系数；按现行国家标准《建筑结构可靠性设计统一标准》GB 50068相关规定确定；

　　　γ_{RE}——承载力抗震调整系数；多高层木结构梁、柱、板等构件及连接应取 0.8；

　　　S_d——承载能力极限状态的荷载组合的效应设计值；按现行国家标准《建筑结构荷载规范》GB 50009 进行计算；

　　　R_d——构件的承载力设计值。

对正常使用极限状态，结构构件应按荷载效应的标准组合，采用下式验算：

$$S_d \leqslant C \tag{7-6}$$

式中　S_d——正常使用极限状态荷载组合的效应设计值；

　　　C——根据结构构件正常使用要求规定的变形限值。

装配式多高层竹木结构采用的各种受力状况下的竹木构件、竹木楼盖、竹木屋盖以及竹木剪力墙，均应按现行国家标准《木结构设计规范》GB 50005 的有关规定进行验算。三层以上轻型竹木结构楼盖、屋盖以及剪力墙抗侧力均应按工程设计方法设计。

轻型竹木结构墙体在竖向及平面外荷载作用下，墙骨柱按两端铰接的受压构件设计，构件在平面外的计算长度为墙骨柱长度。当墙骨柱两侧布置木基结构板或石膏板等覆面板时，平面内只需进行强度计算。墙骨柱在竖向荷载作用下，在平面外弯曲的方向考虑 0.05 倍墙骨柱截面高度的偏心距。外墙骨柱应考虑风荷载效应的组合，按两端铰接的压弯构件设计。当外墙维护材料较重时，应考虑其引起的墙骨柱平面外的地震作用。墙骨柱在与顶梁板、底梁板连接处应验算局部承压承载力。墙体顶梁板与楼盖、屋盖的连接应进行平面内、平面外的承载力验算。外墙面上墙体顶梁板、底梁板与墙骨柱的连接应进行墙体平面外承载力验算。

当剪力墙和楼屋盖采用正交胶合木时，正交胶合木板构件在平面内可假定为刚性板，其抗侧刚度和承载力应不小于与相邻构件、板构件及基础等连接的连接件刚度和承载力。正交胶合木板构件单位长度的抗侧承载力应由材料产品供应商提供；板构件计算时应考虑板构件开孔的影响。正交胶合木剪力墙的高宽比不宜小于 1，不应大于 4；当高宽比小于 1 时，墙体宜分成两段，中间应用耗能金属件连接。正交胶合木剪力墙应具有足够的抗倾覆能力，当结构自重不能抵抗倾覆力矩时，应需设置抗拔连接件。

组合竹木结构中的钢构件或混凝土构件的设计应遵守相应国家标准《钢结构设计标准》GB 50017 或《混凝土结构设计规范》GB 50016 的规定。

2. 连接设计

1）一般规定

工厂预制的组件内部链接应符合强度和刚度的要求，其设计应符合现行国家标准《木结构设计规范》GB 50005、《胶合木结构技术规范》GB/T 50708 和《多高层木结构建筑技术标准》GB/T 51226 的规定。组件之间的连接质量应符合加工制作工厂的质量检验要求。

预制组件之间的连接可按结构材料、结构体系和受力部位采用不同的连接形式。连接的设计应符合下列规定：

（1）应满足结构设计和结构整体性要求；

（2）应受力合理，传力明确，应避免连接的竹木构件出现横纹受拉破坏；

（3）应满足延性和耐久性的要求，当连接具有耗能作用时，可进行特殊设计；

（4）连接件宜对称布置，宜满足每个连接件能承担按比例分配的内力的要求；

（5）同一连接中不得考虑两种或两种以上不同刚度连接的共同作用，不得同时采用直接传力和间接传力两种传力方式；

（6）连接节点应便于标准化制作。

竹木组件现场装配的连接设计和构造措施，应符合现行国家标准《木结构设计规范》GB 50005、《胶合木结构技术规范》GB/T 50708 和《多高层木结构建筑技术标准》GB/T 51226 的规定，并应确保其符合施工质量的现场质量检验要求。

连接设计时应选择适宜的计算模型。当无法确定计算模型时，应提供实验验证或工程验证的技术文件。连接应设置合理的安装公差，应满足安装施工及精度控制要求。

预制竹木结构组件与其他结构之间宜采用锚栓或螺栓进行连接。锚栓或螺栓的直径和数量应按计算确定，计算时应考虑风荷载和地震荷载作用引起的侧向力，以及风荷载引起的上拔力。当有上拔力时，尚应采用抗拔金属连接件进行连接。

当预制组件之间的连接采用隐藏式时，连接件部位应预留安装洞口，安装完成后，宜采用在工厂预先按规格切割的板材封堵洞口。

建筑部品之间、建筑部品与主体结构之间以及建筑部品与竹木结构组件之间的连接应稳固牢靠、构造简单、安装方便，连接处应采取防水、防潮和防火的构造措施，并应符合保温隔热材料的连续性以及气密性的要求。

2）竹木组件之间的连接

竹木组件与竹木组件之间的连接方式可采用钉连接、螺栓连接、销钉连接、齿板连接、金属连接件连接等。当预制次梁与主梁、竹木梁与竹木柱之间连接时，宜采用钢插板、钢夹板和螺栓进行连接。处于腐蚀环境、潮湿或有冷凝水环境的竹木桁架不宜采用齿板连接。齿板不得用于传递压力。《木结构设计规范》GB 50005 第 5 章给出了竹木结构中常用的连接方式和连接件，包括齿连接、螺栓连接、钉连接以及齿板连接等。本节介绍胶合木结构中一些常用的螺栓连接，供读者参考。

在胶合木结构中，大部分的螺栓是侧向承重的销连接。螺栓连接可以有两个以上的剪面，通常需求出每一个剪面的抗剪承载力。连接承载力将剪面数量乘上所有剪面中最小的抗剪承载力。

竹木构件与螺栓头以及竹木构件与螺帽之间应有垫圈。垫圈可以为方形或圆形。垫圈应用在受剪和受拉的螺栓中。螺栓受拉时，应注意竹木构件上产生的局部承压力不超过横纹局部承压强度。当螺栓承受剪力时，垫圈的尺寸不重要，此时，垫圈的功能是当拧紧螺帽时，起到保护竹木构件的作用。螺栓应安装在预先钻好的孔中。孔不能太小或太大。太小时，如对竹木构件重新钻孔，会导致竹木构件的开裂，而这种开裂会极大地降低螺栓的抗剪承载力。相反如果孔洞太大，销槽内会产生不均匀压力。一般来说，预钻孔的直径比螺栓直径大约 0.8～1.6mm。

螺栓直径一般不宜过大。因为研究发现，如果螺栓直径过大，构件上开孔难度增加。当有若干螺栓时，难以对齐。此外，大直径螺栓的刚度较大，当有若干螺栓时，不利于承载力的平均分配。此外，当应力重分配至荷载较小的螺栓之前，竹木构件有可能产生开裂。一般来说，螺栓的直径不宜超过 25mm。

螺栓连接的连接形式如图 7-26～图 7-28 所示。

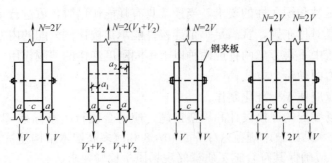

图 7-26　对称连接

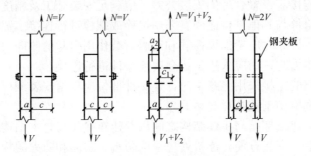

图 7-27　单剪连接

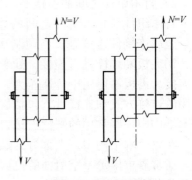

图 7-28　不对称连接

在竹木构件最小厚度符合相关规范中要求的条件下，螺栓连接或钉连接顺纹受力时每一剪面的设计承载力 V 应按下式确定：

$$V = k_v d^2 \sqrt{f_c} \qquad (7\text{-}7)$$

式中　V——螺栓连接或钉连接顺纹受力时螺栓或钉每一剪面的承载力设计值（N）；

　　　　f_c——竹木材顺纹承压强度设计值（N/mm²）；

　　　　d——螺栓直径（mm）；

　　　　k_v——螺栓连接设计承载力计算系数，按表 7-6 采用。

螺栓连接设计承载力计算系数 k_v　　　　表 7-6

连接形式	螺栓连接			
a/d	2.5～3	4	5	≥6
k_v	5.5	6.1	6.7	7.5

注：a 为竹木构件的厚度，d 为螺栓直径。

采用钢夹板时，计算系数 k_v 取表中螺栓的最大值。当竹木构件采用湿材制作时，无论用竹木夹板或用钢夹板，螺栓连接计算系数 k_v 的取值不应大于 6.7。

若受条件限制，竹木构件的厚度 c 或 a 不满足规范规定时，则每一剪面的设计承载力 N_v 应按《木结构设计手册》第五章中的普遍计算公式计算，并取四者中的最小值。

计算不对称连接时，可沿轴线（图 7-28 的中心线）对开，作为两个单剪连接考虑；对开后，其最小厚度及计算方法均应遵守单剪连接的有关规定。

若螺栓的传力方向与构件木纹成 α 角时，则按公式（7-7）计算的 V 值应乘以表 7-7 中考虑竹木材斜纹承压的降低系数 Ψ，α 角应取该剪面两侧竹木材承压角度的较大值。

斜纹承压的降低系数 Ψ　　　　　　　　表 7-7

力与木纹所成的角度(°)	螺栓直径(mm)					
	12	14	16	18	20	22
≤10	1	1	1	1	1	1
10<α<80	1～0.84	1～0.81	1～0.78	1～0.75	1～0.73	1～0.71
α≥80	0.84	0.81	0.78	0.75	0.73	0.71

注：在 10°和 80°之间时，按线性插入法确定。

现行规范中螺栓连接的构造和计算规定，系根据螺栓连接的计算原理并考虑螺栓在方木和原木桁架中的常用情况，适当简化而制定的。即一般按照考虑木材弹塑性工作的假定，分别导出各种连接形式承载力的计算公式。其推导过程本书不予详细描述。

3) 竹木组件与其他结构连接

竹木组件与其他结构的水平连接应符合组件内力传递的要求，并应验算水平连接处的强度。竹木组件与其他结构的竖向连接，除应符合组件间内力传递的要求外，尚应符合被连接组件在长期荷载作用下的变形协调要求。

竹木组件与其他结构的连接宜采用销轴类紧固件的连接方式，与混凝土结构连接时应在混凝土结构中设置预埋件。预埋件应按计算确定，并应满足现行《混凝土结构设计规范》GB 50010 的规定。竹木组件与混凝土结构的连接锚栓和轻型木结构地梁板与基础的连接锚栓应进行防腐处理。连接锚栓应承担由侧向力产生的全部基底水平剪力。

当竹木组件的上拔力大于重力荷载代表值的 0.65 倍时，预制剪力墙两侧边界构件的层间连接、边界构件与混凝土基础的连接，应采用金属连接件或抗拔锚固件连接。连接应按承受全部上拔力进行设计。

当竹木屋盖和竹木楼盖作为混凝土或砌体墙的侧向支撑时，应采用锚固连接件直接将墙体与竹木屋盖、楼盖连接。锚固连接件的承载力应按墙体传递的水平荷载计算，且锚固连接沿墙体方向的抗剪承载力不应小于 3.0kN/m。

装配式竹木结构的墙体应支承在混凝土基础或砌体基础顶面的混凝土梁上，混凝土基础或梁顶面砂浆应平整，倾斜度不应大于 2‰。

竹木结构组件与钢结构连接宜采用销类紧固件的连接方式。当采用剪板连接时，紧固件应采用螺栓或木螺钉。剪板构造要求和抗剪承载力计算应符合现行国家标准《胶合木结构技术规范》GB/T 50708 的规定，如图 7-29 所示。

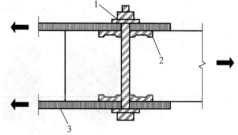

图 7-29　木构件与钢构件剪板连接
1—螺栓；2—剪板；3—钢板

7.3.4　抗震构造措施

在地震作用下，竹木结构房屋建筑会出现损坏乃至破坏，对于不同震害情况，需要采取相应的抗震加固措施来提高其抗震性能。

1. 节点部位抗震构造措施

竹木结构的连接设计中，在确定连接承载力时，要考虑的因素包括：树种（主要是考虑相对密度）、关键截面、荷载与木纹之间的夹角、连接件之间的间距、连接件距构件的边距和中距、荷载条件、偏心状况、承载力设计值的调整等。

构件的连接设计除了应该保证强度，传递荷载之外，还应该防止构件产生开裂，并且从设计和构造节点上允许构件收缩和膨胀。胶合木构件的尺寸一般比锯材大，承受的荷载也较重，所以，在设计胶合木构件的连接时，应考虑这种大构件的影响。本节就胶合木构件常用的其他一些连接件作简单介绍。这些连接件包括螺栓、尖头螺栓、裂环和剪板。同时，本节还介绍常用的一些金属连接件。

1）螺栓

在胶合木结构中，大部分的螺栓是侧向承重的销连接。螺栓连接可以有两个以上的剪面，通常需求出每一个剪面的抗剪承载力。连接承载力是将剪面数量乘上所有剪面中最小的抗剪承载力。木构件与螺栓头以及木构件与螺帽之间应有垫圈。垫圈应用在受剪和受拉的螺栓中。螺栓受拉时，应注意木构件上产生的局部承压力不超过横纹局部承压强度。

2）尖头螺栓

尖头螺栓从形状上来说，类似螺栓与大直径木螺丝的结合。其螺纹类似木螺丝的螺纹，而螺头为八角形，见图 7-30。尖头螺栓与木螺丝的一个很大区别，就是大直径的尖头螺栓与小直径的木螺丝销槽承压强度是不一样的。此外，安装方式也不一样。

采用尖头螺栓，是当构件连接需要较长的螺栓或构件一侧不便安装操作时，可以采用尖头螺栓。尖头螺栓可以应用在抗剪或抗拔连接中。设计人员应熟悉这两种不同的应用。

3）剪板和裂环

剪板和裂环安装在采用特殊工具预先刻好的槽中。这两种连接件提供了较大的销槽面积，用来传递较大的剪力。剪板可用在木构件与金属构件连接中，因为剪板表面一面嵌入木构件而另一面与木构件表面平。而裂环仅用于木构件与木构件连接，因为裂环需嵌入构件上的槽中，见图 7-31。

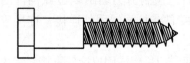

图 7-30　尖头螺栓

图 7-31　剪板和裂环

除了上述的一些连接件外，在构件的连接设计中，经过长期的工程实践，工程技术人员研究出了许多不同用途的金属连接件。根据构件的尺寸以及受力大小，这些连接件分成定型生产和非定型生产。连接设计时应注意的问题：

1) 保证传力途径

设计构件连接时，应保证连接件能有效地传递荷载，同时应采用强度和耐久性好的材料，将连接件的维护降低到最低。木材在顺纹和横纹方向强度不一样。木材的横纹受拉强度，比横纹受压强度低得多。在设计中，均应考虑这些因素。在设计传递竖向荷载的连接时，应充分利用木材顺纹抗压强度高的特点。例如，梁应位于柱或墙顶，或安装在梁托中。

梁在端部应有可靠的连接，以保证承受横向和竖向荷载。竖向荷载包括重力和上拔力。一般情况下只需考虑重力，但在一些特殊情况下，应考虑上拔力和侧向力。梁端螺栓或其他连接件必须位于梁端侧面下部，以减小梁底部与连接件之间由于收缩引起的不利影响。当胶合梁上有悬吊荷载时，荷载作用点应在梁的顶部或在截面中和轴以上的部位。

2) 构件收缩和膨胀的考虑因素

在设计构件的连接时，除了考虑荷载的传递外，还应考虑避免构件因收缩和膨胀引起的开裂。木构件会随着含水率的变化而膨胀和收缩，连接设计时，应考虑限制这种变化。即使对于室内构件，大尺寸的结构胶合木构件在相对湿度较低的环境中，在安装后，仍会收缩。所以，应避免在横纹方向在同一块连接板上布置一排较多的螺栓，因为木构件在实际使用条件下，会继续收缩。

3) 避免产生横纹受拉现象

在任何情况下，构件的连接设计，应避免产生横纹受拉现象。例如，简支梁在端部受拉区开缺口。此外，应避免将一排连接件沿木纹方向紧密布置，尤其是当预留孔的尺寸较小时。

2. 屋面抗震构造措施

竹木结构建筑的屋面是结构抗震的薄弱环节之一，在地震作用下屋面破坏的通常表现为屋面倒塌坍塌、屋面与墙体及竹木柱的剥离等。因此，屋面的抗震加固主要通过减轻屋面自重，加强屋面与其他构件的连接来实现。

1) 减轻屋面自重

地震中重屋盖房屋比轻屋盖房屋的破坏严重，所以屋顶应选用轻质材料做屋面。

2) 加强屋面与其他构件的连接

根据现行《建筑抗震设计规范》GB 50011 的相关要求，对于竹木结构建筑，屋面与梁、柱、维护墙等都应有可靠的连接，如果不考虑结构的抗震，其自身的合理、可靠的连接可以保证结构的安全性能。因此，屋面与其他结构构件连接的抗震加固必不可少。一般在屋面与梁、柱之间架设支撑，包括剪刀撑、斜撑、连杆支撑等；屋面屋架与柱、柱顶与檩条一般会加强节点连接，主要是通过钢板进行加固；屋面与内隔墙可以采取木夹板或者铁件连接方法进行加固，木夹板护墙起到有效约束内隔墙墙顶平面外位移、防止内隔墙因过大的平面外变形而破坏的作用。

3. 结构构件抗震构造措施

竹木构件在竹木结构中有很重要的地位，其抗震加固主要是通过加强各构件节点的可靠连接来提高建筑的抗震能力。竹木构件主要包括梁、柱、剪力墙等。一般来说，竹木梁在结构中属于重要的传力构件，保证其合适的尺寸既可以承受楼、屋面荷载，又可以保证自身的刚度和强度，有利于提高建筑的抗震能力。竹木梁与其他构件的连接加固主要是通过节点的连接。通常竹木梁与柱应对节点部位进行加固处理，并且采用斜撑连接牢固，以提高构件的整体承载能力；梁与维护外墙的连接进行加固处理的目的是防止出现墙体倾斜外塌；另外，在竹木梁的底部附加扁钢，或者在支座处附加环箍可以起到较好的抗震作用。

柱作为竹木结构的主要承重构件，其抗震要求比较高。地震作用下柱的破坏主要表现为柱开裂、折断、节点脱节及柱脚滑移等。对竹木柱而言，增强承载力性能可以提高结构的抗震能力，而利用增大面积法是增强其承载力性能的主要方法。常用的增大截面法主要是用于原构件材料相同的竹或木材进行加固，也可以用钢材和混凝土外包加固。新加部分与原构件的连接可以采用螺栓、钉、U形铁以及辅助胶黏的方法。

7.4　装配式竹木结构建筑施工工艺

胶合竹木构件加工制作时，应对加工区、胶合区以及储存区的空气温度和相对湿度采用自动记录仪进行连续监测；构件生产区域的最低温度应不低于15℃，相对湿度应满足所使用胶粘剂的技术要求。竹木构件制作所使用的原材料，应符合现行国家标准《木结构设计规范》GB 50005对竹木材、胶粘剂、连接件、增强材料和防护材料的相关规定。

装配式竹木结构工程应按设计文件施工，并应符合现行国家标准《木结构工程施工质量验收规范》GB 50206对各项质量的规定。设计文件应符合施工图审查的规定。工程中使用的承重结构用材应按现行国家标准《木结构设计规范》GB 50005、《木结构工程施工质量验收规范》GB 50206和《结构用集成材》GB/T 26899中有关规定进行材料强度、层板指接强度和胶缝完整性检验。用于受弯构件的层板胶合竹木还应进行足尺构件抗弯性能检验，其强度等级、胶缝完整性和抗弯性能应符合设计文件和上述国家标准的规定。进口木材、木产品、构配件以及金属连接件等，应有产地国的产品合格证书和产品标识，并应符合合同技术条款的规定。

7.4.1　基础工程

基础形式及基础底面尺寸应根据地质条件、上部荷载大小、周围环境条件并结合使用要求等综合考虑确定。基础埋置深度应由基础的类型和构造、工程地质和水文地质条件、相邻建筑物基础的埋置深度等确定。在满足地基承载力和变形的前提下，基础宜浅埋，利用表层土作为持力层。当天然地基遇有不良土质不能满足地基承载力和变形要求，或需要利用冲填土、杂填土作为地基持力层时，地基应加强处理。同一结构单元应采用同一种地基处理方法。

建筑物基础一般采用钢筋混凝土条形基础，也可以采用刚性条形基础，需要时可以采用筏形基础或桩基。基础的设计与构造应满足国家现行标准《建筑地基基础设计规范》GB 50007和《混凝土结构设计规范》GB 50010的相关规定。

竹木结构房屋的地基施工过程与普通混凝土结构基础施工类似，在细节方面唯一的不同是竹木结构房屋的基础上需要预埋地脚螺栓，或采用后装植筋。在通风不良的湿热条件下，木材、竹材易发生霉变和腐烂，因此，竹木结构房屋底层楼盖建议采用架空的形式，架空层内应有足够的空间以供进出，维修操作空间爬行空间高度通常为0.6m。与基础直接连接的柱和墙体设置防水、防潮层。此外，基础安装时应当在建筑物的角部或主要边缘装有锚固件，以提高建筑物在风荷载或地震作用下的抗倾覆能力。

7.4.2 主体工程

装配式竹木结构施工安装应制订相应的施工方案，并应经监理单位核定后施工。结构主要受力构件、节点在构件出厂前应进行预拼装，次要构件、节点宜进行预拼装。构件吊装时应符合下列规定：

（1）对于已进行拼装的构件，应根据结构形式和跨度确定吊点，经试吊证明结构具有足够的刚度方可开始吊装。

（2）对刚度较差的构件，应根据其在提升时的受力情况采用附加构件进行加固。

（3）构件吊装就位时，应使其拼装部位对准预设部位垂直落下；校正构件安装轴线位置后初步校正构件垂直并紧固连接节点。

（4）正交胶合木墙板吊装时，宜采用专用吊绳和固定装置，移动时采用锁扣扣紧。

柱的安装应先调整标高，再调整水平位移，最后调整垂直偏差，柱的标高、位移、垂直偏差应符合设计要求。调整柱垂直度的缆风绳或支撑夹板，应在柱起吊前在地面绑扎好。安装柱与柱之间的主梁构件时，应对柱的垂直度进行监测。除监测梁的两端柱子的垂直度变化外，还应监测相邻各柱因梁连接影响而产生的垂直度变化。装配式竹木结构建筑结构安装中应考虑竖向构件的压缩变形，竹木结构与其他结构形式进行水平混合时，连接部位宜采用竖向可滑移的连接装置。

竹木梁支承长度除应符合设计文件的规定外，不应小于梁宽和120mm中的较大值，偏差不应超过±3mm，梁的间距偏差不应超过±6mm，水平度偏差不应大于跨度的1/200，梁顶标高偏差不应超过±5mm，不应在梁底切口调整标高。装配式竹木结构建筑中竹木剪力墙体的安装，宜符合国家相关标准的规定。

竹木结构螺栓节点连接，应符合下列规定：

（1）竹木结构的各构件结合处应密合，未贴紧的局部间隙不得超过5mm，不得有通透缝隙，不得用木楔、金属板等塞填接头的不密合处。

（2）用竹木夹板连接的接头钻孔时应将各部分定位并临时固定一次钻通。当采用钢夹板不能一次钻通时应采取措施，保证各部件对应孔的位置大小一致。

（3）除设计文件规定外，螺栓垫板的厚度不应小于螺栓直径的0.3倍，方形垫板边长或圆垫板直径不应小于螺栓直径的3.5倍，拧紧螺帽后螺杆外露长度不应小于螺栓直径的0.8倍。

（4）螺栓中心位置在进孔处的偏差不应大于螺栓直径的0.2倍，出孔处顺木纹方形不应大于螺栓直径的1.0倍，垂直木纹方向不应大于螺栓直径的0.5倍，且不应大于连接板宽度的1/25。螺帽拧紧后各构件应紧密结合，局部缝隙不应大于1mm。

（5）钻头直径应与螺杆或拉杆的直径配套。受剪螺栓的孔径不应大于螺栓直径1mm，不受剪螺栓的孔径可较螺栓大2mm。

（6）混凝土结构与竹木结构之间宜采用金属连接件过渡连接，施工时，混凝土中宜预埋定位螺杆便于安装位置调整。

木结构植筋节点连接，应符合下列规定：

（1）植筋用钢筋或螺杆应进行除锈处理，除锈时不得使螺牙或者钢筋肋受损。

（2）构件植筋孔宜比钢筋或螺杆大 4～6mm，注胶时植筋孔内不应有气泡。

（3）植筋锚固长度不宜小于 20d。

剪板连接所用的剪板的规格应符合设计文件的规定，螺栓或螺钉孔的直径与剪板螺栓孔之差不应大于 1.5mm。

所有竹木构件安装完毕，并对结构验收合格后，对竹木构件进行现场的二次涂刷，涂刷应采用与构件制作相同的涂料和相同的涂刷工艺。管线穿越木构件时，开洞应在防护处理前完成；防护处理后必需开孔洞时，开孔洞后应用喷涂法补作防护处理。层板胶合木构件，开孔洞后应立即用防水材料密封。竹木构件与砌体、混凝土的接触处以及支座垫木应做防腐处理。

装配式竹木结构建筑施工除应符合本标准外，尚应符合现行国家标准《木结构工程施工规范》GB/T 50772 的相关规定。

7.4.3 楼盖工程

装配式竹木结构房屋的楼盖通常由搁栅、楼面板、剪刀撑以及顶棚组成。当房屋净跨较大，常用的矩形规格搁栅无法满足承重要求时，也可以采用工字梁、箱形梁或平行弦桁架。楼盖施工一般采用先梁后板，先主梁后次梁的次序进行。覆面板边缘与搁栅的钉采用间距为 150mm、长 50mm 的普通圆钉或麻花钉或长 45mm 的螺旋圆钉，内支座的间距为 300mm。次梁与主梁通过其他连接件连接，覆面板铺设时，其长度方向通常垂直于次梁，相邻板材的拼缝位于梁上且必须错缝。为有效减小活荷载所引起的嘎吱声，可以在覆面板和竹梁之间涂刷弹性胶，这无疑也能够增大楼层的整体刚度。

楼屋盖常需开洞口让设备穿越或者安装楼梯等，当开孔周围与搁栅平行的封边搁栅长度超过 1.2m 时，封边搁栅应为两根；当封头搁栅长度超过 2.0m 时，封边搁栅的截面尺寸应由计算确定。开孔四周的封头搁栅及被开孔切断的搁栅，当依靠楼板搁栅支承时，应选用合适的金属连接件或采用其他可靠的连接方式。平行于搁栅的非承重墙，应放置于搁栅或搁栅间的横撑上。对于垂直于搁栅的非承重内墙，距搁栅支座的距离不大于 900mm；对于垂直于搁栅的承重墙，距搁栅支座的距离不大于 600mm。当搁栅的放置方向垂直于承重墙时，在承重墙下的搁栅间应增设挡块支撑，墙骨柱应尽可能位于挡块支撑之上。平行于搁栅的承重墙，其下方应加设 2 根或 2 根以上搁栅，形成组合大梁，搁栅梁下面如有支撑墙体，且与其平行时，该搁栅可单根布置。

7.4.4 屋盖工程

竹木屋盖轻质高强的性能使其适用于大跨度建筑结构，使水平横隔设计相比于传统竹、木结构更具灵活性。到目前为止，对于装配式竹木结构房屋的系统研究仍处于起步阶段，竹屋盖的基本性能需要结合试验研究和实际工程来具体分析。

屋盖结构分析方法一般可以采用两种主要的分析方法：一种是基于单榀屋盖的二维分析方法，另一种是系统分析方法。基于单榀屋盖的二维分析方法是将各屋盖单独的按二维单元来分析，所受恒荷载和可变荷载仍按所受荷载面积计算；系统分析方法是充分考虑桁架体系中的荷载分配效应，相对于二维分析方法，系统分析方法更符合桁架实际受力情况。目前的竹屋盖分析方法都是基于单个构件设计，并未考虑到屋架体系的系统效应。

屋架一般为平面桁架，它承受作用于屋盖结构平面内的荷载，并把这些荷载传递至下部结构，是房屋的重要受力构件之一。竹木桁架屋盖以竹木桁架作为屋盖搁栅梁，将其按一定间距置于承重墙或主梁上并覆盖以屋面板而形成屋盖。竹木桁架屋盖系统的施工通常都是采用工厂预制再运输至工地安装的方法，因其施工速度快而被大量使用在竹结构房屋的建造中。竹木结构屋架节点一般都是采用钢或竹木连接板，金属板、竹木连接板成对布置。通常都是先安装山墙两端的屋架，从山墙往中部一次安装其他屋架。各榀屋架在定位的过程中，需要设置尺寸不小于 40mm×60mm 的木方作为临时或永久支撑，安装过程中始终都必须保证屋架的垂直。

屋面板铺设时，其长度方向垂直于屋架上弦。为使屋盖体系作为主要的水平抗侧力构件获得更好的水平抗侧能力，面板端部接缝应位于屋架的上弦杆或水平横撑上且错缝，板边缘间预留 2～3mm 的空隙，以防止潮湿天气中板材在细微膨胀时发生弯曲。当覆面板的厚度小于 10mm，可由 50mm 长麻花钉或普通圆钢钉、40mm 长的 U 形钉或 45mm 长的螺钉将覆面板和屋架钉接。若覆面板的厚度为 10～20mm，可采用 50mm 长的麻花钉或普通圆钉、50mm 长的 U 形钉或 45mm 长的螺钉将屋面板和屋架钉接。若覆面板大于 20mm 时，可采用 60mm 长的普通圆钢钉或麻花钉、50mm 长的螺钉将屋面板与屋架钉接。一般而言，在板边缘的钉子间距为 150mm，在中间支座上的钉子间距为 300mm。钉距离面板边缘不小于 10mm，钉头也不应过度钉入覆面板内。

7.4.5 装配式竹木构件的制作、运输和储存

装配式竹木结构组件应按设计文件在工厂制作，制作单位应具备相应的生产场地和生产工艺设备，并应有完善的质量管理体系和试验检测手段，且应建立组件制作档案。预制竹木构件和部品制作前应对其技术要求和质量标准进行技术交底，并应制定制作方案。制作方案应包括制作工艺、制作计划、技术质量控制措施、成品保护、堆放运输方案等项目。预制竹木结构组件制作过程中宜采取控制制作及储存环境的温度、湿度的技术措施。预制竹木结构组件和部品在制作、运输和储存过程中，应采取防水、防潮、防火、防虫和防止损坏的保护措施。预制竹木结构组件完成时，除应按现行国家标准《木结构工程施工质量验收规范》GB 50206 的要求提供文件和记录外，尚应提供以下文件记录：

1）工程设计文件、预制组件制作和安装的技术文件

预制组件试用的主要材料、配件及其他相关材料的质量证明文件、进场验收记录、抽样复验报告；预制组件的预拼装记录。此外，预制竹木结构组件检验合格后应设置标识，标识内容宜包括产品代码或编号、制作日期、合格状态、生产单位等信息。

2）装配式竹木结构构件制作

预制竹木结构组件在工程制作时，木材、竹材的含水率应符合设计文件的规定。预制层板胶合木构件的制作应符合现行国家标准《胶合木结构技术规范》GB/T 20708 和《结构集成材》GB/T 26899 的规定。预制竹木结构组件制作过程中宜采用 BIM 信息化模型校正，制作完成后宜采用 BIM 信息化模型进行组件预拼装。对有饰面材料的组件，制作前应绘制排版图，制作完成后应在工厂进行预拼装。

预制竹木结构组件制作误差应符合现行国家标准《木结构工程施工质量验收规范》

GB 50206的规定。预制正交胶合木构件的厚度宜小于500mm，且制作误差应符合表7-8的规定。

正交胶合木构件尺寸偏差表　　　　　　　　　　　　　　表7-8

类别	允许偏差
厚度 h	≤(1.6mm 与 0.02h 中较大值)
宽度 b	≤3.2mm
长度 L	≤6.4mm

　　对预制层板胶合木构件，当层板宽度大于180mm时，可在层板底部顺纹开槽；对预制正交胶合木构件，当正交胶合木层板厚度大于40mm时，层板宜采用顺纹开槽的措施，开槽深度不应大于层板厚度的0.9倍，槽宽不应大于4mm，如图7-32所示，槽间距不应小于40mm，开槽位置距离层板边沿不应小于40mm。

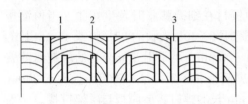

图7-32　正交胶合木层板刻槽尺寸示意
1—木材层板；2—槽口；3—层板间隙

　　预制竹木结构构件宜采用数控加工设备进行制作，宜采用铣刀开槽。槽的深度余量不应大于+5mm，槽的宽度余量不应大于+1.5mm。层板胶合木和正交胶合木的最外层板不应有松软节和空隙。当对外观有较高要求时，对直径30mm的孔洞和宽度大于3mm、侧边裂缝长度40～100mm的缺陷，应采用同质木料进行修补。

　　对预制竹木结构组件和部品的运输和储存应制定实施方案，实施方案可包括运输时间、次序、堆放场地、运输路线、固定要求、堆放支垫及成品保护措施等项目。对大型组件、部品的运输和储存应采取专门的质量安全保证措施。在运输与堆放时，支承位置应按计算确定。预制木结构组件装卸和运输时应符合下列规定：

　　（1）装卸时，应采取保证车体平衡的措施。

　　（2）运输时，应采取防止组件移动、颠倒、变形等固定措施。

　　预制竹木结构组件存储设施和包装运输应采取使其达到要求含水率的措施，并应有保护层包装，边角部位宜设置保护衬垫。预制竹木结构组件水平运输时，应将组件整齐地堆放在车厢内。梁、柱等预制竹木结构组件可分层分隔堆放，上、下分隔层垫块应竖向对齐，悬臂长度不宜大于组件长度1/4。板材和规格材应纵向平行堆垛、顶部压重放。预制竹木桁架整体水平运输时，宜竖向放置，支承点应设在桁架两端节点支座处，下弦杆的其他位置不得有支承物；在上弦中央节点处的两侧应设置斜撑，应与车厢牢固连接；应按桁架的跨度大小设置若干对斜撑。数榀桁架并排竖向放置运输时，应在上弦节点处用绳索将各桁架彼此系牢。预制竹木结构墙体宜采用直立插放架运输和储存，插放架应有足够的承载力和刚度，并应支垫稳固。

　　预制竹木结构组件的储存应符合下列规定：

　　（1）组件应存放在通风良好的仓库或防雨、通风良好的有顶部遮盖场所内，堆放场地应平整、坚实，并应具备良好的排水设施。

　　（2）施工现场堆放的组件，宜按安装顺序分类堆放，堆垛宜布置在吊车工作范围内，且不受其他工序施工作业影响区域。

　　（3）采用叠层平放的方式堆放时，应采取防止组件变形的措施。

（4）吊件应朝上，标志宜朝向堆垛间的通道。

（5）支垫应坚实，垫块在组件下的位置宜与起吊位置一致。

（6）重叠堆放组件时，每层组件间的垫块应上下对齐，堆垛层数应按组件、垫块的承载力确定，并应采取防止堆垛倾覆的措施。

（7）采用靠架堆放时，靠架应具有足够的承载力和刚度，与地面倾斜角度宜大于80°。

（8）堆放曲线形组件时，应按组件形状采取相应保护措施。

对现场不能及时进行安装的建筑模块，应采取保护措施。

7.5 装配式竹木结构建筑防火与防护工程

7.5.1 防火工程

木结构防火设计的目的是为了限制建筑物由于火灾导致该建筑物或相邻建筑物遭受破坏的可能性。在极易引起火灾危险的条件下，或者在受生产性高温影响，竹木材表面温度高于50℃的条件下，不应使用竹木结构建筑。竹木结构建筑的防火设计，应按照本节规定执行。本节未规定的应遵照现行《建筑设计防火规范》GB 50016 的规定执行。

竹木结构建筑应根据其使用性质、火灾危险性、疏散效果以及扑救难度等情况进行分类，见表7-9。

木结构建筑分类 　　　　　表7-9

序号	建筑名称	一类建筑	二类建筑
1	居住建筑	高级住宅	居民住宅
2	公共建筑	用于旅馆、度假、浏览、纪念、体育及聚会的建筑；关、管失去自由人员或临时处置、治疗精神失控、体力失常、生活不能自理人员的建筑	行政、商务办公、写字楼（可包含会议、休憩、阅览功能）的建筑；具有观赏艺术价值的建筑
3	工业建筑	无明火作业、无易爆品的单层厂房	
4	仓库建筑	储存无易爆品的三层建筑	储存无易爆品的单层建筑

1. 木材、竹材防火剂及防火处理方法

1）木材、竹材防火剂

目前广泛使用的防火剂多为无机化合物，用作这类防火剂的无机化合物主要有磷酸氢二铵、硫酸铵、氯化氢、硼砂、硼酸和三氧化二锑等。磷酸化二铵和硫酸铵抑制燃烧效果好；硼酸防止灼热很有效，但抑制燃烧较差；硼酸与硼砂混合能抑制燃烧。由于各种化合物具有不同的特性，故采用多种化合的复合物作为防火剂往往效果最好。硅酸钠（水玻璃）常用作防火涂料的主要成分，并加入惰性材料混合使用。以脲醛树脂和磷酸铵为基础的混合物，也常用作防火涂料。

2）化学防火处理方法

防火剂浸渍处理：常用压力浸注法，对容易浸注的木材、竹材，也可以采用热冷槽法浸注。表面涂覆处理：多用于提高已建成的竹木结构的防火能力。

3）防火剂的选用

选用防火剂时，应根据现行《建筑设计防火规范》GB 50016 的规定和设计要求，按建筑物耐火等级对竹木构件耐火极限的要求，确定所采用的防火剂。如采用防火浸渍剂，则应依此确定浸渍的等级。木材防火浸渍剂的特性和用途见表 7-10。

木材防火浸渍剂的特性和用途表   表 7-10

编号	名称	配方组成		特性	适用范围	处理范围
1	铵氟合剂	磷酸铵 硫酸铵 氟化钠	27 62 11	空气相对湿度超过80%时易吸湿,降低材料强度10%~15%	不受潮木结构	加压浸渍
2	氨基树脂1384型	甲醛 尿素 双氰胺 磷酸	46 4 18 32	空气相对湿度在100%以下,温度为25℃时,不吸湿,不降低木材强度	不受潮细木制品	加压浸渍
3	氨基树脂OP144型	甲醛 尿素 双氰胺 磷酸 氨水	26 5 7 28 34	空气相对湿度在85%以下,温度为20℃时,不吸湿,不降低木材强度	不受潮细木制品	加压浸渍

防火涂料丙烯酸乳胶涂料，每平方米的用量不得少于 0.5kg，这种涂料无抗水性，可用于顶棚、屋架。经过试验，且经消防部门鉴定合格、批准生产的其他防火涂料亦允许采用，其用量应按该种涂料的使用说明要求执行。对于露天结构或易受潮的构件，经防火处理后尚应加防水保护层。

2. 布局布置与建筑构造

在进行总平面设计时，应根据城市规划，合理确定竹木结构建筑的位置、防火间距、消防车道和消防水源等。竹木结构不宜布置在火灾危险性为甲、乙类厂（库）房，甲、乙、丙类液体和可燃气体储罐以及可燃材料堆场附近。厂房、库房火灾危险性分类和甲、乙、丙类液体的划分应按现行的国家标准《建筑设计防火规范》GB 50016 的有关规定执行。燃油、燃气的锅炉，直接型溴化锂冷（热）水机组，可燃油油浸电力变压器，充电可燃油的高压电容器，柴油发电机和多油开关等不宜设置在竹木结构建筑之内。

1）防火间距

竹木结构建筑之间、竹木结构建筑与其他防火等级建筑之间的防火间距应参照木结构相关要求，不应小于表 7-11 的规定。

两座竹木结构建筑之间、竹木结构建筑与其他结构建筑之间的外墙均无任何门窗洞口时，其防火间距不应小于 4m；两座竹结构之间、竹木结构与其他防火等级的建筑之间，外墙的门窗洞口面积之和不超过该墙面积的 10% 时，其防火间距不应小于表 7-12 的规定。

木结构建筑的防火间距（m）   表 7-11

建筑种类	一、二级建筑	三级建筑	木结构建筑	四级建筑
木结构建筑	8.00	9.00	10.00	11.00

外墙开洞率小于 10%时的防火间距（m）   表 7-12

建筑种类	一、二、三级建筑	木结构建筑	四级建筑
木结构建筑	5.00	6.00	7.00

2）防火、防烟分区，建筑层数、长度和面积

竹木结构建筑不应超过三层。不同层数建筑最大允许长度和防火分区面积不应超过表 7-13 的规定。

木结构建筑的层数、长度和面积   表 7-13

层数	最大允许长度（m）	最大允许面积（m²）
单层	100	1200
两层	80	900
三层	60	600

3）消防车道

竹木结构建筑的周围应设环形消防车道。当环形消防车道有困难时，可沿建筑物的两个长边设置消防车道；当建筑物的长边超过 100m 时，其任意一段必须留有不小于 4m 宽的消防车道。四合院式竹木结构建筑的内院应设置保证消防车能够进入的不小于 4m 宽的车道，且其院内的最短边长不应小于 15m。四合院内的地面（含阴沟、管道盖板）的任何部位均应保证能够承受消防车的压力。

4）车库

居住单元之间的隔墙不宜直接开设门窗洞口，确有困难时，可开启一樘单门，但应符合下列规定：

（1）与机动车库直接相通的房间不应设计为卧室；

（2）隔墙的耐火极限不应低于 1.0h；

（3）门的耐火极限不应低于 0.6h；

（4）门上应装有无定位自动闭门器；

（5）车库总面积不宜超过 60m²。

5）采暖通风

竹木结构建筑内严禁设计使用明火采暖、明火生产作业等方面的设施；用于采暖或炊事的烟道、烟囱、火坑等应采用非金属不燃材料制作，并符合下列规定：

（1）与竹木构件相邻部位的壁厚不小于 240mm；

（2）竹木构件之间的净距不小于 120mm，且其周围具备良好的通风环境。

6）天窗

由不同高度部分组成的竹木结构建筑，较低部分屋面上开设的天窗与相接的较高部分外墙上的门、窗、洞口之间最小距离不应小于 5m。当符合下列情况之一时，其距离可不受限制：

（1）天窗外安装了自动喷水灭火系统或为固定式乙级防火窗；

（2）外墙面上的门卫遇火自动关闭的乙级防火门，窗口、洞口为固定式的乙级防火窗。

7）密闭空间

竹木结构建筑中，下列存在密闭空间的部位应采取隔火措施：

（1）轻型木结构层高小于或等于3m时，位于墙骨架柱之间楼、屋盖的梁底部处；当层高大于3m时，位于墙骨架柱之间沿墙高每隔3m处及楼、屋盖的梁底部处；

（2）水平构件（包括楼、屋盖）和竖向构件（墙体）的连接处；

（3）楼梯上下第一步踏板与楼盖交接处。

此外，竹木结构建筑应符合以下安全疏散要求：

（1）竹木结构建筑直接通向疏散走道的房间门至最近的安全出口或封闭楼梯间的距离应符合表7-14的规定。

房间门至安全出口的最大距离（m）　　　　　　　　表 7-14

序号	出口位置	位于两个安全出口之间的房间		位于袋形走道两侧或尽端的房间	
		一级	二级	一级	二级
1	耐火等级				
2	最大距离	35.0	25.0	20.0	15.0

（2）竹木结构建筑的房间内任意一点到其房门的最大距离不应大于表7-15的规定。

房间任意一点至房门最大距离（m）　　　　　　　　表 7-15

耐火等级	一级	二级
最大距离	20.0	15.0

（3）竹木结构建筑的疏散走道和楼梯的净宽不得小于1.1m。单元式住宅中，单面扶手楼梯的净宽不得小于1.0m。

（4）竹木结构建筑内的安全疏散口不应安装卷帘门或电动门。

（5）建筑内的安全出口和疏散通道必须设置自动发光的疏散方向指示标志。

（6）柴油发电机房可布置在建筑的首层或地下一层，但应符合下列规定：

① 应采用耐火极限不低于2.0h的隔墙和1.5h的楼板与其他部位隔开，门宜直通室外，并应采用耐火极限不低于1.2h的防火门；

② 柴油发电机机房内设置的储油间，其总量不应大于1m³，储油间应用防火墙与发电机分隔开，当必须在防火墙上开门时，应设置耐火极限不低于1.2h的防火门；

③ 应设置自动报警系统或自动喷水灭火系统。

7.5.2　防护工程

设计时必须从建筑构造上采取通风和防潮措施，注意保证结构的含水率经常保持在20%以下。露天结构、采取内排水的屋架支座节点、檩条及搁栅等构件直接与砌体接触的部位以及屋架支座处的垫木，除从结构上采取通风、防潮措施外，还应进行防腐处理。在白蚁危害地区，凡阴暗潮湿、与墙体或土壤接触的竹木结构，除应保证通风、防潮和便于检查外，均应进行有效的防腐防虫处理，并选用防蚁性能好的药剂；在堆沙白蚁或甲虫危害地区，即使木材、竹材通风防潮情况较好，也应根据具体情况进行防虫处理；在一些高寒或干燥地区，可根据当地实践经验进行防腐、防虫处理。

竹木结构防腐防虫措施：

1）竹木结构中的下列部位应采取防潮和通风措施：

（1）在桁架和大梁的支座下应设置防潮层；

（2）在柱下应设置柱墩，严禁将柱直接埋入土中；

（3）桁架、大梁的支座节点或其他承重构件不得封闭在墙、保温层或通风不良的环境中；

（4）处于房屋隐蔽部分的竹木结构，应设置通风孔洞；

（5）露天结构在构造上应避免任何部分积水的可能；

（6）当室内外温差很大时，房屋的维护结构（包括保温吊顶），应采取有效的保温和隔气措施。

2）竹木结构构造上的防腐、防虫措施，除了应在设计图纸中加以说明外，尚应要求在施工的有关工序交接时，检查其施工质量，如发现问题应立即纠正。

3）下列情况，除从结构上采取通风防潮措施以外，还应进行药剂处理：

（1）露天结构；

（2）内排水桁架的支座节点处；

（3）檩条、搁栅、柱等构件直接与砌体、混凝土接触部位；

（4）白蚁容易繁殖的潮湿环境中使用的构件。

4）常用药剂配方及处理方法可参考现行国家标准《木结构工程施工质量验收规范》GB 50206 的规定采用。以防腐、防虫药剂处理竹木结构构件时，应按设计指定的药剂成分、配方及处理方法采用；受条件限制而需改变药剂或处理方法时，应征得设计单位同意；在任意情况下，均不得使用未经鉴定合格的药剂。

5）胶合木、竹构件的机械加工应在药剂处理前进行。构件进行防腐防虫处理后应避免重新切割或钻孔。由于技术原因确有必要作局部修整时，必须对木材、竹材暴露的表面涂刷足够的同品牌药剂。竹木结构的防腐、防虫采用药剂加压处理时，该药剂在木材、竹材中的保持量和透入度应达到设计文件规定的要求。设计未作规定时，应符合现行国家标准《木结构工程施工质量验收规范》GB 50206 规定的最低要求。

6）在使用药剂处理小构件的前后，应作下列检查和施工记录：

（1）构件处理前的含水率及木材、竹材表面清理的情况；

（2）药剂出厂的质量合格证明或检验记录；

（3）药剂调制时间、溶解情况及用完时间；

（4）药液透入木材、竹材深度和均匀性；

（5）木材、竹材每单位体积（对涂刷法以每单位面积计）吸收的药量。

本章小结

装配式竹木结构建筑是一种新兴的建筑结构形式。尤其对于装配式竹结构而言，胶合竹材本身就是竹材应用于建筑业的一项新突破。相对于以混凝土、钢等传统建筑材料为主的装配式建筑，装配式竹木建筑具有环保性能优、抗震性能好等优势，它的兴起将会是我国建筑产业的一个发展趋势。本章介绍了装配式竹木结构的主要特点，并在现有研究的基础上，论述了装配式竹木结构的抗震设计方法、构造措施及施工工艺，旨在建立一个装配式竹木结构的系统框架，使读者对装配式竹木结构体系有初步了解。

思考与练习题

7-1　试举例说明装配式竹木结构相对于传统竹木结构的优势。

7-2　试举例说明装配式竹木结构相对于其他装配式结构的优势。

7-3　简述已有装配式木结构的种类及其特点。

7-4　简述工业化竹材的特点。

7-5　简述装配式竹木结构中节点连接的重要性及其设计原则。

7-6　论述装配式竹木结构建筑主体工程的施工工艺。

7-7　装配式竹木结构建筑防火工程应考虑哪些因素？

7-8　一冷杉方木压弯构件，截面如图 7-33 所示，其轴向压力设计值 $N=45.4\times10^3$ N，均布荷载产生的弯矩设计值 $M_{0x}=2.5\times10^6$ N・mm，构件截面为 120mm×150mm，构件长度 $L=2310$mm，两端铰接，弯矩作用绕 $x\text{-}x$ 轴方向，试验算此构件的承载能力。

7-9　按下述条件设计 18m 三角形钢下弦胶合木桁架：桁架跨度 18m，桁架间距 6m，屋面恒荷载标准值为 0.99kN/m²，水平雪荷载标准值为 0.4 kN/m²，钢材为 Q235 钢，木材强度等级为 TC15B。桁架简图及几何尺寸如图 7-34 所示。

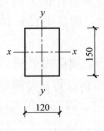

图 7-33　题 7-8 图

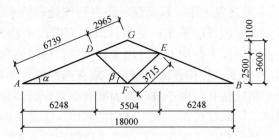

图 7-34　题 7-9 图

第8章　装配式建筑减隔震

本章要点及学习目标

本章要点：

（1）介绍减隔震技术发展简况及基本原理；（2）介绍装配式减隔震结构工程案例和相关研究现状。

学习目标：

（1）了解减隔震体系减震机理及工作特性；（2）了解装配式减隔震结构的关键技术特点及基本性能要求；（3）思考装配式建筑与减隔震技术的融合发展。

8.1　装配式建筑减隔震技术

8.1.1　装配式建筑采用减隔震技术的作用

建筑工业化是社会经济发展进入中高收入水平以后建筑工业的主流发展趋势，在欧洲、北美、澳洲以及亚洲的部分地区得到了广泛的推广应用。目前美、日、欧等国家和地区已形成了相对完整的建筑工业化结构理论和技术体系，各国的工业化建筑技术都具备了自身的特点。

近年来，我国为了满足建筑工业化发展的需要，很多科研院所和企业进行了技术、产品引进，加强自主研发创新，政府部门也推出相应的扶持政策。目前，我国相对成熟的装配式结构体系主要以装配式混凝土结构为主，其次为钢结构住宅。我国是地震灾害最严重的国家之一，超过50%的国土面积被列为7度以上的地震高烈度区域，包括23个省会城市和2/3的百万人口以上的大城市。现有的装配式建筑绝大多数采用基于"等同现浇"的传统抗震设计方法，但是与传统现浇结构相比，装配式建筑由于受构件连接方式、装配构造、预制工法等的影响，其抗震性能研究相对还不充分。

由于在地震灾害防御方面具有显著优点，消能减震与隔震技术在世界范围内得到快速发展和应用，在装配式建筑中采用此类技术是提升装配式建筑抗震性能的全新技术手段。在装配式建筑中采用减隔震技术，可以降低上部结构在地震作用下的响应，优化建筑的装配连接构造，提高装配式建筑的抗震性能。通过针对装配式建筑研发专有的隔震、减震技术为预制装配连接节点和结构薄弱区"松绑"，有助于突破传统预制装配式结构"等同现浇"的固有理论、设计与施工模式，解决我国工业化建筑总体抗震能力不足、预制装配工艺复杂等技术难题，助推其在广大地震高烈度区的推广应用，促进我国建筑工程整体防震减灾能力的提升。

目前，国内外已有的采用减隔震技术的装配式建筑项目也基本是根据各自项目特点，采用针对性方法进行分析和应用，所采取的技术方法尚不能做到标准化推广，装配式建筑与减隔震技术的融合尚处于起步阶段，但已引起国内外学者的关注。我国为了推进减隔震技术在工业化建筑中的应用，也正不断提高研发投入和加大政策支持。

8.1.2　减震与隔震技术基本原理

1. 减震技术基本原理

消能减震技术是在结构中安装减震装置，由减震装置耗散大部分地震能量，以减轻结构的地震反应。这是一种积极主动的抗震设防技术，是抗震对策的重大突破和发展。

结构减震控制的研究与应用已有近 60 年历史。20 世纪早期，结构控制理论在机械工程、航空航天工程及运输工程中得到广泛应用。日本学者 Kobori 和 Minai 最早于 1960 年提出结构控制的概念。1972 年，美国华裔学者 J. T. P. Yao（姚治平）首先提出土木工程振动控制的概念。中国学者周福霖提出了"结构减震控制体系"的概念，使得减震控制技术上升到了抗震设计理论的新阶段。

经过几十年的发展，工程结构振动控制技术已日臻成熟。其中，以改变结构频率为主的隔震技术的研究最多也相对最为成熟，国内外已在建筑、桥梁、地铁等工程中大量应用，部分隔震建筑已成功经受了地震考验。此外，以附加阻尼及刚度为主的被动消能减震理论和技术也已趋于成熟，并已成功应用于工程结构的抗震抗风控制中。

结构消能减震技术是在结构的某些特殊位置设置消能装置，通过消能装置产生滞回变形来耗散或吸收地震输入结构中的能量，以减少主体结构的地震反应（图 8-1）。从能量角度分析，结构在地震中任意时刻的能量方程为：

对于传统抗震结构：

$$E_{in} = E_e + E_k + E_c + E_h \tag{8-1}$$

对于消能减震结构：

$$E'_{in} = E'_e + E'_k + E'_c + E'_h + E_d \tag{8-2}$$

式中　E_{in}、E'_{in}——结构能减震结构体系的总能量；

　　　E_e、E'_e——结构、消能减震结构体系的弹性应变能；

　　　E_k、E'_k——传统结构、消能减震结构体系的动能；

　　　E_c、E'_c——传统结构、消能减震结构体系的黏滞阻尼耗能；

　　　E_h、E'_h——传统结构、消能减震结构体系的滞回耗能；

　　　E_d——消能装置吸收耗散的能量。

在上述能量方程中，E_e、E'_e 和 E_k、E'_k 仅是能量的转换，不产生能量消耗，E_c 和 E'_c 一般只占总能量很小部分，仅 5% 左右，可以忽略不计。对于传统的抗震结构，主要靠 E_h 消耗输入结构的地震能量，因此，结构构件在利用自身变形耗能的同时，构件本身将遭受到损伤甚至破坏；而对于消能减震结构，消能减震装置在主体结构进入非弹性状态前率先进入工作状态，耗散大量输入结构的地震能量，结构反应将大大减小，且结构本身需耗散的能量很少，从而有效保护了主体结构。

2. 隔震技术基本原理

隔震结构是在上部结构与下部结构或基础之间，设置了具有小刚度、大变形性能的结

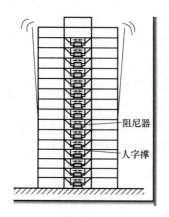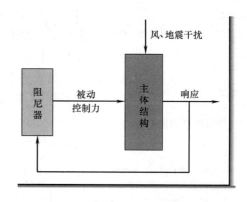

图 8-1　减震原理示意图

构层，通常称为隔震层，以延长上部结构的自振周期，从而避开地震的主频范围，减小上部结构的振动反应（图 8-2、图 8-3）。地震动的主频段通常在 0.1～1s 区间，而隔震结构的自振周期通常可延长至 3s 以上，隔震后上部结构的地震作用一般可减少 40%～80%。

隔震层是隔震结构与传统结构的主要区别所在，设有隔震系统的楼层即为隔震层，为保证隔震效果隔震层上方的楼面通常还需设置成刚性楼面。隔震系统主要由隔震装置、阻尼装置、初始限位装置等部分组成，各部分可以是独立的元件，也可以是一个元件具备多个功能。隔震装置是隔震技术的核心元件，既要在地震过程中满足水平向大变形的要求，又要在变形过程中保持竖向的承载和稳定。阻尼装置是

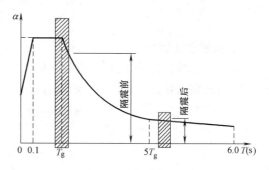

图 8-2　隔震前后地震影响系数对比

隔震技术中的重要耗能元件，其不仅可以减小上部结构的地震作用，还可以有效减小隔震层的振动位移，提高隔震装置的安全性。

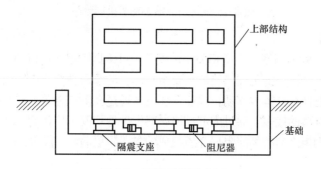

图 8-3　隔震原理示意图

8.1.3　减隔震装置

1. 摩擦消能器

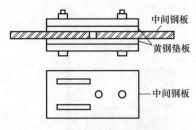

图 8-4　普通摩擦消能器构造

摩擦消能器耗能能力强，外界激励作用的幅值与频率对其性能影响不大，且构造简单，取材容易，造价低廉。普通摩擦消能器的构造如图 8-4 所示，它由开有狭长槽孔的中间钢板、外侧钢板、钢板与钢板之间的黄铜垫片与螺栓组成。它是通过中间钢板相对于上下两块铜垫板的摩擦运动而耗能。Pall 摩擦消能器（图 8-5）是 1982 年 Pall 和 Marsh 研究的一种安装在 X 形支撑中央的双向摩擦消能器。

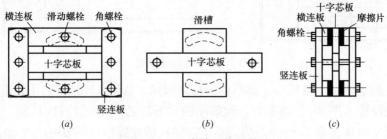

图 8-5　Pall 摩擦消能器构造
(a) 正视图；(b) 十字芯板；(c) 侧视图

2. 软钢消能器

软钢消能器按耗能机理一般可分为四大类：轴向屈服耗能、弯曲屈服耗能、剪切屈服耗能和扭转屈服耗能，如图 8-6 所示。

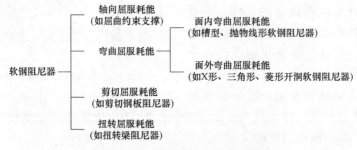

图 8-6　软钢消能器按耗能机制分类

3. 黏滞消能器

黏滞消能器是一种无刚度、速度相关型消能器，可依据阻尼产生机理的不同分为流体抵抗型和剪切抵抗型两类。流体抵抗型消能器主要由缸体、活塞和黏滞流体等组成，如图 8-7 所示，在外界激励下，活塞杆在缸体内移动，迫使受压流体通过孔隙或缝隙，进而产生阻尼力。黏滞阻尼墙则是剪切抵抗型的代表，通过内部黏滞材料发生剪切变形产生阻尼力。由内部钢板、外部钢板及处于内外钢板之间的黏滞阻尼介质组成的黏滞阻尼墙，如图 8-8 所示。

4. 黏弹性消能器

黏弹性消能器主要依靠黏弹性材料的滞回耗能特性来增加结构的阻尼，达到结构减震的目的。黏弹性消能器由黏弹性材料和约束钢板组成，典型的黏弹性消能器如图 8-9 所示。在反复轴向力作用下，约束钢板与中心钢板之间产生相对运动，黏弹性材料产生往复剪切变形，从而耗散运动能量。

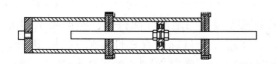

图 8-7 缸筒式黏滞消能器构造图

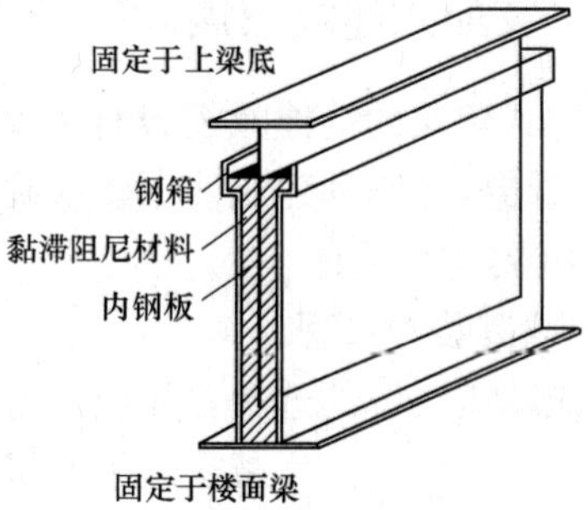

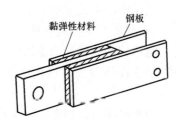

图 8-8 黏滞阻尼墙构造图

5. 隔震装置

隔震装置根据其技术特征可以分为：滑移支座、叠层橡胶支座、滚动支座。在各类隔震装置中，叠层橡胶隔震支座应用最为广泛。叠层橡胶支座通过薄层橡胶和薄钢板交互叠置硫化粘结而成。早期的橡胶支座是纯橡胶垫，20世纪50年代开始将橡胶与薄钢板叠合在一起，形成了如今的叠层橡胶隔震支座。橡胶具有弹性模量很小、弹性变形能力很大且体积基本不变即泊松比接近于 0.5 的特点，通过交互叠合的钢板形成对中间橡胶层的横向约束，可以

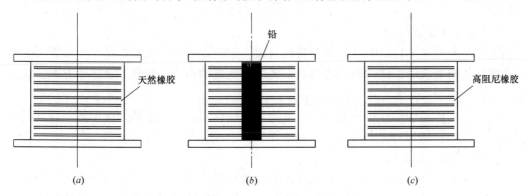

图 8-9 典型的黏弹性
消能器示意图

有效减小橡胶支座受压后的横向膨胀，提高支座的竖向刚度和抗压能力。同时，由于钢板与橡胶是交互叠合的，其横向的约束并不妨碍橡胶的剪切变形，故叠层橡胶支座的剪切刚度仍然很小、剪切变形能力仍然很大。通过叠层钢板约束后的叠层橡胶隔震支座，在竖向具有足够的刚度和承载力，能够稳定地支持上部结构物；在水平向具有足够小的水平刚度和足够大的水平变形能力，能够有效地隔离地震能量、减小上部结构的振动。

天然橡胶本身不具有耗能能力，天然叠层橡胶隔震支座的阻尼比很小，在工程应用中，常常需要结合带阻尼的叠层橡胶隔震支座或其他阻尼器来一起使用。带阻尼的叠层橡胶隔震支座目前主要分两种，一种是在天然橡胶隔震支座中插入铅芯而制成的铅芯橡胶隔震支座；另一种是采用高阻尼橡胶替代天然橡胶制成的高阻尼橡胶隔震支座。如图 8-10 所示。

图 8-10 不同材料类型的隔振橡胶支座
（a）天然橡胶夹层橡胶垫；（b）铅芯夹层橡胶垫；（c）高阻尼夹层橡胶垫

8.1.4 装配式建筑减震设计

装配式建筑的消能减震设计方案应根据建筑抗震设防类别、抗震设防烈度、场地条件、建筑结构方案和建筑使用要求确定。

1. 减震初步设计

1）减震装置选型

消能减震装置的选择首先应该考虑设置消能减震装置的结构性能目标。不同类型的消能减震装置对结构产生减震效果的机理不同，对实现设计目标的有效性有所差别。因此，首先根据设置消能减震装置后主体结构预期的性能目标，确定选择消能减震装置的类型。常见的控制目标包括：控制结构的层间位移，减小结构承受的地震力，提高结构在地震或风致振动中的舒适度等。

2）减震装置数量估算

消能器的数量与消能器的类型、性能特征参数及地震作用有关，需综合分析确定。在方案初步设计阶段，可用能量法来初步确定所需的数量，最后在通过优化设计进一步确定。

地震作用时，根据式（8-2），得到能量设计方程为：

$$E_{in} \leqslant E_d \qquad\qquad (8-3)$$

E_{in} 可根据地震能量反应谱确定，消能器所耗散的能量可以根据消能器的滞回曲线求出，其近似表达式为：

$$E_d = n\psi m E_{di} \qquad\qquad (8-4)$$

式中　E_{di}——单个消能器循环一周所耗散的能量，等于滞回曲线所包围的面积；

　　　　m——消能器滞回循环数，根据不同消能器类型不同有所差异；

　　　　ψ——不同消能器同时工作系数，一般可取为 0.4～0.6；

　　　　n——消能器总数。

由上式可估算消能器的数量为：

$$n \geqslant \frac{E_{in}}{\psi m E_{di}} \qquad\qquad (8-5)$$

其中，E_{di} 可根据消能器的类型和恢复力模型进行计算，亦可根据消能器的实际耗能曲线进行计算。

3）减震装置布置与连接

消能器的布置对结构的响应与动力特性有很大影响，因此消能器在结构中布置至关重要。消能装置布置应考虑结构的性能特点、装配式建筑的构件装配形式及施工方案、建筑功能和经济要求。

消能器与主体结构的连接一般分为：支撑型、墙柱型、门架型和腋撑型等，设计时应根据具体情况和消能器的类型及结构预制构件装配形式合理选择连接方法。

4）减震装置主要参数

安装消能减震装置后，结构的等效刚度和等效阻尼比会产生变化。结构的等效刚度等于主体结构刚度与消能减震装置附加刚度之和，结构的等效阻尼比等于主体结构的阻尼比与消能减震装置附加阻尼比之和。

2. 消能减震结构设计方法

消能减震结构的计算模型应根据结构变形和受力特点，采用层剪切模型、杆系模型、纤维模型、三维实体单元模型或上述几类模型的混合模型；结构材料的应力-应变本构关系模型、结构构件和消能器的恢复力模型应能反映材料、构件和消能器的实际受力状态。

当主体结构基本处于弹性工作阶段时，可采用线性分析方法作简化计算，并根据结构体系及特征，采用底部剪力法、振型分解反应谱法或时程分析法。若小震下消能器进入非线性工作状态，小震下的消能减震结构抗震分析还要考虑其非线性。当主体结构进入弹塑性工作阶段时，应根据主体结构体系特征和消能器的种类，采用静力非线性分析方法或非线性时程分析方法来进行计算分析与设计。

消能减震结构的主要设计步骤可归纳如下：

（1）确定结构所在场地的抗震设计参数，如设防烈度、地面加速度、采用的地震波、结构的重要性、使用要求、变形限值及设防目标等。

（2）按照传统抗震设计方法确定结构设计方案。

（3）对结构进行分析计算，如抗震设计方案满足要求，即可采用抗震方案。如抗震设计方案不能满足设防目标要求，或虽能满足要求但为了进一步提高抗震能力，则考虑采用消能减震方案。

（4）选择消能减震装置（如黏滞消能器、黏弹性消能器等），根据消能减震装置的设计参数，初步确定减震装置布置方案（位置、数量、形式等）。

（5）对消能减震结构进行计算，分析是否满足性能要求，如满足，即可采用该方案，并对其进行优化设计；如不满足要求，则重新选择消能减震设计方案（消能装置的类型、安装位置、数量、形式等），并对该方案进行计算，直至满足要求。

3. 消能减震结构罕遇地震作用下变形分析

现行抗震规范要求，采用消能减震设计的结构应进行罕遇地震作用下薄弱层的弹塑性位移验算。在罕遇地震作用下，消能减震结构薄弱层弹塑性位移应满足下式要求：

$$\Delta u_{p} \leqslant [\theta_{p}]H \tag{8-6}$$

式中　H——薄弱层层高；

　　$[\theta_{p}]$——层间弹塑性位移角限值，一般可按表 8-1 取值。

对于有性能目标要求的消能减震结构，还应满足表 8-2 和表 8-3 的规定。

弹塑性层间位移角限值　　　　　　　　　　　　　　表 8-1

结构类型	$[\theta_{p}]$
单层钢筋混凝土框架	1/30
钢筋混凝土框架	1/50
钢筋混凝土框架-抗震墙、板柱-抗震墙、框架-核心筒	1/100
钢筋混凝土抗震墙、筒中筒	1/100
钢筋混凝土框支撑	1/120
多、高层钢结构	1/50

4. 减震结构设计性能目标

采用减震技术的装配式建筑，当遭遇到本地区多遇地震、设防地震和罕遇地震影响时，其抗震设防目标宜高于传统抗震设计的设防目标。采用消能减震技术，还不能完全做到在设防烈度下上部结构不受损坏或主体结构处于弹性工作阶段的要求，但是与非消能减震建筑相比应有所提高，具体设防目标可根据建筑物的重要程度、抗震等级、实际需要等按表 8-2 确定，消能减震结构的性能水准应按表 8-3 判定。消能减震结构的层间弹塑性位移角限值，应符合预期的变形控制要求。

消能减震结构的抗震性能目标宏观判别　　　　　　　　　　　　　　表 8-2

地震水准	性能 1	性能 2	性能 3	性能 4
多遇地震	完好	完好	完好	完好
设防地震	完好，正常使用	基本完好，结构构件检修后继续使用，无需更换消能器	轻微损坏，结构构件简单修理后继续使用，无需更换消能器	轻微至接近中等损坏，结构构件需加固后才能使用，根据检修情况确定是否更换消能器
罕遇地震	基本完好，结构构件检修后继续使用，无需更换消能器	稍微至中等破坏，结构构件修复后继续使用，根据检修情况确定是否更换消能器	中等破坏，结构构件需要加固后继续使用，根据检修情况确定是否更换消能器	接近严重破坏、大修，结构构件局部拆除，位移相关型消能器应更换、速度相关型消能器根据检查情况确定是否更换

消能减震结构的性能水准判别　　　　　　　　　　　　　　表 8-3

破坏级别	损坏部件描述			继续使用的可能性	变形参考值
	竖向构件	关键构件	消能部件		
基本完好（含完好）	无损坏	无损坏	无损坏	一般不需要处理即可继续使用	$<[\Delta u_e]$
轻微损坏	个别轻微裂缝（或残余变形）	无损坏	无损坏	不需要修理或稍加修理仍可使用	$1.5[\Delta u_e]\sim$ $2[\Delta u_e]$
中等破坏	多数轻微裂（或残余变形）部分明显裂缝（或残余变形）	轻微损坏	无损坏	需要一般修理，采用安全措施后可适当使用，检修消能部件	$3[\Delta u_e]\sim$ $4[\Delta u_e]$
严重破坏	多数严重破坏或部分倒塌	明显裂缝（或残余变形）	轻微损坏	应排除大修，局部拆除，位移相关型消能器应更换、速度相关型根据检查情况确定是否更换	$<0.9[\Delta u_p]$
倒塌	多数倒塌	严重破坏	破坏	需拆除	$>[\Delta u_p]$

注：1. 个别指 5%，部分指 30% 以下，多数指 50% 以上；
　　2. 中等破坏的变形参考值，取规范弹性和弹塑性位移角限值的平均值，轻微破坏取 1/2 平均值。

8.1.5　装配式建筑隔震设计

装配式建筑隔震设计采用分部设计方法，分上部装配式建筑、隔震层、下部结构和地基基础四个部分进行设计。

上部装配式建筑设计方法与常规装配式建筑相同，但水平地震作用计算中考虑减震系数，且当减震系数满足一定条件时设防烈度可降低 1 度采取抗震措施。隔震层的设计主要包括隔震层的刚度、阻尼参数的选择和强度、稳定性的验算。隔震层下部结构设计按罕遇地震考虑。地基基础的抗震验算仍按本地区设防烈度进行设计。

1. 隔震设计步骤

装配式建筑隔震设计主要包括以下几个步骤：

(1) 依据抗震设防烈度和结构特征，预估减震系数，确定设计目标；

(2) 按照预估的减震系数所对应的地震作用进行上部装配式建筑和隔震层方案设计；

(3) 按上述方案进行隔震结构的内力、减振系数分析和变形验算；

(4) 进行上部结构配筋和构造设计以及隔震连接件设计；

(5) 进行地基、基础设计。

在步骤 (3) 分析和验算过程中，如不能满足要求，还需要返回步骤 (2) 对上部结构和隔震层方案进行修正；如仍不满足则返回步骤 (1)，重新修订隔震设计目标。

2. 上部装配式建筑和隔震层方案设计

1) 上部装配式建筑结构方案

根据预估的减震系数，首先可以确定隔震后结构的地震作用，并进行相应的结构方案设计。

2) 隔震层竖向布置

隔震层通常包括隔震支座、阻尼装置以及与隔震支座相连的梁、板、柱等。为便于隔震支座和阻尼装置的安装，隔震层梁底与基础顶面之间预留一定空间。隔震层在地震过程中水平向会产生较大的变形，须在建筑周围的地基与隔震层之间设置隔震沟，以免地震时周边场地对隔震层变形产生限制或碰撞。

3) 隔震层平面布置

隔震层平面内布置有隔震装置（支座），用于承担竖向荷载和隔离水平地震作用。隔震支座布设时一般与上部和下部结构的竖向受力构件位置对应，通常在每个柱下布设一个隔震支座，在墙下按其几何位置和竖向荷载大小布设隔震支座。为尽可能减小隔震结构的扭转效应，在进行隔震支座布置时应尽可能使隔震层的刚度中心与上部结构的质量中心相重合。

3. 上部结构设计

1) 隔震参数的选择

隔震结构设计时，应根据位移水准选择支座和阻尼器的刚度和阻尼参数。隔震层的水平等效刚度和等效阻尼比可根据支座的试验结果按下式计算：

$$K_h = \Sigma K_j \tag{8-7}$$

$$\zeta_{eq} = \Sigma K_j \zeta_j / K_h \tag{8-8}$$

式中　ζ_{eq}——隔震层等效阻尼比；

　　　K_h——隔震层水平等效刚度；

　　　ζ_j——第 j 个隔震支座由试验确定的等效黏滞阻尼比，包括配置的阻尼装置的附加阻尼比；

　　　K_j——第 j 个隔震支座由试验确定的水平等效刚度，包括配置的阻尼装置的附加刚度。

2）地震作用计算

《建筑抗震设计规范》GB 50011—2010 对隔震后上部结构的水平地震影响系数最大值定为：

$$\alpha_{max1} = \beta\alpha_{max}/\psi \qquad (8-9)$$

式中　α_{max1}——隔震后的水平地震影响系数最大值；

　　　α_{max}——非隔震结构的水平地震影响系数最大值；

　　　β——水平向减振系数；

　　　ψ——调整系数。

水平向减震系数 β，对于多层建筑，按弹性计算所得的隔震与非隔震各层层间剪力的最大比值进行取值；对于高层建筑，尚应计算隔震与非隔震各层倾覆力矩的最大比值，并取各层层间剪力和倾覆力矩两者的较大值。

3）地震作用取值

按减震后的水平地震影响系数分析计算所得的隔震结构水平地震作用，还应该满足：隔震层以上的结构总水平地震作用不得小于非隔震结构在 6 度设防时的总水平地震作用；各楼层的水平地震剪力尚应满足《建筑抗震设计规范》GB 50011—2010 对楼层最小地震剪力的规定，见表8-4。对于基本周期介于 3.5～5.0s 之间的可插入取值。

楼层最小地震剪力系数值　　　　　　　　　　　　　　　　　　　表 8-4

类别	烈度			
	6	7	8	9
扭转效应明显或基本周期小于 3.5s 的结构	0.008	0.016(0.024)	0.032(0.048)	0.064
基本周期大于 5.0s 的结构	0.006	0.012(0.018)	0.024(0.032)	0.040

目前的隔震装置基本都只是水平向隔震，竖向的刚度较大，在竖向基本不能起到隔震效果，因此对于 8 度和 9 度设防的隔震结构仍然需要考虑竖向抗震。

4）上部结构验算

隔震建筑上部结构验算包括截面验算和变形验算。装配式隔震建筑上部结构仍然沿用"三水准两阶段"的设计方法，且上部结构根据水平向减震系数采取对应的抗震措施。装配式隔震建筑的抗震措施，主要涉及墙柱的轴压比规定、结构的抗震等级以及与抗震等级相关的抗震构造措施。

隔震结构在水平地震作用下变形主要集中在隔震层，其上部结构的层间位移相对较小。《建筑抗震设计规范》GB 50011—2010 规定，在多遇地震作用下其层间弹性位移角限值与非隔震结构相同；在罕遇地震作用下，隔震层上部结构的层间弹塑性位移角限值取非隔震结构层间弹塑性位移角限值的 1/2。

4. 隔震层设计

隔震层设计是对隔震层内各类构件和连接件的承载力进行验算和设计，验算内容主要包括：隔震支座压应力验算；抗风装置验算和隔震支座弹性水平恢复力验算；罕遇地震作用下，隔震支座水平位移、拉应力及连接件验算，隔震结构整体抗倾覆验算，隔震层顶部梁、板的刚度和承载力验算，隔震支座附近梁、柱冲切和局部承压验算等。

为保证隔震建筑在风荷载作用下不至于发生过大的振动，同时在多次地震下支座仍能够保持良好的复位性能，设置抗风装置的隔震建筑应满足：

$$\gamma_w V_{wk} \leqslant V_{Rw} \tag{8-10}$$

$$K_{100} t_r \geqslant 1.40 V_{Rw} \tag{8-11}$$

式中　V_{Rw}——抗风装置的水平承载力设计值；

　　　V_{wk}——风荷载作用下隔震层的水平剪力标准值；

　　　γ_w——风荷载分项系数，取 1.4；

　　　K_{100}——隔震支座水平剪切应变 100% 时的等效刚度；

　　　t_r——橡胶层厚度。

对于高宽比大于 4 的隔震结构应按上部结构重力荷载代表值计算抗倾覆力矩，且抗倾覆力矩应大于倾覆力矩的 1.2 倍。抗倾覆验算中隔震支座不宜出现拉应力，若不可避免出现拉应力则拉应力不应大于 1.0MPa。

考虑到隔震支座的竖向稳定性和支座水平极限变形能力，罕遇地震作用下隔震支座的水平位移不应大于支座有效直径的 0.55 倍且不大于支座橡胶总厚度的 3.0 倍。

5. 下部结构和地基基础设计

隔震层下部结构可以简单地认为是指隔震支座下方的结构，包括支持隔震层的墙、柱、柱墩、连梁和地下室等。《建筑抗震设计规范》GB 50011—2010 要求对隔震层下部结构进行罕遇地震作用下的承载力验算，直接支撑隔震层以上结构的相关构件还应满足嵌固的刚度比和隔震后设防地震的抗震承载力要求，并按罕遇地震进行抗剪承载力验算。隔震层以下地面以上的结构，在罕遇地震下的层间位移角按非隔震相应结构层间弹塑性位移角限值的 1/2 进行验算。

隔震建筑地基基础的抗震验算和地基处理仍应按本地区抗震设防烈度进行，甲、乙类建筑的抗液化措施应提高一个液化等级确定，直至全部消除液化沉陷。

6. 装配式建筑隔震构造

隔震层的小刚度、大变形是隔震结构能够实现有效减震的关键，这也就要求隔震建筑的构造措施必须保证隔震层的大变形需求，并针对大变形的特征配置相应的构件和附属设施。隔震建筑的构造设计主要针对隔震层高度位置进行相关构件的设计，主要包括：隔震层与周围建筑及室外地坪间的构造；隔震层位置处室内竖向构件的构造，如楼梯、台阶、电梯井；隔震层位置处沿竖向布置的其他设施，如水管、电缆等。

8.1.6 装配式减隔震建筑施工

1. 装配式减震建筑施工

为方便施工质量管理和验收，将消能部件作为主体结构分部工程的一个子分部工程。在装配式建筑中，消能部件和主体结构构件的总体安装顺序应根据结构特点确定。消能部件安装方法大体有两种，即消能部件平行安装法和后装法。消能部件平行安装法便于消能器的吊装就位和测量校正，各层消能部件和预制构件一次施工安装齐备，避免后期补装。消能部件后装法，顾名思义即装配式结构施工安装完成后再进行消能部件的安装，优点是各工种之间不会相互影响，但重量较重或尺寸较长的消能部件吊装会受到楼板、水暖管网、外脚手架、施工安全网的影响，可能会加大安装难度。具体选择哪种安装法，视工程的实际情况而定。

当采用消能部件平行安装法时，需要结合装配式结构预制构件的设计及装配方案，将消能部件与预制构件在工厂或地面拼装连接为扩大安装单元后一起起吊。当采用消能器部件后装法时，在已完成装配后的楼面将消能部件进行拼装，检查测量拼装后的总尺寸和锚栓孔位置，并与安装部位的相应净空尺寸、锚栓位置进行对照核查，凡是拼装尺寸大于安装位置预留尺寸，或锚栓与栓孔错位大于允许偏差，导致不能就位时，安装前应进行调整。

装配式减震建筑的施工安装是多工种、多单位的交叉混合作业，应严格遵守国家、行业、企业有关施工安全的技术标准和规定，并根据消能减震结构的施工安装特点，在编制施工组织设计文件时还应制定相应的安全、消防和环保等措施。

2. 装配式隔震建筑施工

隔震层是隔震结构实现高效减震的关键，隔震层的施工也是隔震建筑与常规建筑施工的不同之处。隔震层的施工主要包括：隔震下支墩的施工及埋件安装；隔震支座安装与固定；支座上支墩、梁施工。

1）下支墩施工

下支墩是隔震支座的安装位置所在，施工关键在于支墩特别是支座预埋件的定位精度。为确保施工精度，通常采用定位钢板和预埋钢板的方法，将支墩内的纵向钢筋和预埋钢板的锚固钢筋事先定位，确保相互间不会有干扰且便于混凝土的浇筑；同时通过加强外模的固定和支撑，并通过施工全过程中对模板标高、预埋件标高、平整度和锚固螺栓孔位的测量和随时调整，来保证以上精度。在混凝土浇筑完毕、发生初凝之前，还应进行一次位置的复测，如有偏差应立即校正。

2）隔震支座安装

隔震支座的安装应在下支墩混凝土强度达到设计强度的75%以后进行，以防止安装过程中混凝土支墩损坏和螺栓拧固时锚固件对支墩内混凝土的损坏。隔震支座安装前应核对支座的型号和编号，确认安装位置无误；检查支座底面防腐层，需要时进行修复；清理支墩顶面。

吊装过程应使隔震支座保持水平。隔震支座就位后应对支座位置再次进行复测，复合要求后，将支座上连接板和下连接板的螺栓拧紧。为便于后期维护，连接螺栓安装前应沾有黄油或其他防腐剂，螺栓初步拧紧后应再用设定扭矩的扭力扳手检查和紧固。

隔震支座安装好后，应立即采取保护措施。保护措施包括两个方面：一方面是对支座进行保护；另一方面是对支座的上连接板进行保护，防止上连接板发生水平位移，导致上部结构安装位置发生偏差。

8.2　装配式减震框架结构

预应力装配式框架结构最早由美日联合研究 PRESSS（PREcast Seismic Structural Systems）计划提出。典型的预应力装配式框架节点的弹塑性变形主要发生在连接处，而预制构件本身保持弹性，与后浇装配整体式框架节点对比，连接部位只有少量的裂缝方便后期集中修复。在连接截面附近如采用部分无黏结预应力筋则框架具有更好的自复位能力。但是由于预应力筋处于弹性阶段，节点滞回环面积较小，耗能能力相对较差。国内外学者为了提升预应力装配式框架的耗能能力，分别从试验、数值解析和设计方法等方面提出了外置或者内置耗能装置等措施，形成预应力装配式减震框架。

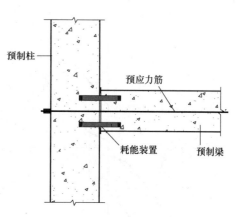

图 8-11　附加耗能装置的预应力装配式减震框架节点示意图

如图 8-11 所示，以附加耗能装置的预应力装配式减震框架节点为例，分析其首次加载和循环加载状态下的滞回恢复力模型。由于梁向上或向下转动形成的滞回环关于原点对称，因此仅对梁向上转动进行分析。节点首次加载滞回恢复力模型如图 8-12（a）所示，整个滞回过程可分为五个阶段。阶段一：节点在预应力筋的作用下保持紧闭状态，随着梁端弯矩的增大，节点经历消压阶段，直至梁端弯矩达到消压弯矩 M_{dec}，节点处于张开临界状态 A；阶段二：当节点张开后，节点下侧耗能装置弹性受拉，耗能装置参与节点受力，节点转动刚度 K_s+K_1 由预应力筋和耗能装置共同提供；阶段三：节点继续张开，耗能装置在点 B 处开始屈服，节点转动刚度由 K_s+K_1 变为 K_s+K_2，直至达到 C 处最大转角 θ_{max}；阶段四：节点进入卸载状态，节点转动刚度与阶段一相同为 K_s+K_1，节点由最大转角 θ_{max} 逐渐向零位置回复，直至 D 处耗能装置受压屈服；阶段五：节点逐渐闭合，直至达到节点自复位控制点 CP 处，该点弯矩值由 M_{dec} 与 M_{re} 控制。

节点循环加载滞回恢复力模型如图 8-12（b）所示，整个滞回过程同样可分为五个阶段。阶段一：节点以首次加载或前次循环加载历程中引起的残余弯矩 M_{re} 为滞回起点，在预应力筋作用下直至控制点 CP 处节点达到张开临界状态，对应消压弯矩为 $M_{dec}-M_{re}$；阶段二：当节点张开后，节点下侧耗能装置弹性受拉，耗能装置参与节点受力，节点转动刚度 K_s+K_1 由预应力筋和耗能装置共同提供；阶段三：节点继续张开，耗能装置在点 B' 处开始屈服，节点转动刚度由 K_s+K_1 变为 K_s+K_2，直至达到 B' 处最大转角 θ_{max}。阶段四：节点进入卸载状态，节点转动刚度与阶段一相同为 K_s+K_1，节点由最大转角 θ_{max} 逐渐向零位置回复，直至 C' 处耗能装置受压屈服；阶段五：节点逐渐闭合，直至达到节点自复位控制点 CP 处。

对于图 8-12（a）的首次加载节点滞回恢复力模型有：

$$M_B = M_{dec} + (K_s+K_1)\theta_y \tag{8-12}$$

式中　M_B——附加耗能装置的预应力装配式减震框架节点耗能装置受拉屈服时的弯矩；
　　　θ_y——耗能装置受拉屈服时的节点转角。

$$M_C = M_B + (K_s+K_2)(\theta_{max}-\theta_y) \tag{8-13}$$

式中　M_C——附加耗能装置的预应力装配式减震框架节点最大转角时的弯矩；
　　　θ_{max}——节点最大转角。

$$M_D = M_C - (K_s+K_1)(\theta_{max}-\theta_D) \tag{8-14}$$

式中　M_D——附加耗能装置的预应力装配式减震框架节点耗能装置受压屈服时的弯矩；
　　　θ_D——耗能装置受压屈服时的节点转角。

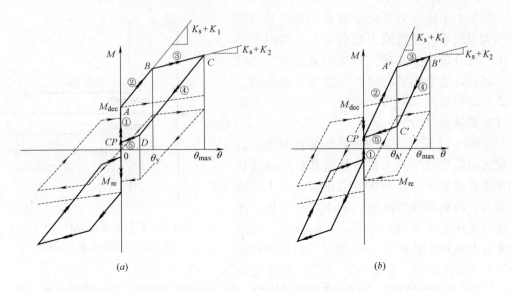

图 8-12　附加耗能装置的预应力装配式减震框架节点滞回恢复力模型

(a) 首次加载；(b) 循环加载

$$M_{CP} = M_D - (K_s + K_2)\theta_D = M_{dec} - M_{re} \tag{8-15}$$

对于图 8-12 (b) 的循环加载节点滞回恢复力模型有：

$$M_{A'} = M_{CP} + (K_s + K_1)\theta_{A'} \tag{8-16}$$

式中　$M_{A'}$——附加耗能装置的预应力装配式减震框架节点耗能装置循环加载再次受拉屈服时的弯矩；

　　　$\theta_{A'}$——$M_{A'}$ 对应的节点转角。

$$M_{B'} = M_{A'} + (K_s + K_2)(\theta_{max} - \theta_{A'}) \tag{8-17}$$

式中　$M_{B'}$——附加耗能装置的预应力装配式减震框架节点最大转角时的弯矩。

$$M_{C'} = M_{B'} - (K_s + K_1)(\theta_{max} - \theta_{C'}) \tag{8-18}$$

式中　$M_{C'}$——附加耗能装置的预应力装配式减震框架节点耗能装置循环加载再次受压屈服时的弯矩；

　　　$\theta_{C'}$——$M_{C'}$ 对应的节点转角。

$$M_{CP} = M_{C'} - (K_s + K_2)\theta_{C'} = M_{dec} - M_{re} \tag{8-19}$$

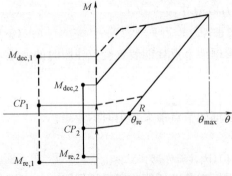

图 8-13　附加耗能装置的预应力装配式减震
框架节点自复位控制示意图

由上述分析可知，M_{dec} 与 M_{re} 的相对大小关系控制着节点的自复位性能。如图 8-13 所示，当 $M_{dec,1}$ 大于 $M_{re,1}$ 时，节点达到控制点 CP_1 时滞回模型与横轴无交点，表明梁端弯矩为零时节点无残余变形，节点具有自复位性能；当 $M_{dec,2}$ 小于 $M_{re,2}$ 时，节点达到控制点 CP_2 时滞回模型与横轴存在交点 R，表明当在节点由最大转角复位过程中在梁端弯矩为零时存在残余转角 θ_{re}，节点无法实现自复位。

8.3 装配式减震剪力墙结构

8.3.1 干性连接的耗能墙

在对 1960 年智利地震的震害调查中，人们发现较高而细长的结构由于摇摆而避免了结构在地震作用下的破坏。受此启发，研究者开始针对摇摆结构减轻地震震害的研究。摇摆结构减轻震害的典型例子是希腊的古老神殿（图 8-14），即使梁柱之间缺少可靠的强力连接，这些石制结构在地震多发地带仍旧屹立千年而不倒。

当预制墙板与基础之间采用干缝连接（即没有现场后浇混凝土连接）时，墙板在较大的水平作用下将发生绕受压侧的翘起运动，因此干缝连接的预制墙板结构与摇摆结构之间存在天然的内在联系。为了防止上部墙体的层层翘动，可以在上部的预制墙板之间采用后张的预应力钢筋将墙板连为一个整体，或采用黏结钢筋、螺栓等方式连接相邻两块墙板，从而保证翘动仅在结构底部发生（图 8-15）。

图 8-14　希腊古老神殿

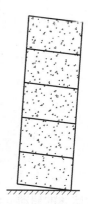

图 8-15　绕墙脚转动的摇摆墙

干缝连接的墙体发生翘动运动的时候，当水平外力撤掉以后，由于墙体及其承担结构部分的重力作用，墙体将恢复到初始位置，这就形成了自复位结构。自复位结构的残余变形小，被公认是一种"功能可恢复结构"体系。自复位结构的复位能力与结构进入塑性的程度和自复位力有关。自复位力应接近或大于塑性部件的屈服力，才能够使残余变形可以恢复或较小。对于翘动摇摆结构，自复位的驱动力主要来自重力作用，其在循环水平作用下的滞回曲线如图 8-16（a）所示，这种墙也常被称为摇摆墙。图 8-16（a）中，力-位移关系分为明显的两个阶段。初始的直线段是墙体整体工作阶段（此阶段在水平力和重力组合作用下干接缝尚未张开）；当侧向力较大时，接缝张开，结构刚度下降；当水平力撤去后，变形将顺着原路线返回。这说明，在反复的水平荷载作用下，摇摆结构本身并不耗散地震能量。为了加强摇摆墙的耗能能力，可以在摇摆接缝或其他部位增设屈服耗能装置或阻尼器，从而使结构的力—位移关系呈现一定程度的滞回环面积，如图 8-16（b）所示，这种墙通常被称为混合墙体（Hybrid Walls），是具有良好耗能性能和耗能能力的装配式墙体结构。

增设了屈服耗能装置或阻尼器的混合墙体往往具有较高的塑性屈服力，单靠结构自身的重力作用很可能不能形成足够的自复位力。为了加强耗能墙的自复位力，往往在耗能墙中增设锚固于基础的竖向无粘结预应力钢筋，并施加一定程度的预应力，来保证结构的自复位能力。无粘结预应力钢筋有助于在钢筋全长上分布结构变形引起的钢筋应变增量，从而在整个地震激励的过程中不致由于应变增加过多而导致钢筋屈服、丧失自复位驱动能力。无粘结还可以保证不将钢筋的拉应力传递给混凝土，从而避免混凝土开裂。无粘结预应力的手段同时可以作为一种施工措施，在施工阶段保证拼接墙体的整体性。

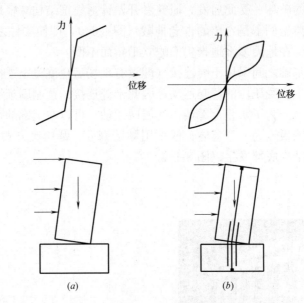

图 8-16　根据滞回反应特征进行预制混凝土墙的分类
(a) 摇摆墙；(b) 混合墙

在墙体的翘动变形和耗能过程中，墙体及其承担结构部分上的重力作用引起的竖向力向受压侧混凝土集中，受压侧混凝土还需平衡由屈服耗能装置或阻尼器、预应力钢筋引起的竖向拉力。由于这些因素引起的压应力十分可观，因此应采取有效措施来加强受压区混凝土的强度和延性，这些措施包括：采用螺旋箍筋约束墙脚处的混凝土；在底部墙板与基础接触的区域附近采用工程水泥基复合材料、采用钢或者纤维增强聚合物套筒、橡胶板聚合物节点等。

8.3.2　耗能墙的性能

在干式连接的墙体中安装阻尼器可以增大墙体的耗能能力，比如增加软钢或者 O 形阻尼器。阻尼器的安装部位分为墙底摇摆界面或其他摇摆界面处。阻尼器可以放置在相邻的墙体之间，如图 8-17 所示；也有将耗能器放置在墙体与相邻的柱之间，如图 8-18 所示；或者将阻尼器安装在墙体与框架之间。这些阻尼器往往是位移相关型阻尼器，当阻尼器两端发生较大的相对位移时进入塑性产生滞回效应，因此其安装部位总是选择墙体翘动变形时能够产生较大相对位移的部位。图 8-19 表示了在预制后张翘动摇摆墙中联合安装黏滞阻尼器和软钢阻尼器的试件照片。

图 8-20 示意了国外研究者开展的耗能墙拟静力试验。试件是按照 1：2 的比例进行设

计的，当层间位移角达到 2.5％时预应力筋达到名义比例极限。耗能装置采用狗骨式耗能装置，具体为采用纵向软钢钢筋穿过墙体与基础的接触面，随着墙体底部的缝隙张开和闭合，会导致软钢钢筋产生受拉和受压屈服，从而进行耗能。总共开展了三个试件的试验研究，加载示意图如图 8-20 所示，试件 1 没有安装耗能装置，试件 2 和 3 安装了耗能装置，在试件 3 上还通过外部的后张预应力筋来补充恢复力。

试件 1 的侧向力-位移反应如图 8-21 所示，为非线性弹性反应。试件 3 的侧向力-位移反应如图 8-22 所示，由于增加了狗骨式耗能装置，其滞回曲线为旗帜形。

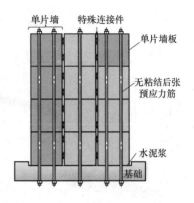

图 8-17 连接预制墙结构

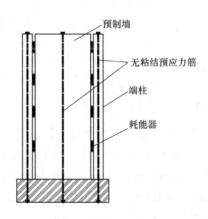

图 8-18 PreWEC 墙

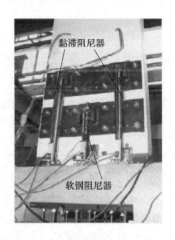

图 8-19 带有黏滞阻尼器和软钢阻尼器的墙

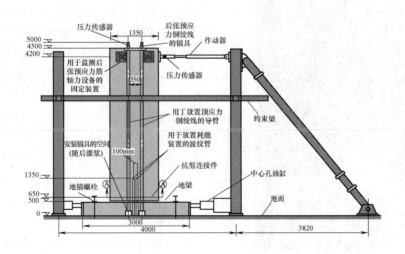

图 8-20 加载装置示意图

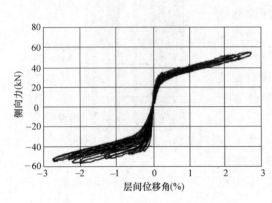

图 8-21 试件 1 的侧向荷载-位移反应

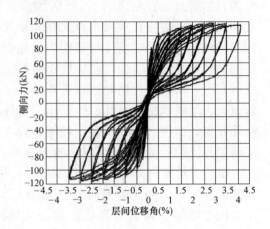

图 8-22 试件 3 的侧向荷载-位移反应

8.4 装配式隔减震结构案例

8.4.1 案例一: Paramount Building

1. 工程背景

如图 8-23 所示，Paramount Building 位于美国旧金山，39 层高达 128m，总造价约 9300 万美元，其基本结构体系为适用于强震区的新型装配式混凝土混合抗弯框架体系（Precast Concrete Hybrid Moment Resisting Frame）。Paramount Building 不仅是抗震 4 级区最高的高层建筑，还是高烈度区最高的装配式预应力混凝土框架结构，其中抗震 4 级区为 UBC 规范规定的地震分区，与我国的 9 度区类似。

图 8-23 Paramount Building

2. 体系特点简介

图 8-24 和图 8-25 分别表示 Paramount Building 的平面图和立面图。新型体系的发展建立在其造价和性能皆优于现有标准体系的基础上，Paramount Building 通过对材料的高效使用以及施工时间的缩减，达成显著降低造价的目的。在 Paramount Building 的结构体系中可以归纳出如下特点：

（1）建筑外装饰与抗震支撑系统的统一。在 Paramount Building 的建筑部件中，费用最高的建筑外装饰与抗震支撑系统的统一，很大程度上降低了建筑造价。

（2）预制构件数量多，建造迅速。Paramount Building 共包含 732 根预制梁和 478 根预制抗弯框架柱。除框架部件以外，还包括 641 根预制建筑面板、68 根预制重力柱、312 根预制预应力梁。如此大量预制构件的使用，很大程度上缩短了建造周期。

（3）不同抗侧力结构体系组合使用。在 Paramount Building 八层以下的部位，结合建筑形式以及功能的需求，确定使用剪力墙以及预制-现浇组合抗弯框架体系，而在八层以上部位仅采有装配式框架抗侧力体系。针对不同的建筑结构形式，八层以上装配式框架共采用如图 8-26 所示的装配式混合抗弯框架（Precast Hybrid Moment Resisting Frame，PHMRF）以及如图 8-27 所示的延性连接（Dywidag Ductile Connector，DDC）两种结构体系，以 PHMRF 装配式混合抗弯框架为主，DDC 体系仅用于预应力张拉困难的结构部位。

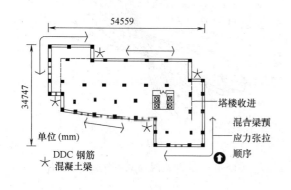

图 8-24　结构平面图

图 8-25　结构立面图

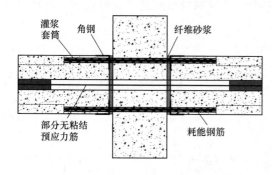

图 8-26　装配式混合抗弯框架节点

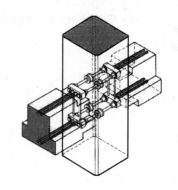

图 8-27　延性连接节点

3. 设计方法

如图 8-28 所示，传统的设计方法通常通过考虑各种可能的工况，将结构弹性响应 Δ_0 与实际可能的响应 Δ_u 相互关联。鉴于 Paramount Building 的结构设计在当时尚无相关设计规范依据，在进行实际结构设计之前，先通过一系列装配式混合框架节点试验对其性能进行探究，节点试验采用 2/3 的 Paramount Building 实际节点模型，试验装置与试验结果

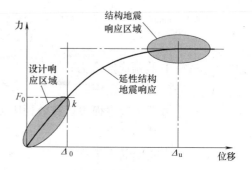

图 8-28　结构设计基本概念

如图 8-29 和图 8-30 所示。根据试验结果，分别从强度和位移两个方面对装配式混合节点的性能进行阐述如下：

（1）从强度角度来讲，混合节点的预测名义抗弯强度是实测抗弯强度的 90%，最终设计采用 60% 实际强度，保证一定的结构强度冗余度。

（2）从位移的角度来讲，Paramount Building 所处抗震设防区的节点位移角需求在 2%～2.5% 之间，试验中混合节点在达到 4% 位移角时强度下降小于 30%，而在需求位移角 2.5% 时节点未出现明显强度下降。

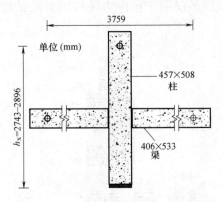

图 8-29　装配式框架节点试验示意　　　　图 8-30　装配式混合框架节点试验结果

装配式混合节点的理论分析较为简洁，如图 8-29 所示的混合节点预制梁部件由预应力筋束与预制柱中心后张拉成整体，梁上下面分别布置三根耗能钢筋，通过预应力筋束的有效预应力以及耗能钢筋的屈服强度可通过理论计算得混合节点名义抗弯强度，具体分析过程如下：

$$T_{\text{pse}} = A_{\text{ps}} f_{\text{se}} \tag{8-20}$$

$$F_{\text{sn}} = A_{\text{s}} f_{\text{y}} \tag{8-21}$$

$$a = \frac{T_{\text{pse}}}{0.85 f'_{\text{c}} b} \tag{8-22}$$

$$M_{\text{n}} = T_{\text{pse}} \left(\frac{h}{2} - \frac{a}{2} \right) + F_{\text{sn}} (d - d') \tag{8-23}$$

进而可得作用于预制柱上的剪力：

$$V_{\text{col}} = \frac{2M_{\text{n}} \left(\dfrac{l_{\text{b}}}{l_{\text{bc}}} \right)}{h_{\text{x}}} \tag{8-24}$$

式中　T_{pse}——有效预应筋合力；

A_{ps}——预应力筋面积；

f_{se}——考虑预应力损失后有效预应力筋应力；

F_{sn}——钢筋名义力；

A_{s}——耗能钢筋面积；

f_{y}——耗能钢筋屈服强度；

a——等效矩形应力块高度；

f'_c——混凝土圆柱体抗压强度；

b——梁的宽度；

M_n——名义抗弯强度；

h——梁的高度；

d——中性轴距抗压边缘的距离；

d'——中性轴距受压钢筋的距离。

通过上式的理论计算，可得混合节点梁的设计尺寸，同时为保证混合节点的自复位性能，需要满足预应力筋提供的回复力大于耗能钢筋的合力，且预应力筋应该始终保持弹性。

4. 施工要点

预制混凝土构件的制作、运输以及安装过程由同一建筑商完成。各构件混凝土强度如下：①预制混凝土柱：41~55MPa；②预制混凝土梁：34MPa。整个建筑施工工期仅持续26个月，其中上层建筑耗时16个月，平均2.5层每个月。工程总造价9270万美元，其中装配式部分耗资890万美元，相对于Paramount Building所处的地理位置以及抗震需求，该造价相对较便宜。后张预应力柱的锚固构造如图8-31所示，图8-32所示的边柱预应力管道的设置成功解决了角柱预应力张拉困难的问题。

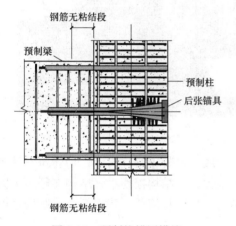

图8-31　预制柱锚固措施

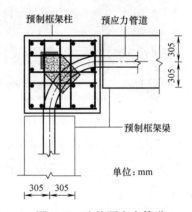

图8-32　边柱预应力管道

8.4.2 案例二：Alan MacDiarmid Building

1. 工程背景

维多利亚大学凯尔本校区的Alan MacDiarmid Building是新西兰首个多层装配式无粘结后张预应力混凝土建筑，该建筑采用延性节点（Jointed Ductile Connection）或PRESSS（PREcast Seismic Structural System）技术进行结构抗震。在"干法"延性节点中，预制构件通过无粘结后张预应力筋连接成整体，结构的非弹性需求通过节点的可控摇摆（Controlled Rocking）实现，其中后张预应力筋保证了结构的自复位性能。结构具有预制构件质量易于控制和安装快速的优点，同时具有预应力构件大跨大空间的特点。在Alan MacDiarmid Building建造之前，PRESSS技术仅在奥克兰机场的单层停车场（Auckland airport）中有所体现。

2. 体系特点简介

Alan MacDiarmid Building 由 6 榀跨度为 8.4m 的三跨混凝土框架组成，其中梁尺寸为 0.60m×0.45m，柱尺寸为 0.60m×0.55m，双 T 板跨度为 9.9m。梁在工厂预制时通过先张法抵消重力荷载的影响，同时减少恒荷载或安装引起的下挠，随后在安装现场与柱通过中心后张预应力的方式连接形成具有摇摆或自复位机制的整体。框架外围柱通过垂直后张预应力抵抗倾覆荷载，同时也实现摇摆和自复位机制。如图 8-34 所示，通过与预制梁柱螺栓连接的外部耗能装置提供耗能，外置耗能装置能够实现震后的"即插即用"（"Plug and Play"）。Alan MacDiarmid Building 采用的框架节点构造形式可有效统一建筑造价、安装速度、施工容差、拼装难度以及震后修复等问题，并且通过将外置耗能装置移动至梁侧面的方式成功减小施工过程中的安装误差。另外一个方向 Alan MacDiarmid Building 抗侧力主要由主廊两侧的四片 3.08m×0.4m 的剪力墙支撑组成，且剪力墙通过 3 个 0.61m 深的弯曲屈服耗能钢连梁进行连接，而结构自复位能力则通过受力合理且连接构造简单的剪力墙底部和顶部的摇摆装置提供。

图 8-33　Alan MacDiarmid　　　　　　图 8-34　框架节点构造

采用上述后张预应力技术的优势可以归纳为：①减小混凝土梁柱尺寸，为建筑设计提供更多灵活的空间；②预应力筋屈服前结构整体刚度大；③结构损伤小，结构在经历大震作用下仍具有自复位能力；④耗能装置易拆除，结构震后修复简单、费用低；⑤结构全寿命周期费用显著降低。

3. 设计方法

Alan MacDiarmid Building 的结构设计可以分为如下三个主要阶段：

（1）初步设计阶段：基于位移设计原则对框架和剪力墙进行静力分析完成结构的初步设计；

（2）结构三维响应分析阶段：采用合理的屈服区域弯矩-转动关系，对结构进行 3D 推覆分析，进一步研究结构的三维特性以及偶然扭转；

（3）非线性分析阶段：进行一榀框架和一片剪力墙的非线性时程分析，确定柱以及剪力墙的动力放大系数。

Alanmac Diarmid Building 中采用的延性节点滞回模型的理论分析如下所述：如图 8-35所示，该节点的滞回模型呈旗帜形，图中 A 点为消压极限状态点，B 点为耗能杆屈服状态点，C 点为卸载点，D 点为卸载刚度变化点，E 点为卸载至节点张开角度 $\theta=0$ 的状态点。由 O 至 A 时，弯矩不断增大但梁柱节点并未张开，节点保持弹性；由 A 至 B 时，梁柱节点开始张开，节点进入非线性弹性状态，节点刚度减小；由 B 至 C 时，由于耗能杆进入屈服状态，节点的刚度进一步衰减。从而可得消压弯矩与屈服弯矩以及卸载弯矩与屈服弯矩之间的关系：

$$M_B = M_A + (k_2 + k_3)\theta_B \tag{8-25}$$

式中　M_A、M_B——分别对应节点的消压弯矩和耗能杆屈服弯矩；

　　　k_2——预应力筋提供的转角刚度；

　　　k_3——耗能杆提供的弹性转角刚度。

$$M_C = M_B + (k_2 + k_4)(\theta_C - \theta_B) \tag{8-26}$$

式中　M_C——对应节点的卸载时的弯矩；

　　　k_4——耗能杆提供的屈服后转角刚度。

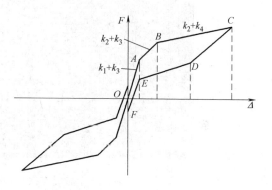

图 8-35　节点滞回模型

从延性节点的滞回模型可以发现，耗能杆的性能对节点的滞回性能具有重要影响。为了进一步避免耗能杆中的灌浆，简化加工工艺，形成滞回性能稳定可靠的耗能杆，义献[214]提出了一种由弹性竹节以及塑性竹间耗能段组成的竹节形耗能杆，其形式如图 8-36 所示。该耗能杆具有如图 8-37 所示的良好的滞回性能。

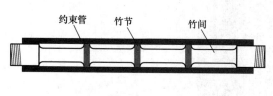

图 8-36　竹节形耗能杆

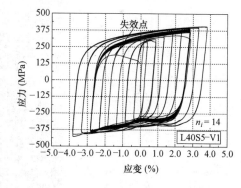

图 8-37　竹节形耗能杆滞回曲线

8.4.3　国内隔震预制装配建筑案例

建造于 2013 年的北京金域缇香住宅项目为装配式高层建筑。该项目位于北京市西南房山区长阳镇，规划总用地 6.60 万 m^2，地上建筑面积 15.64 万 m^2，项目内有 3 幢建筑采用预制装配混凝土结构，如图 8-38 所示。预制混凝土（PC）构件主要包括：承重内墙、外墙（含飘窗）；叠合楼板、阳台；预制楼梯，非承重墙采用轻质混凝土隔墙板，预制率 55%。

3 幢预制装配建筑中 7 号楼采用了隔震技术，该建筑为高层板式住宅，如图 8-38 和图 8-39 所示。该建筑总建筑面积为 7800m^2，地上 18 层，檐口高度 53.53m，由两个单元组合而成。建筑地下 2 层，分别为设备层和隔震层。

图 8-38　金域缇香预制装配混凝土高层住宅项目

图 8-39　隔震板式高层

8.4.4　国外隔震预制装配建筑案例

日本西新宿五丁目住宅，建造于 2014 年，2017 年 10 月竣工。建筑层数为地上 60 层、地下 2 层，总高 208m，预制混凝土框筒结构，如图 8-40 所示。

东京浅草的高层住宅，建筑总高 130m，地上 37 层、地下 2 层，总建筑面积 68900m²，结构形式为装配式混凝土框筒结构，隔震层位于地上 2 层，如图 8-41 所示。

图 8-40　西新宿五丁目隔震高层住宅

图 8-41　东京浅草隔震高层住宅

本章小结

本章主要介绍了消能减震和隔震技术及其在装配式建筑中的应用案例。目前国内外针对装配式建筑采用隔减震技术的研究和应用还相对较少，已有的研究成果仍远不够，还需研发适用于装配式建筑的新型消能减震装置和隔震产品，完善装配式建筑消能减震产品设计、施工、检测、安装、维护的标准化及规范化，建立适用于装配式减隔震建筑的实用计算分析及设计方法。总体而言，尚需深入系统地开展有关减隔震技术对提升装配式建筑抗震性能机理、效果、方法途径等的研究。

思考与练习题

8-1　装配式建筑采用消能减震技术可选用哪些消能装置？各有什么特点？

8-2　装配式建筑消能减震技术还有哪些需要进一步研究的内容？

8-3　装配式建筑隔震设计时对隔震支座的选型有哪些需要注意的地方？

8-4　如何做好减隔震技术与装配式建筑的融合，开发新型装配式结构体系？

第9章　装配式建筑中的 BIM 技术应用

本章要点及学习目标

本章要点：

通过本章的学习要求能够了解装配式建筑、结构设计方面与 BIM 结合应用的技术特点；能够将 BIM 信息与装配式建筑全生命周期的理念相关联，熟悉基于 BIM 技术的装配式建筑设计、建造和运维管理方法；重点掌握基于 BIM 的预制构件库创建与建模方法，装配式建筑 BIM 模型的分析与优化方法以及 BIM 技术在装配式建筑施工模拟过程中的应用等关键技术。

学习目标：

(1) 学习使用 BIM 软件构建装配式建筑模型，并导出模型信息；(2) 练习使用数据库技术建立装配式建筑预制构件库与 BIM 模型族库；(3) 总结 BIM 技术在装配式建筑全生命周期中使用的关键技术性问题。

9.1　BIM 技术理论与应用概述

建筑行业发展至今，其产值已在国民生产总值中占有相当大的比例。传统的建筑设计和建造方式已不适应工业化发展的需要。在注重绿色、经济、环保等理念的今天，对传统的建造方式进行彻底的变革势在必行，建筑工业化的概念应运而生。工业化是人类社会发展的必然，建筑工业化则是社会工业化发展的必然结果。随着工业化的发展，建筑业的发展也经历了深刻的变化。机械建造代替人工建造的方式出现，体系建筑和模块建筑等自动化流水线建造方式出现，BIM（Building Information Modeling，即建筑信息模型）技术和 3D 打印技术等相继出现。

建筑工业化是通过整合设计、生产、运输和施工各个过程，探索工业化和信息化的深度融合，实现可持续发展的建筑生产模式。建筑工业化的建造方式和传统建造方式有诸多不同，如表 9-1 所示。

传统建造方式与建筑工业化对比　　　　　　　　　　表 9-1

比较项目	传统建造方式	建筑工业化
能源消耗	耗能、耗水、耗地、耗材	节能、节水、节地、循环经济
劳动效率	现场湿作业多、机械化程度低	劳动力需求少、工期缩短、机械化程度高、劳动生产率高
环境影响	现场产生大量建筑垃圾、噪声、扬尘	构件工厂化生产、现场安装、噪声和扬尘少、建筑垃圾回收率高
劳动力使用情况	需要大量劳动力、劳动强度大、劳动效率低下	采用工厂化生产、机械化施工、缓解用工荒、对工人素质要求高

建筑工业化以标准化设计、工厂化生产、机械化施工、信息化管理为目标，装配式结构能很好满足这一要求，积极发展各种预制装配式结构体系是实现装配式结构和建筑工业化的关键。装配式结构在美国、欧洲、日本等有着广泛的应用，装配化程度高。装配式结构采用预制构件，现场进行安装与构造处理，施工高效便捷，能源耗用率低，工业化生产水平高，有利于将劳动粗放型、密集型的现场施工工人转变成技能型的产业化工人，符合绿色建筑产业概念以及建筑产业转型的发展趋势。在我国，建筑产业属于劳动密集型产业，装配率和工业化的水平较低，装配式结构在市场上的占有率还较低。装配式结构还未能做到完全的标准化设计，不能满足工业化的自动生产方式，信息化管理还有待提高。BIM 是以建筑全寿命周期为主线，将建筑各个环节通过信息相关联。BIM 技术改变了建筑行业的生产方式和管理模式，使建筑项目在规划、设计、建造和运维等过程实现信息共享，并保证信息的集成。将 BIM 技术应用到装配式结构设计中，以预制构件模型的方式进行全过程的设计，可以避免设计与生产、装配的脱节，并利用 BIM 模型中包含的精确而详细的信息，对预制构件进行生产。在预制构件的工业化生产中，对每个构件进行统一、唯一的编码，并利用电子芯片技术植入构件信息，对构件进行实时跟踪。通过 BIM 技术建立四维 BIM 模型，对构配件的需求量进行全程控制，并通过 BIM 模型对构配件进行管理，防止构配件丢失或错拿的情况出现。BIM 技术为装配式结构的设计、生产、施工、管理信息集成化提供了可能。

9.1.1　BIM 技术基本理论

BIM（Building Information Model）是建筑信息模型的简称，20 世纪 80 年代，美国的 Chuck Eastman 第一次提出 BIM 的概念："BIM 包括建筑所需要的全部模型信息、功能需求和构件特征，整合了建筑项目从设计、施工、维护、拆除全生命周期的全部信息"。2007 年，《美国国家 BIM 标准》定义 BIM：数字化地表达了建筑项目的物理特性和功能特征，是建筑项目全生命周期可靠的知识共享及决策基础，是构建建筑虚拟模型的行为。BIM 技术的目标是可视化分析工程和冲突、检查标准规范、进行工程造价等。

BIM 技术是虚拟建模技术、可视化技术和数字化技术的综合，其提供了信息交流共享的计算机平台，可对建设项目全生命周期的全部信息进行高效管理，增加项目收益。BIM 具有信息完备性、对象参数化、可视化 3D 模型、导出成果的多元化的优势。

BIM 技术最关键的应用是实现信息的表达、交流和共享。BIM 软件种类繁多，品牌、专业、功能不同的软件具有不同的数据格式，信息不能进行直接交流。国际上定义了规范化的数据表达和交流标准来解决这个问题，主要包括三项支撑技术，如图 9-1 所示。

BIM 软件相对于传统的 CAD 软件，点、线、面等最基本的几何构成不再是其操作对象，取而代之的是建筑、结构的构件，如：墙体、梁、板、柱、门和窗等。BIM 系统使用编程构建数字化的对象来表示建筑构件，任一对象的属性都需要由一系列的参数来表达，参数包含在对象的代码中。参数一般需遵循或满足预先制定的规则和定义。例如，门这一对象就包括门所具备的全部属性：长度、宽度、高度、厚度、材质、装饰效果、开启方式、价格信息等。

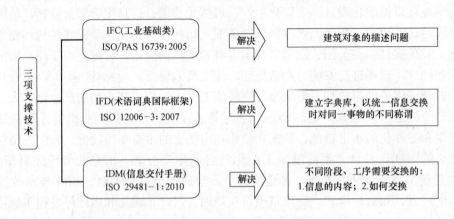

图 9-1　BIM 规范化表达标准

9.1.2　BIM 技术软件工具与应用

　　BIM 软件是信息共享的工具，建筑项目从投资到规划、设计、施工、运营维护，过程周期长，参与涉及的专业众多，不可能由一个 BIM 软件解决所有的问题，需要众多的 BIM 软件参与其中。BIM 软件分为两类：BIM 核心建模软件和基于 BIM 模型的分析类软件。BIM 核心建模软件是 BIM 应用的基础，主要有 Revit、Bentley、ArchiCAD、CATIA 四类，国内 BIM 核心建模软件起步较晚，并且依据一定的专业需求和国内应用特点进行开发，因此，适用范围有限。基于 BIM 模型的分析类软件，以 BIM 模型为基础，进行性能、环境、功能等的优化，达到相应的目标。

　　BIM 的概念不等同于 BIM 软件，但软件是 BIM 应用的主要形式。通过一系列 BIM 相关软件可实现对建设项目的全生命周期的控制，包括建筑设计、结构设计、可持续分析、造价管理、模型检查管理、维护管理、可视化分析等。将 BIM 软件根据应用的专业或方向来分类，如图 9-2 所示。

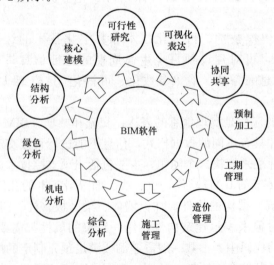

图 9-2　BIM 软件分类

结合图 9-2 的 BIM 软件分类，表 9-2 列举了当今市场上应用广泛的一些 BIM 软件，主要突出软件的专业用途。

常用的 BIM 软件及用途汇总　　　　　　　　表 9-2

产品名称	厂家名称	可行性研究	核心建模	绿色	结构	机电	综合	预制加工	施工管理	造价管理	工期管理	协同共享	可视化表达
Sketchup	Trimble	●											
Rhino+GH	Robert McNeel	●	●					●					
Revit	Autodesk	●	●					●					
Digital Project	Gehry Technolo gies	●	●						●				
CATIA	Dassault System	●	●					●					
Tekla Structures	Tekla	●						●					
Bentley	Bentley	●											
Vasari	Autodesk			●									
Green Building Studio	Autodesk			●									
Ecotect	Autodesk			●									
Simulation CFD	Autodesk			●									
PKPM	中国建筑科学研究院				●						●		
EnergyPlus	US Deparment of Energy			●									
IES	IES			●									
SAP	CSI				●								
ETABS	CSI				●								
鸿业	鸿业					●							
博超	博超					●							
ANSYS	ANSYS						●						
Inventor	Autodesk							●					
Naviswork	Autodesk								●		●	●	●
ProjectWise	Bentley								●		●	●	
Solibri Model Check	Solibri								●				
RIB itwo	RIB									●			
Project	Microsoft										●		
Primavera Project Planner	上海普华科技发展有限公司										●		
Vault	Autodesk											●	
SharePoint	Microsoft											●	
ENOVIA	Dassault System											●	
3ds MAX	Autodesk												●

　　BIM 软件的技术特点主要有以下三点：第一，模型的基本元素是建筑构件，构件都由数字化的形式表示和保存，以实现数据共享；第二，数据传输接口多样，支持 IFC 和 XML 等语言；第三，支持多样化的模型成果输出，可实现 3D 甚至动画展示，简单直观。

9.1.3　BIM 技术应用

　　BIM 技术贯穿工程项目的全生命周期，尤其是复杂工程要求工程质量高，施工时间短，建设成本低时，BIM 技术更能凸显其优势。美国斯坦福大学的工程设施整合中心曾研究过 32 个利用 BIM 技术的工程，提出 BIM 技术在具体应用中的五项收益：使工程变量的数量降低 2/5 左右；将工程造价的精度控制在 3% 以下；工程造价所需的时间只占原来的 1/5；工程预算能降低 1/10；将设计和施工时间缩短 7% 以上。在项目全生命周期内 BIM 技术的应用如图 9-3 所示。

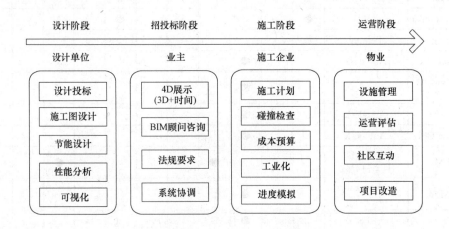

图 9-3　项目全生命周期内 BIM 技术的应用

　　BIM 技术发源于美国，而后得到英国、芬兰、瑞典、日本、澳大利亚、中国等国家的认可和应用。现阶段，美国超过 50% 的设计单位、建筑企业、咨询单位等都应用 BIM 技术。各国也提出了一系列的战略，如美国的 3D-4D-BIM 战略、新加坡的《新加坡 BIM 导则》、英国的《BIM 标准》、挪威的《BIM 交付手册》等，以倡导 BIM 技术的推广。BIM 技术在国外有广泛的应用，目前国外应用 BIM 技术的工程项目有：爱尔兰都柏林的 Aviva 体育馆、波兰的 Marriott 饭店、美国加州的 Sutter 医疗中心、美国加利福尼亚科学研究院、丹佛艺术博物馆、Camino 医药办公大楼等。

　　我国从 2003 年开始正式展开对 BIM 技术的相关研究，纵观我国建筑业的发展，BIM 在建筑业信息化的应用中并非独立的存在，BIM 技术以其数字化、可视化、模拟性的突出优点，打通了技术信息化和管理信息化之间的界限，实现工程建设各方信息的有效集成和共享。目前，BIM 技术在我国建筑行业的位置如图 9-4 所示。

　　我国的 BIM 虽然处于初始阶段，但国家对 BIM 技术高度重视，倡导社会各界广泛研究 BIM 技术，并在建设实践中积极引进应用 BIM 技术。目前国内应用 BIM 技术的工程项目有：中国世博会国家电网馆、中交南方总部大厦、北京水立方、天津港国际邮轮码头、徐州奥体中心、江苏大剧院、南京国际禄口机场、北京政务服务中心等。

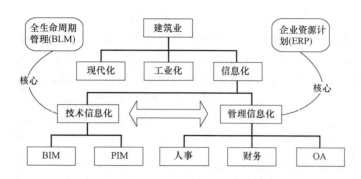

图 9-4 BIM 技术在我国建筑行业的地位

9.1.4 BIM 工程项目信息集成管理模式与选择

由于采用不同的项目采购模式，利益相关方信息需求不同，对项目产生的影响不同，BIM 技术在其中的应用也不同，所需的信息交付需求随之改变。因此项目信息集成管理模式与选择的第一步就是确定理想的 BIM 工程项目中的最佳工程采购模式，然后对该模式下的利益相关者信息交付需求进行分析。

现如今 BIM 工程项目有四种主要的采购模式：设计-招标-建造（Design-Bid-Build）、设计建造（Design-Build）、风险式建造管理（Construction Management at Risk，即 CM@R）以及整合专案交付法（Integrated Project Delivery）。

1. 设计-招标-建造

大部分建筑物都是采用设计-招标-建造（DBB）的方式来建造的，这种方法的两个主要好处是：较具招标竞争性，可为业主尽可能争取到最低的价格；较少选择特定承包商的政治权力，（后者对公共工程专案尤为重要）。

在 DBB 模式中，客户（业主）聘请建筑师发展建筑需求表（规则书）的清单，并建立该专案的设计目标。建筑师经过一系列阶段来进行：建筑设计、建筑发展和合同文件。最终的文件必须要落实文件的内容，并符合当地及分区法规。建筑师要雇佣员工或聘请顾问来协助设计结构、空调系统、管道、及水电组件。这些设计都是记录在图纸上的（平面、立面、3D 透视），然后当这些记录确定时，他们必须协调一致，以反映所有的更改。最终的招标图和规格需要包含足够的细节，以推动施工招标。由于潜在的法律责任，建筑师迪常选择性地在绘图中包含较少的详细资讯，或加上绘图尺寸的正确性不能被信赖的言语，当检测到错误遗漏以及重新分配责任归属与额外费用时，业界这种做法往往会导致各方的纠纷。

因为提供给业主的所有信息都是用 2D（书面或同等电子档）传送，业主必须付出相当多的精力，将所有相关信息传送给负责维修及经管的设施管理团队，这个过程耗时、易出错、耗费，是一个显著阻碍。因为这些问题的存在，所以 DBB 方法在设计与施工上，可能不是最迅速或最具成本效益的方法，因此有其他方法被开发出来，以解决这些问题。

2. 统包

统包（DB）程序被开发出来整合设计与施工的责任，成为一个单一订约主体，简化业主的管理任务。

在此模式中，业主直接与设计建造团队（通常具备设计能力的承包商，或是与建筑师合作的承包商）制定合同，发展满足业主需求且具有明确定义的建筑规则和方案设计，然后 DB 承包商再估算总成本和建筑物设计与建造所需的时间。在完成所有业主要求的修正后，设计便得到核准并同时建立了专案最终的预算。值得注意的是，由于 DB 模式允许在初期进行建筑设计修改，纳入这些修改所需的时间和金钱也会减少。DB 承包商与专案设计人员和分包商之间，依据需要建立合同，这些通常是建立在固定价格、最低出价的基础上，之后所有设计内相关的变动（在既定的限制内）都成为 DB 承包商的责任，错误和遗漏也是，不需要等到建筑物所有部分的详细施工图完成后，再开始基础建设和早期建筑构件的建造。此方面的简化，通常会使建设更快完成，减少法律并发症成本，另外，业主在设计核准及合约金额确定后，相对拥有较少的灵活性去做更改。

3. 风险式建设专案管理

风险式建设专案管理（CM@R）是一种从施工准备期到施工阶段，由业主雇用设计师提供设计服务，并雇用工程管理单位提供整个专案施工管理服务的一种专案交付方式。这些服务可能包括准备和协调投标计划、调度、成本控制、价值工程分析及施工管理。建设经理人通常是领有资质的总承包商，并且保证专案的成本（保证最高价格，或 GMP）。在 GMP 可以决定前，业主须负责设计。不同于 DBB，CM@R 在设计过程阶段就引入建造者，让他们在具决定性的阶段发声。此专案交付方式的益处，在于尽早让承包商参与，并降低业主因成本超支带来的法律责任。

4. 综合项目交付

综合项目交付（Integrated Project Delivery，IPD）是美国建筑师协会（AIA）在 2007 年发布的《综合项目交付指南》中给出的定义，IPD 又称作项目集成（整体）交付，是将人、各系统、业务结构以及实践经验集成为一个过程的项目交付方式，在这个集成的过程中，项目的各参与方可以充分利用各自的才能和洞察力，通过在项目实施的各阶段的合作，使项目效率最大化，创造更大价值。

综合项目交付（Integrated Project Delivery，IPD）是一种相对新颖的采购程序，随着 BIM 使用者的增加，及 AEC 设施管理（AEC/FM）产业学会如何使用此项技术来支援整合团队，而逐渐流行。随着业界开始探索此种方式，目前已有多种 IPD 的方法，美国建筑师公会（AIA）编写了多重 IPM 版本的合同范本（AIA，2010 年），他们还发布了 IPD 的相关使用指南（AIA，2010 年）。综合项目交付的所有案例都是业主、主要（或次要）设计师群、主要（或次要）包商们之间的有效合作，这一种合作是从早期的设计开始，并持续到专案移交。主要概念是专案团队一起运用它们最好的合作工具，以大幅减少时间和成本，确保此案符合业主的需求。业主需要参与团队，协助管理整个流程，或聘用顾问代表业主的利益，或两项都需要。权衡得失是设计过程中的一部分，最好方式是使用 BIM 来评估成本、能源、功能、美学和施工性。因此，BIM、IPD 和当前以书面形式进行资讯交换的线性过程，形成明显的分水岭，很明显地，业主将是 IPD 的最大受益者，但业主确实需要了解和参与，并在合约内制定想从参与各方获得什么及如何达成。

5. BIM 最佳采购模式选择

根据美国劳工部从 1964 年到 2003 年共 40 年的统计资料，建筑业的生产能力和成产效率持续下降。综合美国建筑工业协会和澳大利亚财政部的统计资料，截至 21 世纪初两国建筑市场上 62% 的项目竣工决算成本超预算，大约 40% 的项目逾期没有完工，30% 左右的项目没有满足业主的使用需求。面对建筑业追求更高收益率以及建筑物复杂程度的上升，对 DBB（Design-Bid-Build，设计/招投标/建造）、CM（Construction Management，建造管理）、PP（Project Partnering，项目伙伴制）及 DB（Design-Bid，设计/建造）四种传统的项目交付模式提出巨大挑战。

IPD 开始于 20 世纪 90 年代末，英国石油公司在英国北海石油钻井平台中首先成功应用 IPD 模式，后来又分别在澳洲国家博物馆项目和美国萨特郡综合医疗项目中取得成功，并逐渐被业界所认可。目前 IPD 已经发展成一种定义清晰并具有明确专属合同体系的建筑项目交付模式。随着建筑信息模型（BIM）技术趋于成熟，以 BIM 技术为平台的 IPD 模式，将带来新的管理模式变革，使得建筑业人力资源重新整合，实现信息共享及跨职能团队的高效协作。

说到 BIM 的应用，普通的问题是围绕在根据专案团队在单一或数个数位模型上协作过程的好坏及协作阶段而决定这项技术为正向变革带来的提升或减损作用。DBB 模式在 BIM 应用上反映出最大的挑战，因为承包商不参与设计过程，因此在设计完成后，必须建立一个新的建筑模型。DB 方法为利用 BIM 技术提供了一个良好的机会，因为设计和施工由单一实体负责。CM@R 方法允许建造者在设计过程的初期参与，增加了使用 BIM 和其他协作工具的好处。IPD 模式的使用可以极大化 BIM 和精度（较少浪费）程序所带来的利益，其他采购方法也因 BIM 的使用而受益，但仅可取得部分好处，特别是在设计阶段并未协作使用 BIM 的状况下，BIM 工程项目中的最佳采购模式是 IPD。

9.2　装配式建筑中建筑设计 BIM 技术应用

9.2.1　BIM 技术对装配式建筑设计的必要性

建筑是供人们进行生产、生活或其他活动的房屋或场所。建筑设计是先于建筑的，对建筑的系统化设想和规划，以可以接受的方式表达出来。建筑设计师在考虑了自然、人文、技术及资金等方面的条件下，设计得到建筑内外空间组合、环境与造型及细部的构造做法，并与建筑结构、设备等工种相互协调。由于装配式建筑的建造过程有别于传统建筑，其建筑设计也面临新的挑战。

（1）装配式建筑设计的各专业之间以及设计、生产和拼装部门之间的信息需要高度集成和共享，做到主体结构、预制构件、设备管线、装修部品和施工组织的一体化协作，优化设计方案，减少"信息孤岛"造成的返工和临时修改。

（2）装配式建筑构件采用工厂化的生产方式，因此对设计图纸的精细度和准确度的要求较高，例如，提高预留预埋节点和连接节点的位置和尺寸精度，降低预制构件的尺寸误差，加强防水、防火和隔声设计等。

（3）装配式建筑及其构配件的设计需要满足规定的标准尺度体系，实现建筑部件的通用性及互换性，使规格化、通用化的部件适用于不同建筑，而大批量的规格化、定性化部件的生产可降低成本，提高质量，真正实现建筑的工业化生产方式。

由于传统的建筑设计方式无法从根本上满足预制装配式建筑的"标准化设计、工厂化生产、装配化施工、一体化装修和信息化管理"等方面的要求，建筑信息模型（Building Information Modeling，BIM）成了建筑业各方关注的焦点。BIM技术具有建筑模型精确设计、各设计专业以及生产过程信息集成、建筑构配件标准化设计等特点，更好地服务于预制装配式建筑设计、生产、施工、管理的全过程，进一步推动建筑工业化进程。

下面将从BIM设计工具、标准化BIM构件库以及BIM模型检查三个方面介绍预制装配式建筑设计阶段BIM技术的应用。

9.2.2　BIM设计工具

传统的建筑设计包括方案设计、技术设计与施工图设计等。方案设计主要明确设计的条件、需求、价值、目标、程序、方法与评价。方案设计完成后进入技术设计阶段，分为建筑、结构、设备等工种的技术设计。而施工图设计是在技术设计的基础上给出准确参数用以指导施工。与传统的建筑设计相比，预制装配式建筑设计需要增加构件加工图设计。在传统的建筑设计领域，设计师利用二维CAD设计软件辅助制图，各设计专业之间以及设计师与业主、施工单位、管理单位之间相互交流的是大量纸介质的设计图纸。随着信息技术飞速发展，基于BIM的三维设计软件逐渐成为建筑设计的主要工具。

美国国家BIM标准对BIM的定义由三部分组成：BIM是一个设施（建设项目）物理和功能特性的数字表达；BIM是一个共享的知识资源，是一个分享有关这个设施的信息，为该设施从概念到拆除的全生命周期中的所有决策提供可靠依据的过程；在项目的不同阶段，不同利益相关方通过在BIM中插入、提取、更新和修改信息，以支持和反映其各自职责的协同作业。BIM的主要特征之一是面向对象化的信息模型，将基本建筑元素，如门、窗、墙、梁、柱等数字化和可视化，确定几何参数和约束规则。BIM的另一重要特征是对象的参数化，每个BIM对象都包含了三维几何参数和非几何参数。

1. 建筑设计BIM工具

建筑设计主要解决建筑物内部使用功能和使用空间的安排，建筑物与周围环境和外部条件的协调配合，内部和外表的艺术效果，以及各个细部的构造方式。建筑设计BIM工具主要用于辅助设计师将设计意图转换为三维参数化建筑模型。常见的BIM建筑设计工具包括：Autodesk Revit Architecture、Bentley、ArchiCAD等。下面以常用的Revit Architecture为例，说明建筑BIM模型的特点和构建过程。

在Revit Architecture中，建筑模型由不同的参数化图元构成。图元被分为三类：模型图元、基准图元和视图专有图元。模型图元对应于建筑元素，如墙、门和屋顶等；基准图元包括轴网、标高和参照平面；视图图元是模型图元的图形表达，决定了模型的观察方式和表现方法，如楼层平面、立面、剖面、详细视图、报告等。除了类别以外，图元的分类标准还包括：族、类型和实例，从类别到实例越来越细化。族根据参数集的共用、使用上的相同和图形表示的相似对某一类别中图元进一步分组。类型是特定参数的族，而实例是放置在项目中的实际项。

使用Revit Architecture构建建筑BIM模型的工作流程如图9-5所示。在该工作流程中，有两类文件非常重要：样板文件和族。样板文件规定了新建项目中各个图元的表现形式（如单位、填充样式、线样式、线宽和视图比例），除此之外还包含了常用的族文件。

符合制图规范的样板文件将提高设计的效率。族是对图元的分组，同一族的图元有相同的参数设置，如尺寸、形状、材质等，以及不同的参数取值。其中，参数分为类型参数和实例参数。同一族类型的图元有相同的类型参数取值，以及不同的实例参数取值。通过设置参数取值，灵活改变图元的形状、大小、材质等属性，实现参数化设计。

2. 结构设计 BIM 工具

建筑结构是指建筑物中若干基本构建按照一定的组成规则，通过符合规定的连接方式所组成的能够承受并传递各种作用的空间受力体系。建筑结构设计是对建筑结构的形象化表达，其内容包括结构选型、结构布置、主要构件尺寸设计和结构分析等。常用的建筑结构设计BIM工具包括：Revit Structure 软件、Bentley Structure 软件、Tekla Structure 软件等，以及被用于结构分析的 Autodesk Robot Structural Analysis 软件、SAP2000 软件、PKPM软件、ETABS 软件等。以 Revit Structure 软件为例，说明结构 BIM 构建过程。

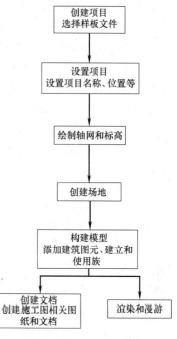

图 9-5　建筑 BIM 模型构建
工作流程图

以 Revit Structure 软件为主的结构 BIM 设计流程如图 9-6 所示。结构设计师需要参照建筑设计模型建立结构设计与分析模型，一方面，结构设计模型中的几何模型可以从建筑模型中提取；另一方面，将从建筑模型中获得的结构约束、荷载等信息输入结构分析计算中，调整优化结构设计。在 Revit 软件中，将建筑模型通过导入或链接的方式加载到新建的结构样板中，作为结构设计的参照。Revit Structure 中结构构件的建模方法与 Revit Architecture 中建筑构件的建模方法类似。

图 9-6　结构 BIM 模型构建工作流程图

3. 建筑 MEP 模型设计

建筑 MEP 是暖通、电气和给水排水专业的简称，合理的 MEP 设计是实现建筑物给水排水、暖通、电器设备正常运转的前提。建筑师完成项目的初步设计方案后，MEP 设计人员根据设计规范，以建筑图纸为参照，结合业主要求选取技术指标和系统形式，进行负荷计算，确定设备型号，并进行管线系统设计，最后将水暖电设备连接成为一个或多个完整的系统。传统的二维 MEP 设计图纸存在管线碰撞难以发现、图纸无法关联修改、图纸难以读懂等缺点。利用 BIM 技术为 MEP 各专业设计提供集中的工作协作平台，及时发现设计冲突，提高设计的工作效率。常见的 MEP 设计 BIM 工具包括：AutoCAD MEP、Revit MEP、Bentley Building Mechanical 等。下面以 Revit MEP 软件为例，说明建筑 MEP 的 BIM 模型构建过程。

以 Revit MEP 软件为主的建筑 MEP 的 BIM 设计流程如图 9-7 所示。首先，打开 Revit 软件，选择机械样板文件，将建筑基础模型链接到项目文件中作为创建 MEP 模型的参照，并且在主体项目中定义标高。其次，MEP 各专业设计人员分别建立设备和管线三维模型，选择合适的管线模型进行深化设计，同时利用 Revit 分析功能检查修改 MEP 的各项属性，如，管道尺寸、导线尺寸、配电系统等。接着，待各专业模型构建完成后，将 MEP 模型与建筑、结构模型链接，或导入 Navisworks 软件，进行碰撞检查。针对碰撞检查出现的问题，建筑师、结构设计师和 MEP 设计师进行交流、协调，进一步完善设备和管线布置。最后，由 MEP 模型自动生成施工平面图、立面图、剖面图、明细表等，供施工方参考。

图 9-7　建筑 MEP 的 BIM 模型构建工作流程图

9.2.3　预制装配式建筑与 BIM 技术

预制装配式建筑主要分为砌块建筑、大板建筑、模块建筑、框架轻板建筑以及升板和升层建筑五类。无论哪种类型的预制装配式建筑，如何合理设计和运用预制构件是发挥预制装配式建筑优势的关键问题，而建筑模数化和标准化是装配式建筑设计的关键技术。

1. 模数化

建筑模数是指建筑物及其构配件（或组合件）选定的标准尺寸单位，并作为建筑物、建筑构配件以及相关设备尺寸相互协调的基础。模数制是在建筑模数的基础上制定的一套尺寸协调的规则，用以确定建筑及其构配件尺寸，使之与工业化方法生产的制品、构配件及材料的尺寸相配合。

具体来说，建筑模数的特性通过以下建筑相关载体发挥。

1）模数网格

模数网格是方格或斜线相交的格子。网格的尺寸单位是基本模数或扩大模数。基本模数网格是 10cm×10cm，扩大模数网格是 30cm×30cm。模数网格被分为结构网格和装修网格两类，两类网格之间有连带关系。不同网格还可以叠加、中断和组合。

模数网格制定之后，空间大小、设备安装、隔墙位置等按照模数网格来设计。构配件安装有两种方式：中线定位法和界面定位法。中线定位是用构配件的中线对准网格线，如，内墙顶层墙身的中线一般与定位网格线重合。界面定位法用构配件的表面来定位，如，带承重壁柱外墙壁的墙身内缘与定位网格线的距离一般为半砖和半砖的倍数。

2）柱距、跨度、开间、进深、层高

建筑中柱子一般布置成网状，纵向柱子间距被称为跨度，横向间距为柱距。跨度和柱距要对应一定的模数。开间是住宅的宽度，是一间房间内一面墙的定位轴线到另一面墙的定位轴线之间的实际距离；进深是指一幢建筑从前墙壁到后墙壁之间的实际长度。开间和进深尺度的确定需要综合各种因素并结合模数进行设计。

3）门窗洞口

门窗洞口尺寸系统是确定门窗洞口宽、高的一系列尺寸和由它们组成的指定规格，除了高、宽等参数外还包含了间距的参数，这些都需要和模数结合。一些外形为非矩形的门窗可能包含着更复杂的模数体系。

4）构配件、构造节点

构配件是由建筑材料制造成的独立部件，有三个方向的规定尺寸。构件如柱、梁、楼板等，配件如门、窗、壁柜等。与模数结合的构配件又被称为模数化构配件。构配件的尺寸、定位和组合方式受到模数网格的约束。图9-8是模数化设计的示例。

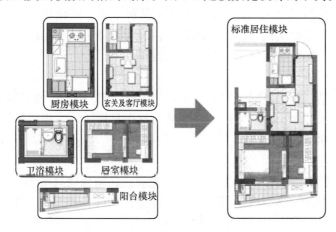

图 9-8 模数化设计

2. 标准化设计

建筑标准化设计是预制装配式建筑的核心基础，也是建筑工业化的重要课题。标准化设计能够对建筑建设进行控制，包括对预制构配件的生产、流通、组合、装配的控制。预制装配式建筑使用工厂生产的构配件，通过有序的组合装配，从而完成建筑设计建造过程，如图9-9所示。标准化设计有效提高建筑设计建造速度、降低成本。

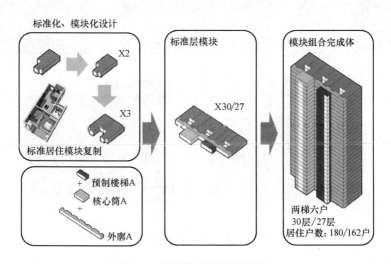

图 9-9 预制构件标准化设计

预制构件的标准化设计过程是通过对构件参数的控制，工业流水线式的生产基本构件。预制构件主要分为：外墙、预制楼板、预制梁柱、预制楼梯。

1）外墙

预制外墙在防渗漏、保温隔热、耐久性等方面有很大帮助，见图 9-10（a）。外墙标准化需要注意：尽量采用二维外墙构件；设置统一的建筑外圈构件梁高；形状及其宽度相近的外墙，应选用统一的窗户大小；合理使用端头外墙构件等。

2）预制楼板

预制楼板的制作可以提高施工水平以及节约施工材料，见图 9-10（b）。预制楼板的设计方法有：根据工程的需要选取合适的预制楼板式样，如，跨度相等的住宅适宜大规模使用预制叠合楼板；根据结构的特点，利用统一的尺寸设计房间开间以及进深；尽量把降板的功能区集中布置；楼板等构件形状布置尽量方正等。

3）预制梁柱

梁、柱等属于结构受力构件，如图 9-10（c）和（d）所示，设计在满足受力情况的条件下统一柱截面尺寸大小，在平面结构柱网布置中尽量均匀，相似跨度的梁截面设计需要统一，尽量减少次梁数据。

4）预制楼梯

预制装配式钢筋混凝土楼梯分为梁承式、墙承式和墙悬臂式等类型，见图 9-10（e）。预制楼梯还需要考虑预制栏杆、栏板和扶手的设计，以及栏杆与梯段、扶手等构件的连接。

预制构件的标准化设计产生了符合建造需求的基本构件，在此基础上，通过组合形成多样化的结构体系、维护体系和装饰装修体系。

图 9-10　预制构件

（a）外墙—双层加气混凝土板材；（b）楼板—预制非预应力混凝土空心叠合楼板；

（c）梁—预制混凝土叠合梁；（d）框架柱—预制混凝土框架柱；（e）楼梯—预制混凝土楼梯梯板

9.2.4 Revit族和预制装配式建筑相关族

1. Revit族的基本概念

Revit模型包括了建筑的楼板、墙体、屋面、楼梯、坡道、门、窗、家具等构配件的三维信息模型，而装配式建筑中，同样以预制梁、板、柱、墙体等为设计对象，这为BIM技术在装配式建筑设计及标准化构配件库管理提供了基础。

Revit族分为三类：系统族、标准构件族和内建族。系统族包含了基础建筑构件，如墙、楼板、楼梯等；标准构件族是根据族样板创建的新的构件族，如门、窗、柱；内建族在当前项目中创建，只用于该项目中。系统族可以被复制和修改，但不能创建新系统族。标准构件族可以根据各种族样板（.rft文件）创建新的构件族。创建内建族时，可以选择族类，Revit定义了28种建筑族，33种结构族，33种MEP族。

Revit族是功能性类型的总称，例如柱族、门族，而Revit族类别是在Revit族下，由不同参数区分开来，如圆形混凝土柱和矩形混凝土柱都是杜族下的不同类别。Revit族类型由族文件的类型参数的值所确定，通过设置族的类型参数可以控制该类型的构件的尺寸、形状、材质等。而在具体Revit模型中使用的某构件实例的尺寸、形状、材质等还可以通过族的实例参数来控制，如，矩形混凝土柱族类别包含横截面为"300mm×500mm""500mm×500mm""400mm×600mm"等不同的族类型，而"柱高"参数被设置为实例参数，控制某根柱实例的高度。

2. 预制构配件族

Revit族与预制构配件形成对应关系，在Revit的族样板文件.rft中可以建立模数化、标准化的预制构配件，如梁、柱等，保存为.rfa文件。族文件（.rfa文件）可以载入Revit项目文件中（.rvt文件），以提高建筑BIM模型的设计效率，同时还可以作为构件详图设计，为构件的工厂化生产提供详图图纸。

以预制矩形混凝土柱为例，说明Revit族的制作过程：首先，选择族样板，公制结构柱.rft，对结构柱族进行设置，如，选择族插入点（原点），勾选族类型属性的"可将钢筋附着到主体"；其次，选择族类别为结构柱，对矩形混凝土结构柱进行命名；再次，根据族的制作规范，为添加参照平面，进行尺寸标注，带标签的尺寸标注成为族的可修改参数；最后，将构件的制造商、成本等信息添加进去，以及设置族的显示模式等。

至此，结构柱族设计完成，保存为.rfa文件，载入Revit项目中。然而，该结构柱族并未包含钢筋。由于钢筋族无法嵌套加载到柱族中，因此，如果要实现预制柱的三维参数化设计，需要用到"组"的相关命令，具体步骤如下：首先，在Revit项目中载入柱族，创建相应的柱实例；其次，选中柱，选中"钢筋"命令，将钢筋附着到柱上；再次，选中柱和柱中的所有钢筋，选择"创建组"命令，为该组输入组名；最后，选中该组，选择"复制到剪贴板"命令，接着打开要用到该柱的Revit项目文件，选择"粘贴"命令，如图9-11所示。

图9-11　预制钢筋混凝土柱组

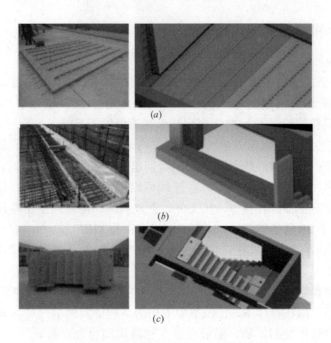

图 9-12   预制构件及其 Revit 模型组

（*a*）预制叠合楼板及其 Revit 模型组；（*b*）预制阳台板及其 Revit 模型组；（*c*）预制楼梯及其 Revit 模型组

现阶段，Revit 没有组文件，也无法用载入命令载入组文件，组被存放在各个 Revit 项目文件中，使用时通过"复制"和"粘贴"命令完成，这给组的管理造成了不便。可以创建 Excel 表格，录入族文件和组的分类信息，包括组所在的 Revit 文件信息等，方便查询使用。

预制墙、楼板、楼梯等构件所对应的 Revit 族属于系统族，不能直接通过利用族样板文件创建相应的族文件，只能在 Revit 项目文件中创建墙、楼板或楼梯等族的实例，并加入钢筋，选中实例和钢筋，创建组，采用"复制"和"粘贴"命令使用组。具体步骤可参加上文的预制柱的创建和使用过程。图 9-12 是预制叠合板、预制阳台板、预制楼梯及其模型组的示意图。

3. 建筑户型组

研究和开发标准化的预制构配件模型是为了发挥装配式建筑的设计特点，进一步利用各种预制构配件按照设计要求组合成标准化的建筑户型，形成装配式建筑户型组。从建筑户型组集合中抽取标准的建筑户型，进行排列组合得到不同的建筑。这样一来，提高了设计效率，以及 BIM 模型的构建速度。

某预制装配式住宅项目设计两种型号的户型，如图 9-13 所示。其中，A 户型三室两厅，适用与夫妻及老人的四口家庭；B 户型两室两厅，主要适用于夫妻带子女的三口或四口家庭。A、B 户型组合形成建筑平面图，如图 9-14 所示。

在 Revit 项目文件中分别构建 A、B 户型模型，选中模型包括的构配件，生成模型组，利用"复制"和"粘贴"功能，产生"ABBA"形式的某层模型，如图 9-15 所示。不同楼层的户型组合可能有差别。随着建设项目的累计，逐渐建立日趋成熟的标准化、模数化的建筑户型模型组集合。设计者在创建 BIM 模型时，可以从户型模型组集合中挑选标准户型，对户型进行拼装。

A户型三室两厅　　　　　　　　　　B户型两室两厅

图 9-13　某预制装配式住宅 A、B 户型图

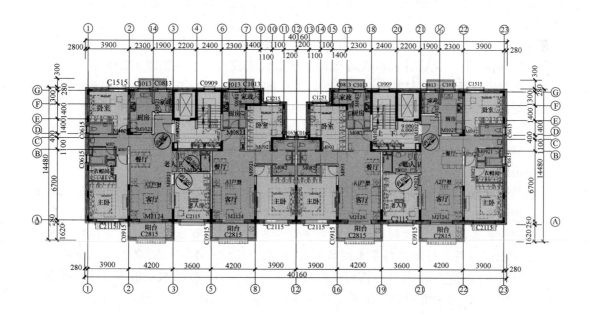

图 9-14　A、B 户型组合平面布置图

　　需要注意的是，随着户型模型组集合越来越大，如何描述户型，如何根据设计者的要求快速而准确的检索户型将成为户型集合很重要的管理问题。如果设计者在很大的户型集合中顺序查看户型模型，将造成设计效率的降低。

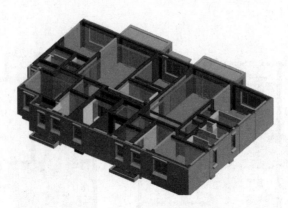

图 9-15   A、B户型三维模型图

9.3   装配式建筑中结构设计 BIM 技术应用

9.3.1   标准化设计对装配式结构设计的必要性

标准化是随着社会生产力的提高逐步出现的，为提高建造效率、降低生产难度、减小生产成本、提高建筑产品质量，建筑工业化必须遵循标准化的原则。标准化后的产品应具有系列化、通用化的特点，按照标准化的设计原则能组合成通用性较强并满足多样性需求的产品。装配式结构的标准化设计必然通过分解和集合技术，形成满足一定多样性的建筑产品。

现今国内的预制装配结构技术已出现很多，结构体系众多，但是装配式结构的设计标准化概念不强，标准化设计的缺失导致预制建造成本较大，一些工程项目为了预制而预制。标准化设计是装配式结构设计的核心，贯穿整个设计、生产、施工安装过程中。在装配式结构设计中，逐渐实现住宅建筑体系的标准化、住宅部品构件的标准化。对于标准化设计而言，模数化设计是标准化设计的前提。模数化设计就是在进行建筑设计时使建筑尺寸满足模数数列的要求。在建筑工业化中，为实现大规模生产，必须使不同材料、结构和形式的构件具有一定的通用性，实行模数化设计，统一协调建筑的尺寸。

建筑模数是人们选定用于建筑设计、施工、材料选择等环节进行尺寸协调的尺寸单位。建筑模数包括基本模数、扩大模数和分模数。基本模数（用 M 表示）是建筑模数中统一协调的基本单位，扩大模数和分模数统称为导出模数。扩大模数是基本模数的整数倍，如 3M、6M 等；分模数是基本模数的分数值，如 1/10M、1/5M 等。由基本模数与导出模数派生出来的一系列尺寸就构成模数数列（表 9-3），模数数列根据具体情况拥有自己的使用范围。工业化建筑，除特殊情况外，必须遵从相应的模数数列规定。

模数数列   表 9-3

数列名称	模数	幅度	进级（mm）	数列（mm）	使用范围
水平基本模数数列	1M	1M～20M	100	100～20000	门窗构配件截面
竖向基本模数数列	1M	1M～36M	100	100～3600	建筑物的层高、门窗和构配件截面

续表

数列名称	模数	幅度	进级(mm)	数列(mm)	使用范围
水平扩大模数数列	3M	3M～75M	300	300～7500	开间、进深；柱距、跨度；构配件尺寸、门窗洞口
	6M	6M～96M	600	600～9600	
	12M	12M～120M	1200	1200～12000	
	15M	15M～120M	1500	1500～12000	
	30M	30M～360M	3000	3000～36000	
	60M	60M～360M	6000	6000～36000	
竖向扩大模数数列	3M	不限			建筑物的高度、层高、门窗洞口
	3M	不限			
分模数数列	$\frac{1}{10}$M	$\frac{1}{10}$M～2M	10	10～200	缝隙、节点构造、构配件截面
	$\frac{1}{5}$M	$\frac{1}{5}$M～4M	20	20～400	
	$\frac{1}{2}$M	$\frac{1}{2}$M～10M	50	50～1000	

装配式建筑是由成百上千个部品组成的，这些部品在不同的地点、不同的时间以不同的方式按统一的尺寸要求生产出来，运输到施工现场进行组装，这些部品能彼此协调良好的装配在一起，必须依靠模数协调来实现。模数协调是指，建筑的尺寸采用模数数列，使尺寸设计和生产活动协调，建筑生产的构配件、设备等不需修改就可以现场组装。模数协调对装配式结构的设计有重要的作用：

（1）模数协调可以方便地对建筑物按部位进行切割，形成相应的部品，使得部品的模数化达到最大。

（2）可以使构配件、设备的放线、安装规则化，使得各构配件、设备等生产厂家彼此不受约束，实现生产效益最大化，达到成本、效益的综合目标。

（3）促进各构配件、设备的互换性，使它们的互换与材料、生产方式、生产厂家无关，可以实施全寿命周期的改造。

（4）优化构配件的尺寸数量，使用少量的标准化构配件，建造不同类型的建筑，实现最大程度的多样化。

9.3.2　传统的装配式结构设计方法

1. 装配式结构的设计流程

装配式建筑的建设过程中，建设方、设计方、生产方和施工方需要紧密配合，协调工作，才能保证建设过程顺利进行。与现浇结构相比，装配式结构的设计工作呈现出了流程精细化、设计模数化、配合一体化、成本精准化等特点，其设计阶段主要分为技术策划阶段、方案设计阶段、初步设计阶段、施工图设计阶段、构件加工图设计阶段，设计流程如图9-16所示。

在技术策划阶段，设计单位可以充分了解项目的建设规模、定位、目标、成本限额等，制定合理的技术策略，与建设单位共同确定相应的技术方案。在方案设计阶段，根据技术策略进行平立面设计，在满足使用功能的前提下实现设计的标准化，实现"少规格、多组合"的目标，并兼顾多样化和个性化。在初步设计阶段，与各专业进行协同设计，优

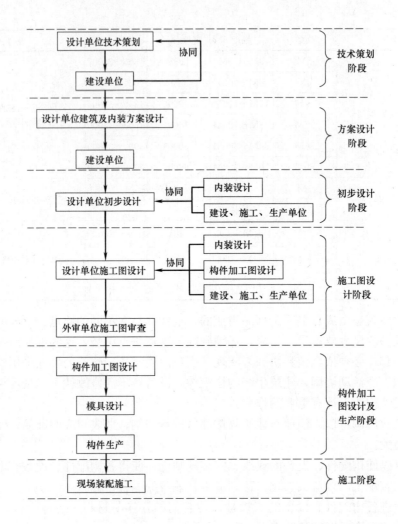

图 9-16   装配式结构设计流程

化预制构件的种类，充分考虑各专业的要求，进行成本影响因素分析，制定经济合理的技术措施。在施工图设计阶段，按照制定的技术措施进行设计，在施工图中充分考虑各专业的预留预埋要求。在构件加工图设计阶段，构件加工图图纸由设计单位与构件厂协同完成，建筑专业根据需要提供预制尺寸控制图。

2. 装配式结构设计标准

装配式结构在国外的发展较为成熟，相应的技术标准也众多。我国的装配式结构设计标准规范发展较慢，2014 年 4 月，《装配式混凝土结构技术规程》JGJ 1—2014 被批准为行业标准，自 2014 年 10 月 1 日起实施，《装配式大板居住建筑设计和施工规程》JGJ 1—91 同时废止。《装配式混凝土结构技术规程》JGJ 1—2014 的关键技术工作包括预制构件受力钢筋连接搭设设计、预制构件与现浇混凝土结合面的设计、装配式框架结构设计、装配式剪力墙结构设计等内容。自此，装配式混凝土结构的设计有了依据。装配式结构设计施工依据有国家工程建设标准（表 9-4）、地方标准（表 9-5）、协会标准（表 9-6）和图集（表 9-7）。

装配式结构国家工程建设标准 表 9-4

类别	编号	名 称
国家标准	GB 50010—2010	混凝土结构设计规范
	GB 50666—2011	混凝土结构工程施工规范
	GB 50204—2015	混凝土结构工程施工质量验收规范
	GB 50009—2012	建筑结构荷载规范
	GB 50011—2010	建筑抗震设计规范
	GBJ 130—90	钢筋混凝土升板结构技术规范
	GB/T 16727—2007	叠合板用预应力混凝土底板
	GB/T 14040—2007	预应力混凝土空心板
行业标准	JGJ 1—2014	装配式混凝土结构技术规程
	JGJ 3—2010	高层建筑混凝土结构技术规程
	JGJ 224—2010	预制预应力混凝土装配整体式框架结构技术规程
	JGJ/T 258—2011	预制带肋底板混凝土叠合楼板技术规程

装配式结构地方标准 表 9-5

类别	编号	名 称
地方标准	香港(2003)	装配式混凝土结构应用规范
	上海 DG/TJ 08-2071—2010	装配整体式混凝土住宅体系设计规程
	上海 DG/TJ 08-2069—2010	装配整体式住宅混凝土构件制作、施工及质量验收规程
	北京 DB11/T 968—2013	预制混凝土构件质量检验标准
	北京 DB11/T 1030—2013	装配式混凝土结构工程施工与质量验收规程
	北京 DB 11/1003—2013	装配式剪力墙结构设计规程
	深圳 SJG 18—2009	预制装配整体式钢筋混凝土结构技术规程
	深圳 SJG 24—2012	预制装配钢筋混凝土外墙技术规程
	辽宁 DB21/T 1868—2010	装配整体式混凝土结构技术规程(暂行)
	辽宁 DB21/T 1872—2011	预制混凝土构件制作与验收规程(暂行)
	黑龙江 DB23/T 1400—2010	预制装配式房屋混凝土剪力墙结构技术规程
	安徽 DB34/T 810—2008	叠合板式混凝土剪力墙结构技术规程
	江苏 DGJ32/TJ 125—2011	预制装配整体式剪力墙结构体系技术规程
	江苏 DGJ32/TJ 133—2011	装配整体式自保温混凝土建筑技术规程
	四川 DBJ51/T 008—2012	建筑工业化混凝土预制构件制作、安装及质量验收规程
	四川 DBJ51/T 024—2014	装配整体式混凝土结构设计规程
	重庆 DBJ 50-193—2014	装配式混凝土住宅建筑结构设计规程
	重庆 DBJ 50/T-186—2014	装配式住宅建筑设备技术规程
	重庆 DBJ 50/T-190—2014	装配式混凝土住宅构件生产与验收技术规程
	重庆 DBJ 50/T-191—2014	装配式混凝土住宅构件生产与安装信息化技术导则
	重庆 DBJ 50/T-192—2014	装配式混凝土住宅结构施工及质量验收规程
	山东 DB37/T 5018—2014	装配整体式混凝土结构设计规程
	山东 DB37/T 5020—2014	装配整体式混凝土结构工程预制构件制作与验收规程

装配式结构 CECS 协会标准　　　　　　　　表 9-6

类别	编号	名　称
协会标准	CECS 40—92	混凝土及预制混凝土构件质量控制规程
	CECS 43—92	钢筋混凝土装配整体式框架节点与连接设计规程
	CECS 52—2010	整体预应力装配式板柱结构技术规程
	CECS 273—2010	组合楼板设计与施工规范
	CECS 347—2013	约束混凝土柱组合梁框架结构技术规程

装配式结构图集　　　　　　　　　　表 9-7

专业	图集号	图集名称
建筑	15J939-1	装配式混凝土结构住宅建筑设计示例(剪力墙结构)
结构	15G107-1	装配式混凝土结构表示方法及示例(剪力墙结构)
结构	G310-1~2	装配式混凝土结构连接节点构造(2015合订本)
结构	15G365-1	预制混凝土剪力墙外墙板
结构	15G365-2	预制混凝土剪力墙内墙板
结构	15G366-1	桁架钢筋混凝土叠合板(60mm厚底板)
结构	15G367-1	预制钢筋混凝土板式楼梯
结构	15G368-1	预制钢筋混凝土阳台板、空调板及女儿墙

3. 装配式结构设计方法

国外装配式结构采用基于性能的设计方法进行设计，相对于现浇结构而言，它有很好的非线性，国内采用等同于现浇结构的设计方法。装配式结构设计主要包括结构整体计算分析、结构构件的设计、预制构件的拆分与归并设计、预制构件的连接节点设计、预制构件的深化设计。

1) 结构整体计算分析

装配式结构采用等同现浇结构的设计方法，故其整体计算分析和现浇结构一样，进行竖向和水平荷载受力分析，并进行中震屈服验算和大震弹塑性验算。但是考虑到装配式结构与现浇结构的区别，在某些计算参数上会有一些改变，如装配整体式框架梁端负弯矩可取 0.7~0.8 的调幅系数，叠合梁的刚度增大系数相对现浇结构而言可适当减小。

2) 结构构件的设计

当结构整体计算分析得出内力后，需设计预制梁、柱、板、墙等预制构件，可按现行的《混凝土结构设计规范》GB 50010—2010、《建筑抗震设计规范》GB 50011—2010、《装配式混凝土结构技术规程》JGJ 1—2014、《预制预应力混凝土装配整体式框架结构技术规程》JGJ 224—2010 等进行设计。对于高层建筑，还应满足《高层建筑混凝土结构设计规程》JGJ 3—2010 的规定。预制构件的设计除了要考虑结构使用阶段的计算，还应包括预制构件预制阶段和吊装阶段的设计，预制阶段需考虑混凝土拆模时的强度，吊装阶段为保证安全，一般采用多点起吊法。

3) 预制构件的拆分与归并设计

整体计算分析和构件设计后需对预制构件进行拆分和归并设计。构件拆分前，设计方需与施工方沟通，拆分应考虑施工条件和施工单位施工能力的影响，如运输吊装设备的大小规格是否满足施工要求。拆分的构件界面应保持一致，构件的种类应尽量少，从而减少模板的种类。拆分的构件应不影响建筑设计的使用功能，并且满足构件的运输、堆放和安装等要求。

4）预制构件的连接节点设计

装配式结构等同现浇结构的设计是通过节点的可靠连接来保证的，不同结构形式的装配式结构有不同的节点连接，如梁柱连接有牛腿连接、螺栓连接等。梁柱节点设计时首要考虑的是节点的抗剪设计，对叠合楼板设计时楼板表面应设置人工粗糙面。

5）预制构件的深化设计

预制构件的深化设计是装配式结构设计中一个重要的环节，须满足建筑、结构、机电设备等专业以及构件运输、安装等的要求。建筑专业应注意砌体墙体的深化设计，满足砌体抗震构造要求，门窗安装的深化设计应保证尺寸精准，并解决与外墙的连接防渗漏问题。设备专业应注意燃气和给排水管道的预留等。

深化设计主要分为钢筋组装图、模具图和吊装图设计三部分。钢筋组装图的设计应对预制构件的配筋进行详尽的描述以用于工厂制作。深化设计人员需根据构件的尺寸及配筋等设计构件的模具图，并需对模具的强度、刚度、稳定性进行计算，以保证构件制作时模具不发生肿胀、破坏等现象。吊装图设计应考虑吊具的种类和承载力，设置满足吊装要求的吊环，并考虑构件的运输堆放等要求。

9.3.3 基于BIM的装配式结构设计方法

1. 基于BIM的装配式结构设计方法的思想

现今的装配式结构设计方法是以现浇结构的设计为参照，先结构选型，结构整体分析，然后拆分构件和设计节点，预制构件深化设计后，由工厂预制再运送到施工现场进行装配。这种设计方法会导致预制构件的种类繁多，不利于预制构件的工业化生产，与建筑工业化的理念相冲突。所以，传统的设计思路必须转变，新的设计方法应关注预制构件的通用性，以期利用较少种类的构件设计满足多样性需求的建筑产品。因此，基于BIM的装配式结构设计方法应将标准通用的构件统一在一起，形成预制构件库。在装配式结构设计时，预制构件库中已有预制构件可供选择设计，减少设计过程中的构件设计，从设计人工成本和设计时间成本方面减少造价，而不用详尽考虑每个构件的最优造价，以此达到从总体上降低造价的目的。预制构件库是预制构件生产单位和设计单位所共有的，设计时预制构件的选择可以限定在预制构件厂所提供的范围内，保证了两者的协调性；预制构件厂可以预先生产通用性较强的预制构件，及时提供工程项目需要的预制构件，工程建设的效率得到大大提高。预制构件库是不断完善的，并且应包含一些特殊的预制构件以满足特殊的建筑布局要求。

2. 基于BIM的装配式结构设计过程

由前文讨论可知传统装配式结构设计的预制构件尺寸型号过多，不利于标准化和工业化的设计，也不利于工业化和自动化生产。因此，必须改变从整体设计分析再到预制构件拆分的设计思路，而改为面向预制构件的基于BIM的装配式结构设计方法进行设计。此设计方法共分为四个阶段：预制构件库形成与完善、BIM模型构建、BIM模型分析与优化和 BIM 模型建造应用（图 9-17）。

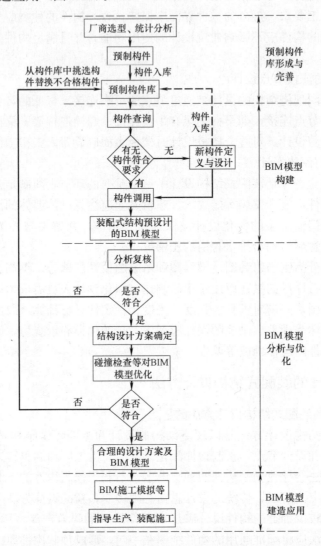

图 9-17　基于 BIM 的装配式结构设计方法

1）预制构件库形成与完善阶段

预制构件库是基于 BIM 的装配式结构设计的核心，设计时 BIM 模型的构建及预制构件的生产均以其为基础。预制构件库的关键是实现预制构件的标准化与通用化，标准化便于预制构件厂的流水线施工，通用化则可满足各类建筑的功能需求。预制构件库除了包含标准化、通用化的预制构件，还包含满足特殊要求的预制构件，在预制构件库发展成熟后可在构件库中考虑预制构件标准节点等。

挑选预制构件前应由构件厂商进行结构分类、选型，根据不同的装配式结构设置不同的预制构件，并通过分析现有现浇结构和装配式结构的设计方法与设计实例进行构件的统计分析，按照不同的适用情况（如荷载大小、跨度、层高等）对构件进行分类，选出适用性强的构件，并对构件进行归并、制作并入库。入库的预制构件应具有通用性，才能实现构件库的功能，如对于不同的结构和楼层，板的设计内力一般只与板的跨度和所受的均布荷载有关，因此，可根据这两者对板进行分类，建立预制构件集合，在装配式结构设计时只需根据跨度和荷载选择预制板即可。预制构件入库实际是将装配式结构的构件设计提前完成，随后通过分析复核保证整体结构的安全。

预制构件库形成后还应不断完善，设计时无法从库中查询到满足设计要求的预制构件时应定义并设计新构件，用于 BIM 模型的构建，并将设计的构件入库，以完善预制构件库。注意，图 9-17 中的虚箭线表示构件仅入库，而不再经过"构件查询""有无构件符合要求"这些步骤。

2）BIM 模型构建阶段

预制构件库创建完成后，可根据设计的需求在预制构件库中查询并调用构件，构建装配式结构的 BIM 模型。当查询不到需要的预制构件时可定义并设计新的构件，调用构件并将新构件入库。BIM 模型的构建只是完成了装配式结构的预设计，要保证其结构安全，还需进行 BIM 模型的分析复核，并利用碰撞检查等方式对 BIM 模型调整和优化。经过分析复核和碰撞检查等确认无问题后的 BIM 模型才可用于指导生产和施工，将 BIM 模型作为交付结果，可以有效避免信息遗漏和冗杂等问题。

3）BIM 模型分析与优化阶段

预设计的装配式结构 BIM 模型需通过分析复核来保证结构的安全，分析复核满足要求的 BIM 模型即确定结构的设计方案，并通过碰撞检查等方式对 BIM 模型进行调整和优化，最终形成合理的设计方案。分析复核不能通过时，应从预制构件库中重新挑选构件替换不满足要求的预制构件，重新进行分析复核，直至满足要求。分析复核时结构分析可以按照现浇结构的分析方法进行，也可以根据节点的连接情况实际处理。后一种方法还需要工程实践和实验研究作为辅证。将分析结果与规范作对比，以判断分析复核是否通过。

满足分析复核要求的 BIM 模型只是满足结构设计的要求，对于深化设计和协同设计等要求，需通过碰撞检查等方式实现，对不满足要求的预制构件应替换，重新进行分析复核和碰撞检查，直至满足要求。预制构件在现场施工装配前就解决了碰撞问题，对于预制构件的返工问题会大大减少。

4）BIM 模型建造应用阶段

上述阶段得到的 BIM 模型即可交付使用。建造阶段可应用 BIM 模型模拟施工进度并以此合理规划预制构件的生产和运输以及施工现场的装配施工。预制构件厂依据构件库进行生产。施工阶段可采集施工过程中的进度、质量、安全信息，并上传到 BIM 模型，实现工程的全寿命周期管理。

3. 传统的设计方法与基于 BIM 的设计方法对比

1）两种方法的联系

装配式结构的设计方法现今还是以现浇结构的设计方法为依据，设计时先按现浇结构分析，再拆分构件，通过考虑节点的连接来保证和现浇结构相同的力学性能。基于 BIM 的装配式结构设计以预制构件库为核心，实现由构件到结构整体的面向对象（预制构件）的设计过程，而构件库的形成是以传统装配式结构设计为依据的。构件库的形成首要解决的是预制构件的挑选和入库，预制构件是厂商针对现有的现浇结构和已存在的装配式结构，统计这些结构的构件，并从外形尺寸、所受的荷载、适用的结构等方面进行统计分析，按照一定的选择和分类方法确定预制构件的挑选。

2）两种方法的不同

传统设计方法和基于 BIM 的设计方法有诸多不同：

（1）传统装配式结构设计以二维施工图纸作为交付目标，方案设计、初步设计、施工图设计等阶段均以二维施工图纸为信息的传递媒介，处理图纸需要消耗设计人员大部分的精力，结构分析建立在读图识图的基础上，此过程容易出现信息不明等问题，造成设计失误。专业的不协调也会导致后期的设计返工增多，耗费较多的资源。而基于 BIM 的装配式结构设计方法以 BIM 模型作为最终交付成果，其核心是建立预制构件库，通过预制构件库实现结构的设计。BIM 模型有利于专业间的沟通和交流，通过 BIM 模型传递信息，可以有效避免"信息孤岛"。而且 BIM 模型可以方便设计人员查看模型及信息，设计人员无须通过图纸想象结构模型，利用 BIM 模型可以模拟施工情况，提前发现施工中可能出现的问题并将其解决。

（2）传统的装配式结构先整体后拆分的设计思路必然导致设计的预制构件的种类不可控，使设计的预制构件与现有的预制厂商所能生产的预制构件不一致、发生冲突。基于 BIM 的装配式结构设计以预制构件库为核心进行设计，绝大部分构件都是已经设计好的预制构件，预制构件厂商都有相应的存储，可以直接选用，不需要单独再进行设计，提高了装配式结构的设计建造效率。

（3）基于 BIM 的装配式结构预设计后，需进行分析复核，此过程从表面看与传统装配式结构设计过程的整体结构分析相同，但实则有本质区别。首先，分析复核是结构的配筋设计、节点设计完成后对其进行验算，是一种复核手段，与结构设计是相反的过程。此外，复核的结构分析可以考虑配筋以及节点的连接情况，而传统装配式结构整体分析是设计前的分析，依据分析结果进行构件设计。其次，在基于 BIM 的设计方法成熟后，分析复核必然是少量的构件不满足要求，需进行替换，而传统装配式结构设计是经过整体结构分析后需要确定所有构件的截面和配筋设计等。

分析复核不满足要求时可能需要替换预制构件，进行再分析，这是一个循环的过程。在预制构件库不完善和计算水平达不到要求时，这可能是一个工作量大的过程，但是当计算算法能够实现并开发专用的分析复核程序时，分析复核的过程将变得非常容易，与现浇结构设计软件进行设计具有同样的方便性。

9.4 预制装配式建筑施工阶段的 BIM 技术应用

在装配式建筑的施工阶段，BIM 技术的主要作用可以展现在两个方面：构件管理和工程施工过程中的质量与进度控制。一方面，构件实体的管理和施工中质量进度控制的结合可以对构件的生产、运输及在施工现场的存储管理和施工进度、质量、成本控制实现完整监控。另一方面，在装配式建筑的施工过程中，通过 BIM 技术和标签技术可以将设计、生产、施工、运营维护、报废等阶段结合起来，不但解决了信息创建、管理、传递的问题，而且 BIM 模型、三维图纸、装配过程、管理过程的全程跟踪等手段为装配式建筑施工也奠定了基础，对于实现建筑工业化有极大的推动作用。

9.4.1 预制装配式建筑施工阶段的构件管理

装配式建筑构件的施工进场管理和吊装施工过程管理是在施工阶段需要重点解决的问题。在实际工程的施工现场，装配式建筑构件的存放通常会收到场地范围的限制，因此，装配式建筑施工现场的构件管理需要考虑空间利用的有效性，防止出现构件取用出错的问题。针对此类情况的预防，需要对现场管理水平严格要求，通常在施工现场是通过文件填写存档的方式进行备案，文档管理涉及人工录入慢、出错率高等问题，且人工录入也极易发生错误。特别是在装配式建筑构件大批量进场验收的时候，现场构件堆放的方式使施工人员无法全面的跟踪了解构件使用的信息，进一步影响整个施工流程。在施工阶段，以BIM技术和信息标签技术（如RFID）为主追踪、监控装配式建筑构件存放、吊装、拼装的施工过程，并配合即时通信网络进行信息共享，可以有效地对构件进行追踪控制。其优点在于信息准确丰富，传递速度快，减少人工录入信息可能造成的错误，使用信息标签最大的优点就在于其无接触式的信息读取方式，在构件进场检查时，甚至无须人工介入，直接设置固定的信息标签阅读器，只要运输车辆速度满足条件，即可采集数据。

1. 装配式建筑构件信息管理中BIM与RFID的应用

装配式建筑是由预制构件在现场装配而成的新型建筑，代表了我国建筑工业化发展的方向。另外，运用信息技术改造传统产业，加快产业转型升级，是加快工业化进程的必然选择。信息技术在提高装配式建筑的生产效率方面的应用之一是利用BIM和RFID技术加强装配式建筑构件的全生命周期信息管理。装配式建筑建造过程中涉及的预制构件种类繁多，在构件设计、预制、运输、组装等过程中存在信息沟通渠道不畅和信息采集困难等问题，进而影响工程的进度和质量。BIM与RFID技术结合可以更好地实现信息收集、传递、反馈控制，对装配式建筑管理产生有益的推动作用。

RFID（Radio Frequency Identification），无线射频识别，是一种非接触式的自动识别技术，以电子标签来标识某个物体，电子标签将物体的相关数据发射到读写器，读写器将接收的数据传输给后端计算机。典型的RFID系统由电子标签、读写器和系统高层等几部分组成。

（1）电子标签

电子标签由内置天线和芯片组成。芯片存储能够识别目标的信息，当读写器查询时它会发射数据给读写器。电子标签的种类包括被动式、主动式和半主动式。被动式电子标签通过接收读写器发出的电磁波来激活芯片，并将芯片中的数据发给读写器，作用距离在几十厘米内，使用寿命10年以上。主动式电子标签主动向读写器发送数据，作用距离在几十米，使用寿命1年左右。半主动式则介于被动与主动之间。

（2）读写器

读写器是读取或写入电子标签信息的设备。阅读器向标签发射读取信号，接受标签的应答，将标签信息传输到计算机以供处理。在应用过程中，计算机对读写器发出读写指令，读写器接收到指令后，触发电子标签工作，并对所触发的标签进行身份验证，然后标签开始传送所要求的数据信息。

（3）系统高层

系统高层管理RFID系统中的多个读写器，通过一定的接口向读写器发送命令。在实际应用中，系统高层还包含有数据库、存储和管理 RFID 系统中的数据。根据不同的应用需求提供不同的功能或相应接口。同时，系统高层也可以继承到现有的信息管理平台中，与企业资源规划（ERP）、供应链管理系统（SCM）等结合起来提高制造效率。

2. 装配式建筑中 BIM 与 RFID 应用的系统架构

装配式建筑的构件经过设计、预制、运输、组装等过程，呈现出不同的状态，由相应的项目参与方负责完成。在理想状态下，应当能够跟踪每一个构件的全生命期信息，并且相关的信息应以一种便捷的方式存储，使项目参与方能有效地访问这些信息。

通过将 BIM 与 RFID 技术相结合，实现装配式建筑构件的全生命期信息管理。构件在设计阶段的信息表现为 BIM 中的 3D 模型，具有唯一的模型编号。构件经过预制成形后，被贴上 RFID 标签，标签上含有构件在运输和组装过程中的状态数据。标签数据由构件制造方、运输方和组装方进行扫描和修改。扫描过程读取标签数据，将之转移到不同的应用程序，记录构件的状态，管理构件相关的活动。最终，构件的全生命期信息被集成到 BIM 模型中，方便项目参与方查询和管理。

RFID 标签上的数据随着构件生命期的不同阶段发生变化，不同的应用软件读写不同的数据，可以预先设计和划分 RFID 标签的数据结构。RFID 标签的数据存储空间分为以下区域：

（1）编码字段：每个构件唯一的标识符，与 BIM 模型的构件标号相对应；

（2）规格字段：构件特殊的信息，比如安全相关信息和有害物质信息的规范等；

（3）状态字段：构件当前的阶段（如预制阶段、安装阶段、运维阶段等）和子阶段（如预制阶段的各具体生产环节）；

（4）过程数据字段：存储构件当前阶段的相关信息；

（5）历史数据字段：构件安装阶段的变更记录以及运维阶段的历史记录；

（6）空间数据：构件的空间位置和规格等。

值得注意的是，RFID 技术由于其成本偏高，其应用受到限制。在实际应用中，可以考虑用条形码、二维码或者手写标签等代替 RFID 标签，如图 9-18 所示。BIM 和 RFID 技术在装配式建筑中的应用主要体现在构件运输阶段、现场施工阶段以及运维阶段。

图 9-18　构件二维码

1）构件运输阶段

运用 RFID 技术可以实时获取装配式建筑构件的位置信息，包括运输过程中的位置、现场存储的位置以及组装的位置，将位置信息加载到 BIM 模型上，能够及时对构件的需求情况做出判断，并合理安排施工顺序、规划构件运输顺序、运输车次和路线等。

2）现场施工阶段

构件入场时利用 RFID 读写器记录构件批次、入场时间、验收人员、存放地点等信息，构件被领取时读取构件

RFID 电子标签，检查是否与施工计划对应。将 RFID 采集的信息集成到 BIM 模型，实现构件的动态管理和质量管理。

在构件组装过程中，RFID 读写器读入待组装构件，根据构件在 BIM 模型中的精确位置信息，借助全站仪等空间定位设备，实现构件现场精确就位。组装完成后，RFID 读写器更新构件状态信息。

3）运维阶段

运维阶段，构件的运行状态和维修的相关信息，如维修次数、维护时间等可以写入构件的 RFID 标签中。RFID 读写器辅助运维人员及时便捷地获取和记录构件的状态信息，提高运维工作效率。RFID 标签的信息也被集成到 BIM 模型中，进一步提高运维管理效率。

3. 装配式建筑构件生产过程中 BIM 与数控技术的应用

20 世纪 90 年代以来，装配式建筑的预制构件流水线设备得到了很大的发展。构件在预制过程中，运用计算机指令控制生产设备提高了生产效率和产品精度。然而，传统的构件预制过程与构件设计过程以及构件组装过程存在信息分散与割裂的问题，影响了装配式建筑的建造和管理效率。为了解决这一问题，将 BIM 与数控技术相结合，实现设计、生产与组装的全过程集成化管理，促进建筑工业化的进一步发展。

1）装配式建筑构件数控技术基本原理

数控技术是指采用计算机程序控制机器的方法，按工作人员事先编好的程式对机械零件进行加工的过程，被广泛应用于产品制造，特别是流水线生产中，提高生产效率和产品精度。数控编程的方式分为：手工编程、自动编程和计算机辅助制造（CAM）。下面以混凝土预制件（PC）生产线为例，介绍基于数控技术的 PC 构件制作过程。

PC 构件的生产过程主要包括：自动清扫机清扫模板桌，计算机控制放线，机械手放置边模以及预埋件，脱模剂喷洒机喷洒脱模剂，钢筋自动调直切割，放置钢筋以及绑扎，混凝土布料机布料以及平台振捣，立体式养护室养护，成品吊装堆垛，具体流程见图 9-19。

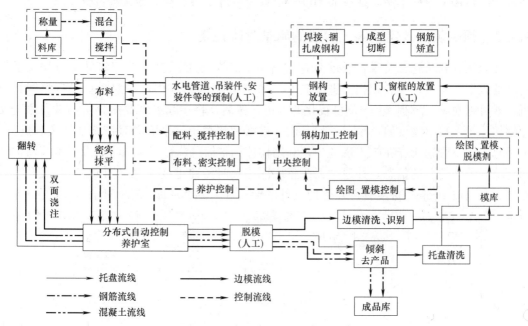

图 9-19　PC 构件生产线流程

图 9-19 中，信息和控制流线负责操控 PC 构件生产线各个工艺过程，包括配料搅拌信息与控制、布料密实信息与控制、混凝土养护信息与控制、机械手划线置模信息与控制等。中央控制系统监控和控制整个流水线循环过程。

2）构件预制过程中 BIM 与数控技术的应用

装配式建筑构件预制过程中，BIM 与数控技术的结合主要体现在以下几个方面：①预制构件的加工制作图纸的内容理解与交底；②预制构件的生产资料准备，原材料的统计和采购，预埋设施的选型；③计划与结果的偏差分析与纠偏；④材料及预制品的堆放和物流；⑤与施工组装现场信息交互。

构件在 BIM 模型中有唯一编号，该编号与构件的产品编号相对应，保证设计与生产过程的信息完整性。将构件在 BIM 模型中的尺寸信息和材料属性载入数控程序中，根据构件尺寸、材料以及数控加工工艺计算物料用量，安排物料采购和生产计划。构件制造完成后被贴上产品编号，并将制造结果与计划以及 BIM 模型做比对，根据比对结果，及时调整制造计划。在施工现场安装构件完成后，记录构件产品编号，反馈到装配式建筑的 BIM 模型中，实现项目进度控制。

下面以装配式建筑钢筋加工为例，说明 BIM 与数控相结合的应用过程。打开装配式建筑的 BIM 模型，选中预制楼板构件，构件中已配置钢筋；导出钢筋明细表；开发钢筋下料插件或者利用第三方钢筋下料软件，自动计算钢筋配料单，分配钢筋加工工位以及各工位的加工料单；工位上的操作人员将加工料单信息输入数控设备，由数控设备完成钢筋拉直、切割等加工步骤。

BIM 与数控技术相结合的难点主要在于 BIM 模型的数据格式与数控编程语言之间的接口设计尚不成熟。BIM 建模软件主要面向建筑形状和尺寸设计，而数控技术主要面向构件制造加工等生产过程，分别由不同软件完成，如何设计两类软件之间的接口，是实现装配式建筑构件设计生产一体化的关键，也是需要进一步完善的技术难点之一。

9.4.2　预制装配式建筑施工阶段的质量进度控制

在装配式建筑施工阶段，通过 BIM 技术可以有效地收集装配式建筑施工过程质量与进度的数据，并进一步利用相关进度软件（如 P6、MSProjeet 等），对数据进行整理和分析，并可以对施工过程进行 4D 可视化的模拟。然后，将实际进度数据分析结果和原进度计划相比较，得出进度偏差量。最后，进入进度调整系统，采取调整措施加快实际进度，确保总工期不受影响。在施工现场中，利用构件标签信息，管理人员可以及时地获取构件的存储和吊装情况的信息，并通过无线感应网络及时传递进度信息（图 9-20）。获取的进度信息可以以 Project 进度管理软件的文件的形式导入到 Navisworks Manage 软件中进行

图 9-20　BIM 技术应用于质量进度控制

进度的模拟，并与计划进度进行比对，可以很好地掌握工程的实际进度状况。获取的质量信息可以与施工质量管理手册以及规范标准进行对比，进而对工程施工的质量进行全面控制。

1. BIM 技术在施工过程进度控制中的实际应用

1) 应用思路

4D 模型的建立是 BIM 技术在进度管理中核心功能发挥的关键。多维施工进度模拟主要对施工进度、资源配置、路径优化、现场平面布置进行优化。施工过程模拟和施工优化结果通过 4D-BIM 的动画模拟展示，可以观察动画验证并修改模型，对模拟和优化结果进行比选，选择最优方案。

将 BIM 技术与施工现场的进度信息结合起来，通过建立 4D-BIM 施工信息模型，将预制装配式建筑项目包含的构件信息、施工现场信息、施工工艺信息以 3D 模型的形式与施工进度关联，并与资源配置、质量检测、安全措施、环保措施、现场布置等信息融合一起，实现了基于 BIM 的施工进度、成本、安全、质量、劳力、机械、材料、设备和现场布置的 4D 动态集成管理以及施工过程的可视化模拟。

另外，目前建筑行业内比较多的基于 BIM 技术的施工管理系统开发是将 BIM 模型与施工进度计划结合形成 4D 模型，使用高性能计算机选取不同时间节点的 BIM 模型变化结果，并展示相关节点的资源配置和成本消耗情况。基于 BIM 技术的施工管理方法可以按照施工计划对项目施工全过程进行仿真模拟，在这一过程中会通过计划进度与实际进度的对比、图形化的进度情况展示反映出来许多问题，如构件搭接位置错误、现场安全防护措施不到位、场地布局不合理等，这些问题都会影响实际工程进度，甚至造成大规模工期拖延。使用 BIM 技术对工程进度进行优化，并在模型中做相应的修改，可以达到缩短工期的目的。

2) 基于构件的施工进度模拟

建立 4D 信息模型可以分为三个步骤：首先创建 3D 建筑模型；然后建立建筑施工过程模型；最后把建筑模型与过程模型关联。

(1) 创建 3D 构件模型

BIM 软件平台一般支持从多种基于 IFC 标准的 3D 模拟系统中直接导入项目的 3D 建筑模型，也可以利用软件平台提供的建模工具直接新建 3D 建筑模型。系统一般都会提供梁、柱、板、墙、门、窗等经常使用的构件类型的快捷工具，只需输入很少的参数就可以建立相应的构件模块，并且给构件模块赋予相应的位置、尺寸、材质等工程属性的信息，多种模块组合就形成 3D 构件模型。

(2) 建立构件施工过程模型

施工过程模型就是进度计划的模拟，通过 WBS 把建筑结构分为整体工程、单项工程、分部工程、分项工程、分层工程、分段工程等多层节点，并自动生成 WBS 树状结构。把总体进度计划划分到每一个节点上，即可完成进度计划的创建工作。有的 BIM 软件系统提供了丰富的编辑功能以及基本的施工流程工序模板，只需做少量输入就能够为构件节点增添施工工序节点，并且在进度信息中添加这些节点的工期以及任务逻辑关系。同时在进度管理软件中设置一些简单的任务逻辑关系。

(3) 建立 4D 构件施工模型

在完成 3D 模型的建立和进度过程结构的建立后，利用系统提供的链接工具进行节点与构件以及工程实体关联操作，通过系统预置的资源模板，就自动创建了建筑工程 4D 信息模型。BIM 系统提供的工程构件可以依据施工情况定义为各种形式，可以是单个构件，如柱、梁、门、窗等，也可以是多根构件组成的构件组。工程构件保存了构件的全部工程属性，其中有几何信息、物理信息、施工计划以及建造单位等附加信息。

3）构件施工动态模拟

通过将构件的 3D 信息模型与施工进度计划关联，以及与人力、机械、材料、设备、成本等相关资源的信息融合，可以建立起施工进度计划与 3D 模型之间、与相关资源用量之间的复杂的逻辑关系，并以三维模型的形式直接地呈现出来，完成整个施工建造过程的可视化模拟。在以此为基础形成的工程进度管理系统中，通过指定构件对象并选择施工展示的时间段，基于 BIM 的进度管理系统就可以按照要求生成相关构件的三维显示图像。4D-BIM 进度模拟能够多角度呈现指定施工时间段内的工程视频图像，还可以随时获取工程施工节点的资源消耗信息、已完工程量等，实现对整个施工过程的动态监测。

2. BIM 技术在施工过程质量控制中的应用

1）应用思路

工程施工质量控制的关键一环是要重视对关键、复杂节点，防水工程，预留、预埋，隐蔽工程及其他重、难点项目的技术交底。在基于 BIM 技术的三维技术交底过程中，建设单位、施工单位与监理单位以具有质量信息属性的 BIM 模型为基础，利用虚拟 4D 施工过程模拟及漫游进行技术交底，通过施工过程模拟，对重、难点项目进行展示，使质量管理的各参与人员对建筑质量要求都有一个全面的认识。

2）基于构件的质量监控

（1）构件材料的质量监控

利用 BIM 技术的构件材料质量监控可以按照时间、空间及构件类别三大维度对质量进行监控。时间维度及空间维度的监控方法主要是依照施工进度进行动态的质量信息确认；在构件类别维度上，通过在 BIM 模型中添加相关的质量信息，如规范标准规定的材质要求、构件产品合格编号、构件质量审查员工编号、质量审查时间等信息，从而在材料进场验收和拼装的过程中保证材料的质量要求。同时，可将材料的相关质量信息上传到质量管理信息系统中，以便在验收的时候及时的查看与调用。

（2）构件施工的质量监控

构件施工的质量监控通常是在 BIM 模型的特定构件中添加附属施工质量要求信息（如施工标准规范等），该模型标注在施工现场的管理过程中可以作为标准参考，为现场管理人员提供可视化的参照，特别是尺寸偏差问题。规范规定的尺寸偏差标准较多、易混淆，如果只在最后的验收阶段进行测量检验，一旦发现不合格的现象需要重新返工整改，大大浪费了时间，降低了效率，同时有可能因此影响到下一道工序的施工。在施工之前及施工的过程中，施工人员能够按照 BIM 模型对模型的施工质量扩展信息属性进行对照和参考，施工完成后进行逐项自检，将构件材料质量信息与施工质量信息汇总集成，可以形成构件的质量信息数据库，大大提高了施工质量水平，避免出现技术性的失误而降低工程质量。

（3）质量偏差对比

在现场管理的过程中，需要针对施工现状与设计模型进行对比，检查施工质量偏差，如不符合质量标准的允许偏差，则要进行改动及修正落实责任人进行整改，再根据整改结果核对质量目标，并存档管理。通过 BIM 技术与人工智能（Artificial intelligence，AR）技术的结合，可以进行有效的质量偏差判定。施工后质量检查主要包括施工人员自检、质检员和管理人员的检验审核。工人可以在完工之后先进行自检，以便主动发现和消除缺陷和错误。将 BIM 技术与 AR 技术进行施工偏差判定的主要步骤如下：首先，将 BIM 模型作为质量检查的依据，通过 AR 程序将模型与标识按对应关系匹配成功；在说明标识和实体构件的位置信息之后，工人可将相应标识放置到已完工程的指定位置；AR 程序与 BIM 模型进行对比之后可以很快识别其中的缺陷，将这些缺陷信息通过系统和平台传回到管理人员的手中，管理人员可对其发布进行整改的指令，通过重复的检查直至合格。这样一来管理人员可以在施工的过程中随时对质量进行控制，而不必仅仅是等到工程结束之后到工程现场进行检验。

3）质量信息整理与反馈

在施工过程中，及时收集在质量检查过程中产生的数据，形成大数据的平台。施工单位可主要关注材料、设备质量及施工记录的信息；监理单位主要关注验收质量信息的整理与统计；建设单位从整体关注工程质量。项目各参与主体将自己所关注的质量信息录入数据库之中，其中涵盖了工程施工状况、时间、施工进度、问题处理状况等，同时将现场所采集到的实时信息列进其中，从而打造出健全、完善的质量信息系统。通过对数据的不断更新，使与之相关联的 BIM 模型中的信息也进行不断地处理与更新。通过计算机系统相关软件开发，提供精准的质量分析报告，监督质量问题。

9.5 装配式建筑运营维护阶段的 BIM 技术应用

在建筑全生命周期中，运营维护阶段所占的时间最长，但是所能应用的数据与资源却是相对较少。传统的工作流程中，建筑设计、施工建造阶段的数据资料往往无法完整的保留到运维阶段，例如建设途中多次进行变更设计，但此信息通常不会在完工后妥善整理，造成运维上的困难。BIM 技术出现，让建筑的运维阶段有了新的技术支持，大大提高了管理效率。在运营维护阶段的管理中，BIM 技术可以随时监测有关建筑使用情况、容量、财务等方面的信息。通过 BIM 文档完成建造施工阶段与运营维护阶段的无缝交接和提供运营维护阶段所需要的详细数据。具体应用可以包括：

1. 日常运维建模

此功能的重点在工程项目整体空间内设施设备日常运行数据的建立与维护，这是贯穿建筑物整个生命周期，从所有附属设施设备安置在此建筑物空间内开始，于虚拟空间内建置其与实体尽可能详尽而同步的运行数据，这个信息对建筑物冗长的运维过程非常重要。这个参数化的纪录模型，至少应包含建筑物主体和其中之 MEP 元组件的相关信息。纪录模型需随着建筑物实体空间的动态情况而不断地更新和改进，以储存更多关联信息。

2. 维护业务流程模拟

建筑物在使用期间，其结构构件与内部设施设备有固定的使用年限，另外建筑空间结构也会因为使用需求的变化而改变，建物局部的维护修理，以及修建、改建、增建等行为会不断发生，有些维修是即刻需要的，有些则视营运规划、财务情况、设施设备耐用年限、使用频率等各种情况，制定短中长期的建筑维护业务流程。以 BIM 模型配合日常运维模型数据，能精准拟订高质量并降低维护成本的计划。整个维护计划应包括建筑结构体（墙壁、地板、屋顶、油漆等）和建筑物服务设备（机械、电气、水暖等）等设施。

3. 物业管理

在物业管理中，BIM 软件与相关设备进行连接，通过 BIM 数据库中的实时监控运行参数判断设备的运行情况，进行科学管理决策，并根据所记录的运行参数进行设备的能耗、性能、环境成本绩效评估，及时采取控制措施。同时，BIM 与信息标签技术的有效结合，可以在门禁系统方面得到有效利用。在装配式建筑改（扩）建过程中，BIM 技术可以针对建筑结构的安全性、耐久性进行分析与检测，避免结构损伤，还可依据此判断模型结构构件是否可以二次利用，减少材料资源的消耗。

4. 防灾规划及紧急情况处置模拟

BIM 执行团队进行本作业，可以让灾害救援人员从建筑信息模型和信息系统的可视化形式中获得紧急救难关键信息的一个过程。BIM 模型将提供救援人员关键的建筑信息，提高其反应效率和减少安全风险。BIM 技术可提供给警察、消防、公共安全官员和第一时间抢救人员能实时存取的关键建筑物信息，提高紧急反应的有效性，让救难人员的救援风险达到最小。

5. 互动场景模拟

所谓的互动场景模拟就是 BIM 模型建好之后，将项目中的空间信息、场景信息等纳入模型之中。再通过 VR（现实增强）等新技术的配合，让业主、客户或者是租户通过 BIM 模型从不同的位置进入模型相应的空间中，进行一次虚拟的实体感受。通过模型中的建筑构件信息的存储，让体验者能够有种身临其境的感受，体验者能够通过模型进入到商铺、大堂、电梯间、卫生间等各种空间了解各空间的设施。

总的来说，现代建筑业发展以来的信息都存在二维图纸及电子版文件和各种机电设备的操作手册上，二维图纸常面临的主要问题是不完整和无关联。在建筑的运维阶段需要使用相关信息的时候由专业人员自己去找到信息、理解信息，然后据此决策对建筑物的运营维护进行一个恰当的动作，这是一个花费时间和容易出错的工作。以 BIM 为基础结合其他相关技术，实现建筑运维管理与 BIM 模型、图纸、数据一体化，如果业主建立了物业运营健康指标，就可以方便的指导运营维护计划。

本章小结

为实现工业化的建造方式，装配式结构的发展日渐突出，传统的装配式设计、建造、运营维护的方法已不适应工业化的发展和建造方式，基于 BIM 技术的装配式建筑设计、建筑、运维的方法将 BIM 技术应用到装配式建筑全生命周期管理过程中，结合了 BIM 技术与装配式建筑结构两者的特点。本章节主要讨论了 BIM 技术的理论概念、工具应用以及 BIM 技术在装配式建筑设计、施工和运维阶段的应用思路和方法。将 BIM 技术应用到装配式建筑全生命周期管理的过程中，有利于实现装配式建筑的工业化和自动化生产管理方式，并能充分解决信息传递与共享的问题，解决实际管理过程中未能提前预料到的问题。

思考与练习题

9-1　简述在装配式建筑设计、施工、运维阶段使用 BIM 技术的优势。

9-2　使用 Autodesk Naviswork 软件制作装配式建筑施工过程的动态 4D 模拟。

9-3　创建一个公制参数化模型，命名为"弹簧"。给模型添加 1 个名称为"弹簧材质"的材质参数，并设置材质类型为"不锈钢"，尺寸要求：直径 200mm、弹簧直径 20mm，尺寸不作参数化要求，模型尺寸示意如图 9-21 所示。

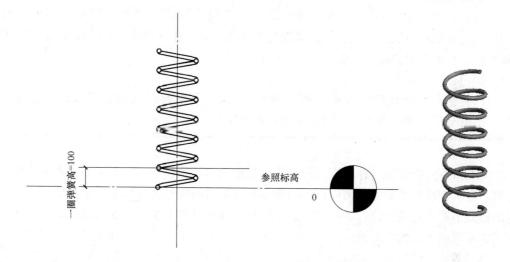

图 9-21　题 9-3 图

第 10 章　装配式建筑的成本效益分析

本章要点及学习目标

本章要点：

(1) 围绕设计、生产、物流和安装四个阶段，对装配式建筑的成本进行分解；
(2) 阐述装配式建筑时间效益、质量效益和环境效益，并从整体上论证装配式建筑对建筑行业、社会产生的综合效益。

学习目标：

(1) 掌握装配式建筑成本的相关概念；　(2) 了解装配式建筑产生的各类效益；
(3) 熟悉装配式建筑成本效益相关的国内外政策。

成本效益分析作为一种经济决策方法，是通过比较项目的全部成本和效益来评估项目价值，寻求在投资决策上如何以最小的成本获得最大的收益，常用于评估需要量化社会效益的公共事业项目的价值。装配式建筑是用预制部品部件在工地装配而成的建筑，发展装配式建筑有利于节约资源能源、减少施工污染、提升劳动生产效率和质量安全水平，有利于促进建筑业与信息化工业化深度融合、培育新产业新动能、推动化解过剩产能。近年来，我国积极探索发展装配式建筑，但建造方式大多仍以现场浇筑为主，装配式建筑比例和规模化程度较低，与发展绿色建筑的有关要求以及先进建造方式相比还有很大差距。本章将从装配式建筑设计、生产、物流和安装四个方面，分析装配式建筑与传统建筑成本之间的差异；从时间、质量和环境三个方面分析装配式建筑的特定效益与综合效益；通过对比国内外装配式建筑在成本效益方面的政策，提出我国需不断完善装配式建筑结构体系规范和部品标准，建立我国装配式建筑设计、生产、施工的监督管理体系，实现以最小成本获得最大收益的建设目标。

10.1　装配式建筑的成本分析

装配式建筑是将各类通用预制构件经专有连接技术提升为工厂化生产，现场机械化装配为主的专用建筑技术体系，是实现节能、减排、低碳和环保，构建"两型社会"的有力保障，是建筑产业走可持续发展道路的一种新型建设模式。装配式建筑的成本体系与普通现浇体系有很大的不同。在假定设计标准和质量要求相同的前提下，重点对比和研究建筑工程的土建主体成本，不包含机电安装工程的成本差异。本书所探讨的装配式建筑的成本针对建筑设计和施工阶段，从设计、生产、物流、安装四个方面分析装配式建筑成本与传统建筑成本之间的差异。

10.1.1 设计成本

目前装配式建筑设计技术尚不成熟，图纸量大，除了普通的建筑与结构设计之外，还需要将构件分解进行深化设计，并根据工厂模具尺寸设计模具详图，设计流程如图 10-1 所示。在模具详图中要综合多个专业内容，例如在一个构件图上需要反映构件的模板、配筋以及埋件、门窗、保温构造、装饰面层、留洞、水电管线和元件、吊具等内容，包括每个构件的三视图和剖切图，必要时还要做出构件的三维立体图、整浇连接构造节点大样等图纸。

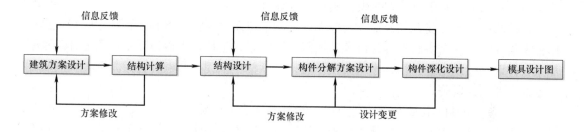

图 10-1 装配式建筑设计流程图

相较于传统建筑设计，构件深化设计增加了设计人员的工作量，也增加了设计成本。目前常见的深化设计是设计单位做出预制构件设计方案后交由构件厂深化设计人员，再由项目各参与方将需求传递给深化设计人员，深化设计人员再结合构件自身的生产工艺需求完成深化设计任务，现阶段深化设计流程如图 10-2 所示。

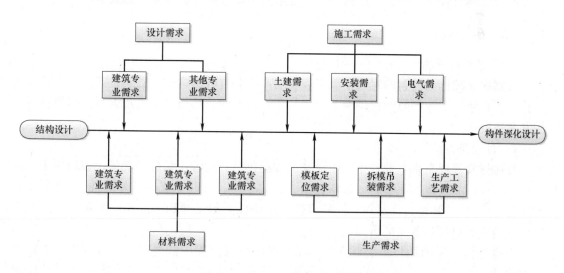

图 10-2 现阶段深化设计流程图

根据 2015 年发布的《建筑设计服务计费指导》，设计单位提供的服务包括设计基本服务和设计其他服务。设计基本服务是指设计人根据发包人的委托，按国家法律、技术规范和设计深度要求向发包人提供编制方案设计、初步设计（含初步设计概算）、施工图设计（不含编制工程量清单及施工图预算）文件服务，并相应提供设计技术交底、解决施工中的设计技术问题、参加竣工验收服务，其服务计费为设计基本计费。设计其他服务是指发包人要求设计人另行提供且发包人应当单独支付费用的服务，包括：总体设计、主体设计协调（包括设计总包服务）、采用绿色建筑设计、应用 BIM 技术、采用被动式节能建筑设计、采用预制装配式建筑设计、编制施工招标技术文件、编制工程量清单、编制施工图预算、建设过程技术顾问咨询、编制竣工图、驻场服务；提供概念性规划方案设计、概念性建筑方案设计、建筑总平面布置或者小区规划方案设计、绿色建筑设计标识评价咨询服务；提供室内装修设计、建筑智能化系统设计、幕墙深化设计、特殊照明设计、钢结构深化设计、金属屋面设计、风景园林景观设计、特殊声学设计、室外工程设计、地（水）源热泵设计等服务，其服务计费为设计其他服务计费。

设计基本服务计费方式包括投资费率计费、单位建筑面积计费和工日定额计费，也可以由发包人与设计人协商确定。设计其他服务计费方式包括：①以设计基本服务计费乘附加系数计取；②以用地面积、建筑面积计取；③以单项工程投资额计费。其中，预制装配式建筑设计的计费公式为：

$$预制装配式建筑设计计费＝设计基本服务计费×(0.3～0.5) \tag{10-1}$$

由于流程复杂程度不同，预制装配式建筑设计成本要高于现浇建筑设计成本，其计费基础是设计基本服务费用。当然在实务中，设计作为一种服务，它的计费势必会受到其他因素，例如市场供需、竞争能力和设计水平等的影响。

当然，装配式建筑在设计过程中，如何合理拆分和设计预制构件是装配式建筑项目实施的关键。构件拆分决定了构件的数量、构件的重量、构件标准化程度、构件安装难易程度等。所以在拆分设计时应尽量标准化设计，使构件种类最少、重复数量最多，这样构件厂生产所需的周转模具少、生产效率高，能最大限度地降低构件生产的成本。

10.1.2 生产成本

1. 产品生产成本

根据国家统计局公布的《大中型工业企业产品制造成本构成（乙表)》，产品生产成本是指企业在生产工业产品和提供劳务过程中实际消耗的直接材料、直接人工、其他直接费用和制造费用。

1）直接材料消耗

直接材料消耗是指企业在生产工业产品和提供劳务过程中实际消耗的、直接用于产品生产、构成产品实体的原材料、燃料、动力、包装物、外购半成品（外购件）、修理用备件（备品配件）、其他直接材料。注意直接材料消耗必须是外购的产品，不包括生产过程中回收的废料以及自制品的价值。

外购直接材料消耗是指企业在进行工业产值核算范围内的生产活动过程中对外购直接材料的消耗。外购直接材料消耗的价值量按不含进项税额的购进价格计算，具体包括以下几项：买价、运杂费（包括运输费、装卸费、保险费、包装费、仓储费等，不包括按规定根据运输费的一定比例计算的可抵扣的增值税额）、运输途中的合理损耗、入库前的整理挑选费用（包括整理挑选中发生工费支出和必要的损耗，并扣除回收的下脚废料价值)、购入材料负担的税金（指进项税以外的其他应负担的税金)、外汇价差和其他费用。

2）直接人工

直接人工是指企业直接从事产品生产人员的工资、奖金、津贴和补贴，以及按生产人员工资总额和规定的比例提取的职工福利费。

3）其他直接费用

其他直接费用是指企业发生的除直接材料消耗和直接人工以外的，与生产产品或提供劳务有直接关系的费用。

4）制造费用

制造费用是指企业各个生产单位（分厂、车间）为组织和管理生产所发生的各项费用，包括工资和福利费、折旧费、修理费、办公费、水电费、机物料消耗、劳动保护费等，但不包括企业行政管理部门为组织生产和管理生产经营活动而发生的管理费用。制造费用包括以下内容：

（1）间接用于产品生产的费用，例如机物料消耗，车间房屋及建筑物折旧费、修理费、经营租赁费和保险费，车间生产用的照明费、取暖费、运输费和劳动保护费等。

（2）直接用于产品生产，但管理上不要求或者核算上不便于单独核算，因而没有专设成本项目的费用，例如机器设备的折旧费、修理费、经营租赁费、生产工具摊销，设计制图费和试验费。生产工艺用动力如果没有专设成本项目，也包括在制造费用中。

（3）车间用于组织和管理生产的费用，包括车间人员工资及福利费，车间管理用房屋和设备的折旧费、修理费、经营租赁费和保险费、车间管理用具摊销，车间管理用照明费、水费、取暖费、差旅费和办公费等。如果企业的组织机构分为车间、分公司和总公司等若干层次，则分公司也与车间相似，也是企业的生产单位，因而分公司用于组织和管理生产的费用，也作为制造费用核算。

2. 预制构件生产成本

预制构件厂作为工业产品生产企业的一种类型，在生产预制构件时，主要产生以下费用：

（1）直接材料费：预制构件生产材料费，如生产中涉及的材料钢筋、混凝土、XPS保温板、镀锌预埋安装件及吊装件，保温连接件、塑料薄膜及一些辅助材料。

（2）直接人工费：生产车间工人的费用等。

（3）制造费用：构件生产机械费及模具摊销费、工厂摊销费、蒸汽养护费等。

除了运用成本构成的方式计算预制构件生产成本，还可以套用定额确定预制构件的平均成本。

2016年12月23日，住房城乡建设部正式发布《装配式建筑工程消耗量定额》，它是分部分项、措施项目所需的人工、材料、施工机械台班的消耗量标准，也是编制工程投资估算、投标控制价、施工图预算、竣工结算的依据。消耗量定额决定着单项工程的成本和造价。

2017年2月20日，江苏省住房和城乡建设厅正式发布《江苏省装配式混凝土建筑工程定额（试行）》。该定额包括成品构件安装、施工措施项目、成品构件运输和成品构件制作。表10-1是《江苏省装配式混凝土建筑工程定额（试行）》中墙板制作的定额。综合考虑应纳税额，$1m^3$的墙板制作出厂参考价是2561元。

《江苏省装配式混凝土建筑工程定额（试行）》

表 10-1

墙板

工作内容：钢筋(网片)制安，模具制安，安装铁件与吊装埋件制安，混凝土浇筑，蒸养，场内运输、堆放等全部制作过程　　　　　　　　　计量单位：m³

定额编号				4-6	
项目名称	单位	单价		墙板	
				数量	合价
综合单价					2380.87
其中	人工费				448.33
	材料费				1208.62
	制造费用				360.12
	管理费				266.79
	利润				97.01
	制作工	工日	107.00	4.19	448.33
材料	01010100	钢筋(综合)	t	4020.00	0.106	426.12
	80212117	预拌混凝土(非泵送型)C30	m³	353.00	1.030	363.59
	03590807	支撑铁件	t	4080.00	0.003	12.24
	03410205	电焊条	kg	5.80	0.921	5.34
		其他材料费	元	1.00	5.93	5.93
	03590800	吊装埋件	套	10.00	4.82	48.20
	03670122	套筒	个	30.00	8.740	262.20
		蒸养费	项	85.00	1.00	85.00
		应纳税额测算值 出厂参考价				180.13 2561

10.1.3　物流成本

1. 企业物流成本

根据现行国家标准《物流术语》GB/T 18354，企业物流成本是指企业物流活动中所消耗的物化劳动和活劳动的货币表现，包括货物在运输、存储、包装、装卸搬运、流通加工、物流信息、物流管理等过程中所耗费的人力、物力和财力的总和以及与存货有关的流动资金占用成本、存货风险成本和存货保险成本。

按成本项目划分，物流成本由物流功能成本和存货相关成本构成。其中物流功能成本包括物流活动过程中所发生的运输成本、仓储成本、包装成本、装卸搬运成本、流通加工成本、物流信息成本和物流管理成本。存货相关成本包括企业在物流活动过程中所发生的与存货有关的资金占用成本、物品损耗成本、保险和税收成本。具体内容如表10-2企业物流成本项目构成表所示。

2. 装配式建筑物流成本

1) 装配式建筑物流成本定义。在装配式建筑项目建设中，需要业主单位或者施工单位采购工程物资后运至施工现场或者其他指定的放置地点，以便使用和保管。在这一过程中，产生工程物料的运输、仓储、包装、装卸搬运、流通加工等行为形成的项目物流成本和存货相关成本共同构成装配式建筑物流成本，即广义上的物流成本。而狭义上的项目物流，是指项目建设物流，即围绕项目建设，由物流企业提供某一环节或全过程的服务，目的是通过物流的专业技术服务，给予投资方最安全的保障和最大的便利，即物流功能成本。它包括项目建设所需的工程设备及建设材料的采购、包装、搬运、装箱、固定、物流、拆箱、拆卸、安装、调试、废弃或者回收的全过程。无论是从广义还是狭义方面来讲，它们在理论体系和方法上是基本一致的。

企业物流成本项目构成表

表 10-2

		成本项目	内容说明
物流功能成本	物流运作成本	运输成本	一定时期内，企业为完成货物运输业务而发生的全部费用，包括从事货物运输业务的人员费用、车辆(包括其他运输工具)的燃料费、折旧费、维修保养费、租赁费、养路费、过路费、年检费、事故损失费、相关税金等
		仓储成本	一定时期内，企业为完成货物储存业务而发生的全部费用，包括仓储业务人员费用、仓储设施的折旧费、维修保养费、水电费、燃料与动力消耗等
		包装成本	一定时期内，企业为完成货物包装业务而发生的全部费用，包括包装业务人员费用，包装材料消耗，包装设施折旧费、维修保养费，包装技术设计、实施费用以及包装标记的设计、印刷等辅助费用
		装卸搬运成本	一定时期内，企业为完成装卸搬运业务而发生的全部费用，包括装卸搬运业务人员费用，装卸搬运设施折旧费、维修保养费、燃料与动力消耗等
		流通加工成本	一定时期内，企业为完成货物流通加工业务而发生的全部费用，包括流通加工业务人员费用，流通加工材料消耗，加工设施折旧费、维修保养费，燃料与动力消耗费等
	物流信息成本		一定时期内，企业为采集、传输、处理物流信息而发生的全部费用，指与订货处理、储存管理、客户服务有关的费用，具体包括物流信息人员费用，软硬件折旧费、维护保养费、通信费等
	物流管理成本		一定时期内，企业物流管理部门及物流作业现场所发生的管理费用，具体包括管理人员费用，差旅费、办公费、会议费等
存货相关成本	资金占用成本		一定时期内，企业在物流活动过程中负债融资所发生的利息支出(显性成本)和占用内部资金所发生的机会成本(隐性成本)
	物品损耗成本		一定时期内，企业在物流活动过程中所发生的物品跌价、损耗、毁损、盘亏等损失
	保险和税收成本		一定时期内，企业支付的与存货相关的财产保险费以及因购进和销售物品应交纳的税金支出

2) 装配式建筑物流特点。同一般的项目物流活动一样，装配式建筑物流也是现代物流的重要组成部分，但和一般的物流活动相比，又具有自身独有的特性：

(1) 一次性。在实际项目中，每一个项目都有自己的特点，虽然施工流程相同，但也因项目的不同而导致具体的实施方案不同，因此项目物流方案也很少有完全一样的情况，再好的物流方案可能也只能使用一次，一个项目的经验对其他项目而言只能是参考，组织者需要根据其他项目的经验制定符合自己项目的物流实施方案。

(2) 整体的关联性。每个项目的物流活动都是由多个环节或多个部分组成，这些环节或部分之间是相互联系的，一个环节或者组成内容发生改变，那么与之相关的环节或者组成内容都要随之产生相应的变动。

(3) 工序的不确定性。影响项目施工进度的因素有很多，施工进度计划往往会因为一些外界因素而发生改变，比如相关政策的变化、自然灾害等。因此对于物流活动的服务商而言，他们在提供项目物流服务前，通常需要设立多种服务方案，以应对施工进度发生变化而带来的变动。

（4）技术的复杂性。由于项目技术的复杂性，因此项目的物流作业活动一般都没有标准化可言，这就要求组织者要有丰富的项目物流作业组织经验，同时还有可能会用到各种专用的设备，对物流环境的要求比较特殊，技术含量相对较高。

（5）过程的风险性。项目物流往往投资较大，服务对象也不尽相同，随时随地都有可能发生不可预见的情况，因而是一项很有风险的作业活动。所以，在项目物流的管理中，要认真开展各种风险的评估和管理工作，最大限度地降低风险和因风险可能造成的损失。

3）装配式建筑物流成本内容。装配式建筑的物流成本是根据项目建设中的物流过程来决定的，主要包括三个方面：一是物流供应成本，即将使用的施工材料从供应地运送到施工现场或仓库的费用；二是生产物流成本，包括场内运输加工，施工材料从储存仓库到施工现场的二次搬运等费用；三是回收物流成本。

对于物料供应商来说，物流成本的管理主要侧重于降低产品的生产成本和产品生产出来以后在仓库的存储成本、装卸及搬运等成本。如果在物料采购合同中供应商有产品运输责任，则还需考虑车辆调度安排问题，而运输成本的高低也会直接影响到供应商的物流成本。通过合理控制运输费用，选择合适的运输路线和运输方式等途径，都可以达到降低成本的目的。

根据《江苏省装配式混凝土建筑工程定额（试行）》中成品构件运输定额，如表 10-3 所示，可以发现混凝土构件运输，不区分构件类型，按运输距离执行相应定额。成品构件运输定额综合考虑城镇、现场运输道路等级、上下坡等各种因素，当运输距离在 25km 以内的时候，1m³ 的构件运输单价是 199.06 元。

《江苏省装配式混凝土建筑工程计价定额（试行）》　　　　　　　　表 10-3

成品构件运输

工作内容：设置支架、垫方木、装车绑扎、运输、按规定地点卸车堆放、支架稳固　　　　　计量单位：m³

定额编号				3-1		3-2	
项目名称		单位	单价	构件运输			
				距离在 25km 以内		距离在 25km 以外每增加 5km	
				数量	合价	数量	合价
综合单价				199.06		27.21	
其中	人工费			16.40		4.92	
	材料费			4.78			
	机械费			122.37		14.52	
	管理费			38.86		5.44	
	利润			16.65		2.33	
二类工		工日	82.00	0.200	16.40	0.060	4.92
材料	32090101	模板木材	m³	1850.00	0.001	1.85	
	01050101	钢丝绳	kg	6.70	0.030	0.20	
	03570217	镀锌铁丝 8-12#	kg	6.00	0.310	1.86	
	32030121	钢支架、平台及连接件	kg	4.16	0.210	0.87	
机械	99453572	运输机械Ⅱ、Ⅲ类构件	台班	580.85	0.148	85.97	0.025	14.52
	99453575	装卸机械Ⅱ、Ⅲ类构件	台班	649.97	0.056	36.40	

10.1.4 安装成本

1. 建筑安装成本

建筑安装工程成本简称"建安成本"或"工程成本"，指建筑安装工程在施工过程中耗费的各项生产费用。建筑安装工程成本按其是否直接用于工程的施工过程，分为直接费和间接费。其中直接费包括直接工程费和措施费，间接费包括规费和企业管理费。直接费由直接工程费和措施费组成。

1) 直接工程费：是指施工过程中耗费的构成工程实体的各项费用，包括人工费、材料费、施工机械使用费。

（1）人工费：是指直接从事建筑安装工程施工的生产工人开支的各项费用。

$$人工费＝\Sigma（工日消耗量×日工资单价） \tag{10-2}$$

日工资单价的内容包括：①基本工资：是指发放给生产工人的基本工资；②工资性补贴：是指按规定标准发放的物价补贴，煤、燃气补贴，交通补贴，住房补贴，流动施工津贴等；③生产工人辅助工资：是指生产工人年有效施工天数以外非作业天数的工资，包括职工学习、培训期间的工资，调动工作、探亲、休假期间的工资，因气候影响的停工工资，女工哺乳时间的工资，病假在六个月以内的工资及产、婚、丧假期的工资；④职工福利费：是指按规定标准计提的职工福利费；⑤生产工人劳动保护费：是指按规定标准发放的劳动保护用品的购置费及修理费、徒工服装补贴、防暑降温费，在有碍身体健康环境中施工的保健费用等。

（2）材料费：是指施工过程中耗费的构成工程实体的原材料、辅助材料、构配件、零件、半成品的费用，装配式建筑的主要构件的制造、物流、损耗、保管等费用，在生产制造成本和物流成本中已经算入，在此不再赘述。

（3）施工机械使用费：是指施工机械作业所发生的机械使用费以及机械安拆费和场外运费。在装配式建筑安装中，构件吊装需要用到大量的机械设备。

$$施工机械使用费＝\Sigma（施工机械台班消耗量×机械台班单价） \tag{10-3}$$

施工机械台班单价应由下列七项费用组成：

① 折旧费：指施工机械在规定的使用年限内，陆续收回其原值及购置资金的时间价值。

② 大修理费：指施工机械按规定的大修理间隔台班进行必要的大修理，以恢复其正常功能所需的费用。

③ 经常修理费：指施工机械除大修理以外的各级保养和临时故障排除所需的费用，包括为保障机械正常运转所需替换设备与随机配备工具附具的摊销和维护费用，机械运转中日常保养所需润滑与擦拭的材料费用及机械停滞期间的维护和保养费用等。

④ 安拆费及场外运费：安拆费指施工机械在现场进行安装与拆卸所需的人工、材料、机械和试运转费用以及机械辅助设施的折旧、搭设、拆除等费用；场外运费指施工机械整体或分体自停放地点运至施工现场或由一施工地点运至另一施工地点的物流、装卸、辅助材料及架线等费用。

⑤ 人工费：指机上司机（司炉）和其他操作人员的工作日人工费及上述人员在施工机械规定的年工作台班以外的人工费。

⑥ 燃料动力费：指施工机械在运转作业中所消耗的固体燃料（煤、木柴）、液体燃料（汽油、柴油）及水、电等。

⑦ 养路费及车船使用税：指施工机械按照国家规定和有关部门规定应缴纳的养路费、车船使用税、保险费及年检费等。

2）措施费：是指为完成工程项目施工，发生于该工程施工前和施工过程中非工程实体项目的费用。包括内容：

（1）环境保护费：是指施工现场为达到环保部门要求所需要的各项费用。

（2）文明施工费：是指施工现场文明施工所需要的各项费用。

（3）安全施工费：是指施工现场安全施工所需要的各项费用。

（4）临时设施费：是指施工企业为进行建筑工程施工所必须搭设的生活和生产用的临时建筑物、构筑物和其他临时设施费用等。

（5）夜间施工费：是指因夜间施工所发生的夜班补助费、夜间施工降效、夜间施工照明设备摊销及照明用电等费用。

（6）二次搬运费：是指因施工场地狭小等特殊情况而发生的二次搬运费用。

（7）大型机械设备进出场及安拆费：是指机械整体或分体自停放场地运至施工现场或由一个施工地点运至另一个施工地点，所发生的机械进出场物流及转移费用及机械在施工现场进行安装、拆卸所需的人工费、材料费、机械费、试运转费和安装所需的辅助设施的费用。

（8）混凝土、钢筋混凝土模板及支架费：是指混凝土施工过程中需要的各种钢模板、木模板、支架等的支、拆、物流费用及模板、支架的摊销（或租赁）费用。

（9）脚手架费：是指施工需要的各种脚手架搭、拆、物流费用及脚手架的摊销（或租赁）费用。

（10）已完工程及设备保护费：是指竣工验收前，对已完工程及设备进行保护所需费用。

（11）施工排水、降水费：是指为确保工程在正常条件下施工，采取各种排水、降水措施所发生的各种费用。

间接费由规费、企业管理费组成。

1）规费：是指政府和有关权力部门规定必须缴纳的费用（简称规费）。包括：

（1）工程排污费：是指施工现场按规定缴纳的工程排污费。

（2）工程定额测定费：是指按规定支付工程造价（定额）管理部门的定额测定费。

（3）社会保障费：

① 养老保险费：是指企业按规定标准为职工缴纳的基本养老保险费。

② 失业保险费：是指企业按照国家规定标准为职工缴纳的失业保险费。

③ 医疗保险费：是指企业按照规定标准为职工缴纳的基本医疗保险费。

④ 住房公积金：是指企业按规定标准为职工缴纳的住房公积金。

⑤ 危险作业意外伤害保险：是指按照《中华人民共和国建筑法》规定，企业为从事危险作业的建筑安装施工人员支付的意外伤害保险费。

2）企业管理费：是指建筑安装企业组织施工生产和经营管理所需费用。内容包括：

（1）管理人员工资：是指管理人员的基本工资、工资性补贴、职工福利费、劳动保护费等。

（2）办公费：是指企业管理办公用的文具、纸张、账表、印刷、邮电、书报、会议、水电、烧水和集体取暖（包括现场临时宿舍取暖）用煤等费用。

（3）差旅交通费：是指职工因公出差、调动工作的差旅费、住勤补助费，市内交通费和误餐补助费，职工探亲路费，劳动力招募费，职工离退休、退职一次性路费，工伤人员就医路费，工地转移费以及管理部门使用的交通工具的油料、燃料、养路费及牌照费。

（4）固定资产使用费：是指管理和试验部门及附属生产单位使用的属于固定资产的房屋、设备仪器等的折旧、大修、维修或租赁费。

（5）工具用具使用费：是指管理使用的不属于固定资产的生产工具、器具、家具、交通工具和检验、试验、测绘、消防用具等的购置、维修和摊销费。

（6）劳动保险费：是指由企业支付离退休职工的易地安家补助费、职工退职金、六个月以上的病假人员工资、职工死亡丧葬补助费、抚恤费、按规定支付给离休干部的各项经费。

（7）工会经费：是指企业按职工工资总额计提的工会经费。

（8）职工教育经费：是指企业为职工学习先进技术和提高文化水平，按职工工资总额计提的费用。

（9）财产保险费：是指施工管理用财产、车辆保险。

（10）财务费：是指企业为筹集资金而发生的各种费用。

（11）税金：是指企业按规定缴纳的房产税、车船使用税、土地使用税、印花税等。

（12）其他：包括技术转让费、技术开发费、业务招待费、绿化费、广告费、公证费、法律顾问费、审计费、咨询费等。

2. 装配式建筑安装成本

装配式建筑的安装成本是指工程建设中安装装配式构件及其辅助工作所产生的费用，是工程建设施工图设计阶段安装价值的货币表现。在装配式建筑中，除了现浇部分在现场施工产生的费用外，在安装预制构件的过程中，会产生以下费用：构件安装人工费，安装构件需要使用的连接件、后置预埋件等材料费、构件安装机械费、构件垂直运输费等，其中构件安装人工费和构件安装机械费分别计入人工费和机械费中，为安装构件使用的连接件、预埋件等材料计入材料费，构件垂直运输费计入措施项目费中。

目前装配式混凝土建筑构件种类主要有：柱、梁、楼板、墙、楼梯、阳台及其他。以装配式混凝土建筑外墙板为例，安装施工工艺流程为柱和剪力墙钢筋绑扎、外墙板吊装、墙柱模板安装、墙板模板支筑、梁板钢筋绑扎、水电预埋、梁板混凝土浇筑等工序。

根据《江苏省装配式混凝土建筑工程定额（试行）》中外墙板安装的定额，如表10-4所示，可以发现外墙板安装不分外形尺寸、截面类型，按墙厚套用相应定额。外挂墙板安装定额综合考虑了不同的连接方式，当墙厚不大于200mm的时候，1m³的外墙板安装单价是221.01元。

10.1.5 装配式建筑的增量成本

传统建筑的现浇结构成本与装配式建筑成本随着时间的推移，呈现不同方向的变化趋势，如图10-3所示。受人工、材料价格持续上涨趋势影响，现浇结构成本呈上升趋势，在一定时间内从可接受成本变成不可接受成本；受工业化程度的不断提高，装配式建筑成本呈下降趋势，在一定的时间内从不可接受成本转变为可接受成本。

《江苏省装配式混凝土建筑工程计价定额（试行）》　　　　表 10-4

墙

工作内容:结合面清理,构件吊装、就位、支撑、校正、垫实、固定　　　　计量单位:m³

定额编号				1-6		1-7	
项目名称	单位	单价		实心剪力墙			
				外墙板			
				墙厚(mm)			
				≤200		>200	
				数量	合价	数量	合价
综合单价				221.01		171.10	
其中	人工费			141.10		108.80	
	材料费			23.47		18.78	
	机械费			—		—	
	管理费			39.51		30.46	
	利润			16.93		13.06	
一类工		工日	85.00	1.660	141.10	1.280	108.80
材料	04291406	预制混凝土外墙板	m³		(1.000)		(1.000)	
	03590100	垫铁	kg	5.00	1.250	6.25	0.960	4.80
	34021701	垫木	m³	1800.00	0.002	3.60	0.002	3.60
	02110910	PE棒	m	1.80	4.080	7.34	3.120	5.62
	32020130	支撑杆件	套	80.00	0.074	5.92	0.056	4.48
		其他材料费	元	1.00	0.36	0.36	0.28	0.28

注：预制墙板安装设计采用橡胶气密条时，增加橡胶气密条材料费。

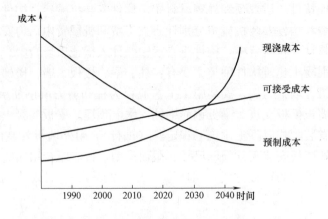

图 10-3　现浇结构与装配式结构的成本发展趋势

装配式建筑较传统建筑来说，其增量成本主要体现在以下三大块：

一是工艺成本。装配式建筑技术难度更高，前期设计、生产投入都比较大，转嫁到构件成本上也就更高，只有在体量足够大（如 10 万 m²），构件产量达到较大规模后才能摊薄成本，价格才会基本与传统方式持平。

二是物流成本。只有从工厂到施工地点的距离在 100km 左右，物流成本才相对合适，若工厂离得太远就不划算了，而目前可供选择的生产厂家较少。

三是管理成本。从整条产业链来看，装配式建筑从规划、设计、生产、运输、施工，各个环节的衔接尚不是很顺畅，也平添不少成本。

为了降低成本、支持装配式建筑的发展，政府出台了奖励和补贴措施，但只能覆盖小部分增量成本。

本书以 2016 年 2 月《施工技术》上的一篇关于装配式建筑成本与传统建筑成本对比的案例数据进行分析，直观比较两者的成本差异。

某项目为框剪结构住宅楼，其中 1 号楼为装配式建筑，基础至 3 层采用现浇式，4～17 层为装配式；3 号楼为纯现浇建筑。对比 1 号楼和 3 号楼的 4～17 层的成本。表 10-5 为现浇建筑与装配式建筑成本对比。

现浇建筑与装配式建筑成本对比表 表 10-5

序号	项目名称	3 号楼		1 号楼		差价(元/m²)
		合价(元)	单价(元/m²)	合价(元)	单价(元/m²)	
1	土建部分	1041882.62	1722.06	4426384.42	2513.22	791.16
1.1	平行构件	245270.89	1714.82	1597254.89	2339.41	624.59
1.2	竖向构件	796611.73	1724.31	2829129.53	2623.26	898.95
2	装饰装修部分	4669211.18	874.53	3653266.72	684.25	−190.28
3	安装部分	2322309.36	434.96	2273372.92	425.80	−9.17
	合计	8033403.16	1604.63	10353024.1	1939.09	334.46

1 号楼造价为 1939.09 元/m²，3 号楼造价为 1604.63 元/m²，1 号楼比 3 号楼高 334.46 元/m²。虽然装配式建筑与传统建筑相比能够减少现场混凝土的浇筑量、内墙抹灰工程量以及砌筑工程量，但是预制构件的生产和安装成本却大大增加，导致装配式建筑的建造成本居高不下，制约其快速高效的发展。

装配式建筑的增量成本受地区、装配率、采购模式等影响。据上海市建筑建材业市场管理总站测算，目前上海的装配式建筑较传统建筑每平方米的增量成本是 350～550 元不等，而且在建筑规模一定的情况下，装配率越高，成本越高。但是随着工业化程度的不断提高，不同企业工艺技术、管理水平的不同，目前有的装配式建筑项目的成本开始呈现低于现浇建筑的趋势。

南京某项目总用地 22771.8m²，总建筑面积 93925.11m²，集住宅、商业、养老设施为一体。其中 A16-3 栋采用现浇施工，A28-1 采用装配式，都是剪力墙结构。通过成本分析之后发现装配式建筑的单方造价为 2191.18 元/m²，比现浇建筑的单方造价 2200.85 元/m²要低，如表 10-6 所示。

装配式建筑成本与现浇建筑成本对比表　　　　表 10-6

项目名称		A16-3(现浇)*	A28-1(装配式)
建筑面积(m²)		12458.90	12241.49
层数		32	27
结构形式说明		剪力墙	剪力墙
主体结构	混凝土(m³)	5665.65	5337.41
	单方混凝土含量(m³/m²)	0.45	0.44
	钢筋(t)	851.53	701.90
	单方含钢量(kg/m²)	68.35	57.34
土建	土建造价(元)	27420164.77	26823271.97
	土建单方造价(元/m²)	2200.85	2191.18

10.2　装配式建筑的效益分析

10.2.1　时间效益

1. 施工周期缩短

采用传统现浇方式，主体结构大概三天到五天可以完成一层，但由于各专业与主体是分开施工的，实际需要的工期大约是 7 天一层，各层次间的施工由下往上逻辑串联式进行。而装配式建筑的构件可以在工厂进行生产，并且每层构件生产方式采用的是并联式生产，可以综合运用多专业的技术生产统一构件，只有吊装和拼接各部件是需要在现场完成的工作。装配式安装施工时间较短，大约一层需要一天，实际需要的工期大约一层三到五天。采用装配式建筑，高层建造工期缩短 30% 左右，多层和低层可以缩短 50% 以上。表10-7 是以 30 层精装住宅为例的工业化方式与传统方式的工期对比。

建筑工业化方式与传统方式建造阶段工期对比表　　　　表 10-7

建造方式	工业化建筑方式	传统建筑方式
主体工程	4 天一层,所有部品与构件均在工厂制造,现场进行标准化;精细化组装;5 个月内完工	平均 7 天一层,受天气影响,搭脚手架,隐患大,手工作业,品质难保障,进度难控制;至少 6 个月
内外装修	现场进行装配式工业施工,主体完成后再加两个半月	至少需 3~5 个月
景观与外场管线	完成±0 以下部分即可进场施工,预留出施工通道及场地	主体完成后进场施工
水电安装	与主体及装修同步	至少需 2~3 个月
从动工到交付	最快 10 个月	至少需要 24~30 个月

2. 现场人工减少

建筑构件运到现场后，使用吊装设备装配，施工现场建筑工人的角色单一化。较传统模式，装配式住宅的建筑工人将减少 50% 左右。建造同等规模的工程，传统方式高峰期一般需要劳动工人约 240 人，而采用装配式生产方式只需要工人 70 人左右。另外，采用装配式工法，极大提高施工机械化程度，可以降低在劳动力方面的资金投入，降低劳动强度，提高建筑工人的整体素质和生产的劳动效率。以一个 8 层的小型住宅楼为例，采用装配式生产方式，可以提高劳动生产效率 40%～50%，现场施工人员最多可减少 89% 左右。

10.2.2　质量效益

装配式生产方式可极大提升建筑产品的质量和性能。传统住宅由于建筑材料要求低、操作人员水平有限、施工现场环境复杂、管理混乱以及质量控制不到位等因素，使得现场施工质量难以达到标准要求，导致建筑产品的质量无法得到切实保证，工程项目渗漏、开裂、空鼓等质量通病频繁出现。而产生这些质量问题的主要原因在于施工材料种类众多但质量存在缺陷；现场环境较差，混凝土振捣、养护等操作质量不满足要求；现场抹灰、涂刷等作业不到位；基层处理不彻底等。而装配式建筑通过将建筑分解为不同种类的部品，对各种部品进行工厂制造，在现场组装成为建筑实体的生产方式，能够有效避免上述原因对建筑质量产生的影响，满足用户对建筑产品高质量的要求。

装配式建筑使用的部品均在预制构件厂内进行制造，可控的工厂生产环境能够保证混凝土的养护效果，从而保证建筑结构构件的质量达到标准要求；建筑部品采用工业化的生产方式，构配件生产对材料的要求较高，由此保证了构件的生产质量；标准化制造有利于新材料、新技术、新工艺的应用，而材料性能及技术、工艺水平的提升是改善建筑质量最有效的途径；厂内流水线式的生产模式，机器制造代替了手工作业，彻底地消除了人员操作水平对住宅质量的影响，并且大大提高了施工速度；工厂式的生产环境便于对构件进行全面的质量检验，确保出厂构件的质量达到规范要求，从而确保建筑整体的质量。

装配式建筑除了能够有效保证建筑质量外，还有利于提升建筑的各种使用性能，弥补传统建筑的性能缺陷。如 CSI（China Skeleton Infill）住宅体系能够在不损伤主体结构的情况下，方便地对住宅设备和管线进行维修和更换，因此更加符合延长住宅寿命的"百年住宅"理念；整体厨卫的设计提高了住宅灵活性和舒适性；采用的夹心保温板和轻质复合墙板等材料，能够有效地提升建筑的保温和耐火性能；采用底盘一次性模压成型的方式可以解决建筑漏水情况。因此，装配式建筑中的新材料、新技术、新工业的高效应用切实提高了建筑保温、防水、抗震等多方面性能，为解决目前建筑性能低下的问题提供了可行方案。

10.2.3　环境效益

装配式建筑落实了国家"四节一环保"的政策，具有显著的环境效益。

1. 节水效益

建筑业用水在全社会的用水量中所占比重很大，并且一直居高不下，装配式建筑的发展能够在一定程度上改善这种状况。建筑业用水主要包括两个方面：一是施工用水，二是生活用水。由于装配式建筑采用的是预先在工厂生产的预制构件，减少了混凝土构件的养护用水以及设备的冲洗用水，同时减少了湿作业的工作量，从而大量减少了施工用水量。此外，装配式建筑在施工现场采用机械安装，工人数量减少，便于现场管理，减少了施工现场用水浪费现象的发生，同时也减少了施工人员的各种生活用水。

2. 节材效益

装配式建筑使用的各个构件都是预先由工厂进行标准化生产，其质量和材料的使用得到了有效控制，能够在最大程度上减少材料损耗。同时，生产构件的工人以及吊装工人都是经过培训取得合格证书的产业化员工，技术水平高，责任心强，能够严格按照图纸进行生产和吊装，减少材料的损耗，提高构件的成品率以及吊装成功率。装配式生产中，制作构件所用的钢模具、钢模板均可多次循环使用 200 次左右，报废后均可回炉；而现场制作模具的木模板可循环使用频率极低，仅 2～3 次。在根据实际项目——北京京投万科新里程二期项目（北京市于房山区长阳镇水碾屯村 10-03-21 地块）测评计算，每单位面积的住宅依照不同建造方式的资源消耗对比，如表 10-8 所示。

不同建造方式的资源消耗表　　　　　　　　　　　表 10-8

工程名称	资源	传统现浇住宅	装配式住宅
钢筋工程	预埋件（kg/m^2）	0.62	1.10
	钢筋（m^3/m^2）	54.42	53.40
混凝土工程	混凝土（m^3/m^2）	0.39	0.43
	水（m^3/m^2）	0.78	0.58
外装修工程	保温板消耗量（kg/m^2）	3.06	1.55
	粘结材料消耗量（kg/m^2）	8.10	1.34
	砂浆消耗量（kg/m^2）	16.20	2.68
模板工程	木模板消耗量（m^2/m^2）	14.46	4.20
	钢模板消耗量（m^2/m^2）	0.09	0.13

3. 节地效益

目前，我国建设用地比较紧张，各大城市的建设用地都在日益减少，故建设用地的高效利用就显得尤为重要，装配式建筑是缓解建设用地严重不足的有效手段。装配式建筑使用的大都是高强度的轻质材料，在一定程度上可以通过增加建筑层数来增加建筑面积，从而充分利用建设用地。建筑的使用寿命也是影响建筑用地的关键因素，装配式建筑的结构耐久性从寿命的维度上大大减少了建筑用地的占用。

4. 节能效益

节能是装配式建筑与传统建筑相比所具备的一个重要优势，主要体现在施工过程中节约的用电量以及在使用阶段节约的能耗。装配式建筑在建造过程中采用了各种保温节能的材料，能大量减少能量的损失。采用装配式建造方式，施工现场减少用电量 40% 以上。此外，减少了工地噪声、粉尘污染、物料抛洒等长期困扰市民的问题，同时减少了施工过程中产生的建筑垃圾。

5. 碳排放的效益

目前，建筑物的碳排放是引起温室效应的重要因素，是温室气体排放的一个重要渠道。建筑物在其全生命周期的各个阶段都会产生碳排放，故发展低碳建筑对于环境保护而言显得尤为紧迫。发展低碳建筑是实现建筑和环境协调可持续发展的重要手段，降低 CO_2 的排放量对于节能减排也具有十分重要的意义。

装配式建筑的特点是标准化，工厂化制造、无粉尘、噪声、无水污染，与低碳住宅有着高度的契合，是低碳建筑的重要组成部分。装配式生产方式通过采用低污染材料，有效控制有害物质排放强度，做到污染减量化，尽量利用清洁能源，同时尽量减少废弃和排放，使资源的投入和回收利用形成循环，最大限度地减少最终废弃物。同时，改变传统的资源粗放型、半手工机械的落后建造方式，将建筑生产转变成为一种工业化生产的现代化建造。而这种变革主要发生在物化阶段，因此，住宅产业化的推进与实施将有助于物化阶段减碳效能的显著提高，进而达到全生命周期的节能减排。表 10-9 是不同阶段下传统现浇生产方式和装配式生产方式碳排放的对比情况。

传统现浇和装配式生产方式碳排放的对比情况表　　　　表 10-9

阶段	传统现浇(kg/m^3)	装配式(kg/m^3)
1 建造阶段	340.768	241.175
1.1 构件制作阶段	—	202.665
1.2 构件运输阶段	—	5.723
1.3 现场施工阶段	—	32.788
2 使用阶段	1274.936	902.285
2.1 使用维护阶段	1257.186	889.745
2.2 报废拆除阶段	17.750	12.540
3 合计	1615.705	1143.46.

10.2.4　综合效益

从综合效益来看，装配式建筑较传统建造方式的优势非常明显。一是为建筑产业带来了生产和管理方式的改变。传统的生产方式其技术水平较低，以手工生产为主，机械化程度和劳动生产率都相对较低。而装配式建筑的出现使得建筑的生产方式发生了巨大变革，由现场手工操作向自动化生产转变，由劳动密集型向科技密集型转变，由单件定制向大规模生产转变，由资源粗放型向环境集约型转变。装配式建筑将建筑业向现代化、集约化、生态化推进，同时对建筑产业的管理方式产生巨大影响，使建筑生产管理由粗放式管理向集约化管理转变，政府管理由鼓励竞争向鼓励合作转变，项目管理由现场管理向工厂现场协同管理转变。二是提升了施工安全性。高发的施工安全事故严重地威胁着施工现场从业人员的人身安全，制约着建筑业的健康发展。我国 80% 以上的施工事故是由于人的不安全行为引起的，而装配式建筑的建造模式能够减少现场人员 50% 左右，则安全事故发生的概率也会相应减少 50%，进而提高现场安全性能约 40%。除此之外，生产工艺的转变也能提高现场的安全性，由生产工艺的改变至少可以提升施工安全性 20%。综合人员以及生产工艺两种重要因素的改变情况，装配式建筑至少可以整体提升施工安全性的 60%。三是带动了相关产业的发展。建筑业对我国的经济增长具有敏感性、超前性和关联性。建筑业的发展将关联性地带动房地产、建材、设备、机械、冶金等 30 多个行业上万种产品，还可以带动金融保险和中介服务等第三产业的发展。在建筑产业的整个链条中，主要包括房地产企业、施工单位、材料与设备供应商以及部品生产商等，企业之间通过获取土地、设计规划、工程施工、建材生产、构件销售、物业管理六个具体环节联系在一起，从而完成建筑的开发、建设到使用的整个过程。现阶段，装配式建筑的产业链已经基本形成，各个环节依存度逐渐增强，但是产业化程度较低。随着建筑工业化的发展，整个产业链将进一步整合，提升行业集中度；各环节分工将愈加明细，专业化程度将进一步提高。装配式建筑的发展将有利于实现建筑产业上下游企业之间的联合，使建筑业上下游企业间的合作越来越紧密。

但在目前，由于建筑工业化初期规模的限制，装配式建筑建造成本偏高，设备（机械）占10%、材料占60%、人工占30%，此外还包括固定资产。采用装配式方式建造的成本要高于传统建造方式的20%～40%，其主要影响因素及降价可能性如表10-10所示。

主要影响因素及降价可能性表　　　　　　　　　　　表10-10

因素	影响机理	降价可能性
土地	多采用加速折旧和摊销	合理确定折旧，摊销年限，构件固定成本可降低（50%以上）
厂房		
设备		
税费	重复计取	降低构件增值税
规模	规模过小	每年递增750亿以上产值
效率	技能不熟练	人工减少（30%），工期缩短（50%）
施工措施		脚手架，模板，安全围挡，暂设大幅度减少.

在未形成规模效应前，装配式建造的成本要高于传统方式是不争的事实，但是工业化方式能否被市场接受，关键要看工业化住宅的性能、价格是否具有优势。结合价值工程原理和成本收益理论可以看出装配式建筑的优势分为三个阶段，如图10-4所示。

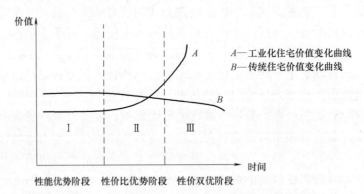

图10-4　装配式建筑与传统建筑的价值比对图

第一阶段：性能优势阶段。这个阶段是工业化住宅产品开始研发和生产初期，它的性能优于传统住宅，但是由于前期投入和刚投入市场价格较高，所以性价比低、价值低。这是主要面向一些高端的有支付能力的用户。

第二阶段：性价比优势阶段。随着技术的成熟工业化住宅产品的性能逐渐提高，此时价格也会相对下降，但是仍略高于现有住宅产品。此时性价比已超过现有住宅，工业化住宅开始慢慢被更多的用户所接受。

第三阶段：性能、价格双优阶段。随着时间推移，工业化住宅产品在市场上大量出现，已形成一定规模，此时工业化住宅不仅性能上超过现有住宅，而且价格也低于现有住宅价格，性价比越来越大，价值大幅提升。普通消费者也能购买得起工业化住宅，工业化住宅大面积推广时机已经到来。同时现有住宅的性能和价格方面均将失去优势而逐渐被市场所淘汰。

我国目前装配式建筑还处在第一阶段，性能占优势阶段，价格较高。成本较高的重要原因是尚未形成规模化，当建筑工业化形成规模效应，建筑成本和购买成本都会大大降低。目前，根据万科工业化实践经验，当开工面积达到 40 万 m^2，就可将项目成本降低到常规成本之下。

10.3　装配式建筑的激励政策

10.3.1　国内相关政策

根据中央和地方发布的住宅产业化关键政策，如表 10-11 所示，我国对装配式建筑的政策激励主要采用"制定发展目标""加大财政支持政策"和"完善技术支撑体系"三个方面。

建筑产业化相关措施和政策　　　　　　　　　　　表 10-11

地区	时间	文件名称/具体措施
国家	1999 年	国务院下发了《关于推进住宅产业化，提高住宅质量的若干意见》
	1999 年	《商品住宅性能认定管理办法》《住宅性能评价方法与指标体系》
	2012 年	住房城乡建设部《关于加快推动我国绿色建筑发展的实施意见》
	2013 年	国家发展改革委、住房城乡建设部《绿色建筑行动方案》
	2016 年 1 月	《建筑产业现代化发展纲要》
	2016 年 2 月	《中共中央国务院关于进一步加强城市规划建设管理工作的若干意见》
江苏省	2013 年	《江苏省绿色建筑行动方案》
	2015 年	《江苏省绿色建筑发展条例》
	2016 年	《江苏省建筑产业现代化发展水平监测评价办法》
北京市	2010 年	《关于推进本市住宅产业化的指导意见》《关于产业化住宅项目实施面积奖励等优惠措施的暂行办法》
上海市	2013 年	《关于推进本市装配式建筑发展的实施意见》
	2014 年	《上海市绿色建筑发展三年行动计划(2014—2016)》
深圳市	2016 年	《深圳市住房和建设局关于加快推进装配式建筑的通知》
沈阳市	2015 年	《沈阳市人民政府办公厅关于印发沈阳市推进建筑产业现代化发展若干政策措施的通知》

1. 制定发展目标

在制定发展目标方面，主要体现在规定装配式建筑在新建建筑中的比例和时间节点，部分城市对装配率、预制率、建筑类型提出了具体要求。如：①国家在《建筑产业现代化发展纲要》提出，到 2020 年，装配式建筑占新建建筑比例的 20% 以上，到 2025 年，装配式建筑占新建建筑的比例50%以上。②《江苏省建筑产业现代化发展水平监测评价办法》明确，南京市今年新开工的装配式建筑比例要达5.75%。③上海市在《关于推进本市装配式建筑发展的实施意见》提出"两个强制比率"的发展目标，2016年外环线以内符合条件的新建民用建筑全部采用装配式建筑，外环线以外超过50%；2017年起外环以外在50%基础上逐年增加。2016年单体预制装配率不低于40%。④深圳市规定，新出让的住宅用地项目、纳入"十三五"开工计划（含棚户区改造和城市更新等配建项目）独立成栋且截至本新政策发布之日尚未取得《建设用地规划许可证》的保障性住房项目，应当实施装配式建筑。

2. 加大财政支持政策

在财政支持政策方面，主要包括资金奖励、补贴、税收优惠、专项基金减免、容积率奖励、贷款优惠等。如：从地域层面来看，①国家在《绿色建筑行动方案》中提出"对达到国家绿色建筑评价标准二星级及以上的建筑给予财政资金奖励。制定税收方面的优惠政策，鼓励房地产开发商建设绿色建筑，引导消费者购买绿色住宅。金融机构可对购买绿色住宅的消费者在购房贷款利率上给予适当优惠"。②上海市对总建筑面积达到3万平方米以上，且预制装配率达到40%及以上的装配式住宅项目，每平方米补贴100元。单个项目最高补贴1000万元；对自愿实施装配式建筑的项目给予不超过3%的容积率奖励；装配式建筑外墙采用预制夹心保温墙体的给予不超过3%的容积率奖励；对装配式建筑的混凝土墙体部分，不计入新型墙体材料专项基金征收计算范围，装配式保障房免收新型墙体材料专项基金。明确装配式建筑工程项目可实行分层、分阶段验收，新建装配式商品住宅项目达到一定工程进度可进行预售。③深圳市要求装配式建筑优先采用EPC总承包模式；预制率达到40%，装配率达到60%及以上的装配式建筑项目，其在深圳市绿色建筑评价等级的基础上提高一个等级；装配式项目可缓交新型墙体材料专项基金，装配式保障房和棚户区改造可免收；对装配式、BIM等项目给予最多200万元人民币的资助；并对实施装配式的企业优先申报高新技术企业，优先推荐装配式建筑评奖等优惠政策。

从成本、效益的层面来看，各省市也正在逐步建立、完善相关的政策支持，以沈阳市为例，具体的政策如表10-12所示。

沈阳市建筑产业化成本和效益相关的政策　　　　　　　　表 10-12

分类	部门	具体措施内容
成本相关	规划国土局	土地出让时未明确要求但开发建设单位主动采用装配式建筑技术建设的房地产项目，在办理规划审批时，其外墙预制部分建筑面积（不超过实施产业化工程建筑面积之和的3%）可不计入成交地块的容积率核算
	建委、城建局	对于项目预制装配化率达到30%以上且全装修的工程项目，免缴建筑垃圾排放费
	建委、财政局	采用装配式建筑技术的开发建设项目主体竣工后，墙改基金、散装水泥基金即可提前返还
	建委、财政局	采用装配式建筑技术的开发建设项目，社会保障费以工程总造价扣除工厂生产的预制构件成本作为基数计取，首付比例为所支付社会保障费的20%
	人力资源社会保障局	采用装配式建筑技术的开发建设项目，可减半征收农民工工资保障金
	建委	采用装配式建筑技术的开发建设项目，安全措施费按照工程总造价的1%缴纳

分类	部门	具体措施内容
成本相关	建委	采用装配式建筑技术的开发建设项目,土建工程质量保证金以施工成本扣除预制构件成本作为基数计取,同时采用预制夹芯保温外墙板的项目提前两年返还质量保证金
	建委、财政局	设立建筑产业化示范工程建设扶持资金,每年预算安排5000万元,经市政府审定后,用于支持产业化示范工程项目建设。对具有示范效应的产业化工程项目,给予100元/平方米的补助,单个项目最高补贴500万元
	经济和信息化委	在我市的产业发展专项资金中,优先支持我市现代建筑产业化企业先进技术和设备引进、固定资产投资,对符合条件的项目,给予当年投资额5%、总额不超过1000万元的补助,或以股权投资方式给予支持
效益相关	建委	采用装配式建筑技术的开发建设项目,优先安排基础设施和公用设施配套工程
	房产局	采用装配式建筑技术的开发建设项目,预制构件采购合同金额可计入工程建设总投资,金额达到总投资额的25%以上且施工进度达到正负零,即可办理《商品房预售许可证》
	建委	优先支持应用产业化技术的企业和项目参加各类建筑领域的评优评先活动,并将产业化技术应用作为申报绿色建筑的必要条件。

3. 完善技术支撑体系

一方面明确装配式建筑发展的技术路径,完善装配式建筑住宅通用标准体系,包括装配式建筑设计、施工安装、构件生产和竣工验收;另一方面,明确装配式住宅技术认定的流程和方法。①2014年,国家发布了《装配式混凝土结构技术规程》JGJ 1—2014;2016年开始执行《工业化建筑评价标准》GB/T 51129—2015。②上海市先后发布了《装配整体式混凝土住宅体系设计规程》DG/T 108—2071—2010、《装配整体式住宅混凝土构件制作、施工及质量验收规程》DG/T 108—2069—2010等7本标准和图集;2015年,启动了《上海市建筑工业化核心技术研究与示范应用》《装配式住宅性能评定技术标准》《装配整体式叠合板混凝土结构技术规程》《装配式部品构件图集》等科研及标准、图集编制工作。上述标准规范与住房城乡建设部发布的相关标准规范互为衔接补充,基本满足当前上海装配式建筑发展的需求。③深圳市建设主管部门负责组织专家对装配式建筑项目进行技术认定,深圳市建筑工务署负责管理的装配式建筑项目可由市建设主管部门委托自行组织技术认定;对通过认定符合装配式建筑相关技术要求的项目,由深圳市建设主管部门或深圳市建筑工务署予以批复,作为办理相关优惠和政策支持的依据。

10.3.2　国外相关政策

在20世纪60年代,装配式建筑已在苏联、东欧的一些国家及法国出现,而后逐步推广到美国、加拿大及日本等国。目前,装配整体式混凝土结构在美国土木工程中的应用密度为35%,在俄罗斯50%,在欧洲35%～40%;美国和加拿大等国家的预制预应力混凝土结构在预应力混凝土用量中占80%以上。国外推行装配式住宅:一是政府调控和指导等产业政策的扶持,二是政府产业财政金融政策的鼓励,三是制定建筑部品标准化,四是建立建筑部品的认证制度,五是建筑产业集团的形成。

1. 欧洲

丹麦是世界上第一个将模数法律化的国家，其模数标准健全和高效的实施是建筑工业化的诞生标志。丹麦将"产品目录设计"作为中心构建通用体系，各厂家生产的通用部件都纳入《通用体系产品总目录》，设计人员从中选择适当产品进行住宅设计，并在通用化的基础上实现个性化和多样化。

瑞典的研究是在大型预制混凝土工业系统中开发建筑部品通用系统。在1940年，瑞典开始研究建筑模数协调标准。在1960年大规模建设时，逐步将建筑标准组件纳入瑞典工业标准（SIS）。瑞典装配式建筑的发展规律：一是依据较完善的标准体系来发展其通用部品，二是政府以标准化和贷款制度为主要手段强力推进建筑工业化，三是用先进的装配式技术来拓展全球建筑市场。

法国的建筑工业化经历了两代。"第一代建筑工业化"在1960年采用全装配化大板和工具式模板现浇为主。到20世纪70年代，住房需求减少，"第二代建筑工业化"逐步发展，为了适应构配件制品和设备的发展，1977年构件建筑协会（ACC）成立，并于次年制定了"尺寸协调规则"。法国住房部于1978年提出"构造体系"。1981年法国制定出25种工业化建筑体系，其中以混凝土预制体系为核心。

2. 日本

20世纪50年代，日本开始推行建筑工业化，从美国引进了板柱构造体系，从法国引进了由"构件建筑协会"研发的积木构造体系，从荷兰引进了开放式建筑体系，对住宅实行部品化、批量性生产。1970年，日本建筑技术和住宅形式有很多创新，为保证住宅建筑质量，政府在制度上制定了较为苛刻的审核制度，引导民间企业良性成长。1974年日本新建BL部品（优良住宅部品）认定制度取代了20世纪70年代以前实行的KJ部品（公共住宅用标准部品），通过对其性能等的认证来采取民间的部品并将其在全国推广使用。1999年，日本住宅部件开发中心制定了《优良住宅部件目录》，该目录有一套比较完整、科学的标准化方法，生产企业按目录生产以保证产品质量。同年，日本建立了性能表示制度来评价社会住宅的存量，为住宅的物理性能提供了一个客观的评价体系。

日本政府的政策是依据建筑市场的变化不断推进的。积极借鉴国外经验、研发新型工业化结构体系以满足建设速度的需求；确立完备的标准化体系和技术集成体系，并为下一阶段的大量建设时期打下了坚实的基础；建设需求减少时，政府让位于民间企业，通过政策扶植使得他们积极地投身于产业化的发展，同时政府建立了完备而苛刻的产品检测体系对开发商和部品生产商起到引导的作用。最后，应对老龄化、可持续发展等一系列需求，建筑产业化面向差异性群体的多种类需求多向发展。

3. 新加坡

20世纪70年代，装配式技术在新加坡仅用在预制管涵、预制桥梁构件上，到20世纪80年代早期，新加坡建屋发展局（HDB）开始逐渐将装配式建筑理念引入住宅工程，并称之为建筑工业化。20世纪90年代初，新加坡的装配式住宅已颇具规模，全国12家预制企业，年生产总额1.5亿新币，占建筑业总额的5%。目前，87%的新加坡居民住在装配式政府租屋。

新加坡的装配式建筑发展政策主要从鼓励生产应用以及提升装配式建筑住宅市场需求两个方面入手。建设局（BCA）通过设立易建性设计评分，从设计阶段为切入点，以减少建筑工地现场工人数量，提高施工效率，引导施工方式的改进。易建性评分属于设计阶段的强制性规范，BCA 对提高生产力所使用的工具或者施工方法采取奖励计划（Mech-C and PIP）。Mech-C 计划倾向于对设备采购方面的奖励和补助，该计划最高可奖励企业 20 万新币；PIP 是对一切先进的施工模式、施工材料等进行奖励，BIM 的使用可申请并获得每项高达 20 万新币的奖励。现阶段，新加坡建屋发展局（HDB）在新加坡租屋项目中推行建筑工业化。新建租屋的装配率达到 70%，部分租屋装配率达到 90%。

新加坡的装配式施工技术主要应用于租屋建设。在 HDB2014 版的装配式设计指南中，对于构件的户型设计、模数设计、尺寸设计、标准接头设计等都做出了规定，同时对预制构件的节点设计也做出了相应规定。新加坡对租屋施工企业进行严格的质量监管，每个工程预制构件的第一批生产和吊装必须有建屋发展局官员见证和指导。此外，新加坡建立了对租屋工程所用的建筑材料规范化管理，批准并要求选用合格的建材生产商，对工程中所有材料进行定期检查，规范材料检查间隔和要求。

本章小结

本章主要包括装配式建筑的成本构成、效益分析和国内外政策。目前而言，我国装配式建筑的成本普遍高于现浇成本，仅当装配式建筑的建造产生了规模效应，其成本效益才能明显提高。而装配式建筑的推进需要国家政策的大力支持，只有加强财政支持、不断完善技术规范，才能促进装配式建筑的发展，维护装配式建筑市场有序运行。

本章从装配式建筑设计、生产、物流和安装四个方面，分析了装配式建筑在设计和施工阶段与传统建筑成本之间的差异。其中，装配式建筑的设计成本要高于现浇建筑，合理拆分预制构件是降低设计成本的关键。预制构件的生产成本由直接材料费、直接人工费和制造费用组成，现需要国家及地方政府及管理机构推行预制构件定额，以便装配式建筑市场的有序运行。物流成本不同于一般项目的物流活动，具有一次性、整体关联性、工序不确定性、技术复杂性和过程风险性等特征。安装成本部分，应当注意装配式建筑安装各项预制构件产生的费用情况。装配式建筑的效益从时间、质量和环境三个方面进行了展开，并论证了装配式建筑对建筑行业、社会产生的综合效益。装配式建筑的建造缩短了施工的周期，减少了现场工人的数量，极大提升了建筑产品的质量和性能，并满足了国家"四节一环保"的政策要求，有利于建筑业生产和管理方式的改革。需要注意的是，我国正处于装配式建筑发展的第一阶段，需要国家的大力推进，形成规模效应，才能降低建筑成本，达到性能、性价双优。在政策方面，我国中央和地方政府普遍从制定发展目标、加大财政支持和完善技术支撑体系三个方面鼓励装配式建筑的发展。相较国外的政策，我国需不断完善装配式建筑结构体系规范和部品标准，发挥各建筑行业协会的带头作用，建立我国装配式建筑设计、生产、施工的监督管理体系。

思考与练习题

10-1　设计单位应为装配式建筑建设提供哪些服务？设计服务计费应如何计算？

10-2　装配式建筑的生产成本的组成有哪些？其中预制构件的生产费用有哪些？

10-3　什么是装配式建筑的物流成本？其物流特点是什么？

10-4　装配式建筑的建安成本由哪些费用组成？其构件安装部分的费用应如何计入？

10-5　装配式建筑较传统建筑方式能够带来哪些效益？

10-6　结合具体工程，试从时间、质量和环境三个角度分析装配式建筑的经济效益。

10-7　目前我国中央政府最新发布哪些文件以支持装配式建筑发展？对装配式建筑的发展目标提出了哪些要求？

10-8　试以某省市为例，分析近年来政府为促进装配式建筑发展的各类政策与措施。

第 11 章 工 程 实 例

本章要点及学习目标

本章要点：

本章主要介绍了装配式框架结构、装配式剪力墙结构、装配式钢结构和装配式盒式结构四种装配式结构的工程案例，重点介绍了工程概况、结构设计及分析、关键技术和优势、技术经济分析等，加深读者对不同装配式结构体系的理解和把握。

学习目标：

(1) 了解不同装配式结构体系工程应用背景；(2) 了解不同装配式结构体系工程应用中设计和分析的关键要点；(3) 了解不同装配式结构体系的技术经济指标。

11.1 南京上坊保障性住房项目——装配式混凝土框架结构实例

11.1.1 工程概况

该工程为南京上坊北侧经济适用房项目 4 地块 6-05 栋，位于南京市江宁区东山街道，建筑功能为保障性廉租住房。工程所在地属于夏热冬冷地区。开发建设单位为万科集团下属的南京万晖置业有限公司，设计单位为南京长江都市建筑设计股份有限公司，中国建筑第二工程局有限公司负责施工，预制构件的生产单位是南京大地建设新型建筑材料有限公司，监理单位是扬州市建苑工程监理有限责任公司。

整栋建筑总建筑面积为 10380.59m²，其中地下建筑面积为 655.98m²，地上建筑面积为 9724.61m²，项目建筑高度为 45m。地下一层为自行车库，地上共十五层，底层为架空层，二至十五层为廉租房，共计 196 套。

本工程中柱、梁、楼板、外墙、内墙、阳台、女儿墙、楼梯等均采用预制构件，采用精装修并应用整体卫浴，实现了无外模板、无脚手架、无砌筑、无抹灰的绿色施工目标。项目标准层预制率为 65%，整体装配率为 81%。装配式建筑技术配置分项表如表 11-1 所示。

装配式建筑技术配置分项表　　　　　　　　　　　　　　　　表 11-1

阶段	技术配置选项	备注	项目实施情况
标准化设计	标准化模块,多样化设计	标准户型模块,内装可变; 核心筒模块;标准化厨卫设计	●
	模数协调		●

续表

阶段	技术配置选项	备注	项目实施情况
工厂化生产/装配式施工	预制外墙	蒸压轻质加气混凝土板材（NALC板）	●
	预制内墙	蒸压轻质加气混凝土板材（NALC板）	●
	预制叠合楼板		●
	预制叠合阳台		●
	预制楼梯		●
	楼面免找平施工		●
	无外架施工		●
一体化装修	整体卫生间		●
	厨房成品橱柜		●
信息化管理	BIM策划及应用		●
绿色建筑	绿色星级标准		绿色三星

11.1.2　结构设计及分析

1. 体系选择及结构布置

本项目采用装配整体式框架钢支撑结构体系。在国家标准《预制预应力混凝土装配整体式框架结构技术规程》JGJ 224—2010 的基础上，对预制预应力框架体系（简称世构体系）进行了创新，采用了全新的装配整体式框架钢支撑体系。该体系的采用提高了结构的整体抗震性能，同时提高了建筑的预制装配率，使其成为全国框架结构中预制率最高的工程，同时施工也更加便捷。

本项目标准层平面图、结构布置示意与实景图如图 11-1～图 11-3 所示。

2. 结构分析及指标控制

本项目抗震设防烈度为 7 度（第一组）0.10g，建筑高度为 45m，达到《预制预应力混凝土装配式整体式框架结构技术规程》JGJ 224—2010 规定的预制框架结构最大高度，结构设计初期阶段通过对三种结构体系框架结构、框架剪力墙结构、框架钢支撑结构分别计算比较，最终选择框架钢支撑体系，具体计算参数如表 11-2～表 11-4 所示。

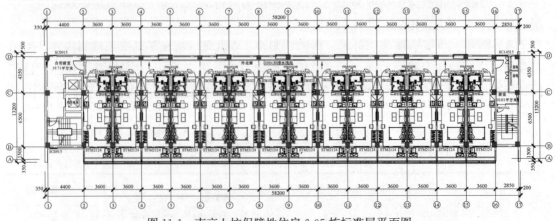

图 11-1　南京上坊保障性住房 6-05 栋标准层平面图

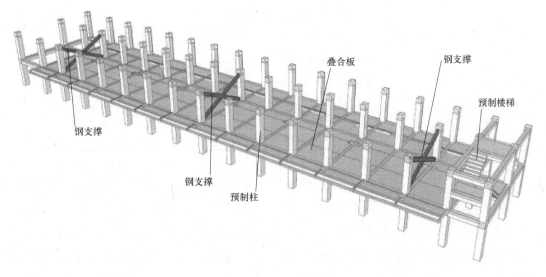

图 11-2 南京上坊保障性住房 6-05 栋结构布置示意

图 11-3 南京上坊保障性住房 6-05 栋实景

振型及周期 表 11-2

振型	周期(s)			平动系数（X＋Y）		
	框架结构	框架-剪力墙	框架钢支撑	框架结构	框架-剪力墙	框架钢支撑
1	1.8284	1.5008	1.5770	0.00＋1.00	1.00＋0.00	1.00＋0.00
2	1.5692	1.4685	1.4800	0.65＋0.00	0.00＋1.00	0.00＋0.98
3	1.5427	1.2811	1.3112	0.00＋0.25	0.00＋0.02	0.00＋0.02

地震作用下位移　　　　　　　　　　　　表 11-3

方向	位移			位移此		
	框架结构	框架-剪力墙	框架钢支撑	框架结构	框架-剪力墙	框架钢支撑
X 向	1/1350	1/1256	1/1335	1.06	1.05	1.06
Y 向	1/969	1/1197	1/1267	1.25	1.18	1.18

风荷载作用下位移　　　　　　　　　　　表 11-4

方向	位移			位移此		
	框架结构	框架-剪力墙	框架钢支撑	框架结构	框架-剪力墙	框架钢支撑
X 向	1/9999	1/9999	1/9999	1.11	1.11	1.12
Y 向	1/2024	1/3289	1/3359	1.15	1.05	1.06

结构计算结果中的框架结构体系第二振型扭转较明显，根据计算结果需增加结构的抗扭刚度。

框架-剪力墙结构及框架钢支撑结构，两种结构体系在地震作用下第一、第二基本振型均为纯平动，位移及位移比都在规则结构要求的范围内，各项计算参数均满足设计要求，说明增加剪力墙或钢支撑后结构的扭转得到了很好的控制。

在三种体系中框架-剪力墙结构的刚度最大，地震中耗能最大。如根据《预制预应力混凝土装配整体式框架结构技术规程》JGJ 224—2010 的相关规定：装配整体式框架-剪力墙结构中的剪力墙部分必须现浇，会增加现场施工中的湿作业量，同时也会使整体工程的施工周期延长，不符合该项目作为试点示范项目的特点。

经过比较最终选择采用框架钢支撑结构体系，增设钢支撑（图 11-4）后，有效提高了结构的抗侧性能及整体抗震能力，钢支撑代替现浇剪力墙

图 11-4　现场钢支撑

减少了现场湿作业，提高了预制装配率，该全装配整体式框架钢支撑结构体系已经获得国家实用新型专利。

11.1.3　关键技术及优势

1. 预制混凝土柱

《预制预应力混凝土装配整体式框架结构技术规程》JGJ 224—2010 中规定柱可以采用多节柱，但是通过对构件及节点的研究发现采用多节柱时主要存在如下问题：

（1）多节柱的脱膜、运输、吊装、支撑都比较困难；

（2）多节柱吊装过程中钢筋连接部位易变形，进而构件的垂直度难以控制；

（3）多节柱梁柱节点区钢筋绑扎困难以及混凝土浇筑的密实性难以控制。

经过研究同时参考国内外最新预制装配技术，认为多节预制柱应用于高层建筑中的垂直误差控制较难，施工累计误差会影响到结构的安全，同时节点抗震性能难以保证。故本项目设计中决定将多节柱改为单节柱（图 11-5），每层可以保证柱垂直度的控制调节，进而也使建筑的预制装配构件完全标准化，从制作、运输、吊装均采用标准化操作，简单，易行，保证质量控制。柱截面尺寸主要采用：600mm×550mm，600mm×500mm，550mm×550mm，550mm×500mm。

图 11-5 单节预制混凝土柱

2. 预制预应力混凝土叠合板

本项目楼板全部采用预制预应力混凝土叠合板（图 11-6）。传统的现浇楼板存在现场施工量大，湿作业多，材料浪费多，施工垃圾多，楼板容易出现裂缝等问题。预应力混凝土叠合板采取部分预制、部分现浇的方式，其中预制板在工厂内预先生产，现场安装，不需模板，施工现场钢筋及混凝土工程量较少，板底不需粉刷抹平，同时预应力技术使得楼板结构含钢量减少，支撑系统脚手架工程量为现浇板的 31％左右，现场钢筋工程量为现浇板的 30％左右，现场混凝土浇筑量为现浇板的 57％左右。本项目中叠合楼板设计为厚140mm，其中预制板厚 60mm，叠合层厚 80mm。

图 11-6 预制预应力混凝土叠合板

3. 柱间连接技术

本项目预制柱间的连接采用的套筒灌浆连接技术，相比于传统预制构件内浆锚搭接连接、焊接等连接技术，该技术具有连接长度大大减少、构件吊装就位方便等突出优点。灌浆料为流动性很好的高强度材料，在压力作用下可以保证灌浆的密实性，大量试验已证实套筒灌浆连接技术可达到钢筋等强连接的效果。

预制柱内套筒钢筋的连接长度仅仅为 $8d$，现场预制柱吊装后采用专用的灌浆机进行压力灌浆，灌浆料的 28d 强度需大于 85MPa，24h 膨胀率约为 $0.05\% \sim 0.5\%$，大量工程实践已验证了套筒灌浆连接技术（图 11-7）的可靠性，是《装配式混凝土结构技术规程》JGJ 1—2014 中推荐的连接方式。

图 11-7　直螺纹灌浆套筒

4. 梁柱节点

本项目预制梁柱节点采用了键槽后浇技术。叠合梁在预制构件厂生产时，梁端预留键槽，键槽净空尺寸：500mm×200mm×210mm（长×宽×高），键槽壁厚 50mm。键槽钢筋绑扎时，为确保钢筋位置的准确，键槽预留"U"形开口箍，待梁柱钢筋绑扎完成，在键槽上安装"∩"形开口箍与原预留"U"形开口箍双面焊接，焊接时搭接长度 5d。梁柱支座节点钢筋连接采用端锚新技术，解决了钢筋锚固施工困难的问题，同时解决单节柱与柱接头钢筋连接、绑扎的施工难题。采用端锚新工艺，可减少成本一半，提高工效一倍。

5. 围护墙体

本项目内外填充墙采用蒸压轻质加气混凝土隔墙板（NALC），板材在工厂生产、现场拼装，替代了现场砌筑和抹灰工序。

NALC 板自重轻，密度为 500kg/m³，对结构整体刚度影响小。板材强度较高，立方体抗压强度不小于 4MPa，单点吊挂力不小于 1200N，能够满足各种使用条件下对板材抗弯、抗裂及节点强度要求，是一种轻质高强围护结构材料。

NALC 板具有较好的保温性能（$\lambda = 0.13W/m \cdot k$），本工程南北外墙采用 150mm 厚 ALC 自保温板，东西山墙采用 100mm 厚的外墙板与 75mm 厚的内墙板形成的组合拼装外墙；内分户隔墙采用 150mm 厚的 ALC 板，其余内隔墙采用 100mm 厚的 ALC 板。建筑节能率达到 65% 标准。

此外，该材料还具有很好的隔声性能和防火性能，NALC 板材生产工业化、标准化，

图 11-8　加气混凝土自保温外墙板

可锯、切、刨、钻，施工干作业，加工便捷，其施工效率是传统砖砌体的 4～5 倍，材料无放射性，无有害气体逸出，是一种适宜推广的绿色环保材料，如图 11-8 所示。

6. 阳台及楼梯

预制叠合阳台板（图 11-9）是预制装配式住宅经常采用的构件。阳台板上部的受力钢筋设在叠合板的现浇层，并伸入主体结构叠合楼板的现浇层锚固，达到承受阳台荷载连接主体结构的功能。一般的预制叠合阳台板大多仅有上层钢筋与主体相连，存在着支座处刚度与结构设计分析有差距、整体性较差、外挑长度大时在竖向地震力作用下有安全隐患等问题。目前部分预制叠合板式阳台是通过采用下部钢筋预留，插入主体结构梁钢筋骨架的方式来解决预制叠合阳台板与主体的连接问题，但预留板下部筋在构件的制作、运输、安装、吊装就位等程序上增大了操作难度，施工误差大且机械利用效率低。

本工程在预制叠合阳台板现浇层底部加设了与主体梁的连接钢筋，解决了上述问题。

本项目 2～15 层楼梯梯段采用预制混凝土梯板，梯板与主体结构间连接节点采用叠合的方式或直接预留钢筋，待梯板吊装就位后再进行节点现浇。

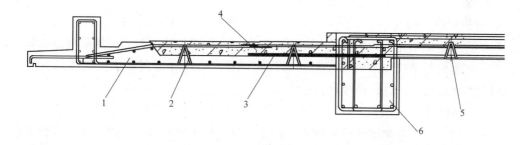

图 11-9　预制叠合阳台板

1—预制阳台板；2—阳台板中钢筋桁架；3—阳台板底部附加与主体梁的拉结筋；
4—阳台现浇叠合层；5—预应力板中的桁架筋；6—预制框架梁

7. 厨房和卫生间

本项目在方案阶段进行装修与土建一体化设计，通过优化卫生间设计，首次在我省保障性住房中采用整体式卫生间，厨房采用成品橱柜（图 11-10），最大程度的减少现场湿作业，避免传统卫生间渗漏问题，消除质量通病。

为推广应用整体卫浴，长江都市建筑设计股份有限公司专门进行了传统卫生间与整体式卫生间施工技术经济成本比较，最终采用整体式卫生间，提高了整个建筑的工业化、工厂化水平。产品采用苏州科逸生产整体卫浴，全部构件在工厂预制生产，现场拼装完成。其最大的特点就是摒弃水泥加瓷砖的湿作业，采用 FRP/SMC 航空树脂作为原材料，底盘、墙板等主要部件均为大工厂作业成型。产品具备独立的框架结构及配套的功能性，一套成型的产品既是一个独立的功能单元，可以根据使用需要装配在任何环境中。

整体卫浴间（图 11-11）的底盘、墙板、天花板、洗面台等采用 SMC 复合材料制成，具有材质紧密、表面光洁、隔热保温、防老化及使用寿命长等优良特性。整体卫浴间中的卫浴设施均无死角结构而便于清洁。

图 11-10　成品橱柜

图 11-11　整体式卫生间

本项目安装方便，避免以往毛坯造成的二次装修浪费和垃圾污染。集成式卫生间合理的布局节约了使用空间，同时具有耐用不渗漏、隔热节能、易于清洗的特点。

11.1.4　技术经济性分析

1. 直接经济效益

本项目通过采用先进的集成技术，分别在取消外脚手架施工技术、承插型盘扣式支撑架技术、预制构件吊装组装技术、预制梁柱端锚技术、NALC 板墙体施工技术五个方面取得较好的经济效益，总计产生经济效益 858.61 万元。

2. 施工用工及工效分析

本项目采用全预制装配式结构体系，由于大量使用了预制构件，现场施工人员大大减少，通过与本小区 8-02 栋对比分析，可以看出，预制装配式技术在钢筋混凝土工程和围护墙体工程方面均比普通现浇混凝土工程减少 50% 的施工时间，有利于减少施工人员工资成本，同时减少了施工过程中对环境的影响，具有较好的经济效益和环境效益。

此外，本项目全 PC 结构外防护采用盘销承插工具式三脚架，取消传统外脚手架，节省了周转材料。对比现浇结构，模板用量是本项目的 29.6 倍，木方用量是本项目的 3.8 倍，内支架用量是本项目的 2.6 倍。同时由于取消了外脚手架，大量减少了外脚手架使用的工字钢、扣件、钢丝绳等材料，外架钢管用量仅为现浇结构的 6%，极大地节约了周转材料的使用和消耗。

3. 成本增量

本项目单方造价较现浇结构增加约 500 元/m²，主要增量成本在预制结构构件方面，主要由于本项目仅建设1栋，预制构件的模具分摊成本较高，随着工业化住宅的大规模推广应用，预制结构体系的成本将快速下降。

11.2　合肥中海央墅项目

11.2.1　工程概况

该项目为合肥中海央墅项目A-01号楼～A-06号楼，建筑功能为高层住宅，位于合肥市包河区龙川路北侧。开发建设单位为中海宏洋海富（合肥）房地产开发有限公司，设计单位为南京长江都市建筑设计股份有限公司，施工单位为中建国际投资（合肥）有限公司，构件生产单位为中建国际安徽海龙建筑工业有限公司。该项目于2017年12月完成主体结构施工。

合肥中海央墅项目A-01号楼～A-06号楼由六栋高层住宅组成，总建筑面积42769m²。各栋建筑信息详见表11-5。

建筑信息一览表　　　　　　　　　　　　　表11-5

栋号	A-01号楼	A-02号楼	A-03号楼	A-05号楼	A-06号楼
层数	17F/1D	16F/1D	17F/1D	17F/1D	16F/1D
建筑高度(m)	51.80	48.80	51.80	51.80	48.80
建筑面积(m²)（不含地下室）	8759.9	8244.6	8759.9	8759.9	8244.6

11.2.2　结构设计及分析

1. 体系选择及结构布置

本项目的标准层平面采用模块化组合设计方法，由标准模块和核心筒模块组成。方案设计对套型的过厅、餐厅、卧室、厨房、卫生间等多个功能空间进行分析研究，在单个功能空间或多个功能空间组合设计中，用较大的结构空间来满足多个并联度高的功能空间要求，通过设计集成在套型设计中，并满足全生命周期灵活使用的多种可能；对差异性的需求通过不同的空间功能组合与室内装修来满足；从而实现了标准化设计和个性化需求在商业地产项目成本和效率兼顾前提下的适度统一。

本项目均采用一个标准户型模块、一个标准厨房模块、一个标准卫生间模块，进行组合拼装，结合建设单位要求确定套型采用的开间、进深尺寸，建立标准户型模块，且能满足灵活布置的要求。结构主体采用装配整体式剪力墙结构体系，标准户型内部局部则采用轻质隔墙进行灵活划分。

项目预制构件布置平面、标准层BIM模型、效果图等见图11-12～图11-15。

2. 结构分析及指标控制

本项目抗震设防烈度为7度（第一组）0.10g，场地土类别为Ⅲ类，基本风压（50年一遇）为0.4kN/m²，选取1号楼进行介绍，具体计算参数见表11-6～表11-8。

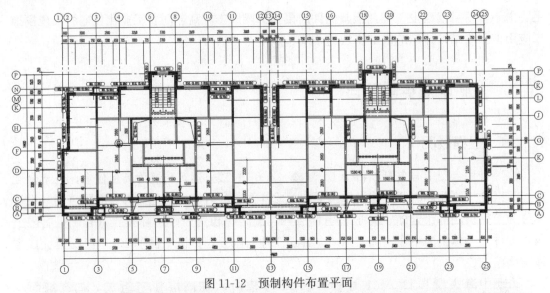

图 11-12　预制构件布置平面

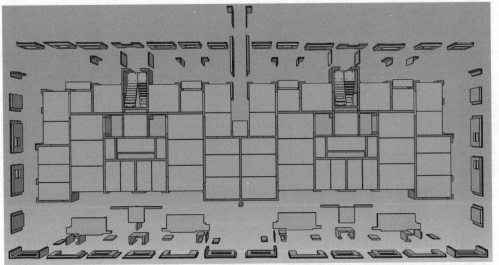

图 11-13　标准层结构布置示意

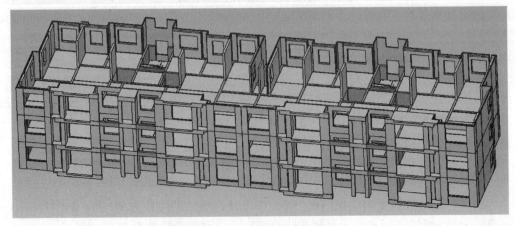

图 11-14　标准层 BIM 模型

图 11-15　建筑效果图

振型及周期　　　　　　　　　　　　　表 11-6

振型	周期（秒）	转角（度）	平动系数	扭转系数
1	2.0827	1.05	0.99(0.99+0.00)	0.01
2	2.0037	91.33	1.00(0.00+1.00)	0.00
3	1.7594	75.65	0.06(0.02+0.04)	0.94
4	0.6205	0.27	0.98(0.98+0.00)	0.02
5	0.5570	90.46	1.00(0.00+1.00)	0.00
6	0.4998	84.95	0.08(0.02+0.06)	0.92

$T_t/T_1 = 1.7594/2.0827 = 0.84 < 0.9$；$T_t/T_2 = 1.7594/2.0037 = 0.88 < 0.9$；满足规范要求。

结构底部地震剪力、地震倾覆力矩和地震剪力系数　　　　表 11-7

底部地震剪力（kN）		底部地震倾覆力矩（kN·m）		底部地震剪力系数			有效质量系数		
X 方向	Y 方向	X 方向	Y 方向	X 方向	Y 方向	限值	X 方向	Y 方向	限值
2323.43	2647.38	81090.75	82428.87	1.66%	1.78%	≥1.6%	96.5%	96.24%	≥90%

风荷载作用下位移　　　　　　　表 11-8

风荷载作用下的弹性位移角			地震作用下的弹性位移角			规定水平力下楼层最大位移/楼层平均位移	
X 方向	Y 方向	规范限值	X 方向	Y 方向	规范限值	X 方向	Y 方向
1/1425	1/1537	≤1/1000	1/3817	1/1446	≤1/1000	1.22	1.23

11.2.3　装配化应用技术及指标

1. 预制构件选用

本项目预制构件主要包括预制剪力墙、钢筋桁架叠合楼板、预制叠合阳台、预制阳台隔板、预制飘窗、预制空调板、预制混凝土梯段板。

本项目预制构件选用，遵循标准化、模数化的原则，在方案阶段，协调考虑预制构件的大小与开洞尺寸，尽量减少预制构件的种类。例如预制阳台板与阳台隔板，制作简单复制率高；预制楼板与 PCF 板，制作简单且成本增量低；预制剪力墙，对提高预制率有较大作用；若存在多个单元相同楼梯，楼梯则采用统一标准，而非镜像关系。

设计阶段考虑到吊装、运输条件和制作成本，通过比较，构件为单个重量不大于 4t 时运输、吊装相对顺利，运输、施工（塔吊）的成本也会降低。因此，本项目最重剪力墙构件重量控制为 4.91t。预制墙板的高度以楼层高度为准，宽度以容易运输和生产场地限制考虑，最大未超过 3.0m。预制楼板宽度也以容易运输和生产场地限制考虑，大部分控制在 3m 以内。预制飘窗每块约重 3.56t；预制阳台板每块约重 3.23t；预制阳台隔板每块约重 0.4~1.3t。

2. 装配化应用技术及指标

本项目主体结构部分地下室~四层楼面及屋面采用现浇外，其余四层楼面以上结构部分采用装配式混凝土剪力墙结构，预制率达到 33%。装配式建筑技术配置详见表 11-9，主体结构装配化技术应用情况如下：

装配式建筑技术配置分项表　　　　　　表 11-9

阶段	技术配置选项	备注	项目实施情况
标准化设计	标准化模块，多样化设计	标准户型模块，内装可变；核心筒模块；标准化厨卫设计	●
	模数协调		●
工厂化生产/装配式施工	外墙	预制夹心保温外墙板	●
	内墙	陶粒混凝土轻质墙板	●
	楼板	钢筋桁架叠合楼板	●
	阳台	预制叠合阳台	●
	空调板	预制空调板	●
	飘窗	预制飘窗	●
	预制楼梯	预制混凝土梯段板	●
	楼面免找平施工		●
	无外架施工		●
	成品栏杆		●

续表

阶段	技术配置选项	备注	项目实施情况
一体化装修	整体卫生间		●
	厨房成品橱柜		●
	成品木地板、踢脚线		●
	成品套装门		●
信息化管理	BIM策划及应用		●
预制装配率		根据《合肥市装配式混凝土结构预制装配率计算方法（试行）》	61.5%
绿色建筑	绿色星级标准		绿色二星
健康建筑	健康星级标准		健康二星

（1）结构外墙采用预制夹心保温外墙板。

（2）水平构件（叠合楼板、阳台板、楼梯、空调板）全部采用预制构件，其中楼面采用钢筋桁架叠合楼板，阳台采用预制叠合阳台，楼梯采用预制混凝土梯段板。

非结构构件装配化技术应用情况如下：

（1）内围护填充墙体采用成品板材，填充墙均采用陶粒混凝土轻质墙板，装配率100%。

（2）外围护构件采用预制飘窗、预制阳台分户墙。

（3）楼梯、阳台等栏杆采用成品组装式栏杆，装配率100%。

（4）内装部品采用整体橱柜系统、整体收纳系统、成品套装门、成品木地板、集成吊顶、集成管线，装配率100%。

11.2.4　主要构件及节点设计

1. 预制混凝土剪力墙

本项目外圈剪力墙采用预制夹心保温外墙板（图11-16）。预制夹心保温外墙板设计满足现行国家相应标准规范的要求。剪力墙竖向钢筋的连接采用钢筋套筒灌浆连接。

预制剪力墙采用预制夹心保温外墙板，即将结构的剪力墙、保温层、混凝土模板（即外叶墙板）预制在一起。在保证了结构安全性的同时，兼顾了建筑的保温节能要求和建筑外立面的装饰效果，进而实现施工过程中无外模板、无外脚手架、无砌筑、无粉刷的绿色施工。建筑内部仅在预制剪力墙拼接处浇筑混凝土，模板用量以及现场模板支撑及钢筋绑扎的工作量大大减少。

项目采用的预制夹心保温外墙板由60mm厚混凝土外叶墙板、30mm厚B1级挤塑聚苯板保温层以及200mm厚钢筋混凝土内叶墙板组成。

预制剪力墙在拆分时遵循以下原则：

（1）综合立面表现的需要，应结合结构现浇节点及装饰挂板，合理拆分外墙。

（2）注重经济性，通过模数化、标准化、通用化、少规格、多组合，减少板型，节约造价。

（3）制定编号原则，对每个墙板构件进行编号，每个墙板既有唯一的身份编号又能在编号中体现重复构件的统一性。

（4）预制构件大小的确定需考虑运输的可行性和现场的吊装能力。

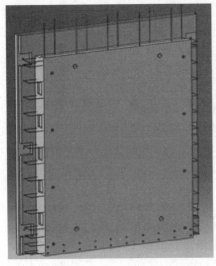

图 11-16　含保温层的预制混凝土剪力墙

2. 钢筋桁架叠合楼板

本项目楼板采用钢筋桁架叠合楼板（图 11-17），传统的现浇楼板存在现场施工量大、湿作业多、模板多、施工垃圾多、楼板容易出现裂缝等问题。钢筋桁架叠合楼板采取部分预制、部分现浇的方式。与现浇板相比，钢筋桁架叠合楼板的支撑系统脚手架工程量、现场模板量、现场混凝土浇筑量均较小，所有施工工序均有明显的工期优势。

图 11-17　预制预应力混凝土叠合板

由于本项目楼板不加施预应力，为了保证楼板在生产及施工过程中的刚度，同时为了增加预制层和叠合层间的整体性，在预制层内预埋设桁架钢筋。桁架筋应沿主要受力方向布置，距板边不应大于 300mm，间距不宜大于 600mm，桁架筋弦杆混凝土保护层厚度不应小于 15mm。本项目所使用的钢筋桁架叠合楼板预制层为 60mm，现浇叠合层为 80mm，水电专业在叠合层内进行预埋管线布线，保证叠合层内预埋管线布线的合理性及施工质量。

钢筋桁架叠合楼板设计时遵照标准化、模数化、尽量减少板型节约造价，以及综合考虑运输、吊装及实际结构条件尽量采用大尺寸楼板的原则。本项目中，装配式剪力墙住宅的卧室、起居室等户内空间楼板采用叠合楼板，走廊及核心筒等公共部位采用现浇楼板；叠合楼板的建筑设备管线布线结合楼板的现浇层统一考虑；需要降板的房间位置及降板范围，结合结构的板跨、设备管线等因素进行设计，为房间的可变性留有余地，降板结构方式采用折板方式；连接节点构造设计满足结构、防水、防火、保温、隔热、隔声及建筑造型设计等要求。

3. 阳台及楼梯

本项目阳台采用预制叠合阳台板（图 11-18、图 11-19）。阳台板连同周围翻边一同预制，现场连同预制阳台隔板共同拼装成阳台整体。阳台板叠合层厚度为 60mm，叠合层内预埋桁架钢筋用于增强阳台板的强度、刚度，并增强其与现浇层的整体连接性能。施工时，现场仅需绑扎上部钢筋，浇筑上层混凝土，施工快捷。

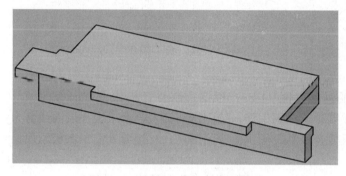

图 11-18 预制叠合阳台板示意图　　　　　图 11-19 预制叠合阳台板

本项目楼梯采用预制混凝土梯段板（图 11-20）。传统的现浇楼梯现场模板工作量大，湿作业多，钢筋弯折、绑扎工作量大。本项目采用的预制混凝土梯段板，梯段内无钢筋伸出，施工安装时，梯段两端直接搁置在楼梯梁挑耳上，一端铰接连接，一端滑动连接。构件制作简单、施工方便、节省工期、大大减少现场的工作量，并且减少了楼梯构件对主体结构地震时的影响。

预制楼梯采用清水混凝土饰面，采取措施加强成品保护。楼梯踏面的防滑构造在工厂预制时一次成型，节约人工、材料和后期维护，节能增效。

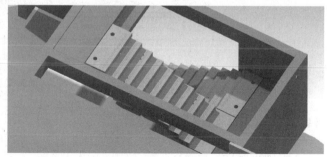

图 11-20 预制混凝土梯段板

4. 主要节点设计

1）剪力墙钢筋连接

本项目预制剪力墙内竖向钢筋采用的套筒灌浆连接方式，此连接方式相对于传统预制构件内浆锚搭接连接等方式具有连接长度大大减少、构件吊装就位方便的特点（图11-21、图11-22）。灌浆料为流动性好的高强度材料，在压力作用下可以保证灌浆的密实性，是目前预制装配混凝土结构竖向钢筋连接的主要接头连接技术。

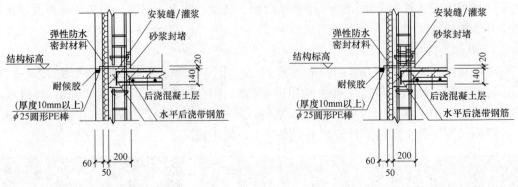

图 11-21　剪力墙连接示意　　　　　　　　图 11-22　剪力墙边缘构件连接示意

2）预制叠合板的连接

预制叠合楼板与梁或剪力墙的连接（图11-23）根据预制叠合板传力方向有两种形式，形式一：传力方向预制叠合板端预留锚固钢筋，锚固钢筋锚入叠合梁现浇层内或剪力墙内；形式二：非传力方向预制板叠合板端部无预留锚固钢筋，在接缝处贴预制板顶面设置垂直于板缝的接缝钢筋。

叠合层楼板上部配筋计算按单向板及双向板分别计算采用包络设计。

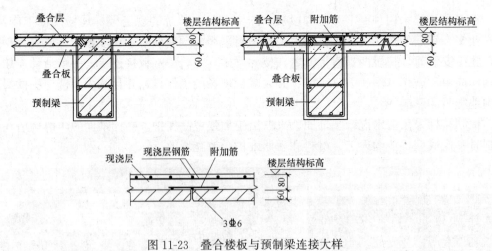

图 11-23　叠合楼板与预制梁连接大样

11.2.5　围护及部品件的设计

1. 围护墙体

本项目内填充墙均采用陶粒混凝土板材（图11-24）。成品板材工业化生产、现场拼装，其施工效率是传统砖砌体的4～5倍，取消了现场砌筑和抹灰工序。成品板材自重轻，对结构整体刚度影响小，还具有很好的隔声性能和防火性能；成品板材无放射性，无有害气体逸出，是一种适宜推广的绿色环保材料；提高装配化程度，实现免砌筑、免抹灰工艺。

图 11-24　陶粒混凝土墙板

2. 预制构件连接件

1）外墙板构件转角部位连接件

构件和构件之间，装配连接后，内侧部分后浇捣混凝土施工会出现侧向力，形成对已装配构件的挤压，构件外侧阳角会变形、扭曲，定型外墙板构件转角部位连接件，通过上、中、下三道连接件，用以固定构件（图 11-25）。

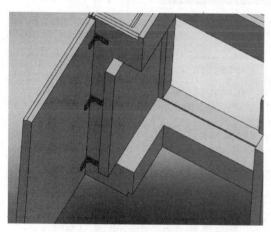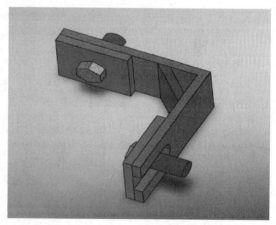

图 11-25　外墙板构件转角部位板板连接件

2）外墙板构件水平部位连接件

外墙板构件水平部位连接件，是避免两块构件连接后，内侧受后施工浇捣混凝土的侧向挤压，引起构件连接部位跑位、移动，标准化水平部位连接件通常设 3～4 道（图 11-26）。

3）预制构件外墙板限位器

预制构件外墙板限位器是外墙构件吊装时，构件和楼层临时连接的工具，既可以起临时拉接作用，又可以在校正时和校正后，调节和固定预制构件外墙板（图 11-27）。

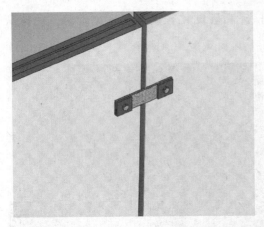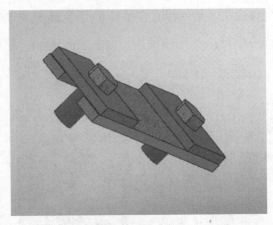

图 11-26　外墙板构件水平部位板板连接件

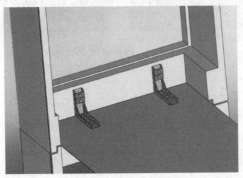

图 11-27　外墙板限位器

4）预制构件外墙板连接片

预制构件外墙板连接片主要作用是吊装时，连接预制构件外墙板的上下部位，通过定型化连接片校正时的调节，固定上下构件，不影响内侧内衬现浇墙的施工（图 11-28）。

5）预制构件外墙板调节杆

预制外墙板吊装时，构件与结构需有连接，调节杆的作用是临时拉结和固定。校正时，起内外方向的就位调节作用（图 11-29）。

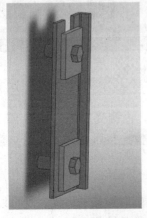

图 11-28　外墙板连接片　　　　　图 11-29　外墙板调节杆

11.2.6 相关构件及节点施工现场照片

现场施工照片如图 11-30~图 11-37 所示。

图 11-30 预制构件堆放

图 11-31 预制外墙吊装

图 11-32 现浇边缘构件钢筋绑扎

图 11-33 预制外墙就位与斜撑架设

图 11-34 预制楼梯吊装与成品保护

图 11-35 预制叠合板吊装

图 11-36　轻质隔墙

图 11-37　南立面

11.2.7　工程总结及思考

本工程采用了七大核心技术：

1. 标准化模块，多样化组合

本项目均采用一个标准户型模块、一个标准厨房模块、一个标准卫生间模块，进行组合拼装，并能在标准户型模块中实现空间的可变，为南京安居保障房建设发展有限公司提供一套系列化应用的装配式建筑体系。采用少构件、多组合，降低成本、提高效率。

2. 主体结构装配化

主体结构采用装配整体式剪力墙结构体系，外墙采用预制夹心保温外墙，楼面采用钢筋桁架叠合楼板，阳台采用预制叠合阳台，飘窗采用预制飘窗、预制混凝土梯段板，预制率达到 33%。

3. 围护结构成品化

内围护填充墙体采用陶粒混凝土轻质墙板，装配率 100%。

4. 内装部品工业化

装配式栏杆、成品套装门，装配率 100%，整体橱柜系统、整体收纳系统、成品木地板、踢脚线、集成吊顶、管线集成，装配率详见配置表。

5. 设计、施工、运营信息化

预制装配式建筑必须进行精细化设计，包括节点设计、连接方法、设备管线空间模拟安装等，通过 BIM 及 CATIA 技术，实现构件预装配，计算机模拟施工，从而指导现场精细化施工，进而实现项目后期管理运营的智能化。

6. 二星级绿色建筑，节能达到 65% 的要求

外墙保温与预制构件一体化，门窗遮阳一体化，阳台挂壁式太阳能集热器与窗户一体化，空气质量监控、智能化能效管理、雨水回收等技术的运用。

预制装配式建筑设计改变了传统工程设计模式，预制装配式结构是一项复杂系统工

程。目前装配式建筑的主要核心设计内容是各专业之间的协同与专业化的深化设计。除考虑满足主体结构设计要求，还必须考虑构件制作、运输、吊装及现场安装。所有构件必须预留管线孔洞和施工安装的埋件。最终设计成果除了传统的施工图纸还包括预制构件图、管线排布图等重要内容。预制装配式建筑必须进行精细化设计，构件的尺寸、钢筋的定位等都必须精确，不可出现错误。若在施工过程中才发现已经生产好的构件出现尺寸错误等问题，必将酿成重大损失。因此，在装配式建筑设计完成前，必须将构件图进行模拟"拼接"并与建筑平、立面图进行严格复核。此外，预制装配式建筑精细化设计还必须采用三维设计模式，包括预制构件的设计、节点设计、连接方法等，以及实现计算机模拟施工，指导现场精细化施工。只有通过三维数字化设计才能满足预制装配式建筑设计要求。本工程采用法国达索公司的 CATIA 工业设计软件，实现预制装配的可视化、三维设计可视化、管线综合、碰撞检查等。

7. 二星级健康建筑

本项目于 2017 年 3 月份获得了国家首批"健康住宅设计标识"（二星级）。

根据《健康建筑评价标准》T/ASC 02—2016 要求，在规划设计时充分考虑项目的特点及所处地域环境，以集成设计为理念，综合采用多种健康及绿色建筑技术，为住户提供健康的环境、设施和服务，促进住户的身心健康。

采用的主要技术有：①空气净化装置；②环保建材；③水质净化（直饮水、软水）；④水质监测；⑤室外健身场地；⑥健身跑道；⑦室外活动交流场地优化等。

11.3 昆山中南世纪城 21 号楼钢结构住宅——装配式钢结构

装配式钢结构在土木工程行业的应用越来越广泛。装配式钢结构住宅体系可以给人们营造更舒适、更安全的生活空间，特别是在地质灾害日趋严重的今天，钢结构优良的抗震性能可以很好地实现这一目的；社会发展速度加快，人们需要更快速的住宅建设方式，装配式钢结构可以比传统建筑方式节约 1/3 的工期；安全、可控性更高，同时，可减少工地扬尘与噪声，在施工过程中可以减少对工地周边环境的影响；采用新型墙体材料，可以获得更高的得房率、更自由的空间、更节省的装修投入等功能要求；在社会提倡绿色低碳的今天，可以实现节材节地，达到节能环保和可持续发展的目标。

本节将以昆山中南世纪城 21 号楼钢结构住宅为例，对装配式钢结构住宅设计进行概括介绍。

11.3.1 工程概况

1. 建筑概况

本工程所在城市为江苏昆山，占地面积为 593m²，标准层面积为 433m²，建筑层高为 2.9m，建筑层数为地下 2 层地上 33 层，建筑高度为 96.65m（檐口高度），耐火等级为一级。

2. 结构概况

本工程为钢框架-中心支撑结构体系，结构的基本信息见表 11-10，标准层结构布置图见图 11-38，结构模型图如图 11-39 所示。

结构的基本信息

表 11-10

层高(m)		平面尺寸		高度(m)	高宽比	长宽比
		长(m)	宽(m)			
1~33层	2.90					
-1层	2.80	35.6	18.35	96.4	5.25	1.95
2层	2.70					

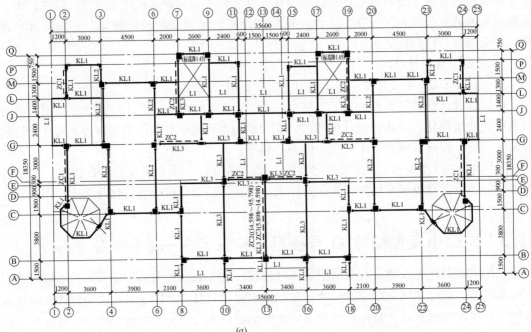

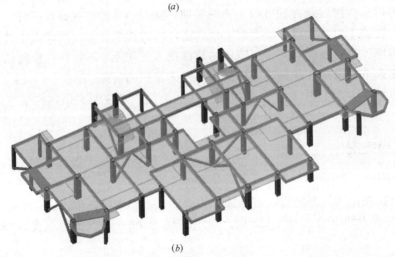

图 11-38 标准层结构布置图

(a) 结构平面布置图；(b) 结构三维布置图

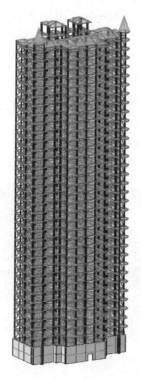

图 11-39　主楼结构模型

1）结构材料选用

（1）钢柱

本工程钢柱的基本信息详见表 11-11。

钢柱的基本信息　　　　　　　　　　　　　　　　表 11-11

柱类型		混凝土等级		钢材
钢管混凝土		16～屋顶层	C40	
钢管	混凝土	18～25 层	C45	Q345B 级
高频焊接矩形钢管	高抛免振捣细石混凝土	11～17 层	C50	
		－2～10 层	C55	

图 11-40　高频焊接矩形钢管

高频焊接矩形钢管是将一定宽度的钢带，在常温条件下冷弯成型，然后通过高频焊接形成的型钢产品。高频焊接矩形钢管如图 11-40 所示。

高频焊接矩形钢管混凝土柱具有以下优点：①承载力高，抗震性能好；②不需要焊剂，材料损耗少；③提高了钢柱的耐火极限；④不需要绑扎钢筋、支模和拆模，施工便捷；⑤比异型钢管柱节约 1000 元/吨的制作费等。

（2）钢梁

结构梁主要采用高频焊接 H 型钢梁，其界面比较灵活，可制作成上、下翼缘不等宽、不等厚，材料能得到充分利用，翼缘与腹板为全熔透焊缝连接，钢材 Q345B 级，部分结构梁采用轧制型钢梁，钢材为 Q235B 级。

高频焊接 H 型钢梁具有以下优点：①避免了由于电渣焊热输入对钢材材质影响较大的问题；②避免了柱壁发生层状撕裂；③节点延性得到改善；④避免了柱壁板较薄时，焊接工艺问题；⑤便于机械化加工制作；⑥具有良好的抗震性能。

（3）钢梁与钢柱连接节点

钢梁与钢柱连接节点采用直通横隔板式连接（图 11-41）。次节点主要解决了当钢柱壁板厚度较薄时，钢柱内隔板焊接加工难的问题。

图 11-41　梁柱直通横隔板式连接节点

（4）钢支撑

钢支撑形式采用交叉支撑和人字形支撑，支撑截面采用矩形钢管，如图 11-42 所示。钢支撑材质为 Q345B 钢。

图 11-42　钢支撑形式与连接节点

（5）楼板

本工程楼板采用钢筋桁架楼承板，如图 11-43 所示。标准层、屋面、地下二层顶板板厚 120mm，地下一层顶板板厚 180mm。钢筋桁架楼承板是将楼板中的钢筋制作成钢筋桁架，钢筋采用 HRB400 级钢筋，并将钢筋桁架与镀锌压型钢板焊接成一体的楼板专用构件，在其上浇筑混凝土形成楼板，混凝土等级为 C30。在施工过程中，待混凝土达到规定强度后，拆除钢模板，然后像普通混凝土楼板一样做饰面处理，板底不需要抹灰。

钢筋桁架楼承板具有以下优点：①减少现场绑扎工作量 70% 左右，缩短工期；②大量减少现场模板及脚手架用量；③实现多层楼板同时施工；④钢筋排列均匀，提高施工质量；⑤较普通压型钢板混凝土楼板经济。

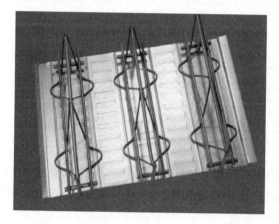

图 11-43 钢筋桁架楼承板

2）结构构件截面

结构主要构件的截面尺寸详见表 11-12。

结构主要构件的截面尺寸 表 11-12

主要柱截面型号	主要梁截面型号	主要支撑截面型号
B400×14、B400×18、B400×20、B500×22 B200×300×10、B200×400×14、B250×400×12 B300×400×14、B300×500×12、B400×500×22 B500×600×22、B600×400×14	H194×150×6/9 H300×15×6.5/9 H350×170×7/11 H400×200×8/13	B180×12 B180×260/12

11.3.2 设计依据

1. 设计规范及规程

本工程项目设计所依据的国家、行业标准如表 11-13 所示。

设计规范规程及相关标准 表 11-13

规范、规程及标准名称	编号
《工程结构可靠性设计统一标准》	GB 50153—2008
《建筑工程抗震设防分类标准》	GB 50223—2008
《建筑结构荷载规范》	GB 50009—2012
《建筑抗震设计规范》	GB 50011—2010
《混凝土结构设计规范》	GB 50010—2010
《高层建筑混凝土结构技术规程》	JGJ 3—2010
《高层民用建筑钢结构技术规程》	JGJ 99—98
《钢结构设计规范》	GB 50017—2003
《型钢混凝土组合结构技术规程》	JGJ 138—2001
《矩形钢管混凝土结构技术规程》	CECS 159:2004
《钢管混凝土结构技术规范》	GB 50936—2014

续表

规范、规程及标准名称	编号
《钢骨混凝土结构技术规程》	YB 9082—2006
《地下工程防水技术规范》	GB 50108—2008
《建筑地基基础设计规范》	GB 50007—2011
《建筑桩基技术规范》	JGJ94—2008
《超限高层建筑工程抗震设防专项审查技术要点》	建质[2010]109 号

2. 可靠度设计及其设计标准

本工程结构设计基本期为 50 年，设计使用年限为 50 年，建筑结构安全等级二级，地基基础设计等级为甲级。建筑耐火等级为一级，防水等级为一级，地下室底板、外墙混凝土抗渗等级 P6 级。根据《钢管混凝土结构技术规范》GB 50936—2014 表 4.3.5 及《建筑抗震设计规范》GB 50011—2010 综合确定，抗震设防烈度为 7 度，高度小于 130m，抗震等级为二级。

3. 设计荷载及作用

1）活荷载标准值

结构设计时，不同功能区域的楼面活荷载标准值取值详见表 11-14。

活荷载标准值　　　　　　　　　　　　　　　　　　　表 11-14

序号	功能	标准值（kN/m²）
1	卧室、客厅	2.0
2	电梯机房	7.0
3	卫生间	2.5
4	厨房	2.0
5	上人屋面	2.0
6	不上人屋面	0.5

2）风荷载和雪荷载

根据《建筑结构荷载规范》GB 50009—2012，相关风荷载取值如下：基本风压为 $0.45kN/m^2$（取 50 年一遇的基本风压），地面粗糙度 B 类，体型系数为 0.02（风荷载）雪荷载取 50 年一遇的基本雪压 $0.40kN/m^2$。

3）地震作用

建筑地震设防类别为标准设防类，抗震设防烈度为 7 度，设计基本地震加速度为 0.10g，设计地震分组为第一组，场地类别为 Ⅳ 类，场地特征周期为 0.65 秒，阻尼比 0.03（多遇地震）、0.05（罕遇地震），多遇地震最大水平地震影响系数 0.08。

11.3.3　结构分析

本工程采用北京迈达斯技术有限公司编制的 MIDAS Building 及中国建筑科学研究院 CAD 工程部编制的 PKPM 两种软件进行计算分析。

1. 结构分析指标汇总

（1）结构内力和位移计算采用二阶弹性分析方法；

（2）考虑 P-Δ 效应；

（3）结构整体初始几何缺陷通过在每层柱顶施加假象水平力等效考虑，假象水平力根据《钢结构设计规范》GB 50017—2003 式 3.2.8-1 确定；

（4）框架柱根据二阶弹性分析内力计算稳定承载力时，计算长度系数取 1.0；

（5）组合梁设计说明：本工程楼层采用的是钢筋桁架楼承板和钢梁的组合形式，按照钢-混凝土组合梁结构设计。钢-混凝土组合梁是通过抗剪连接件将钢梁和混凝土板连成整体的受力构件，根据《钢结构设计规范》GB 50017—2003 第 11.2 条计算。

2. 输入参数设置

（1）嵌固端设于地下室顶板板面，判断依据为《建筑抗震设计规范》GB 50011—2010 第 6.1.14 条；

（2）振型组合采用 CQC 法；

（3）振型数取 21；

（4）位移比计算：按实际建模，考虑偶然偏心作用，计算位移比；

（5）除位移比以外其他参数、内力分析及截面设计，总刚度计算；

（6）周期折减系数取 0.90。

3. 主要抗震措施

本工程为钢框架-中心支撑结构，抗震措施主要从优化结构体系、注重结构抗震概念设计和构造、加强结构计算分析等方面，采取对策和措施确保该工程安全、可靠、合理。

针对项目特殊性，采取以下措施：

（1）采用矩形钢管混凝土柱。钢管混凝土柱承载力高，节省用钢量；混凝土塑性变形能力增强，抗震性能好；节点域刚度大，抗剪承载力高；抗侧刚度大，侧移小，舒适性好。

（2）梁柱节点采用直通横隔板式。采用直通横隔板式节点可提高了节点延性，解决了柱壁板较薄时，内隔板连接节点的制作难题。

（3）板厚 120mm，增加配筋率，应对平面不规则。

（4）楼板局部不连续：可增加连廊板配筋率，加大板厚。

（5）计算分析：采用 PKPM 和 MIDAS 两种计算软件的相互校核来保证结构分析结果的准确性，在计算时均已考虑重力二阶效应，另外采用 MIDAS 补充弹塑性时程分析。

11.4 湘潭九华创新创业服务中心盒式钢结构标准厂房——大跨度空腹夹层板及新型盒式结构

11.4.1 工程概况

本工程为湘潭九华创新创业服务中心盒式钢结构标准厂房 8 号。本工程建设地点：湖南省湘潭市，建设单位：湘潭九华经济建设投资有限公司。

本工程建筑主体共 4 层，外加电梯机房一层，主体结构最大高度 22.15m，机房顶高 26.15m，立面图如图 11-44 所示。投影平面为矩形平面，跨度为 24m，长度为 87m，建筑基底面积 2135.56m²，建筑面积 8666.24m²，一层平面图如图 11-46 所示。一层结构层高 8.7m；二、三、四层结构层高 4.5m，厂房部分为正交斜放装配整体式钢空腹网格盒式结构，附属部分卫生间、楼梯间、电梯间为钢筋混凝土框架结构。厂房区楼、屋盖采用钢结构，空腹钢梁及 H 型钢柱采用的材料均为 Q345，钢筋混凝土框架结构混凝土采用 C30。

图 11-44　湘潭九华创新创业服务中心标准厂房外景图

工程依据现行国家相关规范、标准及建筑平、立、剖面图（图 11-45、图 11-46）进行结构设计。设计基本风压值取：$W = 0.35$ kN/m²，地面粗糙程度为 B 类。工程位于非抗震设防区，为非抗震设计。建筑结构安全等级为二级，结构设计合理使用年限为 50 年。

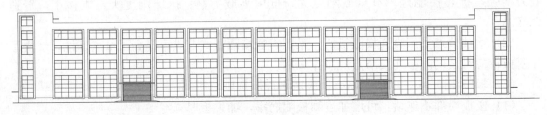

图 11-45　工程立面图

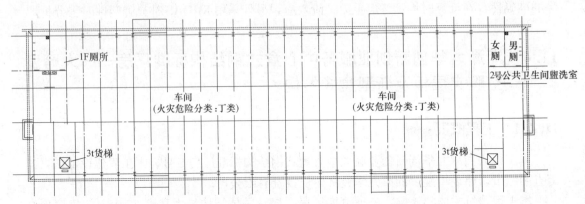

图 11-46　结构平面图

本工程厂房一层、二层钢结构采用正交斜放装配整体式空间钢网格多层大跨度盒式结构，一层楼盖布置图如图 11-47（网格中打黑点的地方即为预制构件的拼装位置）所示。

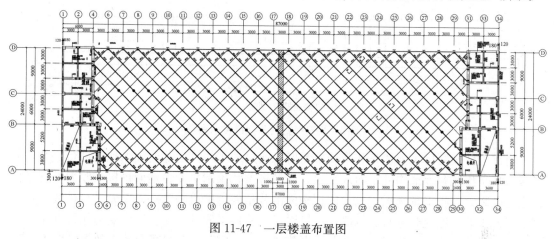

图 11-47　一层楼盖布置图

楼盖采用正交斜放装配整体式钢空腹板网格结构，空腹夹层板的钢结构部分总厚度为 950mm，跨度为 24m，网格形式为正交斜放，网格尺寸 2.121m×2.121m，上、下肋均为 T 形截面，剪力键为方管，剪力键两向两侧加设加劲板。空腹夹层板在工厂制作为拼装单元后，运至现场采用摩擦型高强螺栓在网格中点连接，后将翼缘等强对焊，以减少现场的焊接工作量。全部楼板均为 100mm 厚钢筋混凝土板，采用焊接圆柱头栓钉与钢结构相连。

墙架采用 H 型钢竖向网格墙架，在工厂制作成拼装单元后运至现场采用摩擦型高强螺栓在网格中点连接，后将翼缘等强对焊，以减少现场的焊接工作量。

11.4.2　具体预制单元构造及拼装方案

以一层平面为例来说明具体的预制单元构成及拼装方案。由于考虑到运输问题，本工程的水平受力构件预制单元选为条带状预制单元，以一层为例，其预制单元为单榀桁架的每四个网格，头尾再各带有半个网格的条带状单元，具体每个单元位置为图 11-47 中粗线方向（由左上到右下的 45°斜直线）所示，单元细部构造见图 11-48。在图 11-47 中涂黑的圆点处即为同一榀桁架中两个单元的连接位置。而每两榀平行的预制单元之间采用两根 T 型钢作为空腹夹层板的上下肋进行连接，连接位置为每榀单元的方钢管（剪力键）处，具体拼接位置为图 11-47 中细线（由右上到左下的 45 度斜直线）所示，连接细部构造如图 11-49 所示。

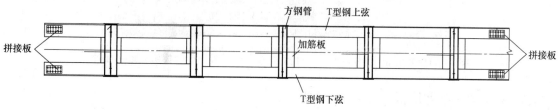

图 11-48　预制单元构造

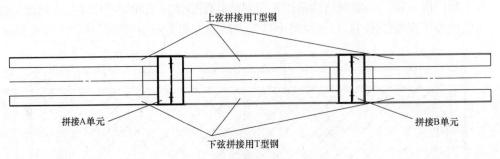

图 11-49　平行两单元拼接示意

当在工厂预制好了上述条状预制单元后，通过卡车将其运输到施工现场进行拼装。为了减少高空作业和保证构件平面外稳定，尽量将条状预制单元在地面拼接成较大的网格板再进行吊装。若施工现场无相应大体积构件吊装条件，则可一条一条单元进行吊装，再在高空进行拼装，但此时应有可靠侧向支撑以保证构件平面外稳定。竖向受力构件的单元划分与预制工法如 8.5.2 节所述，在此不再赘述。构件安装施工过程及竣工效果如图 11-50、图 11-51 所示。

图 11-50　装配整体式空间钢网格盒式结构现场施工实拍

图 11-51　装配正交斜放网格 2～4 层楼盖浇筑混凝土后脱模施工现场照片

11.4.3　钢空腹夹层板楼盖折算方法

1. 正交斜放装配整体式钢空腹夹层板结构的结构类型与形式

（1）结构类型："抗剪刚度较大的拟变芯板"，强度及配杆不考虑 100 厚细石混凝土面层参加工作（作为外加荷载），刚度分析考虑混凝土板通过销钉传递剪力参加工作。

（2）结构形式：由正交斜放装配整体式钢空腹夹层板结构，细石面板混凝土参加刚度计算。

装配整体式钢空腹夹层板网格结构及钢-混凝土协同式组合空腹夹层板楼盖结构是钢空腹夹层板楼盖结构（1998～2003）形式的进一步改进，与成功应用于工程实践的钢筋混凝土空腹夹层板及壳有"异曲同工"的作用。与钢筋混凝土空腹夹层板的力学模型一样属由上、下肋组成上、下表层，由剪力键构成夹芯层的"夹层板"模型，它与实心平板的力学特性相近，变形以弯曲变形为主，剪切变形的影响较小。该结构也属于复杂空间结构范畴。钢筋混凝土空腹夹层板结构的理论分析方法同样适用于此结构形式。

2. 设计步骤及等代方法

在进行空腹夹层板设计时，第一步需按设计荷载按井字形楼盖进行内力计算，井字楼盖的厚度一般取为跨度的 1/25～1/30，但需注意在内力计算时需从恒载中扣除空腹截面和实腹截面的重量差，空腹截面的选取可在满足构造要求的基础上（剪力键高宽比小于 1）选取国家标准规定的常见 T 型钢或将 H 型钢一分为二来计算应扣除的恒荷载。在计算出内力后，按钢筋混凝土实用计算方法来计算上下弦所受轴力，再以此轴力来最终选取截面。计算原则为等刚度原则，以此原则来进行空腹夹层板和井字形楼盖之间的换算。竖向网格式框架在计算时就按普通加密框架进行求解。下面以一层空腹夹层板为例进行等代计算。

需将抗弯刚度 EI_1 的空腹板等代为等刚度 H 型钢。设空腹夹层板总高度 H，宽度 b_1，上下翼缘、腹板壁厚不变，求等刚度 H 型钢的宽度 b_2。

在本次工程中，已设计出的截面如图 11-52 所示，等代转换方法如下。设高度不变 $h=95\mathrm{cm}$，壁厚上下翼 $t_\mathrm{f}\mathrm{cm}$，腹板 $t_\mathrm{w}\mathrm{cm}$，求 b_2。

$$E \times \left(2b_2 \times 1.1 \times 46.95^2 + \frac{1}{12} \times 0.7 \times 92.8^3\right) = E \times 133209\mathrm{cm}^4 \tag{11-1}$$

则 $b_2=17.8\mathrm{cm}$，即折算 H 型钢梁的截面为 $950\mathrm{mm} \times 178\mathrm{mm} \times 7\mathrm{mm} \times 11\mathrm{mm}$（高×宽×腹板×翼缘）。

当通过现有软件（如 PKPM 等）计算出井字形楼盖内力后，按照式（11-1）等代方法进行截面等代来设计最终的空腹夹层板的截面。其余构件验算都可以按现有结构的设计方法进行，在此不再赘述。

11.4.4 技术经济性比较

在使用了空腹夹层板盒式结构后，由于其自重轻，受力均匀，因此材料消耗量比之常规结构可大幅度下降，且可以达到大空间灵活划分的建筑要求。在本例中，如使用常规框架结构，用钢量见表 11-15。

常规框架结构用钢量计算 表 11-15

钢框架厂房钢材用量（24m×69m）	一般钢框架厂房			
	钢梁、钢柱、柱间支撑、吊车梁	加劲板、隔撑	混凝土楼板钢筋量	合计（kg/m²）
	Q345	Q345	HRB400	
单位面积量（kg/m²）	144.5	5.5	10.5	160.5

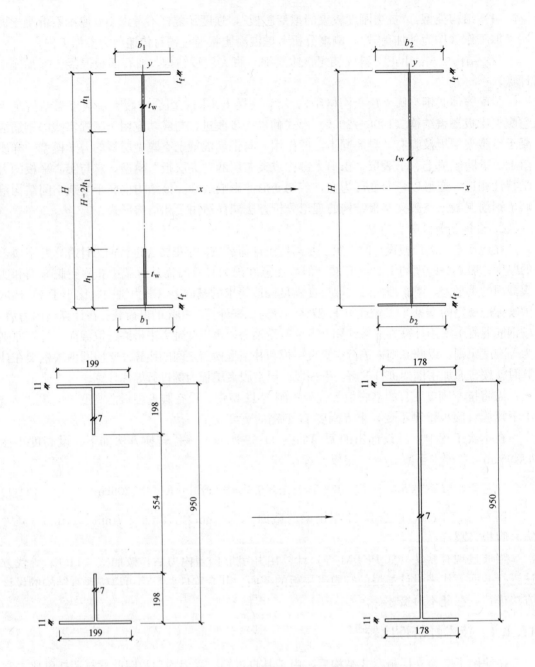

图 11-52　空腹梁等代为实腹梁

使用新型结构后，用钢量见表 11-16。

空腹夹层板盒式结构用钢量计算　　　　　　　　表 11-16

钢结构厂房钢材用量 （24m×69m）	楼、屋盖		钢墙架	合计 （kg/m²）
	钢空腹板	钢筋混凝土楼板	混凝土楼板钢筋量	
	Q345	HRB400	Q345	
单位面积量（kg/m²）	75	9	44.3	128.3

从表 11-5、表 11-6 中可知，单用钢量一项便下降了 20%，整个结构仅用钢量一项便可节约 200t 以上，因此相比于传统结构，新结构体系具有显著优势。

本章小结

装配式结构在我国的工程建设已经得到越来越多的应用，本章对采用装配式混凝土框架结构、装配式混凝土剪力墙结构、装配式钢结构、装配式盒式结构四种结构体系的工程案例进行简要介绍，特别对工程概况、结构设计及分析、关键技术和优势、技术经济分析等方面进行了重点介绍。这些工程案例仅仅是不同结构体系的个别案例，考虑到装配式建筑技术发展和经济性指标控制的原因，不同工程案例的装配式技术还不尽完美和成熟，有待进一步改进和提高。

思考与练习题

11-1 请收集你所了解的采用装配式结构体系的工程相关资料，从关键技术应用、计算分析方法和经济性评价指标等方面与本文的工程案例进行比较分析。

11-2 请查阅资料，选择一种与本文不同的装配式结构体系或同一结构体系但不同技术特点的工程，从结构设计和分析、关键技术应用和经济性评价指标等方面进行介绍。

参 考 文 献

[1] Nasser G D. Building Code Provisions for Precast/Prestressed Concrete: A Brief History [J]. PCI JOURNAL, 2003, 48 (6): 116-124.

[2] Lascelles W H. Results of experiments to ascertain the resistance to thrusting stress of nine2-in concrete cubes [J]. The Builder, 1881 (5).

[3] Mokk L, Loke E. 钢筋混凝土装配式建筑 [M]. 北京: 中国建筑工业出版社, 1985.

[4] Morris, A. E J. Precast concrete inarchitecture [M]. George Godwin Linited, 1978.

[5] 范力. 装配式预制混凝土框架结构抗震性能研究 [D]. 同济大学, 2007.

[6] 蒋勤俭. 国内外装配式混凝土建筑发展综述 [J]. 建筑技术, 2010, 41 (12): 1074-1077.

[7] 顾泰昌. 国内外装配式建筑发展现状 [J]. 工程建设标准化, 2014 (8): 48-51.

[8] 严薇, 曹永红, 李国荣. 装配式结构体系的发展与建筑工业化 [J]. 土木建筑与环境工程, 2004, 26 (5): 133-138.

[9] 李晓明. 装配式混凝土结构关键技术在国外的发展与应用 [J]. 住宅产业, 2011 (6): 16-18.

[10] 李湘洲. 国外预制装配式建筑的现状 [J]. 建筑砌块与砌块建筑, 1996 (3): 24-27.

[11] 王俊, 赵基达, 胡宗羽. 我国建筑工业化发展现状与思考 [J]. 土木工程学报, 2016 (05): 1-8.

[12] 钱志峰, 陆惠民. 对我国建筑工业化发展的思考 [J]. 江苏建筑, 2008 (S1): 71-73.

[13] 刘琼, 李向民, 许清风. 预制装配式混凝土结构研究与应用现状 [J]. 施工技术, 2014 (22): 9-14.

[14] 刘东卫, 薛磊. 建国六十年我国住宅工业化与技术发展 (一) [J]. 住宅产业, 2009 (10): 10-14.

[15] 刘东卫, 薛磊. 建国六十年以来我国住宅工业化与技术发展 (二) [J]. 住宅产业, 2009 (11): 31-34.

[16] 郭正兴. 新型预制装配混凝土结构规模推广应用的思考 [J]. 施工技术, 2014 (01): 17-22.

[17] 王跃强. 我国住宅工业化发展的社会历史动因浅析 [J]. 住宅科技, 2014 (01): 20-23.

[18] 谭瑞娟. 装配式公共租赁住房建筑设计研究 [D]. 北京建筑大学, 2014.

[19] 陈绍蕃. 钢结构设计原理-第 2 版 [M]. 北京: 科学出版社, 1998.

[20] 张娜. 中国住宅工业化技术的社会形成及可持续发展分析研究 [D]. 武汉理工大学, 2006.

[21] 张宏, 朱宏宇, 吴京, 等. 构件成型·定位·连接与空间和形式生成——新型建筑工业化设计与建造示例 [M]. 南京: 东南大学出版社, 2016.

[22] 刘长春, 张宏, 淳庆, 等. 新型工业化建筑模数协调体系的探讨 [J]. 建筑技术, 2015 (03): 252-256.

[23] 周勇. 建筑工业化关键技术研究与实践 [M]. 北京: 中国建筑工业出版社, 2016.

[24] 松村秀一, 田边新一. 21 世纪型住宅模式 [M]. 北京: 机械工业出版社, 2006.

[25] 刘卫东. SI 住宅与住房建设模式理论·方法·案例 [M]. 北京: 中国建筑工业出版社, 2016.

[26] 刘卫东. SI 住宅与住房建设模式体系·技术·图解 [M]. 北京: 中国建筑工业出版社, 2016.

[27] 纪颖波. 建筑工业化发展研究 [M]. 北京: 中国建筑工业出版社, 2011.

[28] 文林峰. 保障性住房卫生间标准化设计和部品体系集成 [M]. 北京: 中国建筑工业出版社, 2013.

[29] 文林峰. 保障性住房厨房标准化设计和部品体系集成 [M]. 北京: 中国建筑工业出版社, 2014.

［30］ 孟建民，龙玉峰. 深圳市保障性住房模块化、工业化、BIM 技术应用于成本控制研究［M］. 北京：中国建筑工业出版社，2014.

［31］ Blandón J J，Rodríguez M E. Behavior of Connections and Floor Diaphragms in Seismic-Resisting Precast Concrete Buildings［J］. PCI JOURNAL，2005，50（2）：56-75.

［32］ Cheok G S，Lew H S. Model Precast Concrete Beam-to-Column Connections Subject to Cyclic Loading［J］. PCI JOURNAL，1991，36（3）：56-67.

［33］ Englekirk R E. Development and Testing of a Ductile Connector for Assembling Precast Concrete Beams and Columns［J］. PCI JOURNAL，1995，40（2）：36-51.

［34］ Ersoy U，Tankut T. Precast Concrete Members With Welded Plate Connections Under Reversed Cyclic Loading［J］. PCI JOURNAL，1993，38（4）：94-100.

［35］ Ozturan T，Ozden S，Ertas O. Ductile Connections in Precast Concrete Moment Resisting Frames［J］. PCI JOURNAL Prestressed Concrete Institute Journal，2006，51：66-76.

［36］ FerraraLiberato. Report of the tests 5/6 september 2002 on the precast prototype［R］. ELSA Laboratory-ISPRA，2003.

［37］ Loo Y C，Yao B Z. Static and Repeated Load Tests on Precast Concrete Beam-to-ColumnConnections［J］. PCI JOURNAL，1995，40（2）：106-115.

［38］ Morgen B G，Kurama Y C. Seismic Design of Friction-Damped Precast Concrete Frame Structures［J］. Journal of Structural Engineering，2007，133（11）：1501-1511.

［39］ Priestley M J N. The PRESSS Program Current Status and Proposed Plans for PhaseIII［J］. PCI JOURNAL，1996，41（2）：22-40.

［40］ Restrepo J I. Tests on connections of earthquake resisting precast reinforced concrete perimeter frames of buildings［J］. PCI JOURNAL，1995，40（4）：44-61.

［41］ Vasconez R M，Naaman A E，Wight J K. Behavior of HPFRC Connections for Precast Concrete Frames Under Reversed Cyclic Loading［J］. PCI JOURNAL，1998，43（6）：58-71.

［42］ 董挺峰，李振宝，周锡元，等. 无粘结预应力装配式框架内节点抗震性能研究［J］. 北京工业大学学报，2006（02）：144-148.

［43］ 柳炳康，张瑜中，晋哲锋，等. 预压装配式预应力混凝土框架接合部抗震性能试验研究［J］. 土木工程学报，2011，26（11）：60-65.

［44］ 陈子康，周云，张季超，等. 装配式混凝土框架结构的研究与应用［J］. 工程抗震与加固改造，2012（04）：1-11.

［45］ 张晨，孟少平. 装配式预应力混凝土框架节点形式及施工方法研究［J］. 建筑科学，2014（03）：113-117.

［46］ 黄慎江. 二层二跨预压装配式预应力混凝土框架抗震性能试验与理论研究［D］. 合肥工业大学，2013.

［47］ 昂正文. 预压装配式预应力混凝土框架抗震性能研究［D］. 合肥工业大学，2010.

［48］ 郭兆军，胡克旭，郭朋，等. 装配式板柱结构住宅建筑合理高度和跨度分析［J］. 结构工程师，2008（05）：18-21.

［49］ 李爱群，王维，贾洪，等. 预制钢筋混凝土剪力墙结构抗震性能研究进展（Ⅱ）：结构性能研究［J］. 防灾减灾工程学报，2013（06）：736-742.

［50］ 王墩，吕西林. 预制混凝土剪力墙结构抗震性能研究进展［J］. 结构工程师，2010，26（6）：128-135.

［51］ 薛伟辰. 预制混凝土框架结构体系研究与应用进展［J］. 工业建筑，2002，32（11）：47-50.

［52］ 张锡治，李义龙，安海玉. 预制装配式混凝土剪力墙结构的研究与展望［J］. 建筑科学，2014，

30（1）：26-32.

[53] 刘琼，李向民，许清风. 预制装配式混凝土结构研究与应用现状 [J]. 施工技术，2014（22）：9-14.

[54] 陈建伟，苏幼坡. 预制装配式剪力墙结构及其连接技术 [J]. 世界地震工程，2013，29（1）：038-48.

[55] 赵唯坚，郭婉楠，金峤，等. 预制装配式剪力墙结构竖向连接形式的发展现状 [J]. 工业建筑，2014，44（4）：115-121.

[56] 尹万云，刘守城，邵传林，等. 预制装配式剪力墙结构研究进展及其工程应用 [J]. 工业建筑，2015.

[57] 徐晔桢. 预制装配式剪力墙结构住宅建筑的设计 [J]. 建筑施工，2013，35（10）：928-930.

[58] 郭正兴，朱张峰. 装配式混凝土剪力墙结构阶段性研究成果及应用 [J]. 施工技术，2014（22）：5-8.

[59] 曲艺，刘迪，张然，等. 装配式剪力墙结构体系在万科金域蓝湾建筑中的应用 [J]. 工业建筑，2013，43（9）：165-168.

[60] 赵唯坚，佟佳鑫，袁慎明，等. 装配式框架剪力墙结构柱-墙连接方式 [J]. 沈阳建筑大学学报（自然科学版），2015（3）：408-417.

[61] 苏力，贾英杰. 密肋复合板结构与装配式大板结构的体系比较 [J]. 北京交通大学学报，2012，36（1）：77-81.

[62] 连星，叶献国，蒋庆，等. 一种新型绿色住宅体系——叠合板式剪力墙体系 [J]. 工业建筑，2010，40（6）：79-84.

[63] 朱张峰，郭正兴. 预制装配式剪力墙结构节点抗震性能试验研究 [J]. 土木工程学报，2012，45（1）：69-76.

[64] 陈彤，郭惠琴，马涛，等. 装配整体式剪力墙结构在住宅产业化试点工程中应用 [J]. 建筑结构，2011，41（2）：26-30.

[65] 刘玮龙. 轻钢装配式住宅的设计与应用研究 [D]. 山东大学，2012.

[66] 詹瑜. 钢结构住宅发展现状及效益分析 [D]. 华南理工大学，2012.

[67] 叶之皓. 我国装配式钢结构住宅现状及对策研究 [D]. 南昌大学，2012.

[68] 卢俊凡，王佳，李玮蒙，等. 装配式钢结构住宅体系的发展与应用 [J]. 城市住宅，2014（08）：26-29.

[69] 秦本东，王腾飞，张玉. 带斜撑的装配式钢结构抗震性能分析 [J]. 洛阳理工学院学报（自然科学版），2015（01）：26-29.

[70] 刘学春，徐阿新，孙超，等. 高层装配式斜支撑钢框架结构设计研究 [J]. 建筑结构学报，2015，36（05）：54-62.

[71] 胡育科. 钢结构建筑产业政策和市场趋势研究 [J]. 住宅产业，2015（08）：38-41.

[72] 舒兴平，张文献，卢倍嵘. 装配式斜支撑节点钢框架的静力弹塑性分析 [J]. 工业建筑，2015（10）：7-12.

[73] 王婧，舒兴平，贺冉. 两种多高层装配式钢结构体系及技术特点比较分析 [J]. 建筑结构，2014（13）：52-57.

[74] 徐满华. 半刚性连接钢框架受力性能的研究 [D]. 长沙理工大学，2005.

[75] 张爱林. 工业化装配式多高层钢结构住宅产业化关键问题和发展趋势 [J]. 住宅产业，2016（01）：10-14.

[76] 王婧，尹新生. 方钢管装配式钢结构梁柱节点性能分析 [J]. 吉林建筑大学学报，2016，33（01）：31-34.

[77] 姚程渊，陈烨，吴宣泽，等. BIM 技术在装配式钢结构工程中的应用 [J]. 山西建筑，2016，42 (10)：61-62.

[78] 吴萌萌. 预制装配式钢结构建筑经济性研究 [J]. 江西建材，2016 (13)：100.

[79] 李杰. 浅析装配式钢结构住宅体系的发展与应用 [J]. 门窗，2016 (06)：254.

[80] 张琰. 美国和加拿大的装配式钢结构建筑体系 [J]. 建筑技术开发，1996 (06)：52-53.

[81] 陈剑波. 装配式钢结构住宅国内现状研究 [J]. 安徽建筑，2016 (03)：82-83.

[82] 张建强，张守达，谷如强，等. 工业化装配式钢结构拼接构件受力性能研究 [C]. 第十六届全国现代结构工程学术研讨会论文集，2016.

[83] 黄雪梅. 低层装配式钢结构住宅的施工工艺 [J]. 建筑技术，2001 (08)：538.

[84] 王伟，陈以一，余亚超，等. 分层装配式支撑钢结构工业化建筑体系 [J]. 建筑结构，2012 (10)：48-52.

[85] 舒兴平，袁智深，张再华，等. 半刚性连接钢结构理论与设计研究的综述 [J]. 工业建筑，2009 (06)：13-17.

[86] 沈祖炎，李元齐. 促进我国建筑钢结构产业发展的几点思考 [J]. 建筑钢结构进展，2009 (04)：15-21.

[87] 王明贵. 钢结构住宅的发展研究 [J]. 钢结构，2007 (01)：37-40.

[88] 陈禄如. 我国钢结构住宅发展概况 [J]. 钢结构，2007 (06)：1-3.

[89] 邹晶，李元齐. 钢结构住宅体系在我国的发展现状及存在问题 [J]. 钢结构，2007 (06)：10-16.

[90] 肖亚明. 我国钢结构建筑的发展现状及前景 [J]. 合肥工业大学学报（自然科学版），2003 (01)：111-116.

[91] 谢振清，丁维，孙彤. 莱钢 H 型钢钢结构节能住宅建筑体系的开发和实践 [J]. 建筑钢结构进展，2003 (S1)：68-74.

[92] 王元清，石永久，陈宏，等. 现代轻钢结构建筑及其在我国的应用 [J]. 建筑结构学报，2002 (01)：2-8.

[93] 李国强. 我国高层建筑钢结构发展的主要问题 [J]. 建筑结构学报，1998 (01)：24-32.

[94] 王国周. 中国钢结构五十年 [J]. 建筑结构，1999 (10)：14-21.

[95] 李国强，陆烨，何天森. 钢结构在现代住宅中的应用 [J]. 工程建设与设计，2005 (02)：5-11.

[96] 蔡玉春. 钢结构住宅产业化的现状与进展 [J]. 钢结构，2005 (01)：79-83.

[97] 楼国彪，李国强，雷青. 钢结构高强度螺栓端板连接研究现状（Ⅰ）[J]. 建筑钢结构进展，2006 (02)：8-21.

[98] 许红胜. 钢结构交错桁架体系的抗震延性性能分析 [D]. 湖南大学，2003.

[99] 邹晶. 我国钢结构住宅体系适用性分析 [D]. 同济大学，2008.

[100] 刘伟，宋非非，常庆芬. 我国钢结构建筑的发展概况及趋势 [J]. 吉林建筑工程学院学报，2008 (02)：27-32.

[101] 陈炯，姚忠，路志浩. 钢结构中心支撑框架的抗震承载力设计 [J]. 钢结构，2008 (09)：59-65.

[102] 杨文伟. 钢结构交错桁架体系的高等分析 [D]. 兰州大学，2013.

[103] 吴函恒. 钢框架-预制混凝土抗侧力墙装配式结构体系受力性能研究 [D]. 长安大学，2014.

[104] 韩俊强. 钢结构住宅产业化研究 [D]. 武汉理工大学，2008.

[105] 谢毅. 钢结构建筑构件连接构造技术研究 [D]. 重庆大学，2008.

[106] 张亮. 钢结构住宅体系研究 [D]. 天津大学，2008.

[107] 邹晶，刘德文，李元齐. 多层钢结构住宅造价及综合经济性能分析 [J]. 四川建筑科学研究，2010 (01)：49-53.

[108] 陶震. 轻钢结构体系在我国低层住宅中的应用 [D]. 湖南大学，2005.

[109] 吴皖峰. 多层钢结构住宅体系及性能研究 [D]. 西北工业大学，2005.

[110] 吴明磊. 装配式钢框架-节能复合墙板结构体系的滞回性能研究 [D]. 山东大学，2013.

[111] 饶莲. 低层轻型钢结构住宅在新疆地区的应用研究 [D]. 新疆大学，2010.

[112] 陈伟. 节点刚性对装配式交错桁架结构体系滞回性能的影响分析 [D]. 西安建筑科技大学，2015.

[113] 刘飞. 单面螺栓连接及装配式钢结构节点理论与试验研究 [D]. 东南大学，2015.

[114] 刘玮龙. 轻钢装配式住宅的设计与应用研究 [D]. 山东大学，2012.

[115] 刘亮亮. 采用新型梁柱节点的钢框架-支撑体系抗震性能研究 [D]. 浙江大学，2013.

[116] 詹瑜. 钢结构住宅发展现状及效益分析 [D]. 华南理工大学，2012.

[117] 王新武. 钢框架梁柱连接研究 [D]. 武汉理工大学，2003.

[118] 马宁. 全钢防屈曲支撑及其钢框架结构抗震性能与设计方法 [D]. 哈尔滨工业大学，2010.

[119] 潘翔. 钢结构装配住宅 [D]. 同济大学，2006.

[120] 张全辉. 装配板式轻钢住宅研究 [D]. 北方工业大学，2007.

[121] 黄荣坤. 高层钢结构住宅结构体系的应用研究 [D]. 河北工程大学，2014.

[122] Lawson M, Ogden R, Goodier C, et al. Design in Modular Construction [J]. Crc Press, 2014.

[123] Annan C D, Youssef M A, Naggar M H E. Seismic Vulnerability Assessment of Modular Steel Buildings [J]. Journal of Earthquake Engineering, 2009, 13 (8): 1065-1088.

[124] Annan C D, Youssef M A, Naggar M H E. Seismic Overstrength in Braced Frames of Modular Steel Buildings [J]. Journal of Earthquake Engineering, 2008, 13 (1): 1-21.

[125] Dastfan M, Driver R. Large-Scale Test of a Modular Steel Plate Shear Wall with Partially Encased Composite Columns [J]. Journal of Structural Engineering, 2016, 142 (2).

[126] Annan C D, Youssef M A, Naggar M H E. Experimental evaluation of the seismic performance of modular steel-braced frames [J]. Engineering Structures, 2009, 31 (7): 1435-1446.

[127] Park K S, Moon J, Lee SS, et al. Embedded steel column-to-foundation connection for a modular structural system [J]. Engineering Structures, 2016, 110: 244-257.

[128] Annan C D, Youssef M A, Naggar M H E. Effect of Directly Welded Stringer-to-Beam Connections on the Analysis and Design of Modular Steel Building Floors [J]. Advances in Structural Engineering, 2009, 12 (3): 373-383.

[129] Lawson R M, Richards J. Modular design for high-risebuildings [J]. Proceedings of the Institution of Civil Engineers Structures & Buildings, 2010, 163 (3): 151-164.

[130] 张惊宙，陆烨，李国强. 三维钢结构模块建筑结构受力性能分析 [J]. 建筑钢结构进展，2015，17 (4): 57-64.

[131] 曲可鑫. 钢结构模块化建筑结构体系研究 [D]. 天津大学，2013.

[132] 郭娟利. 严寒地区保障房建筑工业化围护部品集成性能研究 [D]. 天津大学，2014.

[133] 旷泓亦. 新型城镇化下川西地区新农村建设中装配式住宅的探索 [J]. 四川建筑，2015，35 (4): 105-106.

[134] 张翔，陆伟东，刘伟庆，等. 西南地区木结构民房抗震现状调查分析 [J]. 结构工程师，2013，29 (6): 76-81.

[135] 中国建筑西南建筑设计研究院. 木结构设计规范 [M]. 北京：中国建筑工业出版社，2004.

[136] 潘景龙，祝恩淳. 木结构设计原理 [M]. 北京：中国建筑工业出版社，2009.

[137] Maik G, Maximilian C, Frank L. Reduced edge distances in bolted timber moment [C]. The 11th World Connection Timber Engineering, Trentino, Italy, 2010.

[138] Wataru K, Naoyuki I, Yasuo I. A study of bearing strength with different end-distance, bolt-diameter and wood species [C]. The 11th World Connection Timber Engineering, Trentino, Italy, 2010.

[139] 建筑工程部华东工业建筑设计院. 上海地区装配式多层工业厂房结构设计总结 [C]. 中国土木工程学会 1962 年年会论文选集, 1962.

[140] 胡庆昌. 高层建筑结构体系的发展与试验研究 [J]. 建筑技术, 1979 (9): 44-46.

[141] 唐九如. 钢筋混凝土框架节点抗震 [M]. 南京: 东南大学出版社, 1989.

[142] 北京市建筑设计研究院. 钢筋混凝土装配整体式框架节点与连接设计规程 CECS 43: 92 [S]. 北京: 中国建筑工业出版社, 1992.

[143] 周旺华. 现代混凝土叠合结构 [M]. 北京: 中国建筑工业出版社, 1998.

[144] 赵顺波, 张新中. 混凝土叠合结构设计原理与应用 [M]. 北京: 中国水利水电出版社, 2001.

[145] 南京大地建设集团. 预制预应力混凝土装配整体式框架结构技术规程 JGJ 224—2010 [S]. 北京: 中国建筑工业出版社, 2010.

[146] 中国建筑科学研究院. 装配式混凝土结构技术规程 JGJ 1—2014 [S]. 北京: 中国建筑工业出版社, 2014.

[147] Ghosh S K, Nakaki S D, Krishnan K. Precast Structures in Regions of High Seismicity: 1997 UBC Design Provisions [J]. PCI Journal, 1997, 42 (6): 76-93.

[148] 中国建筑科学研究院. 钢筋锚固板应用技术规程 JGJ 256—2011 [S]. 北京: 中国建筑工业出版社, 2011.

[149] 社团法人预制建筑协会, 朱邦范. 预制建筑技术集成: 预制建筑总论 [M]. 北京: 中国建筑工业出版社, 2012.

[150] 林宗凡. 国外预制混凝土抗震框架的应用及研究进展 [J]. 建筑材料学报, 1993 (4): 354-369.

[151] 南京大地建设集团. 预制预应力混凝土装配整体式结构技术规程 DGJ32/TJ 199—2016 [S]. 北京: 中国建筑工业出版社, 2016.

[152] 东南大学. 装配整体式混凝土框架结构技术规程 DGJ32/TJ 219—2017 [S]. 北京: 中国建筑工业出版社, 2017.

[153] 郭正兴. 土木工程施工 [M]. 南京: 东南大学出版社. 2012.

[154] 中国建筑标准设计研究院. 装配式混凝土建筑技术标准 GB/T 51231—2016 [S]. 北京: 中国建筑工业出版社, 2016.

[155] 刘洋. 预制装配式剪力墙结构建造技术研究 [D]. 东南大学, 2011.

[156] 王俊. 预制装配剪力墙结构推广应用技术的改进研究 [D]. 东南大学, 2016.

[157] Seeber K E, Andrews R, Baty J R, et al. State-of-the-art of precast/prestressed sandwich wall panels [J]. PCI JOURNAL, 1997, 42 (3): 32-49.

[158] Losch E D, Hynes P W, Andrews R, et al. State of the Art of Precast/Prestressed Concrete Sandwich Wall Panels Second Edition [J]. PCI JOURNAL, 2011: 131-176.

[159] PCI Industry HandbookCommittee. PCI Design Handbook: Precast and Prestressed Concrete 6th edition [S]. 2004.

[160] PCI Industry Handbook Committee. PCI Design Handbook: Precast andPrestressed Concrete 7th edition [S]. 2010.

[161] Englekirk R E. Seismic Design of Reinforced and Precast Concrete Buildings [M]. John Wiley & Sons, Inc., 2003.

[162] 中南建筑设计院. 冷弯薄壁型钢结构技术规范 GB 50018—2002 [S]. 北京: 中国计划出版社, 2002.

［163］ 中国建筑科学研究院. 建筑抗震设计规范 GB 50011—2010（2016 年版）［S］. 北京：中国建筑工业出版社，2016.

［164］ 中国建筑标准设计研究院. 装配式钢结构建筑技术规范 GB/T 51232—2016［S］. 北京：中国建筑工业出版社，2016.

［165］ 冶金工业部建筑研究总院. 钢结构工程施工质量验收规范 GB 50205—2015［S］. 北京：中国计划出版社，2015.

［166］ 中国建筑标准设计研究院. 高层民用建筑钢结构技术规程 JGJ 99—2015［S］. 北京：中国建筑工业出版社，2015.

［167］ 中国建筑科学研究院. 混凝土结构设计规范 GB 50010—2010（2015 版）［S］. 北京：中国建筑工业出版社，2010.

［168］ 中国建筑标准设计研究院. 门式刚架轻型房屋钢结构技术规范 GB 51022—2015［S］. 北京：中国建筑工业出版社，2016.

［169］ 中冶建筑研究总院. 钢结构焊接规范 GB 50661—2011［S］. 北京：中国计划出版社，2011.

［170］ 中国建筑金属结构协会建筑钢结构委员会. 钢结构住宅设计规范 CECS 261：2009［S］. 北京：中国建筑工业出版社，2009.

［171］ 李悦，吴玉生，周孝军，等. 轻钢住宅体系的国内外发展与应用现状［J］. 建筑技术，2019，3（40）：204-207.

［172］ 刘学春，徐阿新，孙超，等. 高层装配式斜支撑钢框架结构设计研究［J］. 建筑结构学报，2015，36（05）：54-62.

［173］ 刘艳军. 装配式钢结构住宅试验楼外墙设计与施工［J］. 施工技术，2014，7（43）：172-175.

［174］ 尹兰宁，吴汉柱，王星. 预制装配式外墙板与叠合楼板施工工艺研究［J］. 钢结构，2016，206（31）：97-100.

［175］ 尹兰宁，余汪洋，岳锟. 装配式钢结构住宅墙板连接节点施工技术［J］. 钢结构，2015，13（30）：75-79.

［176］ 王春刚，孔德礼，张耀春. 冷弯薄壁型钢构件承载力计算方法对比研究［J］. 建筑钢结构进展，2017，6（19）：51-59.

［177］ 周学军，张祥龙. 半刚性连接钢框架结构的研究及应用［J］. 山东建筑大学学报，2003，18（2）：85-88.

［178］ 曹杨，陈沸镔，龙也. 装配式钢结构建筑的深化设计探讨［J］. 钢结构，2016，2（31）：72-76.

［179］ 建筑部科技发展促进中心. 钢结构住宅设计与施工技术［M］. 北京：中国建筑工业出版社，2003.

［180］ 中国建筑金属结构协会钢结构专家委员会. 钢结构住宅和钢结构公共建筑新技术与应用［M］. 北京：中国建筑工业出版社，2013.

［181］ 陆伟东，刘杏杏，岳孔，等. 村镇木结构建筑抗震技术手册［M］. 南京：东南大学出版社，2014.

［182］ 中国建筑西南设计研究院. 木结构设计手册［M］. 北京：中国建筑工业出版社，2005.

［183］ 张齐生. 当前发展我国竹材工业的几点思考［J］. 竹子学报，2000，19（3）：16-19.

［184］ 爱德华·布鲁托. 竹材建筑与设计集成［M］. 南京：江苏科学技术出版社，2014.

［185］ Ghavami K. Application of bamboo as a low-cost energy material in civil engineering［C］. Symposium Materials for Low Income Housing. 1989（03）：526-536.

［186］ 关锡鸿，冼定国，叶颖薇. 竹材——一种天然的复合材料［J］. 复合材料学报，1987，4（04）：79-104.

［187］ Shupe T F, Chow P. Sorption, shrinkage, and fiber saturation point of kempas (Koompassia malaccensis) [J]. Forest Products Journal，1996.

[188] 杨焕蝶. 竹胶板的生产方式与蔑帘的编织 [J]. 木材工业，1995 (01)：35-36.

[189] 魏洋，张齐生，蒋身学，等. 现代竹质工程材料的基本性能及其在建筑结构中的应用前景 [J]. 建筑技术，2011，42 (5)：390-393.

[190] 中国建筑材料科学研究院. 绿色建材与建材绿色化 [M]. 化学工业出版社材料科学与工程出版中心，2003.

[191] Lindt J W V D，Walz M A. Development and Application of Wood Shear Wall Reliability Model [J]. Journal of Structural Engineering，2003，129 (3)：405-413.

[192] 何敏娟. 木结构设计 [M]. 北京：中国建筑工业出版社，2008.

[193] Yu W K，Chung K F，Chan S L. Column buckling of structural bamboo [J]. Engineering Structures，2003，25 (6)：755-768.

[194] Sumardi I，Kojima Y，Suzuki S. Effects of strand length and layer structure on some properties of strandboard made from bamboo [J]. Journal of Wood Science，2008，54 (2)：128-133.

[195] 周福霖. 工程结构减震控制 [M]. 北京：地震出版社，1997.

[196] 周云. 金属耗能减震结构设计 [M]. 武汉：武汉理工大学出版社，2006.

[197] Yao J T P. Concept of Structural Control [J]. Asce Journal of the Structural Division，1972，98 (7)：1567-1574.

[198] Uang C M，Bertero V V. Use of energy as a design criterion in earthquake-resistant design [M]. Earthquake Engineering Research Center，University of California，1988.

[199] 周云，周福霖. 耗能减震体系的能量设计方法 [J]. 世界地震工程，1997，13 (4)：7-13.

[200] Samali B，Kwok K C S. Use of viscoelastic dampers in reducing wind- and earthquake-induced motion of building structures [J]. Engineering Structures，1995，17 (9)：639-654.

[201] 广州大学. 建筑消能减震技术规程 JGJ 297—2013 [S]. 北京：中国建筑工业出版社，2013.

[202] Housner G W. The Behavior of inverted Pendulum Structure during Earthquakes [J]. Bull. seism. soc. am，1963，53 (2)：403-417.

[203] Makris N，Zhang J. Rocking Response of Anchored Blocks under Pulse-Type Motions [J]. Journal of Engineering Mechanics，2001，127 (5)：484-493.

[204] Zhang J，Makris N. Rocking Response of Free-Standing Blocks under Cycloidal Pulses [J]. Journal of Engineering Mechanics，2001，127 (5)：473-483.

[205] 曲哲. 摇摆墙-框架结构抗震损伤机制控制及设计方法研究 [D]. 清华大学，2010.

[206] Aaleti S，Sritharan S. A simplified analysis method for characterizing unbonded post-tensioned precast wall systems [J]. Engineering Structures，2009，31 (12)：2966-2975.

[207] Henry R S，Sritharan S，Ingham J M. Finite element analysis of the PreWEC self-centering concrete wall system [J]. Engineering Structures，2016，115：28-41.

[208] Qu Z，Wada A，Motoyui S，et al. Pin-supported walls for enhancing the seismic performance of building structures [J]. Earthquake Engineering & Structural Dynamics，2012，41 (14)：2075-2091.

[209] Marriott D，Pampanin S，Bull D，et al. Dynamic Testing of Precast，Post-Tensioned Rocking Wall Systems with Alternative Dissipating Solutions [J]. Bulletin of the New Zealand Society for Earthquake Engineering，2008，41 (2).

[210] Rahman A M，Restrepoposada J I. Earthquake resistant precast concrete buildings：seismic performance of cantilever walls prestressed using unbonded tendons [J]. 2000.

[211] Qu Z，Sakata H，Midorikawa S，et al. Lessons from the Behavior of a Monitored Eleven-story

Building during the 2011 Tohoku Earthquake for Robustness against Design Uncertainties [J]. Earthquake Spectra，2015，31（3）：1471-1492.

[212] Englekirk R E. Design-Construction of The Paramount - A 39Story Precast Prestressed Concrete Apartment Building [J]. PCI Journal，2002，47（4）：56-71.

[213] Cattanach A，Pampanin S. 21st century precast：the detailing and manufacture of NZ's first multi-storey PRESSS-Building [C]. NZ Concrete Industry Conference，Rotorua，2008.

[214] Wang C L，Liu Y，Zhou L. Experimental and numerical studies on hysteretic behavior of all-steel bamboo-shaped energy dissipaters [J]. Engineering Structures，2018，165：38-49.

[215] 肖保存. 基于 BIM 技术的住宅工业化应用研究 [D]. 青岛理工大学，2015.

[216] 李昂. BIM 技术在工程建设项目中模型创建和碰撞检测的应用研究 [D]. 东北林业大学，2015.

[217] 李永奎. 建设工程生命周期信息管理（BLM）的理论与实现方法研究 [D]. 同济大学，2007.

[218] 李云贵. BIM 技术与中国城市建设数字化 [J]. 中国建设信息，2010（10）：40-42

[219] 过俊. 运用 BIM 技术打造绿色、亲民、节能型建筑——上海世博会国家电网企业馆 [J]. 土木建筑工程信息技术，2010（02）：63-67.

[220] 宋盈莹. BIM 系统在城市超高层建筑中的应用研究 [J]. 环渤海经济瞭望，2013（03）：27-29.

[221] 李远晟，孙璐. BIM 技术成就建筑之美——江苏大剧院项目实践 [J]. 建筑技艺，2014（02）：82-85

[222] 李远晟. BIM 技术在大型复杂交通建筑中的应用——以南京禄口国际机场二期航站楼项目为例 [J]. 建筑技艺，2013（06）：210-213.

[223] 程姜，王凯. 数字时代的建筑模数化设计方法思考 [J]. 土木建筑工程信息技术，2015（01）：37-40.

[224] 樊则森. 预制装配式建筑设计要点 [J]. 住宅产业，2015（08）：56-60.

[225] 社团法人预制建筑协会. 预制建筑技术集成 [M]. 北京：中国建筑工业出版社，2012.

[226] 中国建筑科学研究院. 高层建筑混凝土结构技术规程 JGJ 3—2010 [S]. 北京：中国建筑工业出版社，2010.

[227] 李天华. 装配式建筑寿命周期管理中 BIM 与 RFID 应用研究 [D]. 大连理工大学，2011.

[228] 李天华，袁永博，张明媛. 装配式建筑全寿命周期管理中 BIM 与 RFID 的应用 [J]. 工程管理学报，2012，26（3）：28-32.

[229] 张家昌，马从权，刘文山. BIM 和 RFID 技术在装配式建筑全寿命周期管理中的应用探讨 [J]. 辽宁工业大学学报（社会科学版），2015（02）：39-41.

[230] 樊骅. 信息化技术在 PC 建筑生产过程中的应用 [J]. 住宅科技，2014，34（6）：68-72.

[231] 孙红，孙健，吴玉厚，等. 大型智能 PC 构件自动化生产线简介 [J]. 混凝土与水泥制品，2015（3）：35-38.

[232] 牛博生. BIM 技术在工程项目进度管理中的应用研究 [D]. 重庆大学，2012.

[233] 甘露. BIM 技术在施工项目进度管理中的应用研究 [D]. 大连理工大学，2014.

[234] 张建平. 基于 BIM 和 4D 技术的建筑施工优化及动态管理 [J]. 中国建设信息，2010（2）：18-23.

[235] 刘欣. 基于 BIM 的大型建设项目进度计划与控制体系研究 [D]. 山东建筑大学，2013.

[236] 何关培. BIM 第三维度——不同层次和深度的 BIM 应用 [M]. 北京：中国建筑工业出版社，2011.

[237] 《建筑设计服务计费指导》[J]. 建筑设计管理，2015（09）：3-8.

[238] 李丽红，肖祖海，付欣. 装配整体式建筑土建工程成本分析 [J]. 建筑经济，2014，35（11）：63-67.

[239] 齐宝库，朱娅，马博，等. 装配式建筑综合效益分析方法研究 [J]. 施工技术，2016，45 (04)：39-43.

[240] 李丽红，耿博慧，齐宝库，等. 装配式建筑工程与现浇建筑工程成本对比与实证研究 [J]. 建筑经济，2013 (9)：102-105.

[241] 陈旭颖. 关于制造企业物流成本会计核算的探讨 [J]. 中国乡镇企业会计，2012 (10)：109-110.

[242] 查布尼茨基. 中央人民政府交通部公路总局译. 建筑安装工程的成本计算 [M]. 北京：人民交通出版社，1954.

[243] 巴立信. 建筑安装工程成本计划 [M]. 北京：冶金工业出版社，1957.

[244] 国家建筑工程总局. 建筑安装企业成本核算办法 [M]. 北京：中国建筑工业出版社，1980.

[245] 张东放，梁吉志. 建筑设备安装工程施工组织与管理 [M]. 北京：机械工业出版社，2015.

[246] 江苏省建设教育协会. 施工员专业管理实务设备安装 [M]. 北京：中国建筑工业出版社，2014.

[247] 张扬聪，郑维才，张亮. 安装工程工程量计算：系统计算法 [M]. 北京：中国建筑工业出版社，2010.

[248] 刘庆山，胡帮杰. 建筑安装工程项目管理实施手册 [M]. 北京：中国电力出版社，2007.

[249] 唐纳德·沃森，迈克尔·J·克罗斯比，约翰·汉考克·卡伦德. 建筑设计数据手册 [M]. 北京：中国建筑工业出版社，2007.

[250] 李慧民. 全国建造师执业资格考试工程项目管理案例分析 [M]. 北京：中国建筑工业出版社，2006.

[251] 《实用财务会计查账手册》编委会. 实用财务会计查账手册. 建筑安装施工企业分册 [M]. 北京：北京出版社，1991.

[252] 马明悌，王玉蕊. 建筑工程成本核算 [M]. 北京：中国科学技术出版社，1991.

[253] Scholz H. Plastic design of sway frames with semi-rigid connections using allowable slenderness ratios [J]. Journal of Constructional Steel Research，1991，19 (1)：19-32.

[254] Scholz H. Approximate P-delta method for sway frames with semi-rigid connections [J]. Journal of Constructional Steel Research，1990，15 (3) 215-231.

[255] 丁洁民，沈祖炎. 节点半刚性对钢框架结构内力和位移的影响 [J]. 建筑结构，1991 (06)：8-12.